普.通.高.等.学.校

计算机教育"十二五"规划教材

CSS网页设计标准教程

（第2版）

STANDARD CSS WEB DESIGN

(2nd edition)

温谦 孙领弟 李洪发 ◆ 主编

潘禄生 冷淑霞 ◆ 副主编

人民邮电出版社

北京

图书在版编目（CIP）数据

CSS网页设计标准教程 / 温谦，孙领弟，李洪发主编
. -- 2版. -- 北京 : 人民邮电出版社，2015.2（2019.2 重印）
普通高等学校计算机教育“十二五”规划教材
ISBN 978-7-115-37803-3

Ⅰ. ①C… Ⅱ. ①温… ②孙… ③李… Ⅲ. ①网页制作工具－高等学校－教材 Ⅳ. ①TP393.092

中国版本图书馆CIP数据核字(2014)第282156号

内容提要

本书全面介绍了CSS技术标准的概念、原理以及在Web设计中的实际应用。

本书分为4部分，共15章。包括了CSS核心原理、CSS专题技术、CSS页面布局以及综合案例等内容。全书遵循Web标准，强调网页中“表现”与“内容”分离的思想，从规范的角度全面、系统地介绍了CSS网页设计的方法与技巧。书中给出了大量的案例，并对案例做了细致的分析，便于学生理解所学知识，加强实操训练，提高实践能力。

本书可作为高等院校各专业“网页设计与制作”课程的教材，也可供网页设计、制作和开发人员学习参考。

◆ 主　　编　温　谦　孙领弟　李洪发
副 主 编　潘禄生　冷淑霞
责任编辑　刘　博
责任印制　彭志环

◆ 人民邮电出版社出版发行　北京市丰台区成寿寺路11号
邮编　100164　电子邮件　315@ptpress.com.cn
网址　http://www.ptpress.com.cn
北京捷迅佳彩印刷有限公司印刷

◆ 开本：787×1092　1/16
印张：20　2015年2月第2版
字数：522千字　2019年2月北京第6次印刷

定价：45.00元

读者服务热线：(010)81055256　印装质量热线：(010)81055316
反盗版热线：(010)81055315

前 言

在设计制作网页时，要考虑的最核心的两个问题是“网页内容是什么”和“如何表现这些内容”，可概括为“内容”和“表现”这两个方面。

过去由于 CSS 技术的应用尚不成熟，人们更多地关注 HTML，想尽办法使 HTML 同时承担“内容”和“表现”两方面的任务。而现在，CSS 的应用已经相当完善，使用它可以制作出符合 Web 标准的网页。Web 标准的核心原则是“内容”与“表现”分离，HTML 和 CSS 各司其职。这样做的优点表现在以下几个方面：

- 使页面载入、显示得更快；
- 降低网站的流量费用；
- 修改设计时更有效率且代价更低；
- 帮助整个站点保持视觉风格的一致性；
- 使站点可以更好地被搜索引擎找到，以增加网站访问量；
- 使站点对浏览者和浏览器更具亲和力；
- 越来越多人采用 Web 标准时，它还能提高设计者的职场竞争实力。

本书详细地讲解用 CSS 设计制作符合 Web 标准的网页的方法，使读者可以熟练地掌握它们，并设计制作出高质量的网页。

本书结构

本书在考虑教学结构时，在知识体系上层层深入，遵循“从原理到实践，从局部到整体，由简单到复杂”的基本思路。在学习或教学时，可以参考下面的结构图。

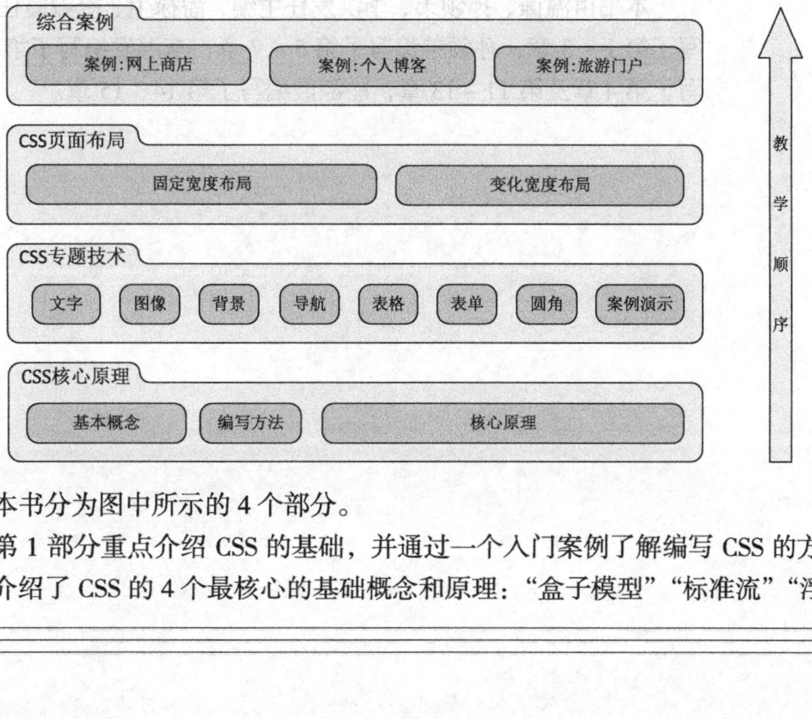

本书分为图中所示的 4 个部分。

第 1 部分重点介绍 CSS 的基础，并通过一个入门案例了解编写 CSS 的方法，接着介绍了 CSS 的 4 个最核心的基础概念和原理：“盒子模型”“标准流”“浮动”

和“定位”。这 4 项基础将会被应用到几乎所有案例中，可以将其看作是掌握 CSS 设计的基石。

第 2 部分分别就各种网页设计中常用的元素，分专题进行介绍。介绍如何设计各种网页元素。在这一部分的最后，安排了一个综合案例，灵活地使用了所介绍的各种方法。

第 3 部分涉及的对象由第 2 部分的“网页局部”改为“网页整体”，分门别类地介绍了各种整体网页布局形式的设计方法，任何复杂的页面布局形式都可以由这些基本的布局形式组合而成。

第 4 部分给出 3 个完整的综合案例。介绍了策划构思的基本方法，并详细演示了具体实现的步骤和过程，便于读者了解一个完整的设计流程。

学习方法建议

学习和掌握一门技术，一方面需要具备钻研的精神和态度，另一方面也需要使用正确的方法。这里提出几条建议，供教学或学习参考。

（1）**务必重视对基础的掌握。**在学习过程中要把基本原理理解透彻，有助于后面对方法的学习与应用。

（2）**利用好本书配套的资源。**为了教学和学习的方便，编者制作了与本书配套的教学资料和素材资源（即书中的“实例文件”）。读者可到人民邮电出版社教学服务与资源网 www.ptpedu.com.cn 下载配套文件。

（3）**要同时使用 Firefox 和 IE 浏览器进行测试。**Web 标准这一理念已经逐渐被广泛接受，学习 CSS 的一个重要方面是掌握调试的方法，能够解决不同浏览器中对 CSS 的不同表现而带来的问题，也就是浏览器兼容性问题。建议在计算机上安装 Firefox 和 IE 这两种浏览器，以确保自己设计制作的网页在不同的浏览环境下都有正确的表现。

本书由温谦、孙领弟、李洪发任主编，潘禄生、冷淑霞任副主编。其中温谦编写了第 1 ~ 3 章，孙领弟编写了第 5 ~ 7 章，李洪发编写了第 8 ~ 10 章，潘禄生编写了第 4 章及第 11 ~ 13 章，冷淑霞编写了第 14、15 章。

编者

目 录

第 1 部分 CSS 核心原理

第 3 部分　CSS 页面布局

第 4 部分　综合案例

第 1 部分

CSS 核心原理

第1章 (X)HTML与CSS概述

制作网页的基础是使用HTML（Hyper Text Markup Language，超文本置标语言），其核心思想是，需要设置什么样式，就使用相应的HTML标记或者属性。然而仅仅依靠HTML会遇到很多不可解决的问题，为此，HTML逐步地发展到了XHTML，与此同时，CSS（层叠样式表）也应运而生。本章简单介绍HTML、XHTML和CSS三者之间的关系，以及CSS的基础；重点理解使用CSS的核心原理。

1.1 网页的基础概念

打开浏览器并在地址栏中输入一个网站的地址，可以看到相应的网页内容，如图1.1所示。

图1.1 使用浏览器软件显示网页

网页可用很多种类型的内容作为网页元素，其中，文字是最基本的网页元素，此外还包括静态的图形和动画，以及音频、视频等其他形式的多媒体文件。网页的最终目的就是给访问者显示有价值的信息，并留下最深刻的印象。

在设计网页和网站之前，需要了解一些基础知识。为此，这里先说明几个非常重要的概念。首先必须知道什么是“浏览器”和“服务器”。网站的浏览者坐在家中查看各种网站上的内容，实际上就是从远程的计算机中读取了一些内容，然后在本地的计算机上显示出来的过程。提供内容信息的计算机就称为“服务器”，访问者使用“浏览器”程序查看内容，如集成在 Windows 操作系统中的 Internet Explorer，就可以通过网络取得“服务器”上的文件以及其他信息。服务器可以同时供许多不同的人（“浏览器”）访问。

简单地说，访问的具体过程就是当用户的计算机连入互联网后，通过浏览器发出访问某个站点的请求，然后这个站点的服务器就把信息传送到用户的浏览器上，即将文件下载到本地的计算机，浏览器再显示出文件内容。这个过程如图 1.2 所示。

图 1.2 服务器与浏览器的关系示意图

互联网也常被称为“万维网”，是从 WWW 这个词语翻译而来的。它是“World Wide Web”的首字母缩写，简称 Web。实质上，Web 是一个大型的相互连接的文件所组成的集合体。

网页文件是用一种被称为 HTML 的标记语言书写的文本文件，它可以在浏览器中按照设计者所设计的方式显示内容，网页文件也经常被称为 HTML 文件。有两种方式来产生网页文件：一种是自己手工编写 HTML 代码；另一种是借助一些辅助软件来编写，如使用 Adobe 公司的 Dreamweaver 或者 Microsoft 公司的 Expression Web 等网页制作软件。

1.2 Web 标准

网页相关的技术走入实用阶段仅短短十几年的时间，就发生了很多重要的变化。其中最重要的一点是“Web 标准”这一理念被广泛地接受。

1.2.1 标准的重要性

随着科技发展，在越来越开放的环境中，各个相互关联的事物要能够协同工作，就必须遵守一些共同的标准。

例如，个人计算机（PC）实际上就是一个开放的标准，个人计算机的零件的规格是统一的。为个人计算机生产零件的厂家成千上万，大家都是在同一个标准下进行设计和生产，因此用户只需要买来一些零件，比如 CPU、内存条和硬盘等，简单地“插”（组合）在一起，就能成为一台好用的计算机了，这就是“标准”的作用。相比之下，其他行业就远不如 PC 行业了，比如汽车行业，一个零件通常只能用在某个品牌的汽车上。这样不仅麻烦得多，而且不利于成本的降低。

互联网是另一个“标准”辈出的领域，连接到互联网的各种设备的品牌繁多、功能各不相同，因此必须依靠严谨合理的标准，才能使这些纷繁复杂的设备都能协同工作。

“Web 标准”也是互联网领域中的标准，实际上，它并不是一个标准，而是一系列标准的集合。

从发展历程来说，Web 是逐步发展和完善的，到目前它还在快速发展之中。在早期阶段，互联网上的网站都很简单，网页的内容也非常简单，自然相应的标准也是很简单的。而随着技术的快速发展，相应的各种新标准也都应运而生了。

打个比方，如果仅仅是简单地写一个便条或者一封信，那么对格式的要求就很低，而如要出版一本书，就必须严格地设置书中的格式，比如各级标题用什么字体、什么字号，正文的格式，图片的格式等。这是因为从一个便条到一本书，内容的性质已经不同了。

同样，在互联网上，刚开始的时候内容还很少，也很简单，也不存在很多的复杂应用，因此一些简单（或者说“简陋”）的标准就已经够用了。而现在互联网上的内容已经非常多了，而且逻辑和结构日益复杂，出现了各种交互应用，这时就必须从更本质的角度来研究互联网上的信息，使得这些信息仍然能够清晰、方便地被操作。

一个标准并不是某个人或者某个公司在某一天忽然间制定出来的。标准都是在实际应用过程中，经过市场的竞争和考验，经过一系列的研究讨论和协商之后达成的共识。

1.2.2 “Web 标准”概述

下面介绍关于网页的标准——“Web 标准”。

网页主要由 3 个部分组成：结构（Structure）、表现（Presentation）和行为（Behavior）。

用一本书来比喻，一本书分为篇、章、节和段落等部分，这就构成了一本书的“结构”，而每个组成部分用什么字体、什么字号、什么颜色等，就称为这本书的“表现”。由于传统的图书是固定的不能变化的，因此它不存在“行为”。

在一个网页中，同样可以分为若干个组成部分，包括各级标题、正文段落、各种列表结构等，这就构成了一个网页的“结构”。每种组成部分的字号、字体和颜色等属性就构成了它的“表现”。网页和传统媒体不同的一点是，它是可以随时变化的，而且可以和读者互动，因此如何变化以及如何交互，就称为它的“行为”。

因此，概括来说，“结构”决定了网页“是什么”，“表现”决定了网页看起来是“什么样子”，而“行为”决定了网页“做什么”。

“结构”、“表现”和“行为”分别对应于 3 种非常常用的技术，即(X) HTML、CSS 和 JavaScript。也就是说，(X) HTML 用来决定网页的结构和内容，CSS 用来设定网页的表现样式，JavaScript 用来控制网页的行为。本书将重点介绍前两者，对于 JavaScript 仅在少数案例中用到，进行一些简单介绍。

“结构”“表现”和“行为”的关系，如图 1.3 所示。

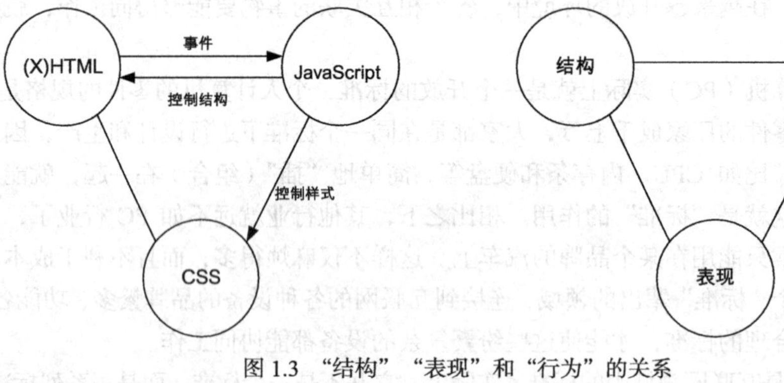

图 1.3 “结构”“表现”和“行为”的关系

这 3 个组成部分被明确以后，一个重要的思想随之产生，即这三者的分离。最开始时 HTML 同时承担着“结构”与“表现”的双重任务，从而给网站的开发、维护等工作带来很多困难，而当把它们分离开，就会带来很多优点。具体内容将在后面一一介绍。

这里仅给出一个例子做些简单说明。图 1.4 所示为一个页面的初始效果，即仅通过 HTML 定义了这个页面的结构，图中使用文字说明了这个页面中的各个组成部分，以及使用的 HTML 标记，灰色线框中的效果是使用浏览器查看的效果。这个效果是很单调的，仅仅是所有元素依次排列而已。

对上述的页面，使用 CSS 设定了样式以后，它的表现形式就完全不同了。图 1.5 所示为一种表现方式。借助于 CSS，在不改变它的 HTML 结构和内容的前提下，可以设计出多种不同的表现形式，而且可以随时在不改变 HTML 结构的情况下修改样式。这就是“结构”与“表现”分离所带来的好处。

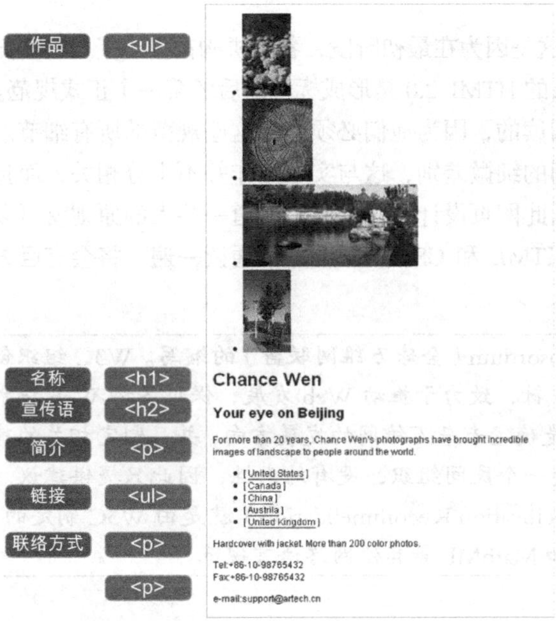

图 1.4　仅使用 HTML 定“结构”的页面效果

图 1.5　使用 CSS 设定样式之后的效果

HTML 和 CSS 是本书的重点，在后续章节中，将对其进行详细介绍。

1.3　HTML 与 XHTML

HTML 与 XHTML 基本上可以认为它们是一种语言的不同阶段，类似于文言文和白话文之间的关系。因此它们也经常被写作(X) HTML。下面讲述它们的渊源和区别。

1.3.1　追根溯源

(X) HTML 是所有上网的人每天都离不开的基础，所有网页都是使用(X) HTML 编写的。随着网络技术日新月异的发展，HTML 也不断地改进，因此可以认为 XHTML 是 HTML 的“严谨版”。

HTML 在初期，为了能更广泛地被接受，因此大幅度放宽了标准的严格性，如标记可以不封闭，属性可以加引号，也可以不加引号等。这导致出现了很多混乱和不规范的代码，这不符合标准化的发展趋势，影响了互联网的进一步发展。

为此，相关规范的制订者 —— 全球万维网联盟（World Wide Web Consortium，W3C）组织，一直在不断地努力，逐步推出新的版本规范。从 HTML 到 XHTML，大致经历了以下版本。

- HTML 2.0：1995 年 11 月发布。
- HTML 3.2：1996 年 1 月 14 日发布。
- HTML 4.0：1997 年 12 月 18 日发布。
- HTML 4.01（微小改进）：1999 年 12 月 24 日发布。
- HTML 5.0：2010 年 HTML 5.0 开始用于解决实际问题。
- XHTML 1.0：2000 年 1 月发布，后又经过修订于 2002 年 8 月 1 日重新发布。
- XHTML 1.1：2001 年 5 月 31 日发布。
- XHTML 2.0：正在制定中。

在正式的标准序列中，没有 HTML 1.0 版，这是因为在最初阶段，各种机构都推出了自己的方案，没有形成统一的标准。因此，W3C 组织发布的 HTML 2.0 是形成标准以后的第一个正式规范。

这些规范实际上主要是供浏览器的开发者阅读的，因为他们必须了解这些规范的所有细节。而对于网页设计者来说，并不需要了解规范之间的细微差别，这与实际工作并不十分相关，而且这些规范的文字也都比较晦涩，并不易阅读，因此网页设计者通常只要知道一些大的原则就可以了。当然，如果设计者真的能够花一些时间把 HTML 和 CSS 的规范仔细通读一遍，将会有巨大的收获，因为这些规范是所有设计者的“圣经”。

说明

W3C 组织是 World Wide Web Consortium（全球万维网联盟）的缩写。W3C 组织创建于 1994 年，研究 Web 规范和指导方针，致力于推动 Web 发展，保证各种 Web 技术能很好地协同工作。W3C 的主要职责是确定未来万维网的发展方向，并且制定相关的建议（Recommendation）。由于 W3C 是一个民间组织，没有约束性，因此只提供建议。HTML 4.01 规范建议（HTML 4.01 Specification Recommendation）就是由 W3C 制定的。它还负责制定 CSS、XML、XHTML 和 MathML 等其他网络语言规范。

1.3.2 文档类型的含义与选择

由于同时存在不同的规范和版本，为了使浏览器能够兼容多种规范，规范中规定可以使用文档类型（DOCTYPE）指令来声明使用哪种规范解释该文档。

目前，常用 HTML 或者 XHTML 作为文档类型。而规范又规定，在 HTML 和 XHTML 中各自有不同的子类型，如包括严格类型和过渡类型的区分。过渡类型兼容以前版本定义的、而在新版本已经废弃的标记和属性；严格类型则不兼容已经废弃的标记和属性。

建议读者使用 XHTML 1.0 Transitional（XHTML 1.0 过渡类型），这样设计者可以按照 XHTML 的标准书写符合 Web 标准的网页代码，同时在一些特殊情况下还可以使用传统的做法。

那么如何具体声明使用哪种文档类型呢，请看下面这段代码。

```
<!DOCTYPE html PUBLIC "-//W3C//DTD XHTML 1.0 Transitional//EN"
"http://www.w3.org/TR/xhtml1/DTD/xhtml1-transitional.dtd">
<html xmlns="http://www.w3.org/1999/xhtml">
  <head>
    <meta http-equiv="Content-Type" content="text/html; charset=utf-8" />
    <title>无标题文档</title>
  </head>
  <body>

  </body>
</html>
```

可以看到最上面有两行关于“DOCTYPE”（文档类型）的声明，它就是告诉浏览器使用 XHTML1.0 的过渡规范来解释这个文档中的代码。在第 3 行中，<html>标记带有一个 xmlns 属性，它称为“XML 命名空间”。

不需要用户记住这些代码，使用 Dreamweaver 软件可以在新建文档的时候选择使用哪种文档类型，这些代码都会自动生成。

在 Dreamweaver 的“新建文档”对话框中，在右下方有一个“文档类型”下拉列表框，如图 1.6 所示。

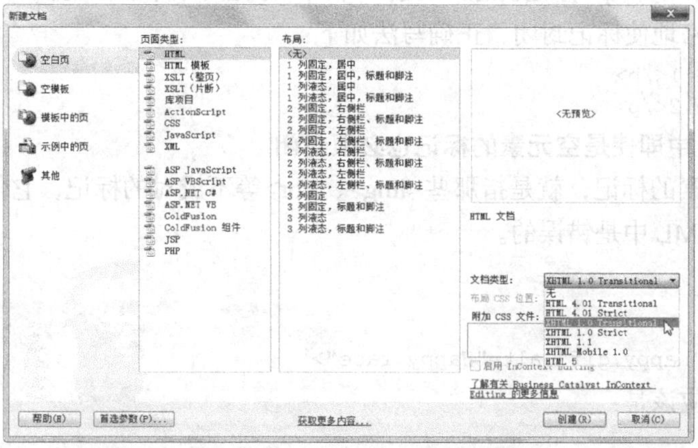

图 1.6　在 Dreamweaver 中选择文档类型

HTML 4.01 和 XHTML 1.0 分别对应于一种严格（Strict）类型和一种过渡（Transitional）类型。用户只要选择相应的类型即可，默认选项是 XHTML 1.0 的过渡类型，自动生成的代码正是上面显示的代码。

1.3.3　XHTML 与 HTML 的重要区别

尽管目前浏览器都兼容 HTML，但是为了使网页能够符合标准，设计者应该尽量使用 XHTML 规范来编写代码。使用中需要注意以下事项。

1. 在 XHTML 中标记名称必须小写

在 HTML 中，标记名称可以大写或者小写，例如下面的代码在 HTML 中是正确的。

```
<BODY>
  <P>这是一个文字段落</P>
</BODY>
```

但是在 XHTML 中，则必须写为：

```
<body>
  <p>这是一个文字段落</p>
</body>
```

2. 在 XHTML 中属性名称必须小写

HTML 属性的名称也必须是小写的，例如，在 XHTML 中下面代码的写法是错误的。

```
<IMG SRC="image.gif" WIDTH="200" HEIGHT="100" BORDER="0">
```

正确写法应该是：

```
<img src="image.gif" width="200" height="100" border="0"/>
```

3. 在 XHTML 中标记必须严格嵌套

HTML 中对标记的嵌套没有严格的规定，例如，下面的代码在 HTML 中是正确的。

```
<b><i>这行文字以粗体倾斜显示</b></i>
```

然而在 XHTML 中，必须改为：

```
<i><b>这行文字以粗体倾斜显示</b></i>
```

4. 在 XHTML 中标记必须封闭

在 HTML 规范中，下列代码是正确的。

```
<p> text line 1
<p> text line 2
```

上述代码中，第 2 个<p>标记就意味着前一个<p>标记的结束。但是在 XHTML 中，这是不允许的，而必须要严格地使标记封闭，正确写法如下：

```
<p> text line 1</p>
<p> text line 2</p>
```

5. 在 XHTML 中即使是空元素的标记也必须封闭

这里说的空元素的标记，就是指那些<img>、
等不成对的标记，它们也必须封闭，例如下面的写法在 XHTML 中是错误的。

```
换行<br>
水平线<hr>
图像<img src="happy.gif" alt="Happy face">
```

而正确的写法应该是：

```
换行<br/>
水平线<hr/>
图像<img src="happy.gif" alt="Happy face"/>
```

6. 在 XHTML 中属性值用双引号括起来

在 HTML 中，属性可以不必使用双引号，例如：

```
<p class=heading>
```

而在 XHTML 中，必须严格写作：

```
<p class="heading ">
```

7. 在 XHTML 中属性值必须使用完整形式

在 HTML 中，一些属性经常使用简写方式设定属性值，例如：

```
<input checked>
```

而在 XHTML 中，必须完整地写作：

```
<input checked="true">
```

1.4 (X)HTML 与 CSS

为了解决 HTML 结构标记与表现标记混杂在一起的问题，引入了 CSS 这个新的规范来专门负责页面的表现形式。因此，(X) HTML 与 CSS 的关系就是“内容结构”与“表现形式”的关系，由(X)HTML 确定网页的结构内容，而通过 CSS 来决定页面的表现形式。

1.4.1 CSS 标准

CSS（Cascading Style Sheet）中文译为层叠样式表，它是用于控制网页样式并允许将样式信息与网页内容分离的一种标记性语言。CSS 是 1996 年由 W3C 审核通过，并且推荐使用的。简单地说，CSS 的引入就是为了使 HTML 语言更好地适应页面的美工设计。它以 HTML 语言为基础，提供了丰富的格式化功能，如字体、颜色、背景、整体排版等，并且网页设计者可以针对各种可视化浏览器（包括显示器、打印机、打字机、投影仪、PDA 等）来设置不同的样式风格。CSS 的引入随即引发了网页设计一个又一个的新高潮，使用 CSS 设计的优秀页面层出不穷。

和 HTML 类似，CSS 也是由 W3C 组织负责制定和发布的。1996 年 12 月，发布了 CSS 1.0 规范；1998 年 5 月，发布了 2.0 规范。目前有两个新版本正在处于工作状态，即 CSS 2.1 版和 3.0 版。

然而，W3C 只是一个技术民间组织，并没有任何强制力要求软件厂商的产品必须符合规范，因此目前主流的浏览器都没有完全符合 CSS 2.0 的规范，这就给设计者设计网页带来了一些难题。但是随着网络技术的发展，各种浏览器都会逐渐在这方面做更多的努力，相信情况会越来越好。事实上目前最主流的浏览器有 3 种版本，即 IE 6、IE 7 和 Firefox，它们在我国的使用率总和超过 99%。而以它们为目标，已经完全可以做出显示效果非常一致的 CSS 布局页面。

注意 *在了解了 XHTML 与 HTML 之间的关系以后，为了便于介绍，本书以后都不再使用 XHTML 这个名词，而统一使用 HTML，其含义为(X) HTML。*

对于一个网页设计者来说，对 HTML 语言一定不会感到陌生，因为它是所有网页制作的基础。但是如果希望网页能够美观、大方，并且升级方便，维护轻松，那么仅仅知道 HTML 语言是不够的，CSS 在这中间扮演着重要的角色。

1.4.2 传统 HTML 的缺点

在 CSS 还没有被引入页面设计之前，传统的 HTML 语言要实现页面美工设计是十分麻烦的。例如，在一个网页中有一个<h2>标记定义的标题，如果要把它设置为绿色，并对字体进行相应的设置，则需要引入<font>标记，如下所示：

```
<h2><font color="#009900" face="幼圆">CSS 标记 1</font></h2>
```

看上去这样的修改并不是很麻烦，但是当页面的内容不仅仅只有一段，而是整个页面时，情况就变得复杂了。

首先观察如下 HTML 代码，实例文件为“Ch01\1.4\01.html”。

```
<html>
<head>
<meta http-equiv="Content-Type" content="text/html; charset=utf-8" />
    <title>演示</title>
<body>
    <h2><font color="#009900" face="幼圆">这是标题文本</font></h2>
    <p>这里是正文内容</p>
    <h2><font color="#009900" face="幼圆">这是标题文本</font></h2>
    <p>这里是正文内容</p>
    <h2><font color="#009900" face="幼圆">这是标题文本</font></h2>
    <p>这里是正文内容</p>
</body>
</html>
```

这段代码在浏览器中的显示效果如图 1.7 所示，3 个标题都是绿色幼圆字。这时如果要将这 4

个标题改成红色，在这种传统的 HTML 语言中就需要对每个标题的<font>标记都进行修改。如果是一个规模很大的网站，而且需要对整个网站进行修改，那么工作量就会非常大，甚至无法实现。

其实传统 HTML 的缺陷远不止上例反映的这一个方面，相比 CSS 为基础的页面设计方法，其所体现出的劣势主要有以下几点。

（1）维护困难。为了修改某个特殊标记（如上例中的<h2>标记）的格式，需要花费很多的时间，尤其对于整个网站而言，后期修改和维护的成本很高。

（2）标记不足。HTML 本身的标记很少，很多标记都是为网页内容服务的，而关于美工样式的标记，如文字间距、段落缩进等标记在 HTML 中很难找到。

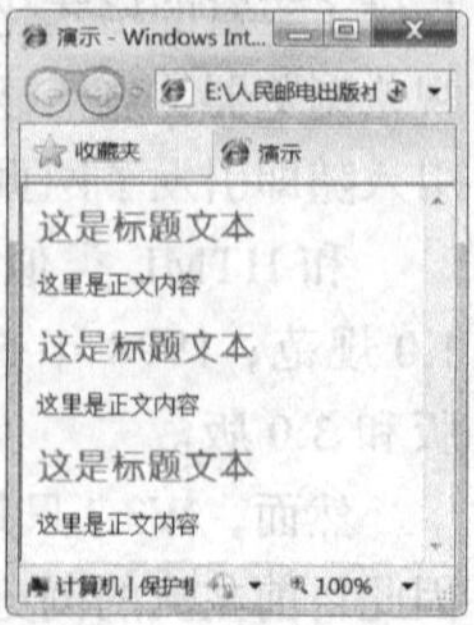

图 1.7　给标题添加效果

（3）网页过“胖”。由于没有统一对各种风格样式进行控制，因此 HTML 的页面往往“体积”过大，占用了很多宝贵的带宽。

（4）定位困难。在整体布局页面时，HTML 对于各个模块的位置调整显得捉襟见肘，过多的其他标记同样也导致页面的复杂和后期维护的困难。

1.4.3　CSS 的引入

对于上述页面，如果引入 CSS 对其中的<h2>标记进行控制，那么情况将完全不同。对代码进行如下修改，实例文件为“Ch01\1.4\02.html”。

```
<html>
<head>
    <meta http-equiv="Content-Type" content="text/html; charset=utf-8" />
    <title>演示</title>
<style>
h2{
    font-family:幼圆;
    color:green;
}
</style>

</head>
<body>
    <h2>这是标题文本</h2>
    <p>这里是正文内容</p>
    <h2>这是标题文本</h2>
    <p>这里是正文内容</p>
    <h2>这是标题文本</h2>
    <p>这里是正文内容</p>
</body>
</html>
```

其显示效果与前面的例子完全一样。可以发现在页面中的<font>标记全部消失了，取而代之的是最开始的<style>标记，以及其中对<h2>标记的定义，即：

```
<style>
h2{
     font-family:幼圆;
```

```
    color:green;
  }
</style>
```

对页面中所有的<h2>标记的样式风格都是由这段代码控制，如果希望标题的颜色变成红色，字体使用黑体，则仅仅需要修改这段代码为：

```
<style>
h2{
    font-family:黑体;
    color:red;
}
</style>
```

其显示效果如图 1.8 所示，实例文件为“Ch01\1.4\03.html”。

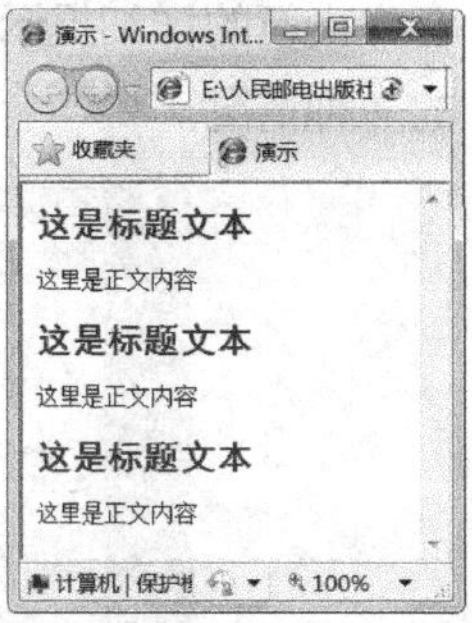

图 1.8　CSS 的引入

从上例看出，CSS 对于网页的整体控制较单纯的 HTML 语言有了突破性的进展，并且后期修改和维护都十分方便。不仅如此，CSS 还提供了各种丰富的格式控制方法，使得网页设计者能够轻松地应对各种页面效果，这些都将在后续章节中逐一介绍。最核心的变化是，原来由 HTML 同时承担的“内容”和“表现”双重任务，现在分离了，内容仍然由 HTML 负责，而表现形式则是由<style>标记中的 CSS 代码负责。

1.4.4　如何编辑 CSS

CSS 文件与 HTML 文件一样，都是纯文本文件，因此一般的文字处理软件都可以对 CSS 进行编辑。记事本和 UltraEdit 等最常用的文本编辑工具对 CSS 的初学者都很有帮助。

Dreamweaver 代码模式下同样对 CSS 代码有着非常好的语法着色以及代码提示功能，对 CSS 的学习很有帮助。图 1.9 所示为对 CSS 代码着色的效果。

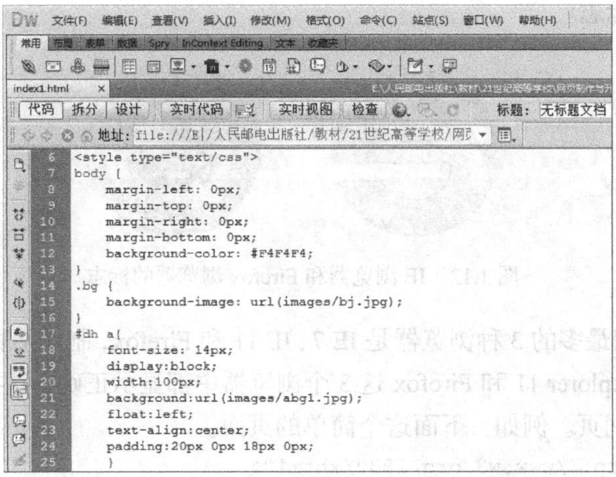

图 1.9　Dreamweaver 的代码模式

从图 1.9 中可以看到，对于 CSS 代码，在默认情况下都采用粉红色进行语法着色，而 HTML 代码中的标记则是蓝色的，正文内容在默认情况下为黑色，而且每行代码前面都有行号进行标记，方便对代码进行整体规划。

前面演示过在 Dreamweaver 中对 HTML 代码可以使用语法提示功能，它对 CSS 也同样具有很好的代码提示功能。在编写 CSS 代码时，按 Enter 键或空格键都可以触发语法提示。例如，当光标移动到“color: red;”一句的末尾时，按空格键或 Enter 键，都可以触发语法提示的功能。如

图 1.10 所示，Dreamweaver 会列出所有可以供选择的 CSS 样式属性，方便设计者快速进行选择，从而提高工作效率。

当已经选定某个 CSS 样式，如上例中的 color 样式，在其冒号后面再按空格键时，Dreamweaver 会弹出新的详细提示框，让用户对相应 CSS 的值进行直接选择，如图 1.11 所示的调色板就是其中的一种情况。

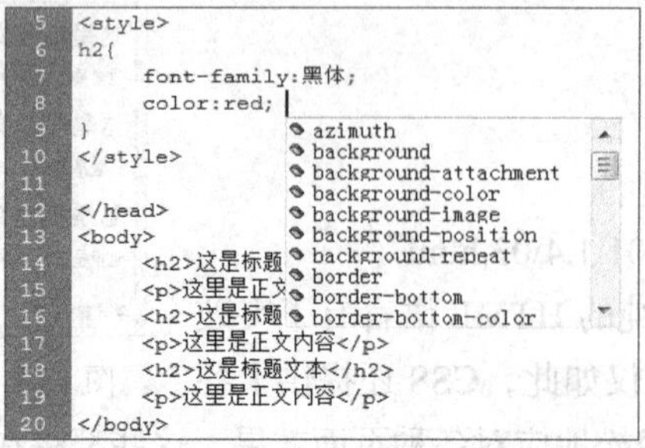

图 1.10　Dreamweaver 语法提示

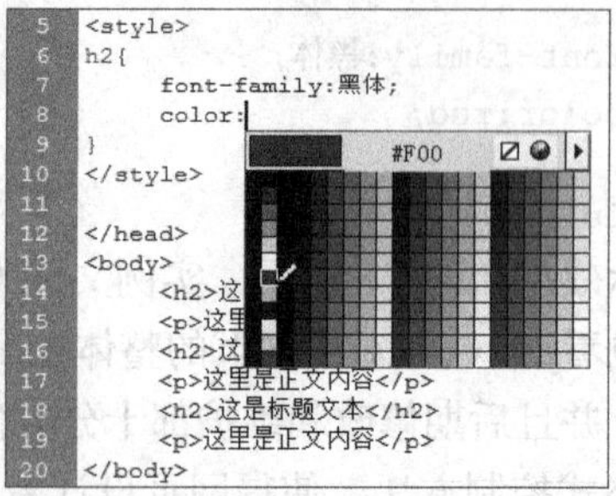

图 1.11　调色板

1.4.5　浏览器与 CSS

网上的浏览器各式各样，绝大多数浏览器对 CSS 都有很好的支持，因此设计者往往不用担心其设计的 CSS 文件不被浏览器所支持。但目前主要的问题在于，各个浏览器对 CSS 很多细节的处理上存在差异，设计者在一种浏览器上设计的 CSS 效果，在其他浏览器上的显示效果很可能不一样。就目前主流的两大浏览器 IE（Internet Explorer）与 Firefox 而言，在某些细节的处理上就不尽相同。IE 本身在 IE 6 与 IE 7 之间，对相同页面的浏览效果都存在一些差异。图 1.12 所示的分别是 IE 和 Firefox 的标志。

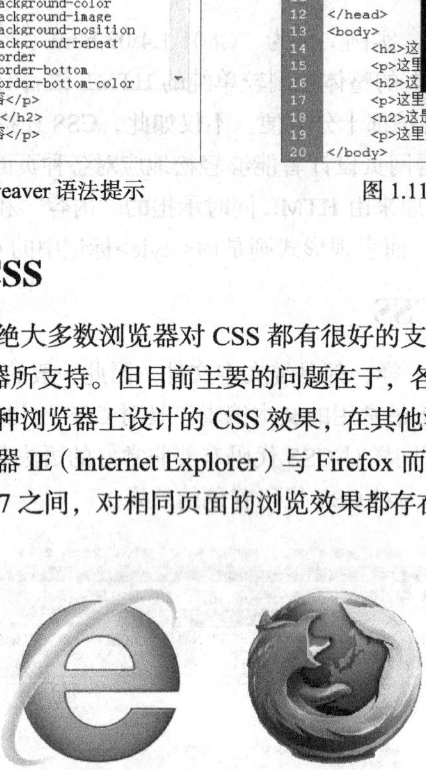

图 1.12　IE 浏览器和 Firefox 浏览器的标志

就目前而言，使用最多的 3 种浏览器是 IE 7、IE 11 和 Firefox，制作网页后应该保证在 Internet Explorer 7、Internet Explorer 11 和 Firefox 这 3 个浏览器中都显示正确，这样可以保证 99%以上的访问可以正确浏览该网页。例如，下面这个简单的页面。

```
<html xmlns="http://www.w3.org/1999/xhtml">
<head>
  <meta http-equiv="Content-Type" content="text/html; charset=utf-8" />
  <title>页面标题</title>
<style>
ul{
    list-style-type:none;
    display:inline;
  }
</style>
</head>
```

```
<body>
    <ul>
        <li>list1</li>
        <li>list2</li>
    </ul>
</body>
</html>
```

这是一段很简单的 HTML 代码，并用 CSS 对<ul>标记进行了样式上的控制。这段代码在 IE 7 中的显示效果与在 Firefox 中的显示效果就存在差别，如图 1.13 所示。

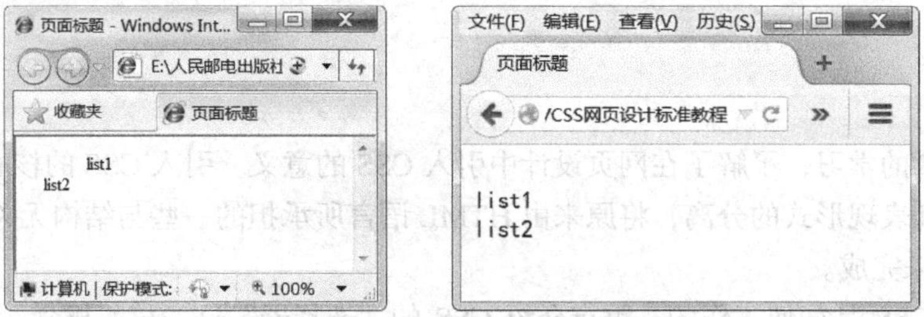

图 1.13　IE 与 Firefox 的效果区别

但比较幸运的是，出现各个浏览器效果上的差异，主要是因为各个浏览器对 CSS 样式默认值的设置不同，因此可以通过对 CSS 文件各个细节的严格编写使各个浏览器之间达到基本相同的效果。这在后续章节中会陆续介绍。

提示

使用 CSS 制作网页的一个基本要求就是主流的浏览器之间的显示效果要基本一致。通常的做法是一边编写 HTML 和 CSS 代码，一边在不同的浏览器上进行预览，及时地调整各个细节，这对深入掌握 CSS 也是很有好处的。

另外，Dreamweaver 的“视图”模式只能作为设计时的参考来使用，绝对不能作为最终显示效果的依据，只有浏览器中的效果才是用户所看到的。

小　结

通过对本章的学习，读者已充分理解了对于网页而言，“内容”和“表现”的各自含义，并了解仅仅通过 HTML 制作网页所具有的局限性和不足，体会到 CSS 的作用和意义。同时了解 XHTML 和 HTML 的演进关系。

习　题

1. 简述 XHTML 和 HTML 之间的关系，以及二者之间的重要差异。
2. 配合一些简单的例子，简述传统 HTML 在表达网页中存在的缺点，而 CSS 是如何解决这个问题的。
3. 在自己的计算机上安装 Firefox 浏览器，并制作一个在 IE 和 Firefox 中显示有所差别的网页。

第 2 章 CSS 选择器与相关特性

通过上一章的学习，了解了在网页设计中引入 CSS 的意义。引入 CSS 的核心目的就是实现网页结构内容和表现形式的分离，将原来由 HTML 语言所承担的一些与结构无关的功能剥离出来，改由 CSS 来完成。

本章介绍 CSS 是如何工作的。重点介绍 CSS 的“选择器”这一核心概念，以及相关的两个特性——“继承”和“层叠”。

2.1 构造 CSS 规则

在具体介绍 CSS 之前，先思考一个生活中的问题，当需要描述一个人时，通常可以为该人列一张表，例如：

```
张飞
{
    身高:185cm;
    体重:105kg;
    性别:男;
    性格:暴躁;
    民族:汉族;
}
```

这个表实际上是由 3 个要素组成的，即姓名、属性和属性值。通过这样一张表，就可以把一个人的基本情况描述出来了。表中每一行分别描述了这个人的某一种属性，以及该属性的属性值。

CSS 的作用就是设置网页的各个组成部分的表现形式。因此，如果把上面的表格换成描述网页上一个标题的属性表，可以设想应该大致如下：

```
2 级标题{
    字体:宋体;
    大小:15 像素;
    颜色:红色;
    装饰:下划线
}
```

再进一步，如果把上面的表格用英语写出来：

```
h2{
```

```
    font-family: 宋体;
    font-size:15px;
    color: red;
    text-decoration: underline;
}
```

这就是 CSS 代码。可见，CSS 的原理很简单，对于母语为英语的人来说，写 CSS 代码几乎就像使用自然语言一样简单。而对于我们，只要理解了这些属性的含义，就可以掌握它。

CSS 的思想就是首先指定对什么“对象”进行设置，然后指定对该对象的哪个方面的“属性”进行设置，最后给出该设置的“值”。因此，概括来说，CSS 就是由 3 个基本部分——“对象”“属性”和“值”组成的。

2.2　基本 CSS 选择器

在 CSS 的 3 个组成部分中，“对象”是很重要的，它指定了对哪些网页元素进行设置，因此，它有一个专门的名称——选择器（selector）。

选择器是 CSS 中很重要的概念，所有 HTML 语言中的标记样式都是通过不同的 CSS 选择器进行控制的。用户只需要通过选择器对不同的 HTML 标签进行选择，并赋予各种样式声明，即可实现各种效果。

为了解释选择器的概念，可以用“地图”作为类比。在地图上都可以看到一些“图例”，比如河流用蓝色的线表示，公路用红色的线表示，省会城市用黑色圆点表示等。本质上，这就是一种“内容”与“表现形式”的对应关系，在网页上，也同样存在着这样的对应关系。例如，<h1>标记用蓝色文字表示，<h2>标记用红色文字表示。因此为了能够使 CSS 规则与 HTML 元素对应起来，就必须定义一套完整的规则，实现 CSS 对 HTML 的“选择”，这就是称其为“选择器”的原因。

在 CSS 中，有几种不同类型的选择，本节先来介绍基本选择器。所谓基本，是相对于后面要介绍的复合选择器而言的。复合选择器是通过对基本选择器进行组合而构成的。

基本选择器有标记选择器、类别选择器、ID 选择器、属性选择器、结构伪类选择器和 UI 伪类选择器 6 种，下面分别介绍。

2.2.1　标记选择器

一个 HTML 页面由很多不同的标记组成，而 CSS 标记选择器就是声明哪些标记采用哪种 CSS 样式。因此，每一种 HTML 标记的名称都可以作为相应的标记选择器的名称。例如，p 选择器就是用于声明页面中所有<p>标记的样式风格。同样，可以通过 h1 选择器来声明页面中所有的<h1>标记的 CSS 风格。例如下面这段代码：

```
<style>
  h1{
    color: red;
    font-size: 25px;
  }
</style>
```

以上这段 CSS 代码声明了 HTML 页面中所有的<h1>标记，文字的颜色都采用红色，大小都为 25px。每一个 CSS 选择器都包含选择器本身、属性和值，其中属性和值可以设置多个，从而实现对同一个标记声明多种样式风格，如图 2.1 所示。

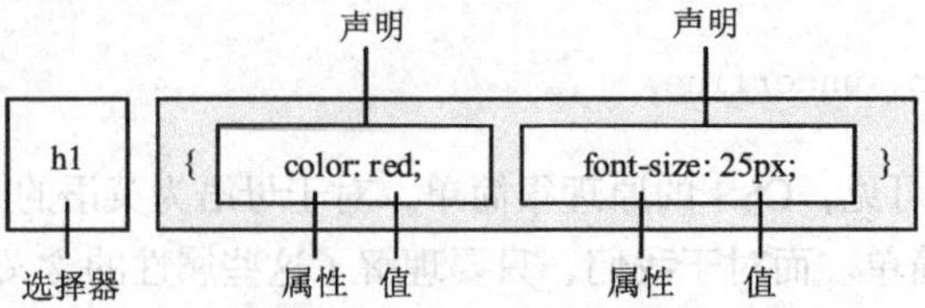

图 2.1　CSS 标记选择器

如果希望所有<h1>标记不再采用红色，而是蓝色，这时仅仅需要将属性 color 的值修改为 blue，即可全部生效。

CSS 语言对于所有属性和值都有相对严格的要求，如果声明的属性在 CSS 规范中没有，或者某个属性的值不符合该属性的要求，都不能使该 CSS 语句生效。下面是一些典型的错误语句：

```
Head-height: 48px;      /* 非法属性 */
color: ultraviolet;     /* 非法值 */
```

对于上面提到的这些错误，通常情况下可以直接利用 CSS 编辑器（如 Dreamweaver 或 Expression Web）的语法提示功能避免，但某些时候还需要查阅 CSS 手册，或者直接登录 W3C 的官方网站（http://www.w3.org/）来查阅 CSS 的详细规格说明。

2.2.2　类别选择器

在上一小节中提到的标记选择器一旦声明，那么页面中所有的相应标记都会相应地产生变化。例如，当声明了<p>标记为红色时，页面中所有的<p>标记都将显示为红色。如果希望其中的某一个<p>标记不是红色，而是绿色，这时仅依靠标记选择器是不够的，还需要引入类别（class）选择器。

class 选择器的名称可以由用户自定义，属性和值跟标记选择器一样，也必须符合 CSS 规范，如图 2.2 所示。

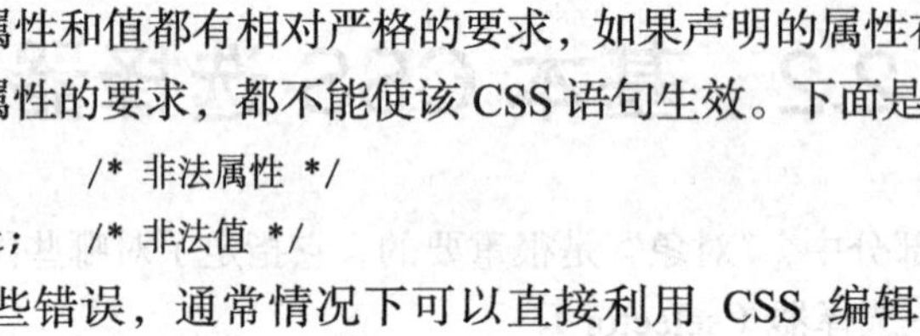

图 2.2　类别选择器

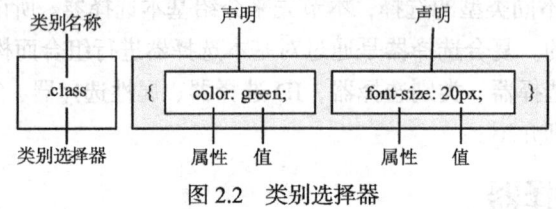

例如，当页面中同时出现 3 个<p>标记，并且希望它们的颜色各不相同，就可以通过设置不同的 class 选择器来实现。一个完整的实例如下，相应实例文件为“Ch02\2.2\01.html”。

```
<html>
<head>
<meta http-equiv="Content-Type" content="text/html; charset=utf-8" />
<title>class 选择器</title>
<style type="text/css">
.red{
    color:red;              /* 红色 */
    font-size:18px;         /* 文字大小 */
}
.green{
```

```
        color:green;            /* 绿色 */
        font-size:20px;         /* 文字大小 */
    }
    </style>
    </head>

    <body>
        <p class="red">class 选择器 1</p>
        <p class="green">class 选择器 2</p>
        <h3 class="green">h3 同样适用</h3>
    </body>
    </html>
```

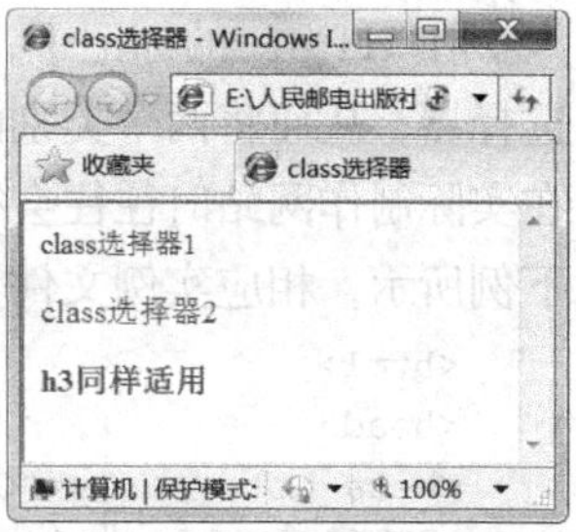

图 2.3　类别选择器示例

其显示效果如图 2.3 所示，可以看到 3 个<p>标记分别呈现出了不同的颜色以及文字大小。任何一个 class 选择器都适用于所有 HTML 标记，只需要用 HTML 标记的 class 属性声明即可，如<h3>标记同样使用了.green 这个类别。

仔细观察上例还会发现，最后一行<h3>标记显示效果为粗体字，而也使用了.green 选择器的第 2 个<p>标记却没有变成粗体。这是因为在.green 类别中没有定义字体的粗细属性，因此各个 HTML 标记都采用了其自身默认的显示方式，<p>默认为正常粗细，而<h3>默认为粗体字。

很多时候页面中几乎所有的<p>标记都使用相同的样式风格，只有 1～2 个特殊的<p>标记需要使用不同的风格来突出，这时可以通过 class 选择器与上一节提到的标记选择器配合使用。例如下面这段代码，相应实例文件为“Ch02\2.2\02.html”。

```
<html>
<head>
<meta http-equiv="Content-Type" content="text/html; charset=utf-8" />
<title>class 选择器与标记选择器</title>
<style type="text/css">
p{                          /* 标记选择器 */
    color:blue;
    font-size:18px;
}
.special{                   /* 类别选择器 */
    color:red;              /* 红色 */
    font-size:23px;         /* 文字大小 */
}
</style>
</head>
<body>
    <p>class 选择器与标记选择器 1</p>
    <p>class 选择器与标记选择器 2</p>
    <p>class 选择器与标记选择器 3</p>
    <p class="special">class 选择器与标记选择器 4</p>
    <p>class 选择器与标记选择器 5</p>
    <p>class 选择器与标记选择器 6</p>
</body>
</html>
```

首先通过标记选择器定义<p>标记的全局显示方案，然后再通过一个 class 选择器对需要突出的<p>标记进行单独设置，这样大大提高了代码的编写效率，其显示效果如图 2.4 所示。

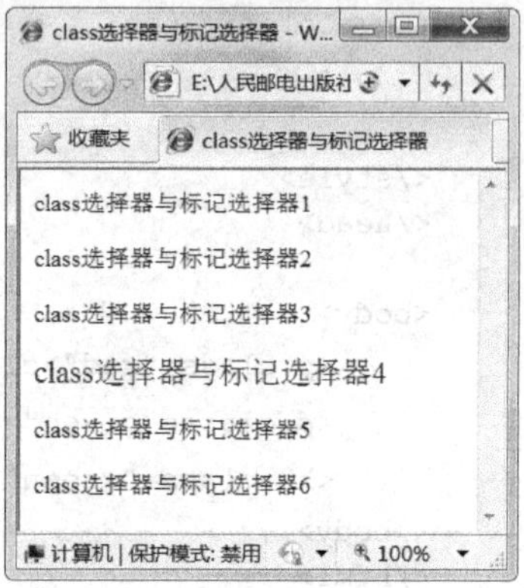

图 2.4　两种选择器配合

在 HTML 的标记中，还可以同时给一个标记运用多个 class 选择器，从而将两个类别的样式风格同时运用到一个标记中。这在实际制作网站时往往会很有用，可以适当减少代码的长度。如下例所示，相应实例文件为“Ch02\2.2\03.html”。

```
<html>
<head>
<meta http-equiv="Content-Type" content="text/html;
 charset=utf-8" />
<title>同时使用两个 class</title>
<style type="text/css">
.blue{
      color:blue;          /* 颜色 */
}
.big{
      font-size:22px;  /* 字体大小 */
}
</style>
</head>
<body>
      <h4>一种都不使用</h4>
      <h4 class="blue">两种 class,只使用 blue</h4>
      <h4 class="big">两种 class,只使用 big </h4>
      <h4 class="blue big">两种 class, 同时 blue 和 big</h4>
      <h4>一种都不使用</h4>
</body>
</html>
```

图 2.5　同时使用两种 CSS 风格

显示效果如图 2.5 所示，可以看到使用第 1 种 class 的第 2 行显示为蓝色；而第 3 行则仍为黑色，但由于使用了 big，因此字体变大。第 4 行通过“class="blue big"”将两个样式同时加入，得到蓝色大字体。第 1 行和第 5 行没有使用任何样式，仅作为对比时的参考。

2.2.3　ID 选择器

ID 选择器的使用方法跟 class 选择器基本相同，不同之处在于 ID 选择器只能在 HTML 页面中使用一次，因此其针对性更强。在 HTML 的标记中只需要利用 id 属性，就可以直接调用 CSS 中的 ID 选择器，其格式如图 2.6 所示。

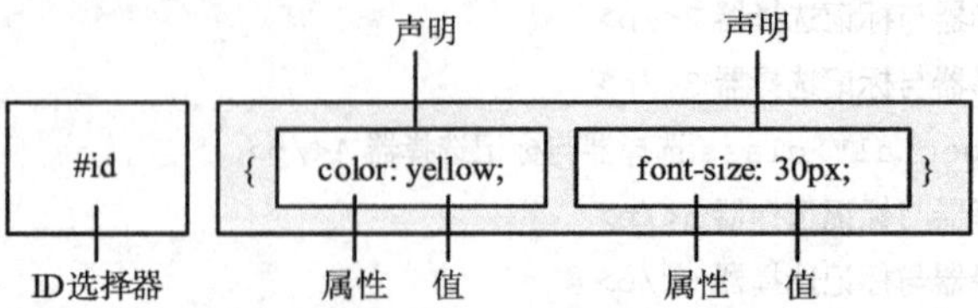

图 2.6　ID 选择器

下面举一个实例，相应实例文件为“Ch02\2.2\04.html”。

```
<html>
<head>
<meta http-equiv="Content-Type" content="text/html;charset=utf-8" />
<title>ID 选择器</title>
<style type="text/css">
#bold{
     font-weight:bold;                /* 粗体 */
     }
#green{
     font-size:30px;                  /* 字体大小 */
     color:#009900;                   /* 颜色 */
     }
</style>
</head>
<body>
     <p id="blod">ID 选择器 1</p>
     <p id="green">ID 选择器 2</p>
     <p id="green">ID 选择器 3</p>
     <p id="bold green">ID 选择器 4</p>
</body>
</html>
```

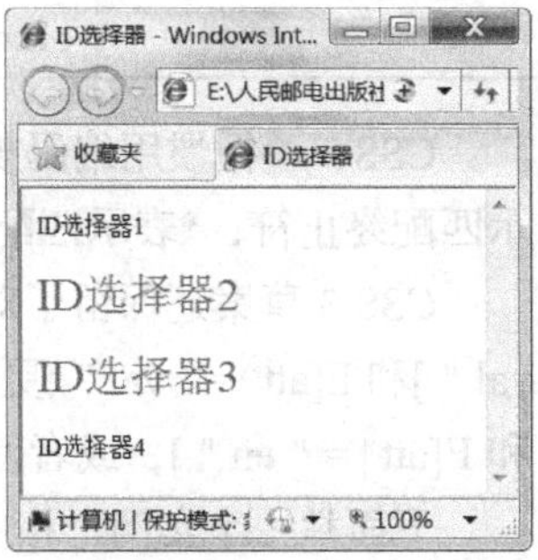

图 2.7　ID 选择器示例

显示效果如图 2.7 所示，可以看到第 2 行与第 3 行都显示了 CSS 的方案，换句话说，在很多浏览器下，ID 选择器也可以用于多个标记。但这里需要指出的是，将 ID 选择器用于多个标记是错误的，因为每个标记定义的 id 不只是 CSS 可以调用，JavaScript 等其他脚本语言同样也可以调用。如果一个 HTML 中有两个相同 id 的标记，那么将会导致 JavaScript 在查找 id 时出错，如函数 getElementById()。

正因为 JavaScript 等脚本语言也能调用 HTML 中设置的 id，因此 ID 选择器一直被广泛地使用。网站建设者在编写 CSS 代码时，应该养成良好的编写习惯，一个 id 最多只能赋予一个 HTML 标记。

另外从图 2.7 所示内容还可以看到，最后一行没有任何 CSS 样式风格显示，这意味着 ID 选择器不支持像 class 选择器那样的多风格同时使用，类似“id="bold green"”是完全错误的语法。

2.2.4　属性选择器

在 HTML 中，通过各种各样的属性，可以给元素增加很多附加信息。例如，通过 font-family 属性，可以指定文字的字体，通过 id 属性，可以将不同的 div 元素进行区分，并且通过 JavaScript 来控制这个 div 元素的内容和状态。

CSS 3.0 新增加了 3 个属性选择器，详细说明如表 2.1 所示。这 3 个属性选择器与 CSS 2.1 中已经定义的 4 个属性选择器共同构成了 CSS 的功能强大的标签属性过滤体系。

表 2.1　　CSS 3.0 新增属性选择器列表

选择器	说　明
E[att^= " val "]	选择匹配 E 的元素，且该元素定义了 att 属性，att 属性值包含前缀为 " val " 的子字符串。注意，E 选择符可以省略，表示可匹配任意类型的元素 例如：body[lang^= " en "]匹配<body lang= " en-us " > <body>，而不匹配<body lang= " fr-argot " ><body>

续表

选择器	说　明
E[foo$= " val "]	选择匹配 E 的元素，且该元素定义了 att 属性，att 属性值包含后缀为 " val " 的子字符串。注意，E 选择符可以省略，表示可匹配任意类型的元素 例如：img[src$= " jpg "]匹配<img src= " pic.jpg " />，而不匹配< img src= " pic.png " />
E[foo*= " val "]	选择匹配 E 的元素，且该元素定义了 att 属性，att 属性值包含 " val " 的子字符串。注意，E 选择符可以省略，表示可匹配任意类型的元素 例如：img[src$= " jpg "]匹配<img src= " pic.jpg " />，而不匹配< img src= " pic.png " />

CSS 3 遵循惯用编码规则，选用^、$和*这 3 个通用匹配运算符，其中，^表示匹配起始符，$表示匹配终止符，*表示匹配任意字符，使用它们更符合编码习惯和惯用编程思维。

CSS 3 草案还保留了对选择器 E[att ~= " val "]和 E[att | = " en "]的支持。实际上，E[att*= " val "]和 E[att^= " val "]更符合用户使用习惯，可以使用 E[att*= " val "]替换掉 E[att ～ = " val "]和 E[att | = " en "]，或者使用 E[att^= " val "]替换 E[att | = " en "]，两者执行效率相差无几。

下面举一个实例，相应实例文件为“Ch02\2.2\05.html”。

```
<html>
<head>
<meta http-equiv="Content-Type" content="text/html;charset=utf-8" />
<title>案例演示效果</title>
<style type="text/css">
p{
    margin:4px;
    }
a[href^="http:"]{                                /* 匹配所有有效超链接 */
    background:url(images/img.gif) no-repeat left center;
    padding-left:23px;}
a[href$="ps"]{                                   /* 匹配 Adobe Photoshop */
    background:url(images/pic.png) no-repeat left center;
    padding-left:23px;
    }
a[href$="ai"]{                                   /* 匹配 Adobe Illustrator */
    background:url(images/pic_1.png) no-repeat left center;
    padding-left:23px;
    }
a[href$="id"]{                                   /* 匹配 Adobe InDesign */
    background:url(images/pic_2.png) no-repeat left center;
    padding-left:23px;
    }
a[href$="dw"]{                                   /* 匹配 Adobe Dreamweaver */
    background:url(images/pic_3.png) no-repeat left center;
    padding-left:23px;
    }
a[href$="fl"]{                                   /* 匹配 Adobe Flash */
    background:url(images/pic_4.png) no-repeat left center;
    padding-left:23px;
    }
</style>
</head>
```

```
<body>
<p><a href="http://www.adobe.com/name.ps">Adobe Photoshop</a></p>
<p><a href="http://www.adobe.com/name.ai">Adobe Illustrator</a></p>
<p><a href="http://www.adobe.com/name.id">Adobe InDesign</a></p>
<p><a href="http://www.adobe.com/name/dw">Adobe Dreamweaver</a></p>
<p><a href="http://www.adobe.com/name/fl">Adobe Flash</a></p>
<p><a href="http:">空链接</a></p>
</body>
</html>
```

显示效果如图 2.8 所示，可以看到使用属性选择器匹配 a 元素中的 href 属性值得最后几个字符。由于下载软件的类型不同，软件的扩展名也会不同，根据扩展名不同，分别为不同软件的超链接添加不同的图标即可。

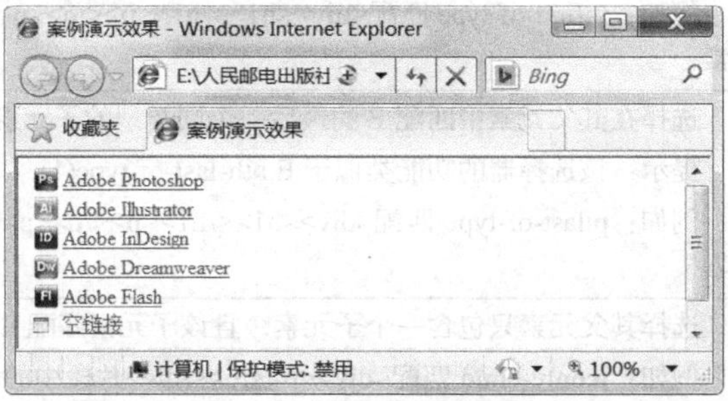

图 2.8 属性选择器显示效果

2.2.5 结构伪类选择器

结构伪类选择器也是 CSS 3 新增的选择器之一。结构伪类是利用文档结构树实现元素过滤，也就是说，通过文档结构的相互关系来匹配特定的元素，从而减少文档内对 class 属性和 ID 属性的定义，使文档更加简洁。

表 2.2 CSS 3.0 新增结构伪类选择器列表

选择器	说 明
E:root	选择匹配 E 所在文档的根元素。注意，在 (X)HTML 文档中，根元素就是 html 元素，此时该选择器与 html 选择器匹配的内容相同
E:nth-child(n)	选择所有在其父元素中的第 n 个位置的匹配 E 的子元素 提示：参数 n 可以是数字（1、2、3）、关键字（odd、even）、公式（2n、2n+3），参数的索引起始值为 1，而不是 0 例如：tr:nth-child(3)匹配所有表格里排第 3 行的 tr 元素 tr:nth-child(2n+1)匹配所有表格的奇数行 tr:nth-child(2n)匹配所有表格的偶数行 tr:nth-child(odd)匹配所有表格的奇数行 tr:nth-child(even)匹配所有表格的偶数行
E:nth-last-child(n)	选择所有在其父元素中倒数第 n 个位置的匹配 E 的子元素 提示：该选择器的计算顺序与 E:nth-child(n)相反，但语法和用法相同
E:nth-of-type(n)	选择父元素中第 n 个位置，且匹配 E 的子元素 提示：所有匹配 E 的子元素被分离出来单独排序。非 E 的子元素不参与排序。参数的取值与 E:nth-child(n)相同

续表

选择器	说　明
	例如：p:nth-of-type(2)匹配<div><h1></h1><p></p><p></p></div>片段中的第 2 个 p 元素，但不匹配片段中位于第 2 个位置的 p 元素
E:nth-last-of-type(n)	选择父元素中倒数第 n 个位置，且匹配 E 的子元素 提示：该选择器的计算顺序与 E:nth-of-type(n)相反，但语法和用法相同
E:last-child	选择位于其父元素中最后一个位置，且匹配 E 的子元素 例如：h1:last-child 匹配<div><p></p><h1></h1></div>片段中 h1 元素
E:first-of-type	选择在其父元素中匹配 E 的第一个同类型的子元素 提示：该选择器的功能类似于 E:nth-of-type(1) 例如：p:first-of-type 匹配<div><h1></h1><p></p><p></p></div>片段中的第 1 个 p 元素
E:last-of-type	选择在其父元素中匹配 E 的最后一个同类型的子元素 提示：该选择器的功能类似于 E:nth-last-of-type(1) 例如：p:last-of-type 匹配<div><h1></h1><p></p><p></p></div>片段中的第 2 个 p 元素
E:only-child	选择其父元素只包含一个子元素，且该子元素匹配 E 例如：p:only-child 匹配<div><p></p></div>片段中的 p 元素，但不匹配<div><h1></h1><p></p></div>片段中的 p 元素
E:only-of-type	选择其父元素只包含一个同类型的子元素，且该子元素匹配 E 例如：p:only-of-type 匹配<div><p></p></div>片段中的 p 元素，也匹配<div><h1></h1><p></p></div>片段中的 p 元素
E:empty	选择匹配 E 的元素，且该元素不包含子节点 提示：文本也属于节点

下面举一个实例，相应实例文件为“Ch02\2.2\06.html”。

```
<html>
<head>
<meta http-equiv="Content-Type" content="text/html;charset=utf-8" />
<title>各行变色效果</title>
<style type="text/css">
caption{                                          /* 设置表格标题样式 */
    font-size:24px;
    font-weight:bold;
    color:#093;
    padding:10px 0 10px 0;}
table{                                            /* 设置整体表格的显示 */
    width:100%;
    font-size:14px;
    table-layout:fixed;
    empty-cells:show;
    border-collapse:collapse;
    margin:0 auto;
    border:1px solid #0C3;
    color:#666;
    }
```

```
    th{                                          /* 设置表头的显示样式 */
        background:url(images/bj.jpg) repeat-x;
        height:35px;
        overflow:hidden;
        color:#333
    }
    td{                                          /* 设置单元格的高度 */
        height:30px;}
    td,th{                                       /* 设置单元格的边线样式 */
        border:1px solid #0C3
        }
    tr:nth-child(even){                          /* 匹配表格偶数行背景色 */
        background-color:#AAFDCF;}
    </style>
    </head>
    <body>
    <table width="100%" border="0" cellspacing="0" cellpadding="0">
    <caption>制作精美数据表格</caption>
      <tr>
        <th align="center">月份</th>
        <th align="center">男鞋</th>
        <th align="center">女鞋</th>
        <th align="center">家居服</th>
        <th align="center">衬衣</th>
        <th align="center">短裤</th>
        <th align="center">长裤</th>
        <th align="center">风衣</th>
      </tr>
      <tr>
        <td align="center">1月</td>
        <td align="center">500</td>
        <td align="center">300</td>
        <td align="center">400</td>
        <td align="center">270</td>
        <td align="center">330</td>
        <td align="center">240</td>
        <td align="center">300</td>
      </tr>
    ……
    </table>
    </body>
    </html>
```

显示效果如图 2.9 所示，可以看到通过结构伪类选择器设置表格的各行变色的效果非常简单方便。

图 2.9　行内式

2.2.6　UI 伪类选择器

UI 伪类选择器也是 CSS 3 新增选择器之一。选择器的共同特征是：指定的样式只有当元素处于某种状态时才起作用，在默认状态下不起作用。

CSS 3 共定义了 11 种 UI 元素状态伪类选择器，分别是 E:hover、E:active、E:focus、E:enabled、

E:disabled、E:read-only、E:read-write、E:checked、E:default、E:indeterminate 和 E:selection。这些元素中只有 3 种比较常用。

表 2.3　　CSS 3.0 新增 UI 伪类选择器列表

选择器	说　明
E:enabled	选择匹配 E 的所有可用 UI 元素 提示：在网页中，UI 元素一般是指包含在 form 元素内的表单元素 例如：input:enabled 匹配<form><input type= " text " /><input type= " buttom " disabled= " disabled " /></form>片段中的文本框，但不匹配该片段中的按钮
E:disabled	选择匹配 E 的所有不可用 UI 元素 提示：在网页中，UI 元素一般是指包含在 form 元素的表单元素 例如：input:disabled 匹配<form><input type= " text " /><input type= " buttom " disabled= " disabled " /></form>片段中的按钮，但不匹配该片段中的文本框
E:checked	选择匹配 E 的所有处于选中状态的 UI 元素 提示：在网页中，UI 元素一般是指包含在 form 元素内的表单元素 例如：input:checked 匹配<form><input type= " checkbox " /> <input type= " radio " checked = " checked " /></form>片段中的单选按钮，但不匹配该片段中的复选框

下面举一个实例，相应实例文件为“Ch02\2.2\07.html”。

```
<html>
<head>
<meta http-equiv="Content-Type" content="text/html;charset=utf-8" />
<title>用户登录界面</title>
<style type="text/css">
h1{font-size:20px;}
legend{color:#090;}                                  /* 标题文字颜色的显示 */
#login {                                             /* 设置整体表单显示 */
     width:400px;
     padding:1em 2em 0 2em;
     font-size:12px;
     }
label {
     line-height:26px;
     display:block;
     font-weight:bold;
}
#name, #password {                                   /* 设置文本框与密码域的显示效果 */
     border:1px solid #063;
     width:160px;
      height:22px;
     padding-left:25px;
     margin:6px 0;
     line-height:20px;
}
#name{
     background:url(images/pic_5.png) no-repeat 2px 2px;
}
#password{
     background:url(images/pic_6.png) no-repeat 2px 2px;
}
```

```
.button{ margin:6px 0; }
</style>
</head>
<body>
<fieldset id="login">
    <legend>用户登录</legend>
    <form action="" method="POST" class="form">
        <label for="name">姓名
            <input name="name" type="text"  id="name" value="" />
        </label>
        <label for="password">密码
            <input name="password" type="text" id="password" value=""/>
        </label>
        <input type="image"  class="button" src="images/bt.png" />
    </form>
</fieldset>
</body>
</html>
```

显示效果如图 2.10 所示。当用户登录成功后，通过脚本将文本框设置为不可用（disabled="disabled"）状态。

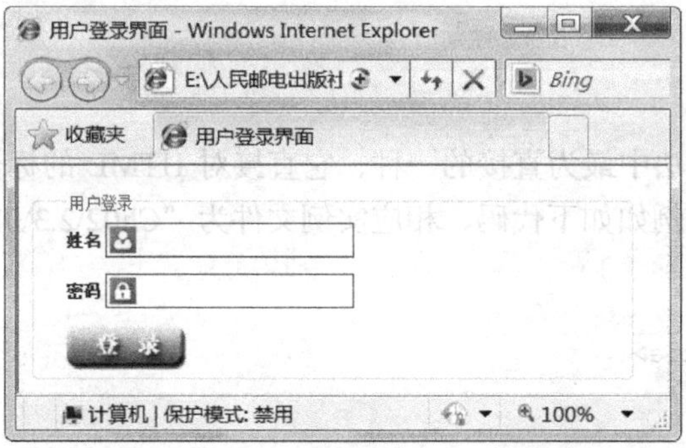

图 2.10 用户登录界面

```
#login input:disabled#name{                          /* 设置文本框处于不可用状态 */
     background:url(images/pic_7.png) no-repeat 2px 2px;
     border:1px solid #666;
     }
#login input:disabled#password{                      /* 设置密码域处于不可用状态 */
     background:url(images/pic_8.png) no-repeat 2px 2px;
     border:1px solid #666;
     }

<label for="name">姓名
       <input name="name" type="text"  id="name" value="" disabled="disabled"/>
</label>
<label for="password">密码
     <input name="password" type="password" id="password" value=""
       disabled="disabled"/>
</label>
```

更改过代码的效果如图 2.11 所示，相应实例文件为“Ch02\2.2\08.html”。

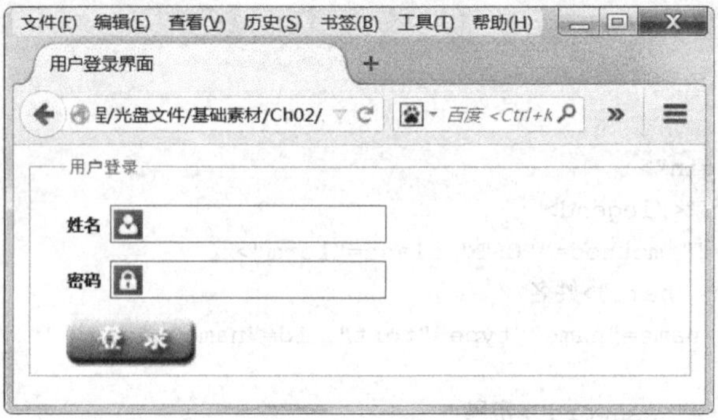

图 2.11 Firefox 中的效果显示

2.3 在 HTML 中使用 CSS 的方法

在对 CSS 有了大致的了解之后，就可以使用 CSS 对页面进行全方位的控制。本节主要介绍如何在 HTML 中使用 CSS，包括行内式、内嵌式、链接式和导入式等，最后探讨各种方式的优先级。

2.3.1 行内式

行内式是所有样式方法中最为直接的一种，它直接对 HTML 的标记使用 style 属性，然后将 CSS 代码直接写在其中。例如如下代码，相应实例文件为“Ch02\2.3\01.html”。

```
<html>
<head>
<title>页面标题</title>
</head>
<body>
     <p style="color:#FF0000; font-size:20px; text-decoration:underline;">正文内容 1</p>
     <p style="color:#000000; font-style:italic;">正文内容 2</p>
     <p style="color:#FF00FF; font-size:25px; font-weight:bold;">正文内容 3</p>
</body>
</html>
```

其显示效果如图 2.12 所示。可以看到在 3 个<p>标记中都使用了 style 属性，并且设置了不同的 CSS 样式，各个样式之间互不影响，分别显示自己的样式效果。

第 1 个<p>标记设置了字体为红色（color:#FF0000;），字号大小为 20px（font-size:20px;），并有下划线（text-decoration:underline;）。第 2 个<p>标记则设置文字的颜色为黑色，字体为斜体。最后一个<p>标记设置文字为紫色、字号为 25px 的粗体字。

行内式是最为简单的 CSS 使用方法，但由于需要为每一个标记设置 style 属性，后期维护成本很高，而且网页容易过“胖”，因此不推荐使用。

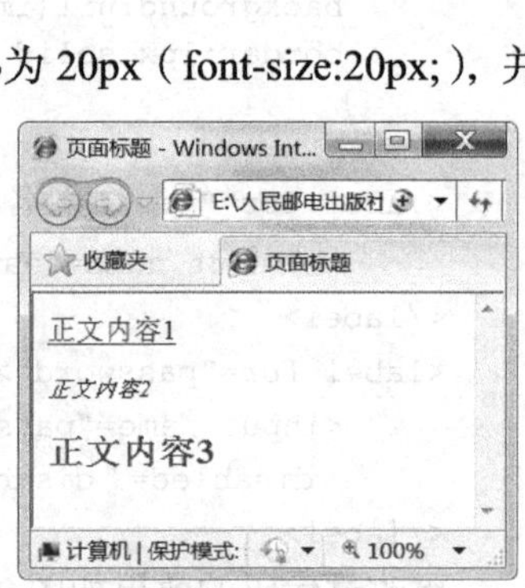

图 2.12 行内式

2.3.2　内嵌式

内嵌式样式表就是将 CSS 写在<head>与</head>之间，并且用<style>和</style>标记进行声明，如前面的 Ch02\2.2\04.html 就是采用的这种方法。对于 Ch02\2.3\01.html 如果采用内嵌式的方法，则 3 个<p>标记显示的效果将完全相同。例如下面这段代码，相应实例文件为“Ch02\2.3\02.html”，效果如图 2.13 所示。

```
<html>
<head>
<title>页面标题</title>
<style type="text/css">
p{
     color:#0000FF;
     text-decoration:underline;
     font-weight:bold;
     font-size:25px;
}
</style>
</head>
<body>
     <p>这是第 1 行正文内容……</p>
     <p>这是第 2 行正文内容……</p>
     <p>这是第 3 行正文内容……</p>
</body>
</html>
```

图 2.13　内嵌式

可以从 Ch02\2.3\02.html 中看到，所有 CSS 的代码部分被集中在了同一个区域，方便了后期的维护，页面本身也大大瘦身。但如果是一个网站，拥有很多的页面，对于不同页面上的<p>标记都要采用同样的风格时，内嵌式的方法就显得略微麻烦，维护成本也高，因此仅适用于对特殊的页面设置单独的样式风格。

2.3.3　链接式

链接式样式表是使用频率最高、也是最为实用的方法。它将 HTML 页面本身与 CSS 样式风格分离为两个或者多个文件，实现了页面框架 HTML 代码与美工 CSS 代码的完全分离，使得前期制作和后期维护都十分方便，网站后台的技术人员与美工设计者也可以很好地分工合作。

同一个 CSS 文件可以链接到多个 HTML 文件中，甚至可以链接到整个网站的所有页面中，使网站整体风格统一、协调，并且后期维护的工作量也大大减少。下面来看一个链接式样式表的实例，实例文件为“Ch02\2.3\03.html”。

首先创建 HTML 文件，代码如下：

```
<html>
<head>
<title>页面标题</title>
<link href="style.css" rel="stylesheet" type="text/css">
</head>
<body>
     <h2>CSS 标题</h2>
     <p>这是正文内容……</p>
     <h2>CSS 标题</h2>
```

```
    <p>这是正文内容……
</p>
</body>
</html>
```

然后创建文件 style.css，其内容如下所示。保存文件时确保这个文件和上面的 Ch02\2.3\03.html 在同一个文件夹中，否则 href 属性中需要带有正确的文件路径。

```
h2{
    color:#0000FF;
}
p{
    color:#FF0000;
    text-decoration:underline;
    font-weight:bold;
    font-size:15px;
}
```

从 Ch02\2.3\03.html 中可以看到，文件 style.css 将所有的 CSS 代码从 HTML 文件 02-07.html 中分离出来，然后在文件 Ch02\2.3\03.html 的<head>和</head>标记之间加上“<link href="style.css" rel="stylesheet" type="text/css">”语句，将 CSS 文件链接到页面中，对其中的标记进行样式控制。其显示效果如图 2.14 所示。

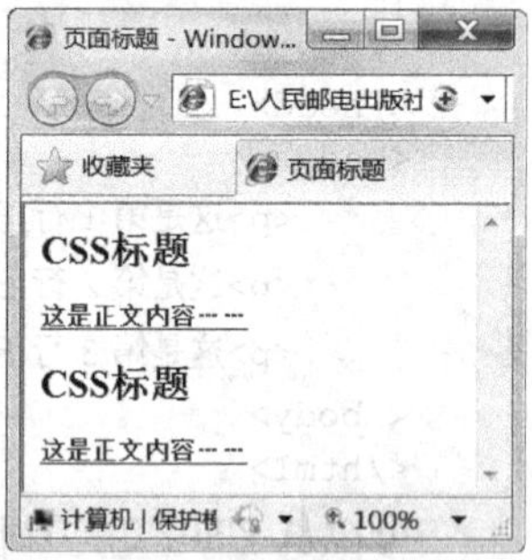

图 2.14　链接式

链接式样式表的最大优势在于 CSS 代码与 HTML 代码完全分离，并且同一个 CSS 文件可以被不同的 HTML 链接使用。因此在设计整个网站时，可以将所有页面都链接到同一个 CSS 文件，使用相同的样式风格。如果整个网站需要进行样式上的修改，就只需要修改这一个 CSS 文件即可。

2.3.4　导入式

导入式样式表与链接式样式表的功能基本相同，只是语法和运作方式上略有区别。采用 import 方式导入的样式表，在 HTML 文件初始化时，会被导入到 HTML 文件内，作为文件的一部分，类似内嵌式的效果。而链接式样式表则是在 HTML 的标记需要格式时才以链接的方式引入。

在 HTML 文件中导入样式表，常用的有如下几种@import 语句，可以选择任意一种放在<style>与</style>标记之间。

```
@import url(sheet1.css);
@import url("sheet1.css");
@import url('sheet1.css');
@import sheet1.css;
@import "sheet1.css";
@import 'sheet1.css';
```

下面制作一个实例，相应实例文件为“Ch02\2.3\04.html”。

```
<html>
<head>
<title>页面标题</title>
<style type="text/css">
<!--
@import url(style.css);
-->
</style>
```

```
</head>
<body>
     <h2>CSS 标题</h2>
     <p>这是正文内容……</p>
     <h2>CSS 标题</h2>
     <p>这是正文内容……
</body>
</html>
```

图 2.15　导入式

Ch02\2.3\04.html 在 Ch02\2.3\03.html 的基础上进行了修改，页面内容与例 Ch02\2.3\03.html 中的显示效果完全相同，区别在于引入 CSS 的方式不同，页面效果如图 2.15 所示。可以看到效果和前面使用链接式的方式引入的没有任何区别。

导入样式表的最大用处在于可以让一个 HTML 文件导入很多的样式表，以 Ch02\2.3\04.html 为基础进行修改，创建文件 style_1.css，同时使用两个@import 语句将 style_1.css 和 style.css 同时导入到 HTML 中，具体如下，相应实例文件为"Ch02\2.3\05.html"。

首先创建 Ch02\2.3\05.html 文件，代码如下：

```
<html>
<head>
<title>页面标题</title>
<style type="text/css">
<!--
@import url(style.css);
@import url(style_1.css);        /* 同时导入两个 CSS 样式表 */
-->
</style>
</head>
<body>
     <h2>CSS 标题</h2>
     <p>这是正文内容……</p>
     <h2>CSS 标题</h2>
     <p>这是正文内容……
     <h3>新增加的标题</h3>
     <p>新增加的正文内容</p>
</   body>
</html>
```

可以看到，引入了两个 CSS 文件，其中一个是前面已经制作好的 style.css。下面再新建一个 style_1.css，将<h3>设置为斜体，颜色为绿色，大小为 40px，代码如下：

```
h3{
    color:#33CC33;
    font-style:italic;
    font-size:40px;
 }
```

其效果如图 2.16 所示，可以看到新导入的 style_1.css 中设置的<h3>风格样式也被运用到了页面效果中，而原有 style.css 中设置的效果保持不变。

图 2.16　导入多个样式表

不单是 HTML 文件的<style>与</style>标记中可以导入多个样式表，在 CSS 文件内也可以导入其他样式表。以 Ch02\2.3\05.html 为例，将“@import url(style.css);”去掉，然后在 style_1.css 文件中加入“@import url(02-08.css);”，也可以达到相同的效果。

2.4 复合选择器

2.3 节介绍了 3 种基本的选择器，以这 3 种基本选择器为基础，通过组合，还可以产生更多种类的选择器，实现更强、更方便的选择功能，复合选择器就是由基本选择器通过不同的连接方式构成的。

复合选择器就是两个或多个基本选择器，通过不同连接方式而成的选择器。

2.4.1 交集选择器

交集选择器由两个选择器直接连接构成，其结果是选中二者各自元素范围的交集。其中第 1 个必须是标记选择器，第 2 个必须是类别选择器或者是 ID 选择器。这两个选择器之间不能有空格，必须连续书写，形式如图 2.17 所示。

这种方式构成的选择器，将选中同时满足前后二者定义的元素，也就是前者所定义的标记类型，并且指定了后者的类别或者 id 的元素，因此被称为交集选择器。例如，声明了 p、.special 和 p.special 这 3 种选择器，它们的选择范围如图 2.18 所示。

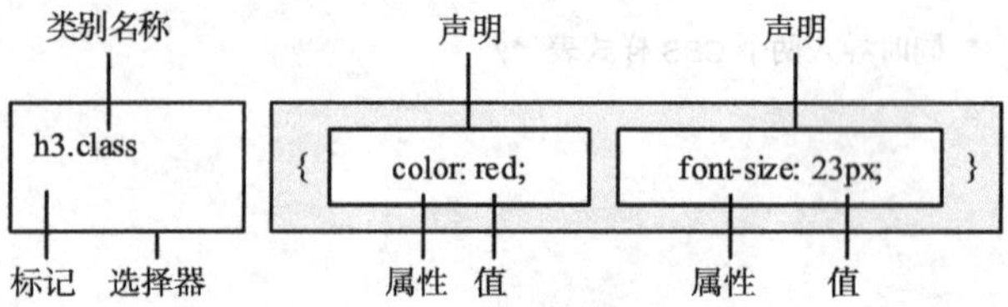

图 2.17　标记类别选择器

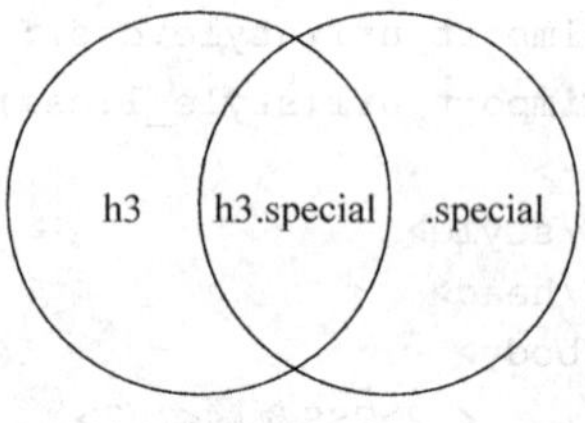

图 2.18　交集选择器示意图

下面举一个实例，实例文件为“Ch02\2.4\01.html”。

```
<!DOCTYPE html PUBLIC "-//W3C//DTD XHTML 1.0 Transitional//EN"
   "http://www.w3.org/TR/xhtml1/DTD/xhtml1-transitional.dtd">
<html xmlns="http://www.w3.org/1999/xhtml">
<head>
<title>选择器.class</title>
<style type="text/css">
p{                              /* 标记选择器 */
      color:blue;
}
p.special{                      /* 标记.类别选择器 */
      color:red;                /* 红色 */
}
.special{                       /* 类别选择器 */
      color:green;
}
</style>
</head>
<body>
```

```
	<p>普通段落文本（蓝色）</p>
	<h3>普通标题文本（黑色）</h3>
	<p class="special">指定了.special 类别的段落文本（红色）</p>
	<h3 class="special">指定了.special 类别的标题文本（绿色）</h3>
</body>
</html>
```

上面的代码中定义了<p>标记的样式，也定义了“.special”类别的样式，此外还单独定义了 p.special，用于特殊的控制，而在这个 p.special 中定义的风格样式仅仅适用于<p class="special">标记，而不会影响使用了.special 的其他标记，显示效果如图 2.19 所示。

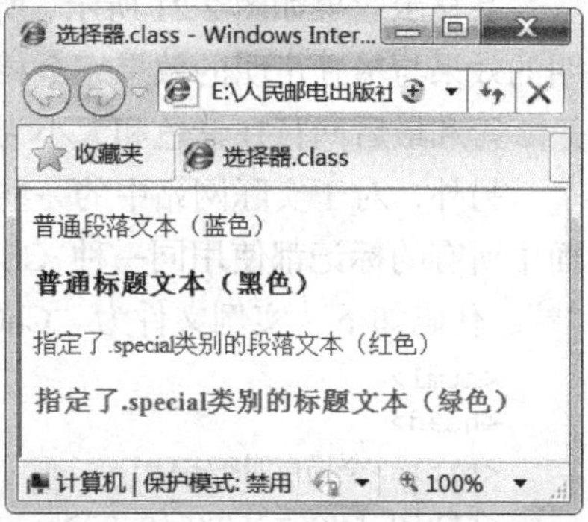

图 2.19　标记、class 选择器示例

2.4.2　并集选择器

与交集选择器相对应，还有一种并集选择器，或者称为“集体声明”。它的结果是同时选中各个基本选择器所选择的范围。任何形式的选择器（包括标记选择器、class 选择器、ID 选择器等）都可以作为并集选择器的一部分。

并集选择器是由多个选择器通过逗号连接而成的。在声明各种 CSS 选择器时，如果某些选择器的风格是完全相同的，或者部分相同，就可以利用并集选择器同时声明风格相同的 CSS 选择器，选择范围如图 2.20 所示。

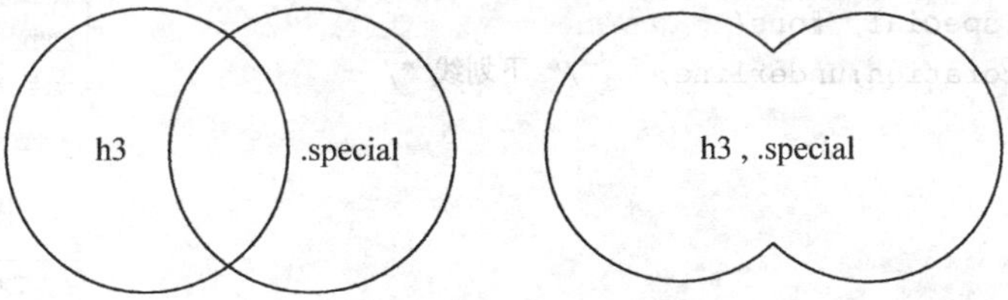

图 2.20　并集选择器示意图

下面举一个实例，源文件请参考实例文件“Ch02\2.4\02.html”。

```
<html>
<head>
<title>并集选择器</title>
<style type="text/css">
h1, h2, h3, h4, h5, p{                  /*并集选择器*/
	color:purple;                       /* 文字颜色 */
	font-size:15px;                     /* 字体大小 */
}
h2.special, .special, #one{             /* 集体声明 */
	text-decoration:underline;          /* 下划线 */
}
</style>
</head>
<body>
	<h1>示例文字 h1</h1>
	<h2 class="special">示例文字 h2</h2>
	<h3>示例文字 h3</h3>
```

```
        <h4>示例文字 h4</h4>
        <h5>示例文字 h5</h5>
        <p>示例文字 p1</p>
        <p class="special">示例文字 p2</p>
        <p id="one">示例文字 p3</p>
</body>
</html>
```

其显示效果如图 2.21 所示，所有行的颜色都是紫色的，而且字体大小均为 15px。这种集体声明的效果与单独声明的效果完全相同，h2.special、.special 和#one 的声明并不影响前一个集体声明，第 2 行和最后两行在紫色和大小为 15px 的前提下使用了下划线进行突出。

另外，对于实际网站中的一些页面，如弹出的小对话框和上传附件的小窗口等，希望这些页面中所有的标记都使用同一种 CSS 样式，但又不希望逐个来声明的情况，可以利用全局选择器“*”。代码如下，实例文件为“Ch02\2.4\03.html”。

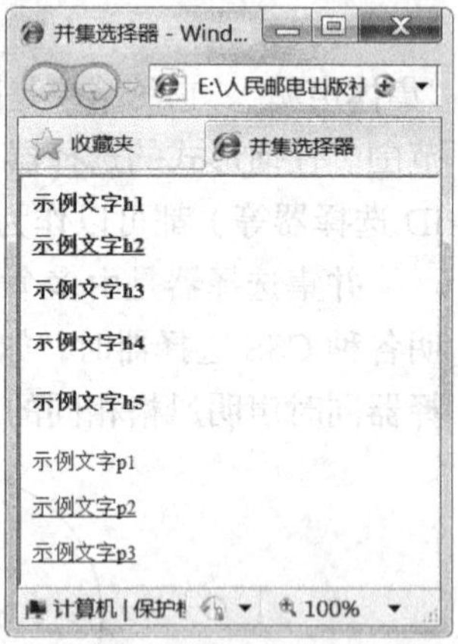

图 2.21　集体声明

```
<html>
<head>
<title>全局声明</title>
<style type="text/css">
*{                                      /* 全局声明 */
        color:purple;                   /* 文字颜色 */
        font-size:15px;                 /* 字体大小 */
}
h2.special, .special, #one{
        text-decoration:underline;      /* 下划线 */
}
</style>
</head>

<body>
        <h1>全局声明 h1</h1>
        <h2 class="special">全局声明 h2</h2>
        <h3>全局声明 h3</h3>
        <h4>全局声明 h4</h4>
        <h5>全局声明 h5</h5>
        <p>全局声明 p1</p>
        <p class="special">全局声明 p2</p>
        <p id="one">全局声明 p3</p>
</body>
</html>
```

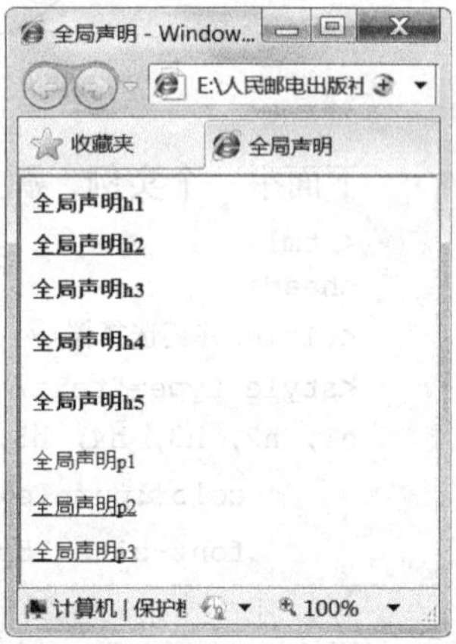

图 2.22　全局声明

其效果如图 2.22 所示，与前面案例的效果完全相同，代码却大大缩减了。

2.4.3　后代选择器

在 CSS 选择器中，还可以通过嵌套的方式对特殊位置的 HTML 标记进行声明，如当<p>与</p>之间包含<span></span>标记时，就可以使用后代选择器进行相应的控制。后代选择器的写法就是把外层的标记写在前面，内层的标记写在后面，之间用空格分隔。当标记发生嵌套时，内层的标记就称为外层标记的后代。例如，下述代码：

```
<p>这是最外层的文字，<span>这是中间层的文字，<b>这是最内层的文字，</b></span></p>
```

最外层是<p>标记，里面嵌套了<span>标记，<span>标记中又嵌套了<b>标记，则称<span>是<p>的子元素，<b>是<span>的子元素。

下面举一个完整的例子，具体代码如下，实例文件为“Ch02\2.4\04.html”。

```
<html>
<head>
<title>后代选择器</title>
<style type="text/css">
p span{                                /* 嵌套声明 */
      color:red;                       /* 颜色 */
}
span{
      color:blue;                      /* 颜色 */
}
</style>
</head>
<body>
     <p>嵌套<span>使用 CSS（红色）</span>标记的方法</p>
     嵌套之外的<span>标记（蓝色）</span>不生效
</body>
</html>
```

通过将 span 选择器嵌套在 p 选择器中进行声明，显示效果只适用于<p>和</p>之间的<span>标记，而其外的<span>标记并不产生任何效果，如图 2.23 所示，只有第 1 行中<span>和</span>之间的文字变成了红色，而第 2 行文字中<span>和</span>之间的文字的颜色则是按照第 2 条 CSS 样式规则设置的，即为蓝色。

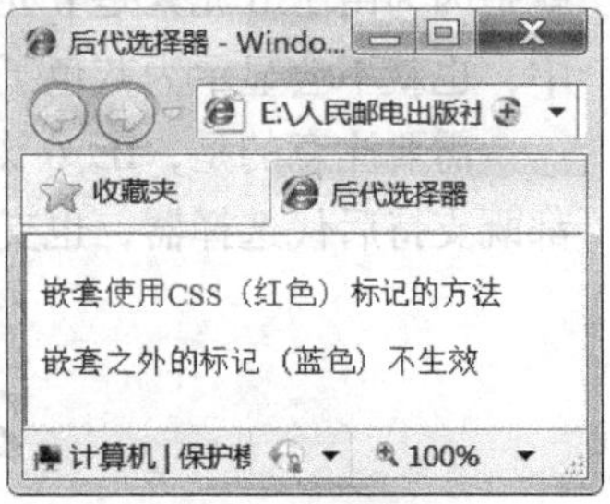

图 2.23　嵌套选择器

后代选择器的使用非常广泛，不仅标记选择器可以以这种方式组合，类别选择器和 ID 选择器都可以进行嵌套。下面是一些典型的代码：

```
.special i{ color: red; }                     /* 使用了属性 special 的标记里面包含的<i> */
#one li{ padding-left:5px; }                  /* ID 为 one 的标记里面包含的<li> */
td.out .inside strong{ font-size: 16px; }     /* 多层嵌套，同样实用 */
```

上面的第 3 行使用了 3 层嵌套，实际上更多层的嵌套在语法上都是允许的。上面的这个 3 层嵌套表示的就是使用了.out 类别的<td>标记中包含的.inside 类别的标记，其中又包含了<strong>标记，一种可能的相对应的 HTML 代码为：

```
<td class="out">
    <p class="inside">
          其他内容<strong>CSS 控制的部分</strong>其他内容
    </p>
</td>
```

提示　选择器的嵌套在 CSS 的编写中可以大大减少对 class 和 id 的声明。因此在构建页面 HTML 框架时通常只给外层标记（父标记）定义 class 或者 id，内层标记（子标记）能通过嵌套表示的则利用嵌套的方式，而不需要再定义新的 class 或者专用 id。只有当子标记无法利用此规则时，才单独进行声明。例如，一个<ul>标记中包含多个<li>标记，而需要对其中某个<li>单独设置 CSS 样式时才赋给该<li>一个单独 id 或者类别，而其他<li>同样采用“ul li{...}”的嵌套方式来设置。

需要注意的是，后代选择器产生的影响不仅限于元素的“直接后代”，而且会影响到它的“各级后代”。在 CSS 规范中，除了“后代选择器”之外，还有一种“子选择器”。“子选择器”中选中直接后代元素，而不选中间接后代元素。

例如，有如下的 HTML 结构：

```
<p>这是最外层的文字，<span>这是中间层的文字，<b>这是最内层的文字，</b></span></p>
```

针对上面的 HTML 代码，有如下 CSS 设置：

```
p b{
   clolor:Blue;
}
```

这时，最内层的“这是最内层文字”显示为蓝色，说明里面的 b 元素被这个选择器选中，即 b 元素是 p 元素的“孙子元素”。为了说明“后代选择器”与“子选择器”的区别，将上面的 CSS 代码修改为：

```
p > b{
    clolor:Blue;
}
```

这时用 Firefox/IE7 等支持子选择器的浏览器查看，可以发现，原来蓝色的文字变为黑色，这就是因为由于 b 元素是 p 元素的“孙子”元素，而不是 p 元素的“儿子”元素，所以它不会被选中，也就不会显示为蓝色了，这就说明了“子选择器”的含义。

需要注意的是，IE 6 浏览器不支持子选择器，仅支持后代选择器。而 IE 7 以上以及 Firefox 都既支持后代选择器，也支持子选择器。

2.5 CSS 的继承特性

本节进一步讲解后代选择器的应用，它将会贯穿在所有的设计中。若之前学过面向对象语言，那么对于继承（Inheritance）的概念一定不会陌生。在 CSS 中的继承并没有像在 C++和 Java 等语言中那么复杂，简单地说，就是将各个 HTML 标记看作一个个容器，其中被包含的小容器会继承包含它的大容器的风格样式。本节从页面各个标记的父子关系出发，详细地讲解 CSS 的继承。

2.5.1 继承关系

所有的 CSS 语句都是基于各个标记之间的继承关系的，为了更好地理解继承关系，首先从 HTML 文件的组织结构入手，如下例所示，实例文件为“Ch02\2.5\01.html”。

```
<html>
<head>
    <title>继承关系演示</title>
</head>
<body>
    <h1>前沿<em>Web 开发</em>教室</h1>
```

```
    <ul>
        <li>Web 设计与开发需要使用以下技术：
            <ul>
                <li>HTML</li>
                <li>CSS
                <ul>
                    <li>选择器</li>
                    <li>盒子模型</li>
                    <li>浮动与定位</li>
                </ul>
                </li>
                <li>Javascript</li>
            </ul>
        </li>
        <li>此外，还需要掌握：
            <ol>
                <li>Flash</li>
                <li>Dreamweaver</li>
                <li>Photoshop</li>
            </ol>
        </li>
    </ul>
    <p>如果您有任何问题，欢迎联系我们</p>
</body>
</html>
```

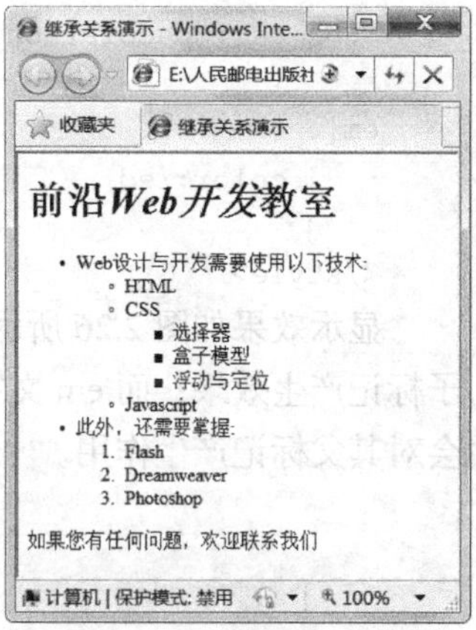

图 2.24　包含多层列表的页面

相应的页面效果如图 2.24 所示。

可以看到这个页面中，标题的中间部分的文字使用了<em>（强调）标记，在浏览器中显示为斜体。后面使用了列表结构，层次最深的部分使用了三级列表。

这里着重从继承的角度来考虑各个标记之间的树形关系，如图 2.25 所示。在这个树形关系中，处于最上端的<html>标记称之为“根（root）”，它是所有标记的源头，往下层层包含。在每一个分支中，称上层标记为其下层标记的“父”标记；相应地，下层标记称为上层标记的“子”标记。例如，<h1>标记是<body>标记的子标记，同时它也是<em>的父标记。

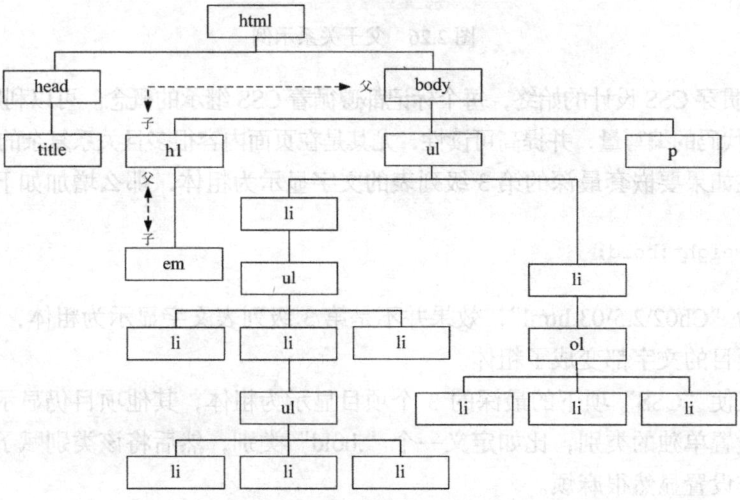

图 2.25　继承关系树形图

2.5.2 CSS 继承的运用

下面进一步介绍 CSS 继承的运用。CSS 继承指的是子标记会继承父标记的所有样式风格，并可以在父标记样式风格的基础上再加以修改，产生新的样式，而子标记的样式风格完全不会影响父标记。

例如，在前面的实例中加入如下 CSS 代码，就将 h1 标记设置为蓝色，加上下划线，并将 em 标记设置为红色，实例文件为“Ch02\2.5\02.html”。

```
<style>
h1{
    color:blue;                    /* 颜色 */
    text-decoration:underline;     /* 下划线 */
    }
em{
    color:red;                     /* 颜色 */
   }
</style>
```

显示效果如图 2.26 所示，可以看到其子标记 em 也显示出下划线，说明对父标记的设置也对子标记产生效果；而 em 文字显示为红色，h1 标题中其他文字仍为蓝色，说明对子标记的设置不会对其父标记产生作用。

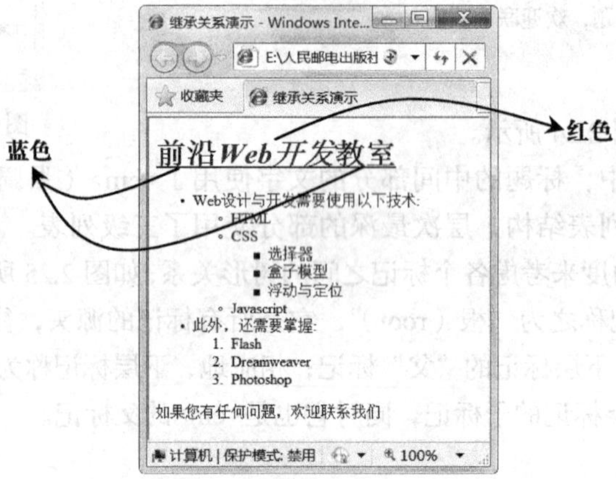

图 2.26　父子关系示例

CSS 的继承贯穿 CSS 设计的始终，每个标记都遵循着 CSS 继承的概念。可以利用这种巧妙的继承关系，大大缩减代码的编写量，并提高可读性，尤其是在页面内容很多且关系复杂的情况下更是如此。

例如，现在如果要嵌套最深的第 3 级列表的文字显示为粗体，那么增加如下样式设置：

```
li{
    font-weight:bold;
}
```

实例文件为“Ch02\2.5\03.html”，效果并不是第 3 级列表文字显示为粗体，而是如图 2.27 所示，所有列表项目的文字都变成了粗体。

如果要求仅使“CSS”项下的最深的 3 个项目显示为粗体，其他项目仍显示为正常粗细。那么一种方法是设置单独的类别，比如定义一个“.bold”类别，然后将该类别赋予需要变为粗体的项目，但是这样设置显然很麻烦。

因此，另一种方法可以利用继承的特性，使用前面介绍的后代选择器，这样不需要设置新的类别，即可完成同样的任务，效果如图 2.28 所示，实例文件为“Ch02\2.5\04.html”。

```
li ul li ul li{
     color:green ;
     font-weight:bold;
}
```

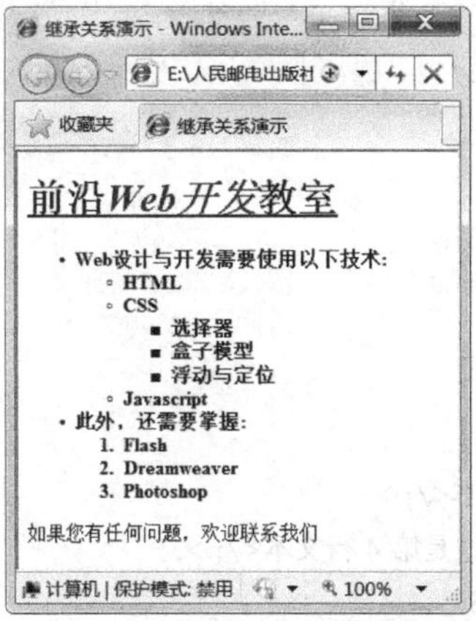

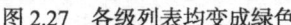

图 2.27 各级列表均变成绿色

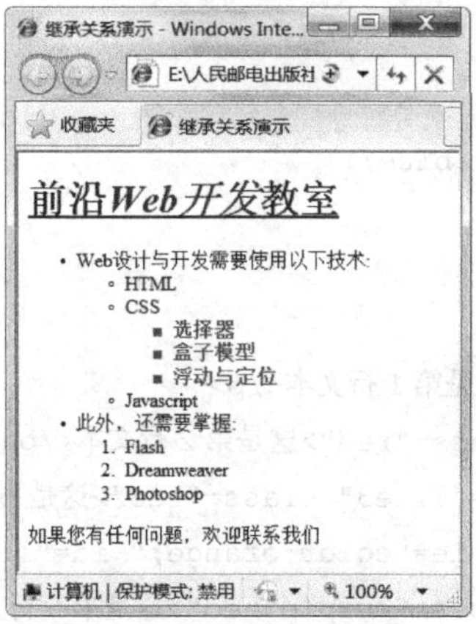

图 2.28 正确效果

可以看到只有第 3 层的列表项目是以粗体显示的。实际上，对上面的选择器，还可以化简，比如化简为下面这段代码，效果也是完全相同的。

```
li li li{
     color:green ;
     font-weight:bold;
}
```

注意

并不是所有的属性都会自动传给子元素，即有的属性不会自动继承父元素的属性值。上面列举的文字颜色 color 属性，子对象会继承父对象的文字颜色属性，但是如果给某个元素设置了一个边框，它的子元素就不会自动地加上一个边框，因为边框属性是非自动继承的。

实际上，在 CSS 的规范中，每种 CSS 属性都有一个默认的属性值，有一些属性的默认值是“继承”（inherit），这些属性就会自动继承父元素的属性值了。而另外一些属性的默认值不是“继承”（inherit），比如边框宽度的默认属性值为 0，因此边框宽度属性就不具有自动的继承性，除非人为指定为继承。

2.6 CSS 的层叠特性

CSS 的层叠特性很重要，并且要注意，不要和前面介绍的“继承”相混淆，二者有着本质的区别。实际上，层叠可以简单地理解为“冲突”的解决方案。

例如，有如下一段代码，实例文件为“Ch02\2.6\01.html”。

```
<html>
<head>
<title>层叠特性</title>
<style type="text/css">
p{
```

```
            color:green;
            }
    .red{
            color:red;
            }
    .purple{
            color:purple;
            }
    #line3{
            color:blue;
            }
    </style>
    </head>
    <body>
        <p >这是第 1 行文本</p>
        <p class="red">这是第 2 行文本</p>
        <p id="line3" class="red">这是第 3 行文本</p>
        <p style="color:orange;" id="line3">这是第 4 行文本</p>
        <p class="purple red">这是第 5 行文本</p>
    </body>
    </html>
```

代码中一共有 5 组<p>标记定义的文本，并在 head 部分声明了 4 个选择器，声明为不同颜色。下面的任务是确定每一行文本的颜色。

- 第 1 行文本没有使用类别样式和 ID 样式，因此这行文本显示为标记选择器 p 中定义的绿色。
- 第 2 行文本使用了类别样式，因此这时已经产生了“冲突”。那么，是按照标记选择器 p 中定义的绿色显示，还是按照类别选择器中定义的红色显示呢？答案是类别选择器的优先级高于标记选择器，因此显示为类别选择器中定义的红色。
- 第 3 行文本同时使用了类别样式和 ID 样式，这又产生了“冲突”。那么，是按照类别选择器中定义的红色显示，还是按照 ID 选择器中定义的蓝色显示呢？答案是 ID 选择器的优先级高于类别选择器，因此显示为 ID 选择器中定义的蓝色。
- 第 4 行文本同时使用了行内样式和 ID 样式，那么这时又以哪一个为准呢？答案是行内样式的优先级高于 ID 样式的优先级，因此显示为行内样式定义的橙色。
- 第 5 行文本中使用了两个类别样式，应以哪个为准呢？答案是两个类别选择器的优先级相同，此时要判断二者中再定义的部分哪个在后面，在本例的定义部分，“.purple”定义在“.red”的后面，因此显示为“.purple”中定义的紫色。

综上所述，上面这段代码的显示效果如图 2.29 所示。

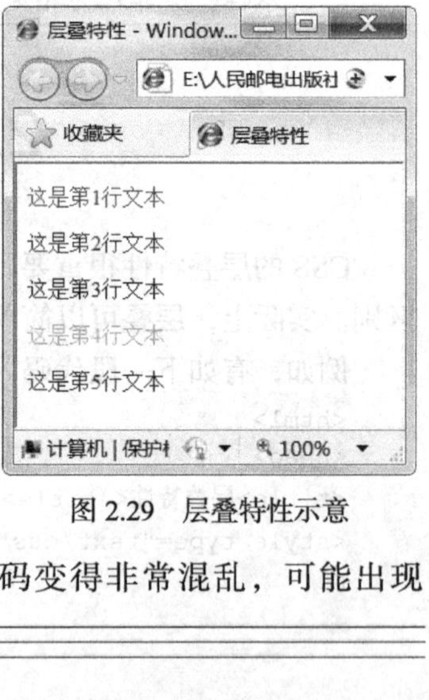

图 2.29　层叠特性示意

总结优先级规则可以表述为：

行内样式 > ID 样式 > 类别样式 > 标记样式

在复杂的页面中，某一个元素有可能会从很多地方获得样式，如一个网站的某一级标题整体设置为使用绿色，而对某个特殊栏目需要使用蓝色，这样在该栏目中就需要覆盖通用的样式设置。在很简单的页面中，这样的特殊需求实现起来不会很难，但是如果网站的结构很复杂，就完全有可能使代码变得非常混乱，可能出现无法找到某一个元素的样式来自于哪条规则的情况。因此，必须要充分理解 CSS 中“层叠”的原理。

注意

（1）计算冲突样式的优先级是一个比较复杂的过程，并不仅仅是上面这个简单的优先级规则可以完全描述的。需要把握一个大的原则，就是“越特殊的样式，优先级越高”。

例如，行内式仅对指定的一个元素产生影响，因此它非常特殊；使用了类别的某种元素，一定是所有该种元素中的一部分，因此它也一定比标记样式特殊；依此类推，ID 是针对某一个元素的，因此它一定比应用于多个元素的类别样式特殊。特殊性越高的元素，优先级就越高。

（2）层叠不仅仅存在于同一个文件中的 CSS 规则，当使用“导入”或者“链接”的方式，从外部引入 CSS 规则时，这些规则同样参与优先级的计算。

在同一个样式表范围内，从外部引入的样式的优先级低于网页自身定义的样式。这里所说的一个样式表，指的是一对<style></style>标记之间定义的所有样式。如果一个页面中存在不止一对<style></style>标记，那么每一对<style></style>作为一个样式表。

小 结

本章介绍 CSS 规则的定义方法，即 CSS 规则是如何由选择器、属性和属性值三者构成的。然后介绍了选择器的含义和作用。

习 题

1. 描述“选择器”的含义，配合一些简单的实例，说明选择器的作用。
2. 列出本章介绍的选择器的类型，并分别举出一个实例加以说明。
3. 举出一个存在 CSS 样式冲突的实例，并说明存在冲突的样式之间的优先级规则。

第 3 章 CSS 设计实践

第 2 章介绍了 CSS 的基本思想和基本使用方法。在继续深入讲解各种 CSS 属性之前，在本章先进行一些实际的操作，实际编写一个比较完整的使用 CSS 的网页，为后面继续深入学习 HTML 和 CSS 打下基础。

本章将分别介绍如何使用手工代码方式，以及使用 Dreamweaver 软件可视化的方式分别完成同一个页面。

3.1 手工方式编写页面

本章通过一个简单的实例，初步介绍 CSS 是如何控制页面的，对页面从无到有，并使用 CSS 实现一些效果有一个初步的了解。本节的主要目的是使读者对整个流程有一个比较全面的认识。该例的最终效果如图 3.1 所示。

图 3.1 体验 CSS

本节将完全通过手工编写代码的方式完成这个案例，在下一节中则通过使用 Dreamweaver 软件来进行一些辅助工作。

3.1.1 构建页面框架

首先建立 HTML 文件，构建最简单的页面框架。其内容包括标题和正文部分，每一个部分又分别处于不同的模块中，源文件参见实例文件“Ch03\3.1\01.html”，代码如下：

```
<html>
    <head>
    <title>体验 CSS</title>
    </head>
<body>
    <h1>互联网发展的起源</h1>
    <p>1969 年，为了保障通信联络，美国国防部高级研究计划署 DARPA 资助建立了世界上第一个分组交换试验网 ARPANET，连接美国四个大学。ARPANET 的建成和不断发展标志着计算机网络发展的新纪元。</p>
     <p> 20 世纪 70 年代末到 80 年代初，计算机网络蓬勃发展，各种各样的计算机网络应运而生，如 MILNET、USENET、BITNET、CSNET 等，在网络的规模和数量上都得到了很大的发展。一系列网络的建设，产生了不同网络之间互联的需求，并最终导致了 TCP/IP 协议的诞生。 </p>
</body>
</html>
```

这时的页面只有标题和正文内容，而没加任何的效果，在 IE 中的显示效果如图 3.2 所示，看上去十分单调，但页面的核心框架已经出现。

考虑到单纯的文字显得贫乏，因此加入一幅图片作为简单的插图。图片所在的位置与正文一样，使用 HTML 语言中的<img>标记，此时，<body>部分修改后的代码如下，源文件参见实例文件“Ch03\3.1\02.html”。

```
<html>
……部分代码省略……
<body>
    <h1>互联网发展的起源</h1>
    <img src="images/pic.jpg" width="130" height="130" />
    <p>1969 年，为了保障通信联络，美国国防部高级研究计划署 DARPA 资助建立了世界上第一个分组交换试验网 ARPANET，连接美国四个大学。ARPANET 的建成和不断发展标志着计算机网络发展的新纪元。</p>
……部分代码省略……
</body>
</html>
```

此时的显示效果如图 3.3 所示，可以看到图片和文字的排列比较混乱，必须利用 CSS 对页面进行全面的改进。

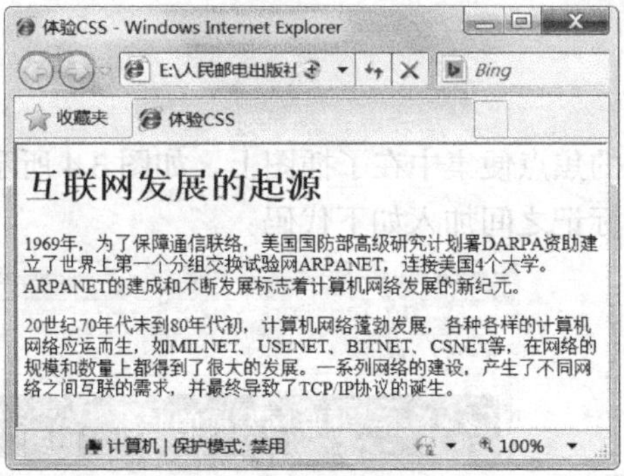

图 3.2　核心框架

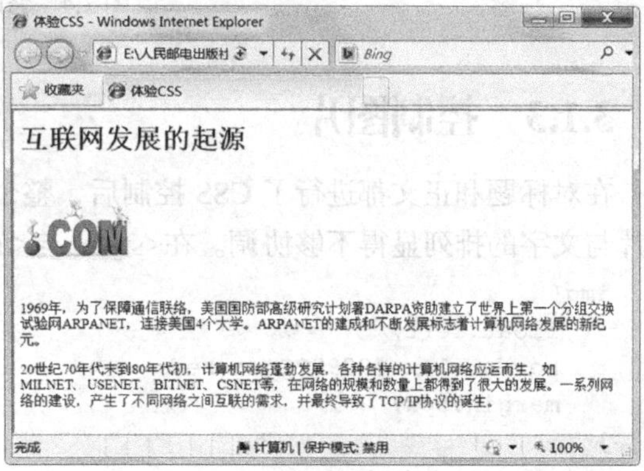

图 3.3　加入图片

3.1.2　设置标题

下面对标题样式进行修改。使用蓝色背景的白色文字可以使标题更醒目。另外，这里将标题设为居中，并且与正文有一定的距离，再通过修改标题的背景色达到进一步突出的目的。

首先在 HTML 的 head 部分加入<style>和</style>标记，然后在它们之间加入 CSS 样式规则。源文件参见实例文件“Ch03\3.1\03.html”。代码如下：

```
<html>
   <head>
        <title>体验 CSS</title>
   <style>
   h1{
         color:white;                          /* 文字颜色*/
         background-color:#0000FF;             /* 背景色 */
         text-align:center;                    /* 居中 */
         padding:15px;                         /* 边距 */
   }
   </style>
   </head>
<body>
……省略……
```

此时的显示效果如图 3.4 所示，标题部分明显较图 3.3 有所突出。

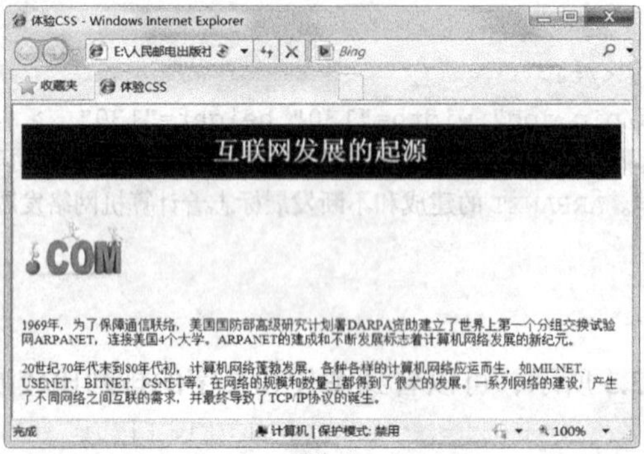

图 3.4　修改标题样式

3.1.3　控制图片

在对标题和正文都进行了 CSS 控制后，整个页面的焦点便集中在了插图上，如图 3.4 所示，图片与文字的排列显得不够协调。在<style>与</style>标记之间加入如下代码：

```
img{
   float:left;
   border:1px #9999CC dashed;
   margin:5px;
}
```

源文件参见实例文件“Ch03\3.1\04.html”。其效果如图 3.5 所示，实现了类似 Word 的图文混排效果，不再如图 3.4 所示，文字上方空出一大截。关于图文混排将在后续章节中详细介绍。

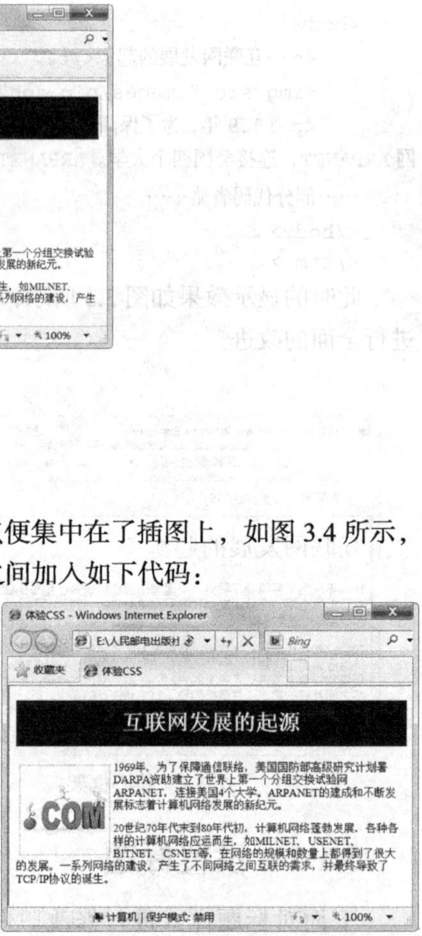

图 3.5　图文混排

3.1.4 设置正文

下面设置正文部分，可以控制文字的大小、排列的疏密等属性，整体上可达到更加协调的效果。加入如下代码到<style>与</style>标记之间。

```
p{
    font-size:12px;
    text-indent:2em;
    line-height:1.5;
    padding:5px;
}
```

源文件参见实例文件“Ch03\3.1\05.html”，此时的浏览效果如图 3.6 所示，可以看到正文的字号变得比原来要小，而行间距略有放大。正文的文字与图片都跟浏览器边界有了一定的距离，整体感觉要比原来舒服多了。此外，还使每个段落首行开头空出了两个字符的空白，这样更符合中文的排版习惯。

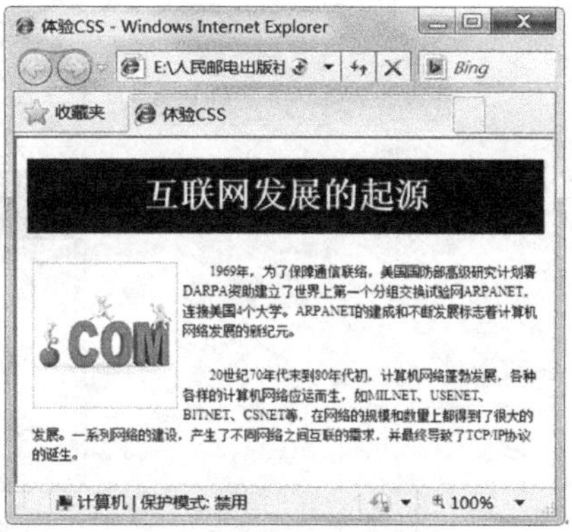

图 3.6 修改正文样式

3.1.5 设置整体页面

接下来对页面整体进行设置，对<body>标记设置样式，消除网页内容与浏览器窗口边界之间的空白，并设置浅色的背景色。

```
body{
    margin:0px;
    background-color:#CCCCFF;
}
```

源文件参见实例文件“Ch03\3.1\06.html”，这时效果如图 3.7 所示。

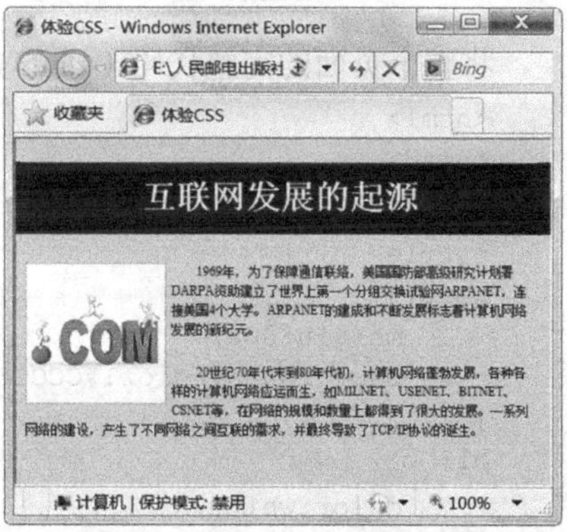

图 3.7 设置页面的整体效果

3.1.6 对段落进行分别设置

上面设置 CSS 样式使用的都是标记选择器，为了验证一下其他选择器的用法，这里为两个文本段落分别设置不同的效果。

首先，分别给两个段落的<p>标记设置一个 id 属性，代码如下：

```
<p id="p1">1969 年，为了保障通信联络，美国国防部高级研究计划署 DARPA 资助建立了世界上第一个分组交换试验网 ARPANET，连接美国四个大学。ARPANET 的建成和不断发展标志着计算机网络发展的新纪元。</p>

<p id="p2"> 20 世纪 70 年代末到 80 年代初，计算机网络蓬勃发展，各种各样的计算机网络应运而生，如 MILNET、USENET、BITNET、CSNET 等，在网络的规模和数量上都得到了很大的发展。一系列网络的建设，产生了不同网络之间互联的需求，并最终导致了 TCP/IP 协议的诞生。</p>
```

然后在 CSS 部分设置如下 CSS 规则。

```
#p1{
    border-right:3px red double ;
}
#p2{
    border-right:3px orange double ;
}
```

源文件参见实例文件“Ch03\3.1\07.html”，这时效果如图 3.8 所示，可以看到，在两个段落的右侧分别出现了两条竖线，上面的竖线是红色，下面的竖线是橙色。

图 3.8　对段落进行不同的设置

提示

从这里可以看出 CSS 所具有的灵活性。前面使用<p>标记选择器，对两个段落设置具有共性的属性，然后再通过不同的 id 选择器，设置各个段落个性化的样式。

3.1.7　完整代码

将整个页面的完整代码（Ch03\3.1\07.html）抄录如下：

```
<html>
<head>
<title>体验 CSS</title>
<style>
body{
    margin:0px;
    background-color:#CCCCFF;
}
h1{
    color:white;                    /* 文字颜色 */
    background-color:#0000FF;       /* 背景色 */
    font-size:25px;                 /* 字号 */
    font-weight:bold;               /* 粗体 */
    text-align:center;              /* 居中 */
    padding:15px;                   /* 间距 */
}
img{
    float:left;
    border:1px #9999CC dashed;
    margin:5px;
}
p{
    font-size:12px;
    text-indent:2em;
    line-height:1.5;
    padding:5px;
}
```

```
#p1{
    border-right:4px red double ;
}
#p2{
    border-right:4px orange double ;
}
</style>
</head>

<body>
<h1>互联网发展的起源</h1>
<img src="images/pic.jpg" width="130" height="130" />
<p id="p1">1969 年，为了保障通信联络，美国国防部高级研究计划署 ARPA 资助建立了世界上第一个分组交换试验网 ARPANET，连接美国四个大学。ARPANET 的建成和不断发展标志着计算机网络发展的新纪元。</p>
<p id="p2"> 20 世纪 70 年代末到 80 年代初，计算机网络蓬勃发展，各种各样的计算机网络应运而生，如 MILNET、USENET、BITNET、CSNET 等，在网络的规模和数量上都得到了很大的发展。一系列网络的建设，产生了不同网络之间互联的需求，并最终导致了 TCP/IP 协议的诞生。 </p>
</body>
</html>
```

3.1.8 CSS 的注释

编写 CSS 代码与编写其他程序一样，养成良好的写注释习惯对于提高代码的可读性，以及减少日后维护的成本都是非常重要的。在 CSS 中，注释的语句都位于"/*"与"*/"之间，其内容可以是单行也可以是多行，如下都是 CSS 的合法注释：

```
/* 这是有效的 CSS 注释内容 */
/* 如果注释内容比较长，也可以写在
   多行中，同样是有效的*/
```

另外需要注意的是，对于单行注释，每行注释的结尾都必须加上"*/"，否则将会使之后的代码失效。例如，下面代码中的后 3 行代码将会被当作注释而不会发挥任何作用。

```
h1{color: gray;}          /* this CSS comment is several lines
h2{color: silver;}        long, but since it is not wrapped
p{color: white;}          in comment markers, the last three
pre{color: gray;}         styles are part of the comment. */
```

因此在添加单行注释时，必须注意将结尾处的"*/"加上。另外，在<style>与</style>之间有时会见到"<!--"和"-->"将所有的 CSS 代码包含于其中，这是为了避免老式浏览器不支持 CSS，将 CSS 代码直接显示在浏览器上而设置的 HTML 注释。

3.2 使用 Dreamweaver 进行 CSS 设置

本节使用 Dreamweaver 软件，可以以可视化的方式实现同样的效果。

3.2.1 创建页面

首先运行 Dreamweaver 软件，输入 3 段文字，如图 3.9 所示。选择"文件→保存"命令，将文件保存在站点根目录下。

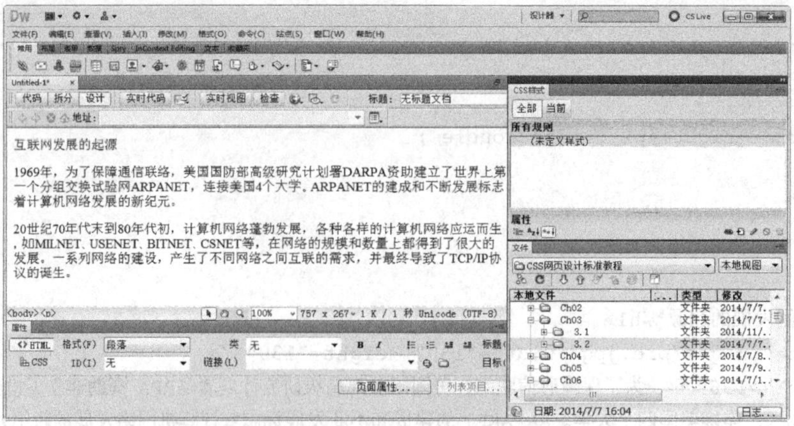

图 3.9　在 Dreamweaver 中输入文本段落

将光标置入第一段文字中，在“属性”面板“格式”选项的下拉列表中选择“标题 1”选项，这样第 1 段文字就被设置成了一级标题。然后将光标置入第 1 段的最后，按一次 Enter 键，在标题和正文之间插入一个新段落，然后单击“插入”面板“常用”选项卡中的“图像”按钮，在弹出的“选择图像源文件”对话框中，选择素材文件夹中的“pic.jpg”文件（注意最好先把这个图像文件放到和这个网页文件所在的相同文件夹中，这样比较方便），如图 3.10 所示，单击“确定”按钮，完成图像的插入，效果如图 3.11 所示。

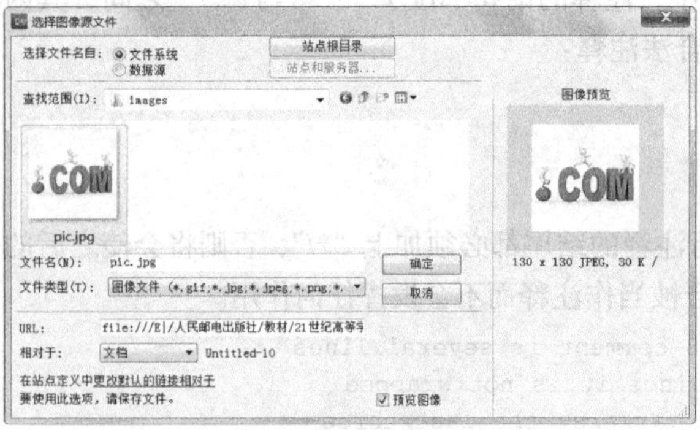

图 3.10　选择图像

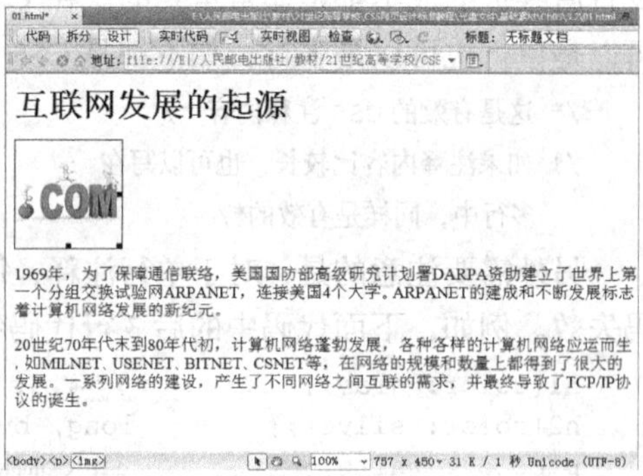

图 3.11　在 Dreamweaver 中插入图片

至此，这个页面的内容就已经插入页面了，接下来的任务是设置 CSS 样式。

3.2.2　新建 CSS 规则

在 Dreamweaver 中，有如下几种方法可以设置 CSS 样式。

（1）选择“格式→CSS 样式→新建”命令。

（2）打开“CSS 样式”面板，单击面板标题栏右端的图标，然后在弹出的菜单中选择“新建”命令，如图 3.12（a）所示。

（3）单击“CSS 样式”面板底部的“新建 CSS 规则”按钮，如图 3.12（b）所示。

使用上述 3 种方法中的任意一种，都会打开“新建 CSS 规则”对话框，如图 3.13 所示。具体设置步骤如下。

① 选择“选择器类型”，由于先要设置 h1 标题的样式，因此这里在“选择器类型”选项的下拉列表中选择“标签（重新定义 HTML 元素）”选项，“选择器名称”选项的下拉列表中选择“h1”

选项，“规则定义”选项的下拉列表中选择“(仅限该文档)”选项，这样产生的 CSS 代码就会直接出现在文档中，否则会新建一个独立的 CSS 文件，并把代码写到这个文件中。设置好以后的对话框如图 3.14 所示。

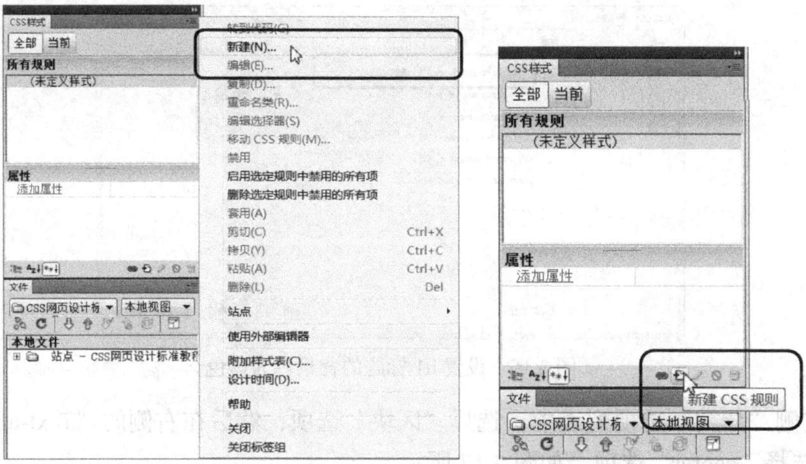

(a)　　　　　　　　(b)

图 3.12　新建 CSS 规则的方法

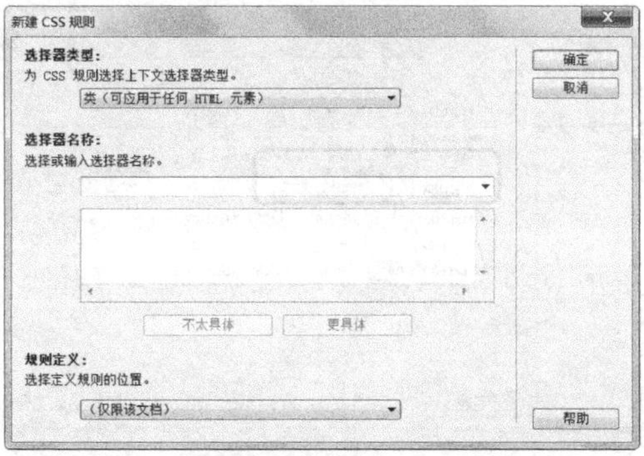

图 3.13　“新建 CSS 规则”对话框

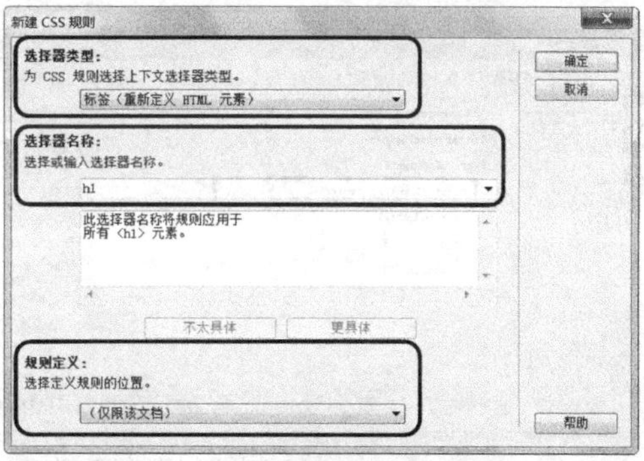

图 3.14　在“新建 CSS 规则”对话框中进行相应的设置

② 单击“确定”按钮，会出现一个“h1 的 CSS 规则定义”对话框，左侧是一个目录，右侧是针对每个目录中的具体设置项目。首先显示的是“类型”页，这时用鼠标单击一下“Color”选项右侧的“颜色选择”按钮，会出现一个颜色选择板，这时可以选择一种颜色，如图 3.15 所示。

图 3.15　设置 h1 标题的文字颜色为白色

③ 这里选择白色，也就是设置 h1 标题的文字为白色。然后在左侧“分类”选项列表中，选择“背景”选项，这时就会切换到“背景”页，在“Background-color”选项中选择蓝色，也可以直接输入“#0000FF”，如图 3.16 所示。

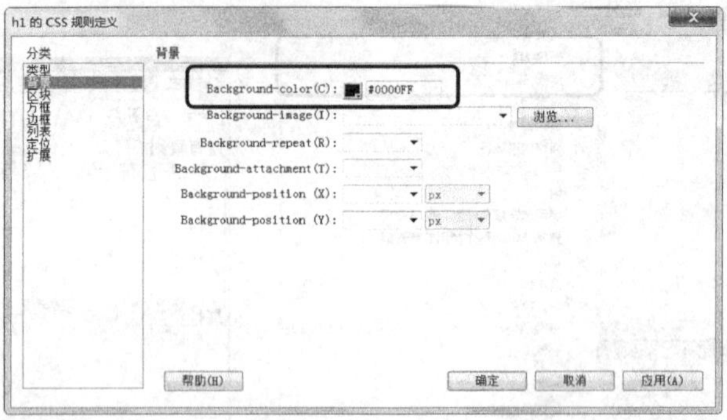

图 3.16　设置 h1 标题的背景色为蓝色

④ 在左侧“分类”选项列表中，选择“区块”选项，然后在右侧的“Text-align”选项的下拉列表框中选择“center”选项，如图 3.17 所示。

⑤在左侧“分类”选项列表中，选择“方框”选项，在右侧的“Padding”选项中选中“全部相同”复选框，然后在“Top”选项的文本框中输入 15，并保持单位为“px”，如图 3.18 所示。

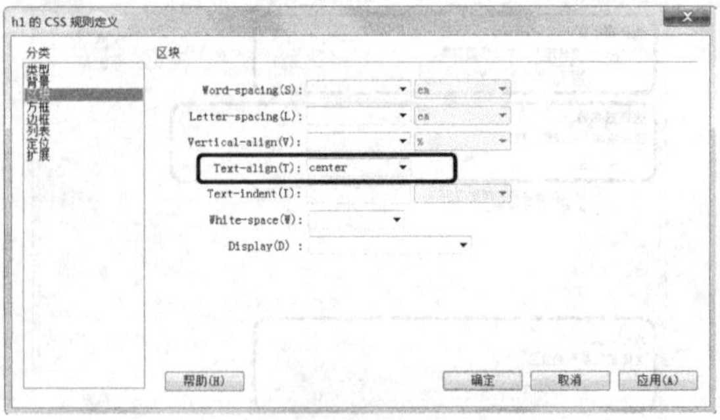

图 3.17　设置 h1 标题的对齐方式

图 3.18　设置 h1 标题的填充（Padding 属性）

至此，属性设置完毕，单击“确定”按钮，完成样式的创建。单击文档窗口左上方的“拆分”按钮 拆分 ，这样文档窗口就拆分为左右两个部分，左部显示网页代码，右部显示网页效果，如图 3.19 所示。

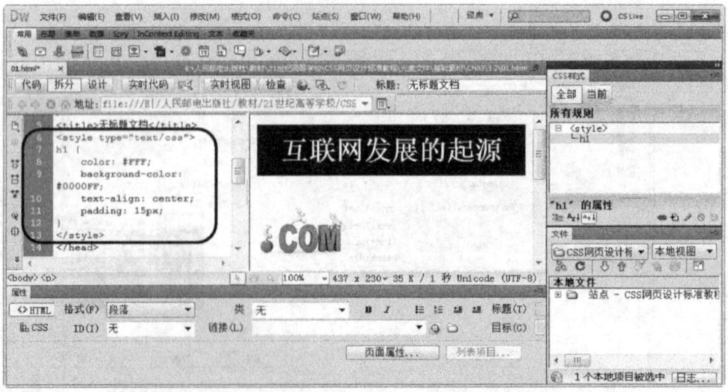

图 3.19　Dreamweaver 的文档窗口

可以看到，Dreamweaver 生成的 CSS 代码和前面手工编写的是相同的。也就是说，各种 CSS 属性都可以通过这种在对话框中单击的方式进行设置，而不必自己输入。

3.2.3　编辑 CSS 规则

在 Dreamweaver 中，要修改已经设置的 CSS 规则，有如下两种方法。

（1）一种方式是直接在代码视图中修改代码，或者在“CSS 样式”面板中进行修改。

（2）另一种方法是在“CSS 样式”面板中会列出已经设置的 CSS 样式规则，如目前只设置 h1 一条规则，这时“CSS 样式”面板如图 3.20（a）所示。

这时，如果用鼠标双击 h1 项目，就会打开刚才设置属性的对话框，然后进行修改。

而如果用鼠标单击 h1，就可以选中它，然后可以在下面的属性列表中修改属性的值。

例如要修改文字的颜色属性，就单击“字体”项目左端的加号按钮，以展开所有的属性，如图 3.20（b）所示，这时可以随意修改里面的属性值。其他属性修改方法也是相同的。

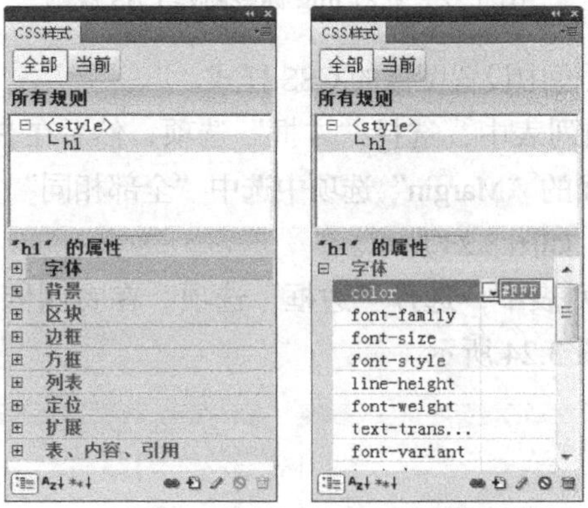

（a）　　（b）

图 3.20　在“CSS”面板中修改属性值

另外 Dreamweaver 还提供了非常好的代码提示功能。

例如，现在要给 h1 的 CSS 规则增加一条设置。在代码视图中，把文本光标移动到“padding:15px;”这一行的末尾，然后按 Enter 键，这时光标跳到下一行的开头，并会出现一个属性列表。假设我们知道要输入的属性的第 1 个字母是 t，那么按一下 t 键，这时 t 开头的属性就全部出现在列表中了，如图 3.21 所示。如果现在需要的属性，如“text-decoration”，已经出现在列表中，那么通过键盘的上下方向键就可以选中这个属性，然后按 Enter 键，这个属性就输入到代码中了。这样对于很多很长且很难拼写的属性，都可以非常快捷地输入到代码中，而且保证不会有拼写错误，确实是非常方便的。

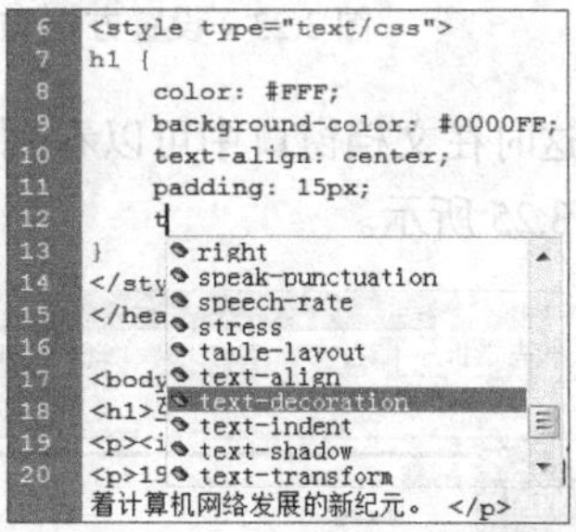

图 3.21　使用 Dreamweaver 代码提示功能

提示　Dreamweaver 本质上就是给出了几种不同的方式，编辑 CSS 样式代码，既可以在代码视图中直接输入，也可以通过“CSS”面板设置。前者比较适合熟悉 CSS 的设计者，后者则更适合 CSS 的新手。

3.2.4 为图像创建 CSS 规则

接下来设置图像的 CSS 样式，针对<img>标记新建一个 CSS 规则，效果如图 3.22 所示。

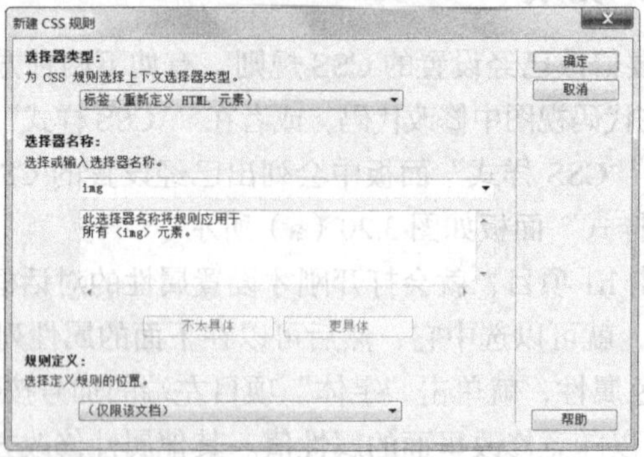

图 3.22　针对 img 标签新建 CSS 规则

接下来，在规则定义对话框中设置图像的 CSS 样式。

① 在左侧“分类”选项列表中，选择“方框”选项，然后在右侧“Float”选项的下拉列表中中选择“left”选项，并在下面的“Margin”选项中选中“全部相同”复选框，在“Top”选项的文本框中输入 5，单位保持“px”，如图 3.23 所示。

②在左侧“分类”选项列表中，选择“边框”选项，在右侧依次选择“dashed”、“1px”，颜色设置为“#CCCCFF”，如图 3.24 所示。

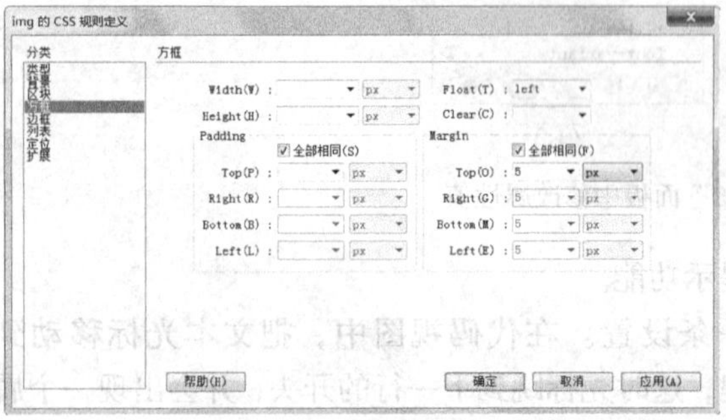

图 3.23　设置方框类的属性

图 3.24　设置边框属性

这时在文档窗口中可以看到，无论是显示效果还是代码，和前面手工编写的代码也是相同的，如图 3.25 所示。

图 3.25　设置图像的 CSS 样式

③ 本实例接下来的操作大多类似，只要针对某一个选择器新建 CSS 规则，然后依次选择要设置的属性，并输入属性值就可以，这里不再赘述。

如果对两个文本段落分别进行 CSS 样式设置时，可以使用 ID 选择器，这在 Dreamweaver 中可以进行如下操作。

① 仍然是新建一个 CSS 规则，这次在“选择器类型”选项的下拉列表中，选择“ID（仅应用于一个 HTML 元素）”选项，“选择器名称”选项的文本框中输入“#p1”，如图 3.26 所示。

② 然后单击“确定”按钮，在定义规则的对话框的“分类”选项列表中，选择“边框”，把“style”“Width”和“Color”3 栏中的“全部相同”复选框都去除。在“Right”选项这一行依次选择“double”“4px”和“#FF0000”，其余 3 行保持空白，如图 3.27 所示。

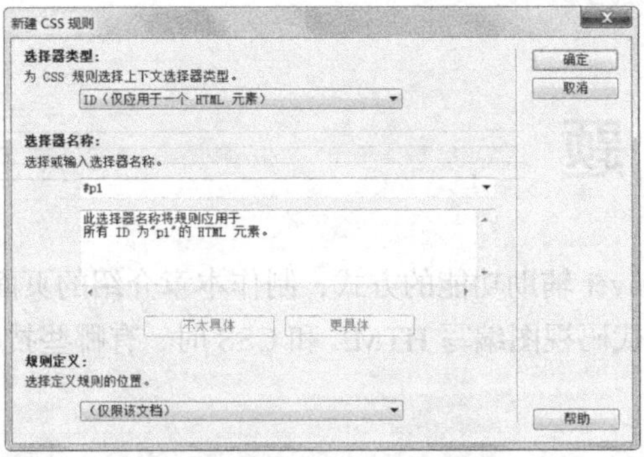

图 3.26　设置 ID 选择器

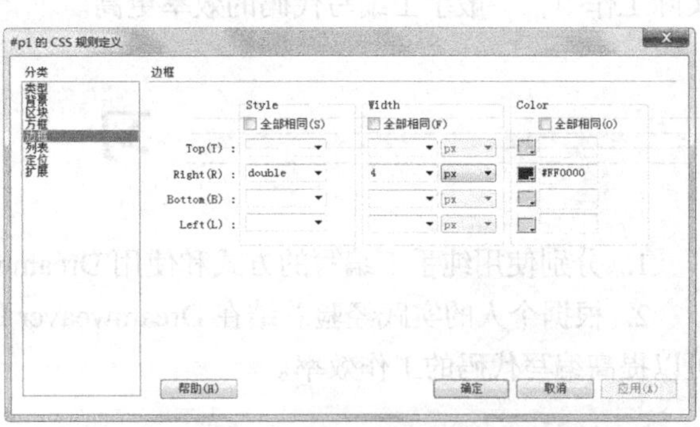

图 3.27　设置右侧边框的样式

③ 单击“确定”按钮，这个 ID 选择器的 CSS 规则就设置好了。但是现在还没有指定把它应用到 HTML 中的哪个元素上。

④ 在代码视图中，把文本光标移动到段落标记<p>中，在字母 p 的后面输入一个空格，这时会出现一个代码提示的下拉框，如图 3.28（a）所示。Dreamweaver 不仅会对 CSS 代码进行代码提示，对 HTML 同样也可以进行代码提示。利用键盘的方向键在下拉框中找到“id”属性，然后按 Enter 键选中它，此时如图 3.28（b）所示，刚才设置的“#p1”选择器已经出现在提示列表中了，选中它即可。

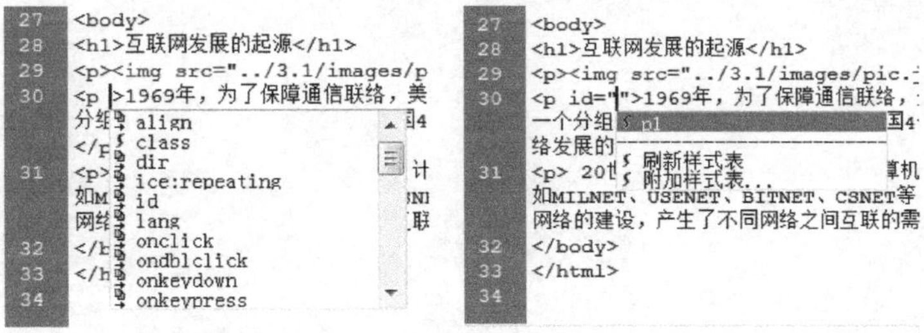

（a）　　（b）

图 3.28　在 HTML 中使用 ID 选择器设置的 CSS 样式

值得注意的一点是，在设置 CSS 时，ID 选择器的名称开头有一个“#”，表示它是 ID 选择器，而在 HTML 中，作为 id 属性的值，是不加“#”的。

小 结

本章通过一个简单的实例介绍了 CSS 的设置方法。可以看出，基本的方法就是要通过选择器确定对哪个或哪些对象进行设置，然后通过对各种 CSS 属性进行适当的设置，实现对页面样式的全面控制。

本章用到的许多样式在前面都没有介绍过，从下一章开始，会逐渐讲清楚它们的含义和用法。本章重点介绍手工编写代码，以及借助于 Dreamweaver 的一些辅助功能编写 CSS 代码的方法。在实际工作中，一般手工编写代码的效率更高。

习 题

1. 分别使用纯手工编写的方式和使用 Dreamweaver 辅助功能的方式，制作本章介绍的页面。
2. 根据个人的实践经验总结在 Dreamweaver 的代码视图编写 HTML 和 CSS 时，有哪些技巧可以提高编写代码的工作效率。

第 4 章 CSS 盒子模型

第 3 章介绍了 CSS 设计的代码编写和编辑方式，从本章开始将深入讲解 CSS 的核心原理。盒子模型是 CSS 控制页面时一个很重要的概念。只有很好地掌握了盒子模型以及其中每个元素的用法，才能真正地控制好页面中的各个元素。本章主要介绍盒子模型的基本概念，并讲解 CSS 定位的基本方法。

所有页面中的元素都可以看成是一个盒子，占据着一定的页面空间。一般来说，这些被占据的空间往往都要比单纯的内容大。换句话说，可以通过调整盒子的边框和距离等参数，来调节盒子的位置和大小。

一个页面由很多这样的盒子组成，这些盒子之间会互相影响，因此掌握盒子模型需要从两方面来理解。一是理解一个孤立的盒子的内部结构；二是理解多个盒子之间的相互关系。

本章首先讲解独立的盒子相关的性质，然后介绍在普通情况下盒子的排列关系。下一章将更深入地讲解浮动与定位的相关内容。

4.1 “盒子”与“模型”的概念探究

在学习盒子模型之前，先举例说明相关概念。假设在墙上整齐地排列着 4 幅画，如图 4.1 所示。对于每幅画来说，都有一个“边框”，在英文中称为“border”；每个画框中，画和边框通常都会有一定的距离，这个距离称为“内边距”，在英文中称为“padding”；各幅画之间通常也不会紧贴着，它们之间的距离称为“外边距”，在英文中称为“margin”。

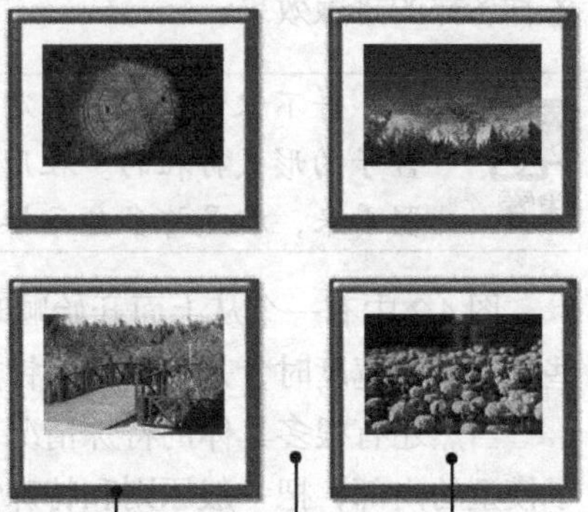

图 4.1 画框示意图

这种形式实际上存在于生活中的各个地方，如电视机、显示器和窗户等，都是这样的。因此，padding-border-margin 模型是一个非常通用的描述矩形对象布局形式的方法。这些矩形对象可以被统称为“盒子”，英文为“Box”。

了解了盒子之后，还需要理解“模型”这个概念。所谓模型就是对某种事物的本质特性的抽象。

模型的种类很多，例如物理上有“物理模型”。爱因斯坦提出了著名的 $E = mc^2$ 公式，就是对物理学中质量和能量转换规律的本质特性进行抽象后的精确描述。这样一个看起来十分简单的公式，却深刻地改变了整个世界的面貌。这体现了模型的重要价值。

同样，在网页布局中，为了能够使纷繁复杂的各个部分合理地进行组织，这个领域的一些有识之士对它的本质进行充分研究后，总结出了一套完整的、行之有效的原则和规范。这就是“盒子模型”的由来。

在 CSS 中，一个独立的盒子模型由 content（内容）、border（边框）、padding（内边距）和 margin（外边距）4 个部分组成，如图 4.2 所示。

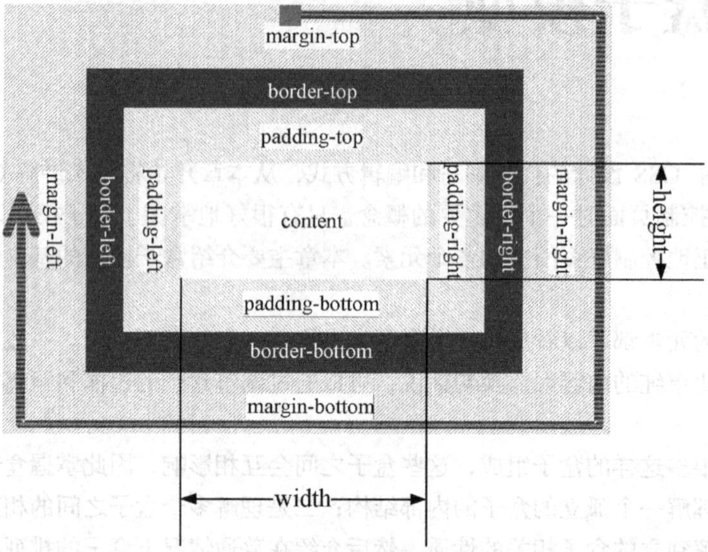

图 4.2　盒子模型

盒子的概念是非常容易理解的，但是如果需要精确地排版，有的时候 1 像素都不能差，这就需要非常精确地理解其中的计算方法。

一个盒子实际所占有的宽度（或高度）是由“内容+内边距+边框+外边距”组成的。在 CSS 中可以通过设定 width 和 height 的值来控制内容所占的矩形的大小，并且对于任何一个盒子，都可以分别设定 4 条边各自的 border、padding 和 margin。因此只要利用好这些属性，就能够实现各种各样的排版效果。

注意　并不仅仅是用 div 定义的网页元素才是盒子，事实上所有的网页元素本质上都是以盒子的形式存在的。在用户的眼中，网页上有各种内容，包括文本、图像等，而在浏览器看来，就是许多盒子排列在一起或者相互嵌套。

图 4.2 中有一个从上面开始顺时针旋转的箭头，它表示需要特别记住的原则。当使用 CSS 这些部分设置宽度时，是按照顺时针方向确定对应关系的，后续内容会详细介绍。

当然还有很多具体的特殊情况，并不能用很简单的规则覆盖全部的计算方法，本章将深入盒子模型的内部，把一般原则和特殊情况都尽可能地阐述清楚。

4.2　长 度 单 位

本节介绍 CSS 规范中关于长度的规定。在 HTML 中，无论是文字的大小，还是图片的长宽设置，通常都使用像素或百分比来进行设置。在 CSS 中可以用多种长度单位，主要分为两种类型，一种是相对类型，另一种是绝对类型。

1. 相对类型

所谓相对，就是要有一个参考基础，相对于该参考基础而设置的尺度单位，在网页制作中有两种。

（1）px：像素，由于它会根据显示设备的分辨率的多少而代表不同的长度，因此它属于相对类型。比如，在 800×600 的分辨率中设置一幅图片的高为 100px，当同样大小的显示器换成 1 024×768 的分辨率时，就会发现图片相对变小了，因为现在的 100px 和前面的 100px 所代表的长度已经不同了。

（2）em：设置以目前字符的高度为单位。比如 h1 {margin:2em}，就会以目前字符的两倍高度来显示。但要注意一点，em 作为尺度单位时是以 font-size 属性为参考依据的，如果没有 font-size 属性，就以浏览器默认的字符高度作为参考。关于 font-size 属性，在后续章节中将会进行介绍。使用 em 来设置字符高度并不常用，可以有选择地使用。

2. 绝对类型

所谓绝对，就是无论显示设备的分辨率是多少，都代表相同的长度。例如，在 800×600 的分辨率中设置一幅图片的高为 10cm，当换成 1 024×768 的分辨率时，就会发现图片还是同样的大小。关于绝对类型的尺度单位见表 4.1。

表 4.1　绝对类型的尺度单位

尺度单位名	说　明
in（英寸）	不是国际标准单位，平常极少使用
cm（厘米）	国际标准单位，较少用
mm（毫米）	国际标准单位，较少用
pt（点数）	最基本的显示单位，较少用
pc（印刷单位）	应用在印刷行业中，1pc = 12pt

以上介绍了几种尺度单位，在网页制作中已经默认以像素为单位，这样在交流或制作过程中都较为方便。如果在特殊领域里需要用到其他单位，在使用时一定要加上尺度单位（数值和尺度单位之间不用加上空格），如 10em、5in、6cm 和 20pt 等。如果没有加尺度单位，浏览器就会默认以像素为单位来显示。但这也不是绝对的，对于某些浏览器来说，以像素为单位时必须也要加上 px，否则浏览器无法识别，会以默认的字体大小进行显示。

同时还要注意一个问题，大部分长度设置都要使用正数，只有少数可以进行正、负数的设置。但在使用负数来设置的时候，浏览器也有一个承受限度，当设置值超过这个承受限度的时候，浏览器就会选择能承受的极限值来显示。

4.3 边　框

边框（border）一般用于分隔不同元素，其外围即为元素的最外围，因此计算元素实际的宽和高时，就要将 border 纳入。换句话说，border 会占据空间，所以在计算精细的版面时，一定要把 border 的影响考虑进去。如图 4.3 所示，黑色的粗实线框即为 border。

border 的属性主要有 3 个，分别是 color（颜色）、width（粗细）和 style（样式）。在设置 border 时常常需要将这 3 个属性很好地配合起来，才能达到良好的效果。在使用 CSS 设置边框的时候，可以分别使用 border-color、border-width 和 border-style 设置它们。

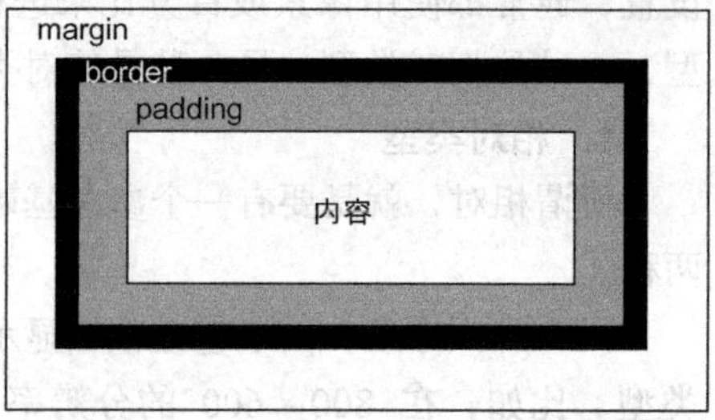

图 4.3　border

- border-color 指定 border 的颜色，它的设置方法与文字的 color 属性完全一样，一共可以有 256^3 种颜色。通常情况下设置为十六进制的值，例如红色为“#FF0000”。

提示　对于形如“#336699”这样的十六进制值，可以缩写为“#369”，也可以使用颜色的名称，例如 red、green 等。

- border-width 用来指定 border 的粗细程度，可以设为 thin（细）、medium（适中）、thick（粗）和<length>。其中<length>表示具体的数值，例如 5px 和 0.1in 等。width 的默认值为“medium”，一般的浏览器都将其解析为 2px 宽。
- 这里重点讲解 border-style 属性，它可以设为 none、hidden、dotted、dashed、solid、double、groove、ridge、inset 或 outset。它们依次分别表示“无”“隐藏”“点线”“虚线”“实线”“双线”“凹槽”“突脊”“内陷”和“外凸”。其中 none 和 hidden 都不显示 border，二者效果完全相同，只是运用在表格中时，hidden 可以用来解决边框冲突的问题。

4.3.1　设置边框样式

为了了解各种边框样式（border-style）的具体表现形式，编写如下网页，实例文件为“Ch04\4.3\01.html”。

```
<html>
<head>
<title>border-style</title>
<style type="text/css">
div{
    border-width:6px;
    border-color:#000000;
    margin:20px; padding:5px;
    background-color:#FFFFCC;
}
</style>
</head>
<body>
    <div style="border-style:dashed">The border-style of dashed.</div>
    <div style="border-style:dotted">The border-style of dotted.</div>
    <div style="border-style:double">The border-style of double.</div>
    <div style="border-style:groove">The border-style of groove.</div>
    <div style="border-style:inset">The border-style of inset.</div>
    <div style="border-style:outset">The border-style of outset.</div>
    <div style="border-style:ridge">The border-style of ridge.</div>
    <div style="border-style:solid">The border-style of solid.</div>
</body>
</html>
```

其执行结果在 IE 和 Firefox 中略有区别，如图 4.4 所示。可以看到，对于 groove、inset、outset 和 ridge 这 4 种值，IE 都支持得不够理想。

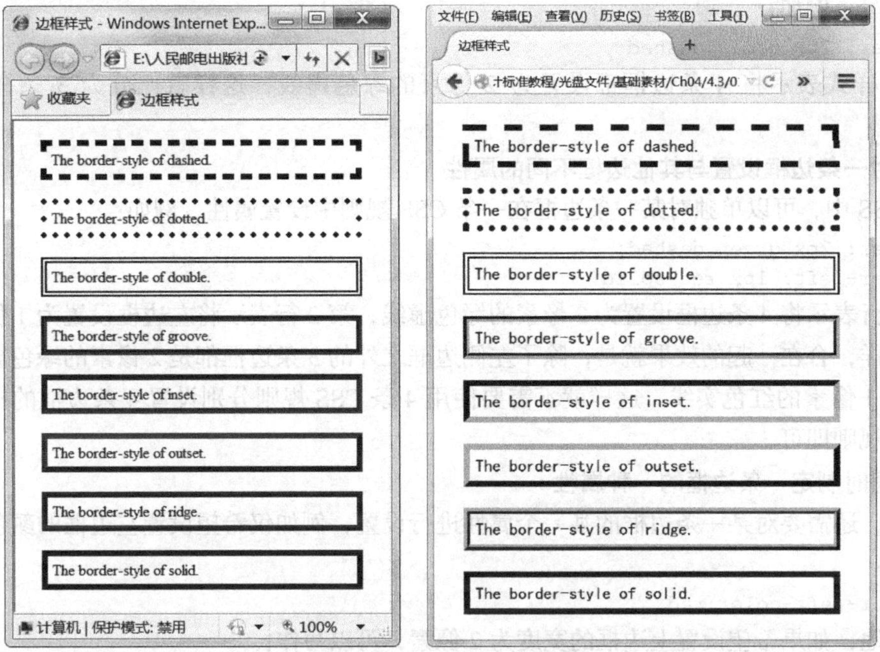

图 4.4　border-style

注意

IE 不支持 border-style 效果，在实际制作网页的时候不推荐使用。

4.3.2　属性值的简写形式

CSS 中可以用简单的方式确定边框的属性值。

1. 对不同的边框设置不同的属性值

使用 CSS 时，可以分别对 4 条边框设置不同的属性值。

方法是按照规定的顺序，给出 2 个、3 个或者 4 个属性值，它们的含义将有所区别，具体含义如下：

- 如果给出 2 个属性值，那么前者表示上下边框的属性，后者表示左右边框的属性。
- 如果给出 3 个属性值，那么前者表示上边框的属性，中间的数值表示左右边框的属性，后者表示下边框的属性。
- 如果给出 4 个属性值，那么依次表示上、右、下、左边框的属性，即顺时针排序。

例如，下面这段代码：

```
border-color: red green
border-width:1px 2px 3px;
border-style: dotted、dashed、solid、double;
```

其含义是，上下边框为红色，左右边框为绿色；上边框宽度为 1 像素，左右边框宽度为 2 像素，下边框宽度为 3 像素；从上边框开始，顺时针方向，4 个边框的样式分别为点线、虚线、实线和双线。

2. 在一行中同时设置边框的宽度、颜色和样式

要把 border-width、border-border-color 和 border-style 这 3 个属性合在一起，还可以用 border 属性来简写。例如：

```
border: 2px green dashed
```

这行样式表示将 4 条边框都设置为 2 像素的绿色虚线，这样就比分为 3 条样式来写更方便。

3. 对一条边框设置与其他边框不同的属性

在 CSS 中，可以单独对某一条边框在一条 CSS 规则中设置属性，例如：

```
border: 2px green dashed;
border-left: 1px red solid
```

第 1 行表示将 4 条边框设置为 2 像素的绿色虚线，第 2 行表示将左边框设置为 1 像素的红色实线。这样，合在一起的效果就是，除了左侧边框之外的 3 条边框都是 2 像素的绿色虚线，而左侧边框为 1 像素的红色实线。这样就不需要使用 4 条 CSS 规则分别设置 4 条边框的样式了，仅使用 2 条规则即可。

4. 同时制定一条边框的一种属性

有时，还需要对某一条边框的某一个属性进行设置，例如仅希望设置左边框的颜色为红色，可以写作：

```
border-left-color:red
```

类似地，如果希望设置上边框的宽度为 2 像素，可以写作：

```
border-top-width:2px
```

注意

当有多条规则作用于同一个边框时，会产生冲突，后面的设置会覆盖前面的设置。

5. 实例

在上面讲解的基础上，给出下述实例，实例文件为“Ch04\4.3\02.html”。

```
<html>
<head>
<style type="text/css">
#outerBox{
      width:200px;
      height:100px;
      border:4px black solid;
      border-left:6px green dashed;
      border-color:red gray orange blue;  /*上  右  下  左*/
      border-right-color:purple;
}
</style>
</head>
<body>
      <div id="outerBox">
      </div>
</body>
```

在这个实例关于边框的 4 条 CSS 规则中，首先把 4 条边框设置为 4 像素的黑色实线，然后把左边框设置为 6 像素绿色虚线，接着又依次设置了边框的颜色，最后把右侧边框的颜色设置为紫色。最终的效果如图 4.5 所示。

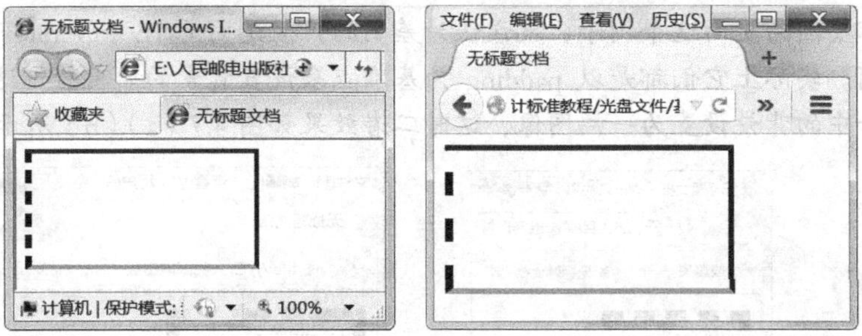

图 4.5　IE 和 Firefox 中的效果显示

4.3.3　边框与背景

在设置边框时，还有一点值得注意，在给元素设置 background-color 背景色时，IE 作用的区域为 content + padding，而 Firefox 的作用区域则是 content + padding + border。这在 border 设置为粗虚线时表现得特别明显，请看如下实例。

这里设置一个 div，并将其宽度设置为 10 像素，以使效果非常明显。实例文件为“Ch04\4.3\03.html”。

```
<style type="text/css">
#outerBox{
      width:128px;
      height:128px;
      border:10px black dashed;
      background:silver;
}
</style>

<body>
      <div id="outerBox"></div>
</body>
```

在两种浏览器中的执行结果如图 4.6 所示，图 4.6（a）所示的是 IE 中的效果，图 4.6（b）所示的是 Firefox 中的效果，读者可以通过图中窗口左上角的图标区分浏览器。可看到 IE 中并没有对 border 的背景上色，而 Firefox 中的边框中显示出了背景色。

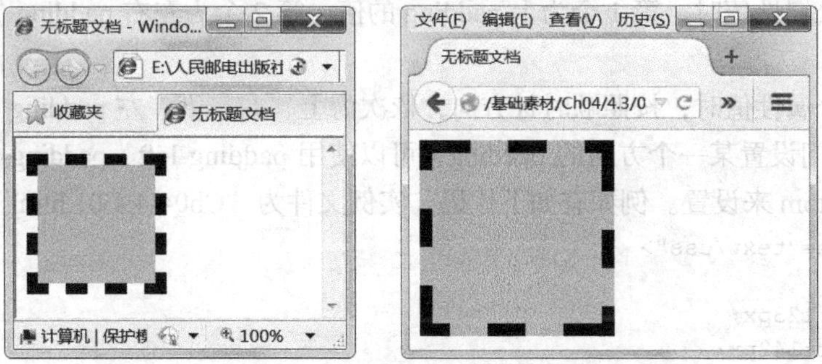

（a）　　　　　　　　（b）

图 4.6　IE 与 Firefox 对待背景色的不同处理

虽然这个差别非常细微，但是在设计一些要求很高的页面时，还是需要注意的。

注意

不要因为上面这个例子，就误认为差别的产生是因为 IE 和 Firefox 设置背景的基准点不同。实际上它们都是以 padding 为基准点来设置背景的。要验证这一点，可以把上面例子中的背景设置为一幅图像，这时二者效果如图 4.7（a）（b）所示。

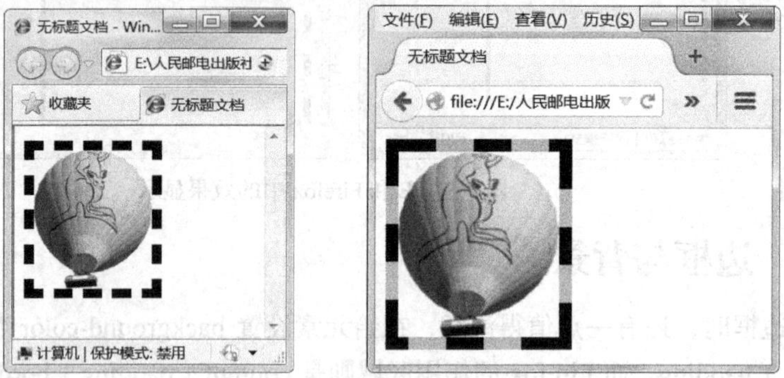

（a） （b）

图 4.7 IE 与 Firefox 对待背景图像的不同处理

可以看出，二者的背景图像位置是完全相同的，区别只在于边框所占据的面积中，IE 并不显示背景图像的内容，Firefox 则显示背景图像的内容。

4.4 设置内边距

内边距（padding），用于控制内容与边框之间的距离。如图 4.8 所示，在边框和内容之间的空白区域就是内边距。

和前面介绍的边框类似，padding 属性可以设置 1、2、3 或 4 个属性值，分别如下。

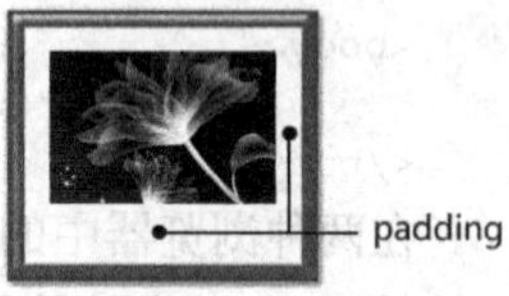

图 4.8 padding 示意图

- 设置 1 个属性值时，表示上下左右 4 个 padding 均为该值。
- 设置 2 个属性值时，前者为上下 padding 的值，后者为左右 padding 的值。
- 设置 3 个属性值时，第 1 个为上 padding 的值，第 2 个为左右 padding 的值，第 3 个为下 padding 的值。
- 设置 4 个属性值时，按照顺时针方向，依次为上、右、下、左 padding 的值。

如果需要专门设置某一个方向的 padding，可以使用 padding-left、padding-right、padding-top 或者 padding-bottom 来设置。例如有如下代码，实例文件为“Ch04\4.4\01.html”。

```
<style type="text/css">
#box{
      width:123px;
      height:142px;
      padding:0 20px 10px;    /*上左右下*/
      padding-left:10px;
      border:10px gray dashed;
}

#box img{
      border:1px blue solid;
```

```
}
</style>

<body>
    <div id="box"> <img src="images/pic.jpg" /></div>
</body>
```

其结果是上侧的 padding 为 0，右侧 padding 为 20 像素，下侧和左侧的 padding 为 10 像素，如图 4.9 所示。

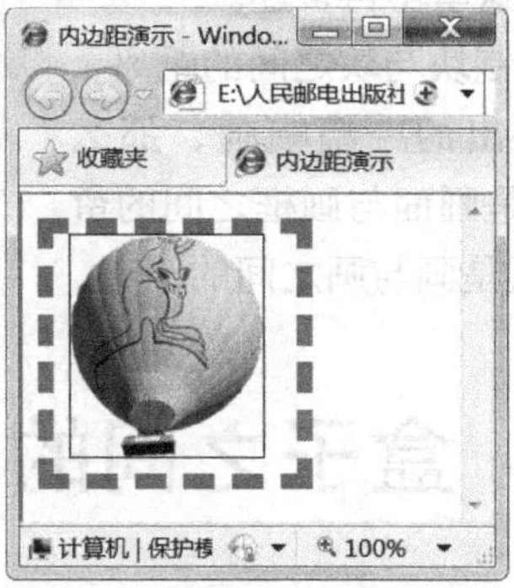

图 4.9　设置 padding 后的效果

提示　当一个盒子设置了背景图像后，默认情况下背景图像覆盖的范围是 padding 和内容组成的范围，并以 padding 的左上角为基准点平铺背景图像。

4.5　设置外边距

外边距（margin）指的是元素与元素之间的距离。观察图 4.7，可以看到边框在默认情况下会定位于浏览器窗口的左上角，但是并没有紧贴着浏览器窗口的边框。这是因为 body 本身也是一个盒子，在默认情况下，body 会有一个若干像素的 margin，具体数值因各个浏览器而不尽相同。因此在 body 中的其他盒子就不会紧贴着浏览器窗口的边框了。为了验证这一点，可以给 body 这个盒子也加一个边框，代码如下：

```
body{
    border:1px black solid;
    background:#cc0;
}
```

在 body 设置了边框和背景色以后，效果如图 4.10 所示。可以看到，在细黑线外面的部分就是 body 的 margin。

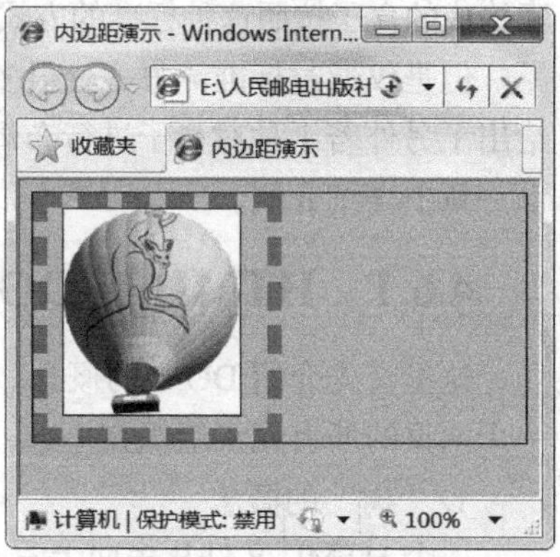

图 4.10　margin 的效果

注意　body 是一个特殊的盒子，它的背景色会延伸到 margin 的部分，而其他盒子的背景色只会覆盖“padding+内容”部分（IE 中），或者“border+padding+内容”部分（Firefox 中）。

下面再给 div 盒子的 margin 增加 20 像素，这时效果如图 4.11 所示。可以看到 div 的粗边框与 body 的细边框之间的 20 像素距离就是 margin 的范围。右侧的距离很大，这是因为目前 body 这个盒子的宽度不是由其内部的内容决定的，而是由浏览器窗口决定的，相关的原理后面会深入分析。

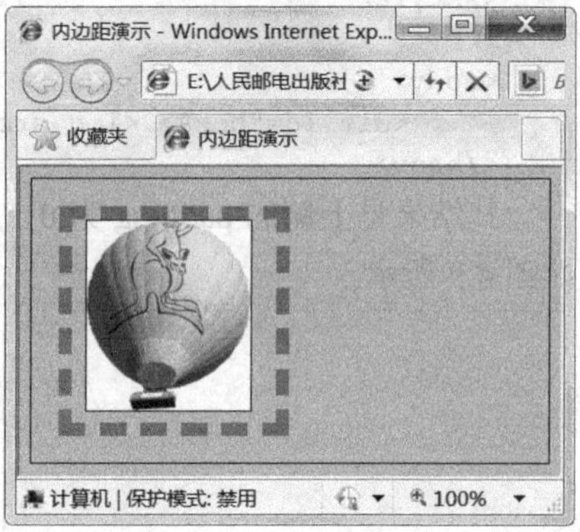

图 4.11　margin 的范围

margin 属性值的设置方法与 padding 一样，也可以设置不同的数值来代表相应的含义，这里不再赘述。

从直观上而言，margin 用于控制块与块之间的距离。倘若将盒子模型比作展览馆里展出的一幅幅画，那么 content 就是画面本身，padding 就是画面与画框之间的留白，border 就是画框，而 margin 就是画与画之间的距离。

4.6　盒子之间的关系

一个盒子内部的关系不难理解，实际上网页往往是很复杂的，一个网页可能存在着大量的盒子，并且它们以各种关系相互影响着。

要把一个盒子与外部的其他盒子之间的关系理解清楚，并不是简单的事情。在很多 CSS 资料中大都通过简单的分类，就 CSS 本身的介绍来说明这个问题，往往只是就事论事。如果不能从站得更高的角度来理解这个问题，那么想真正搞懂它很困难，因此这里从更深入的角度来介绍 CSS 与 HTML 的关系。

为了能够方便地组织各种盒子有序地排列和布局，CSS 规范的制定者进行了深入细致的考虑，使得这种方式既有足够的灵活性，以适应各种排版要求，又能使规则尽可能简单，让浏览器的开发者和网页设计师都能够相对容易地实现。

CSS 规范的思路是，首先确定一种标准的排版模式，这样可以保证设置的简单化，各种网页元素构成的盒子按照这种标准的方式排列布局。这种方式就是接下来要详细介绍的“标准流”方式。

但是仅通过标准流方式，很多版式是无法实现的，限制了布局的灵活性，因此 CSS 规范中又给出了另外若干种对盒子进行布局的手段，包括“浮动”属性和“定位”属性等。这些内容将在下一章中详细介绍。

4.6.1　HTML 与 DOM

这里首先介绍 DOM 的概念。DOM 是 Document Object Model 的缩写，即“文档对象模型”。一个网页的所有元素组织在一起，就构成了一棵“DOM 树”。

1. “树”的概念

一个 HTML 文件从表面上看，就是一个普通的文本文件。而从逻辑上看，则具有着内在的层次关系。因此，这里的“树”表示一种具有层次关系的结构。比如大家都很熟悉的“家谱”就是个很典型的“树”形结构，家谱也可以称为“家族树”（Family Tree）。

图 4.12 所示的就是一棵“家族树”，最上面表示 Tom 和 Alice 结婚，生育了 5 个孩子，比如其中有一个孩子叫 Mickey，他又和 Maggie 结婚生育了两个孩子。依此类推，从 Tom 和 Alice 开始，就产生了一个不断分叉的树状结构，这就像一棵倒过来的树一样，最上面的 Tom 和 Alice 就是“树根”，每一个孩子（包括他的配偶一起）构成了一个“节点”，节点之间都存在着层次关

系，例如 Tom 是 Mickey 的“父节点”，相应地 Mickey 是 Tom 的“子节点”，同时，Mickey 又是 Sarah 的“父节点”，而 Sarah 又是 Melissa 的“兄弟节点”，依此类推。

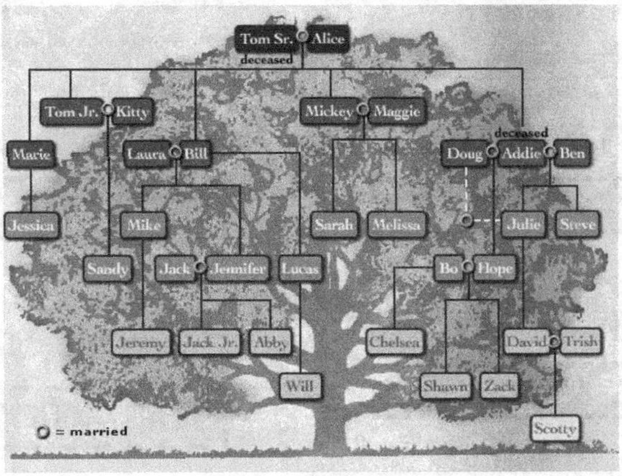

图 4.12　家谱示意图

延伸思考

从对家谱树的研究可以看出，科学研究实际上也是来源于生活的，科学研究的过程就是把生活中的常识和直觉，经过系统严格的试验或理论推导，获得本质描述的过程。只有对一个事物的本质有了深入的把握，才是真正理解了它。

2. DOM 树

上面首先介绍了什么是“树”，下面讲解什么是 HTML 的“DOM 树”。

假设有一个 HTML 文档，其中的 CSS 样式部分省略了，这里只关心它的 HTML 结构。这个网页的结构非常简单，代码如下，实例文件为“Ch04\4.6\01.html”。

```
<!DOCTYPE html PUBLIC "-//W3C//DTD XHTML 1.0 Transitional//EN"
"http://www.w3.org/TR/xhtml1/DTD/xhtml1-transitional.dtd">
<html xmlns="http://www.w3.org/1999/xhtml">
<head>
<meta http-equiv="Content-Type" content="text/html; charset=utf-8" />
<title>盒子模型的演示</title>
    <style type="text/css">
        ……省略……
    </style>
  </head>

  <body>
   <ul>
     <li>第 1 个列表的第 1 个项目内容</li>
     <li class="withborder">第 1 个列表的第 2 个项目内容，内容更长一些，目的是演示自动折行的效
果。</li>
   </ul>
   <ul>
     <li>第 2 个列表的第 1 个项目内容</li>
     <li class="withborder">第 2 个列表的第 2 个项目内容，内容更长一些，目的是演示自动折行的效
果。</li>
    </ul>
  </body>
</html>
```

这个 HTML 在 IE 和 Firefox 浏览器中的显示效果是一样的，如图 4.13 所示。

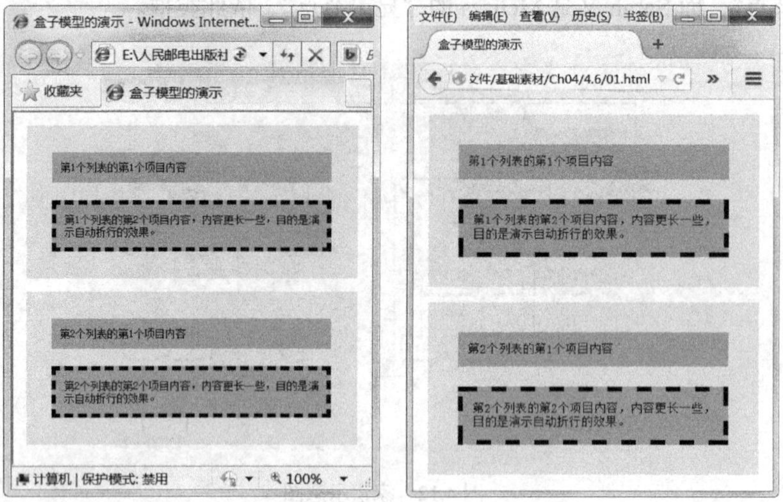

图 4.13　在 IE 与 Firefox 中的显示效果

使用 Firefox 浏览器打开这个网页，然后选择“工具→Web 开发者→DOM Inspector”命令，这时会打开一个新窗口，如图 4.14 所示。

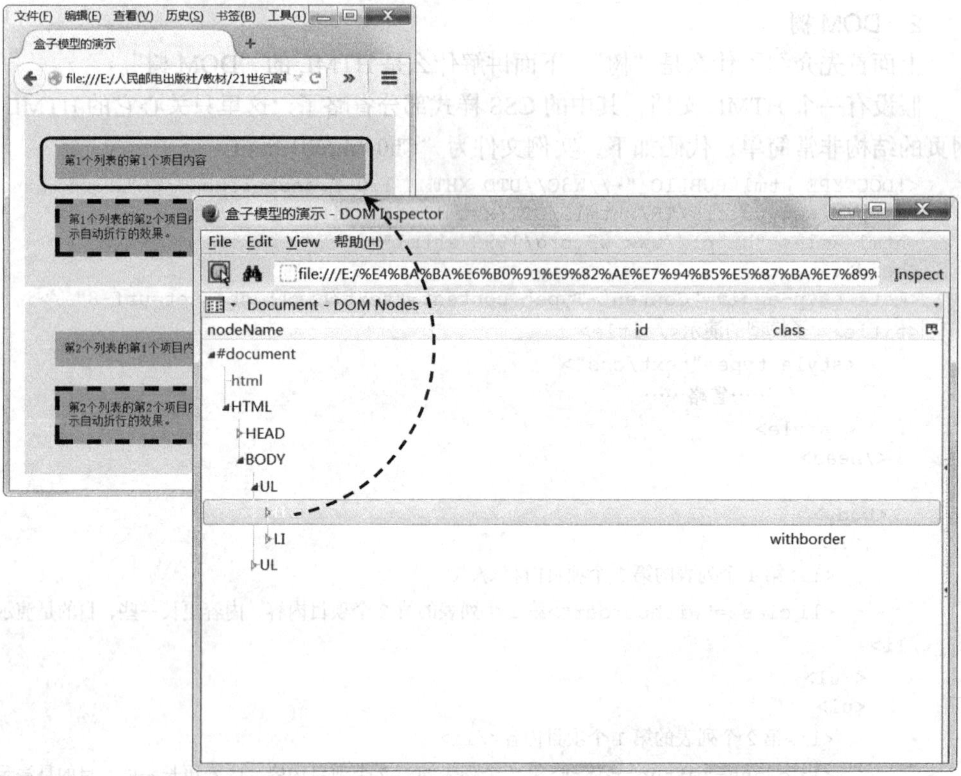

图 4.14　打开新窗口

窗口左侧列表中的“#document”是整个文档的根节点，双击这个项目，就会打开或关闭它的下级节点。每一个节点都可以打开它的下级节点，直到该节点本身没有下级节点为止。

3. DOM 树与盒子模型的联系

图 4.14 所示的是所有节点都打开的效果。这里使用了一棵“树”的形式把一个 HTML 文档的内容组织起来，形成了严格的层次结构。例如在本例中，body 是浏览器窗口中显示的所有对象的根节点，即 ul、li 等对象都是 body 的下级节点。同理，li 又是 ul 的下级节点。在这棵“DOM 树”上的各个节点，都对应于网页上的一个区域，例如在“DOM 查看器”上单击某一 li 节点，立即就可以在浏览器窗口中看到一个红色的矩形框闪烁若干次，如图 4.14 所示，表示该节点在浏览器窗口中所占的区域，这正是前面所说的 CSS“盒子”。

到这里，DOM 树已经和 CSS“盒子”联系起来了，如图 4.15 所示。

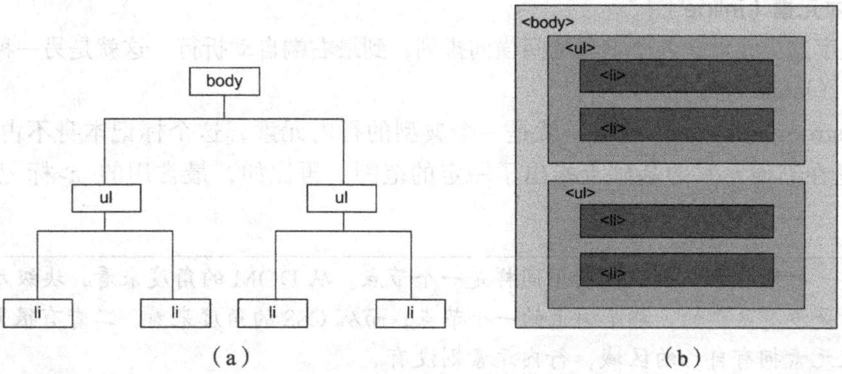

图 4.15　DOM 树与页面布局的对应关系

图 4.15（a）所示的就是这种层次结构的树状表示，图 4.15（b）所示的则是在浏览器中以嵌套的盒子的形式表示的。它们二者是相互对应的，也就是说，任意一个 HTML 结构都唯一地与一棵 DOM 树对应，而该 DOM 树的节点如何在浏览器中表现，则需要由 CSS 参与确定了。

注意

一个 HTML 文档并不是一个简单的文本文件，而是一个具有层次结构的逻辑文档，每一个 HTML 元素（例如 p、ul、li 等）都作为这个层次结构中的一个节点存在。每个节点反映在浏览器上会具有不同的表现形式，具体的表现形式正是由 CSS 来决定的。

这些很好地印证了一个几乎所有 CSS 资料中都会提及的一句话“CSS 的目的是使网页的表现形式与内容结构分离，CSS 控制网页的表现形式，HTML 控制网页的内容结构”。

接下来介绍 CSS 如何为各种处于层次结构中的元素设置表现形式。

4.6.2　标准文档流

“标准文档流”（Normal Document Stream），简称“标准流”，是指在不使用其他与排列和定位相关的特殊 CSS 规则时，各种元素的排列规则。

延伸思考

如果和生活中的案例进行对比，就好像长江，从源头东流到海，不断有支流汇入。

在没有人力干预的时候，都会自然而然的依据地势形成河流的形状，而人类出现以后，就开始不断地人为干预，比如修建三峡大坝，这样就会人为地改变河流的流向等。因此，河流的最终走向就是自然地势和人力所共同决定的。

在网页布局中也和此类似，不使用特定的定位和布局手段时，网页会有它自己默认的自然形成的布局方式，这就是标准流形成的效果，本书后续章节会介绍如何人为地干预，就好像修建大坝一样，改变布局的默认形式。

以 Ch04\4.6\01.html 生成的网页为例，只观察从 body 开始的这一部分，其内容是 body 中有两个列表（ul），每个列表中各有两个列表项目（li）。一共有 4 层结构，顶层为 body，第 2 层为 ul，第 3 层为 li，第 4 层为 li 中的文本。这 4 种元素又可以分为以下两类。

1．块级元素（block level）

li 占据着一个矩形的区域，并且和相邻的 li 依次竖直排列，不会排在同一行中。ul 也具有同样的性质，占据着一个矩形的区域，并且和相邻的 ul 依次竖直排列，不会排在同一行中。因此，这类元素称为“块级元素”（block level），即它们总是以一个块的形式表现出来，并且跟同级的兄弟块依次竖直排列，左右撑满。

2．行内元素（inline）

对于文字这类元素，各个字母之间横向排列，到最右端自动折行，这就是另一种元素，称为“行内元素”（inline）。

比如<strong></strong>标记，就是一个典型的行内元素，这个标记本身不占有独立的区域，仅仅是在其他元素的基础上指出了一定的范围。再比如，最常用的<a>标记，也是一个行内元素。

注意：行内元素在 DOM 树中同样是一个节点。从 DOM 的角度来看，块级元素和行内元素是没有区别的，都是树上的一个节点；而从 CSS 的角度来看，二者有很大的区别，块级元素拥有自己的区域，行内元素则没有。

标准流就是 CSS 规定的默认的块级元素和行内元素的排列方式。要判断各种元素具体是如何排列的，需要把自己想象成一名浏览器的开发者，来考虑应该如何放置这些内容。

```
<body>
    <ul>
      <li>第 1 个列表的第 1 个目内容</li>
      <li class="withborder">第 1 个列表的第 2 个项目内容，内容更长一些，目的是演示自动折行的效果。</li>
    </ul>
    <ul>
      <li>第 2 个列表的第 1 个项目内容</li>
      <li class="withborder">第 2 个列表的第 2 个项目内容，内容更长一些，目的是演示自动折行的效果。</li>
    </ul>
</body>
```

（1）第 1 步：从 body 标记开始，body 元素就是一个最大的块级元素，应该包含所有的子元素，依次把其中的子元素放到适当的位置。例如上面这段代码中，body 包含了两个 ul，就把这两个块级元素竖直排列。至此第一步完成。

（2）第 2 步：分别进入每一个 ul 中，查看它的下级元素，这里是两个 li，因此又为它们分别分配了一定的矩形区域。至此第二步完成。

（3）第 3 步：再进入 li 内部，这里面是一行文本，因此按照行内元素的方式，排列这些文字。

如果一个 HTML 更为复杂，层次更多，那么依然是不断地重复这个过程，直至所有的元素都被检查一遍，该分配区域的分配区域，该设置颜色的设置颜色等。伴随着扫描的过程，样式也就被赋予到每个元素上了。

在这个过程，一个一个盒子自然地形成一个序列，同级别的兄弟盒子依次排列在父级盒子中，同级父级盒子又依次排列在它们的父级盒子中，就像一条河流有干流和支流一样，这就是被称为“流”的原因。

实际的浏览器程序的计算过程要复杂得多，但是大致的过程是如此。

4.6.3　<div>标记与<span>标记

为了能够更好地理解“块级元素”和“行内元素”，这里重点介绍在 CSS 排版的页面中经常使用的<div>和<span>标记。利用这两个标记，加上 CSS 对其样式的控制，可以很方便地实现各种效果。本小节从二者的基本概念出发，介绍两个标记，并且深入探讨两种元素的区别。

<div>标记早在 HTML 4.0 时代就已经出现，但那时并不常用，直到 CSS 的普及，才逐渐发挥出它的优势。<span>标记在 HTML 4.0 时才被引入，它是专门针对样式表而设计的标记。

<div>（division）简单而言是一个区块容器标记，即<div>与</div>之间相当于一个容器，可以容纳段落、标题、表格、图片，乃至章节、摘要和备注等各种 HTML 元素。可以把<div>与</div>中的内容视为一个独立的对象，用于 CSS 的控制。声明时只需要对<div>进行相应的控制，其中的各标记元素都会随之改变。

一个 ul 是一个块级元素，同样 div 也是一个块级元素，二者的不同在于 ul 是一个具有特殊含义的块级元素，具有一定的逻辑语义，而 div 是一个通用的块级元素，用它可以容纳各种元素，从而方便排版。

下面举一个简单的例子，实例文件为“Ch04\4.6\02.html”。

```
<html>
<head>
<meta http-equiv="Content-Type" content="text/html; charset=utf-8" />
<title>div 标记范例</title>
<style type="text/css">
div{
    font-size:18px;                         /* 字号大小 */
    font-weight:bold;                       /* 字体粗细 */
    font-family:Arial;                      /* 字体 */
    color:#FFFF00;                          /* 颜色 */
    background-color:#0000FF;               /* 背景颜色 */
    text-align:center;                      /* 对齐方式 */
    width:300px;                            /* 块宽度 */
    height:100px;                           /* 块高度 */
}
</style>
</head>
<body>
    <div>
    这是一个 div 标记
    </div>
</body>
</html>
```

通过 CSS 对<div>块的控制，制作了一个宽 300px、高 100px 的蓝色区块，并进行了文字效果的相应设置，在 IE 中的执行结果如图 4.16 所示。

图 4.16　div 块示例

<span>标记与<div>标记一样，作为容器标记而被广泛应用在 HTML 语言中。在<span>与</span>中间同样可以容纳各种 HTML 元素，从而形成独立的对象。如果把“<div>”替换成“<span>”，样式表中把“div”替换成“span”，执行后就会发现效果完全一样。可以说<div>与<span>这两个标记起到的作用都是独立出各个区块，在这个意义上说二者没有不同。

<div>与<span>的区别在于，<div>是一个块级元素，它包围的元素会自动换行。而<span>仅仅是一个行内元素（inline elements），在它的前后不会换行。<span>没有结构上的意义，纯粹是应用样式，当其他行内元素都不合适时，就可以使用<span>元素。

例如有如下代码，实例文件为“Ch04\4.6\03.html”。

```
<html>
<head>
<title>div 与 span 的区别</title>
</head>
<body>
    <p>div 标记不同行：</p>
    <div><img src="cup.gif" border="0"></div>
    <div><img src="cup.gif" border="0"></div>
    <div><img src="cup.gif" border="0"></div>
    <p>span 标记同一行：</p>
    <span><img src="cup.gif" border="0"></span>
    <span><img src="cup.gif" border="0"></span>
    <span><img src="cup.gif" border="0"></span>
</body>
</html>
```

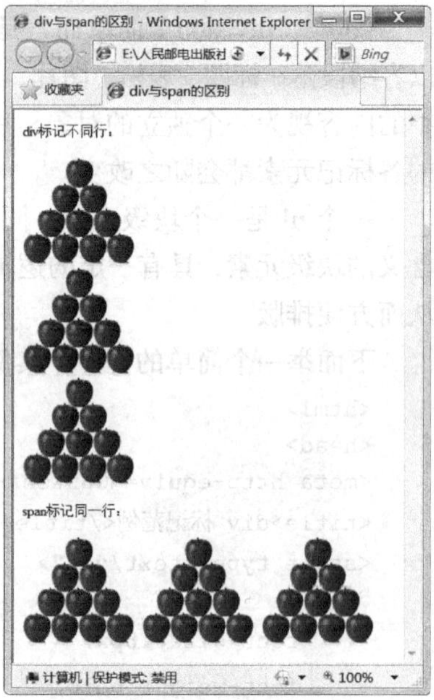

图 4.17　<div>与<span>标记的区别

其执行的结果如图 4.17 所示。<div>标记的 3 幅图片被分在了 3 行中，而<span>标记的图片没有换行。

此外，<span>标记可以包含于<div>标记中，成为它的子元素，而反过来则不成立，即<span>标记不能包含<div>标记。理解 div 和 span 之间的区别和联系，就可以更深刻地理解块级元素和行内元素的区别了。

4.7　盒子在标准流中的定位原则

在了解了标准流的基本原理后，介绍如何具体制作一些案例，掌握盒子在标准流中的定位原则。

如果要精确地控制盒子的位置，就必须对 margin 有更深入的了解。padding 只存在于一个盒子内部，所以通常它不会涉及与其他盒子之间的关系和相互影响的问题。margin 则用于调整不同的盒子之间的位置关系，因此必须要对 margin 在不同情况下的性质有非常深入的了解。

4.7.1　行内元素之间的水平 margin

图 4.18 所示为两个块并排的情况。

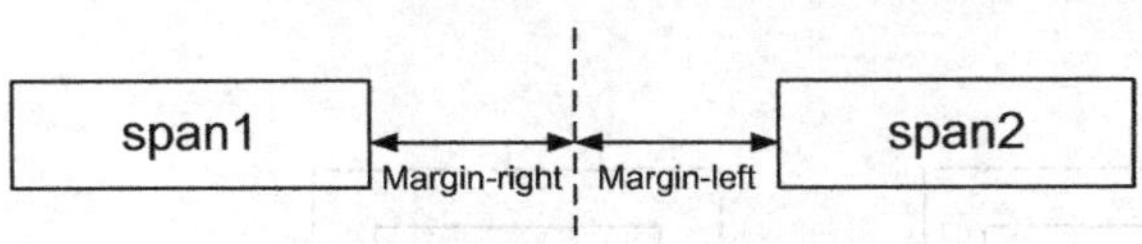

图 4.18　行内元素之间的 margin

当两个行内元素紧邻时，它们之间的距离为第 1 个元素的 margin-right 加上第 2 个元素的 margin-left。代码如下，实例文件为“Ch04\4.7\01.html”。

```
<html>
<head>
<meta http-equiv="Content-Type" content="text/html; charset=utf-8" />
<title>两个行内元素的 margin</title>
<style type="text/css">
span{
    background-color:#a2d2ff;
    text-align:center;
    font-family:Arial, Helvetica, sans-serif;
    font-size:12px;
    padding:10px;
}
span.left{
    margin-right:30px;
    background-color:#a9d6ff;
}
span.right{
    margin-left:40px;
    background-color:#eeb0b0;
}
</style>
</head>
<body>
    <span class="left">行内元素 1</span><span class="right">行内元素 2</span>
</body>
</html>
```

执行结果如图 4.19 所示，可以看到两个块之间的距离为 30px + 40px = 70px。

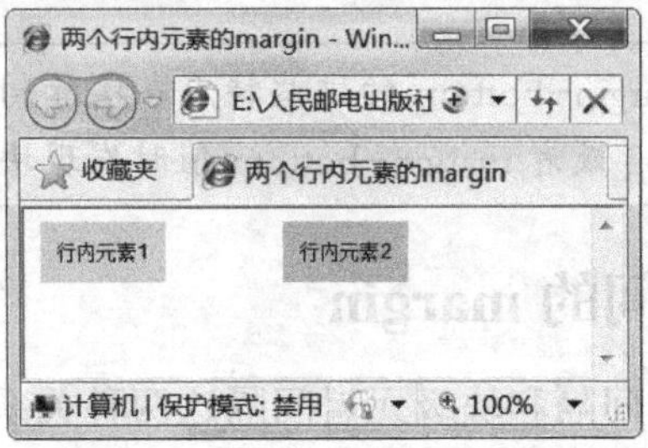

图 4.19　行内元素之间的 margin

4.7.2　块级元素之间的竖直 margin

如果不是行内元素，而是竖直排列的块级元素，margin 的取值情况就会有所不同。两个块级元素之间的距离不是 margin-bottom 与 margin-top 的总和，而是两者中的较大者，如图 4.20 所示。这个现象称为 margin 的“塌陷”（或称为“合并”）现象，意思是说较小的 margin 塌陷（合并）

到了较大的 margin 中。

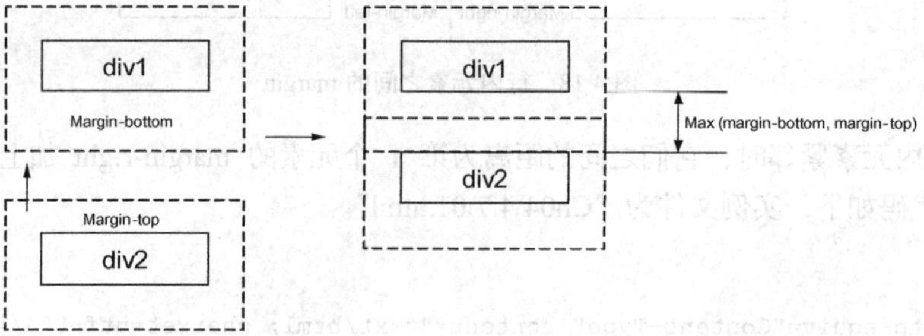

图 4.20　块元素之间的 margin

这里看一个实例，代码如下，实例文件为“Ch04\4.7\02.html”。

```
<html>
<head>
<title>两个块级元素的 margin</title>
<style type="text/css">
div{
     background-color:#a2d2ff;
     text-align:center;
     font-family:Arial, Helvetica, sans-serif;
     font-size:12px;
     padding:10px;
}
</style>
</head>
<body>
    <div style="margin-bottom:50px;">块元素 1</div>
    <div style="margin-top:30px;">块元素 2</div>
</body>
</html>
```

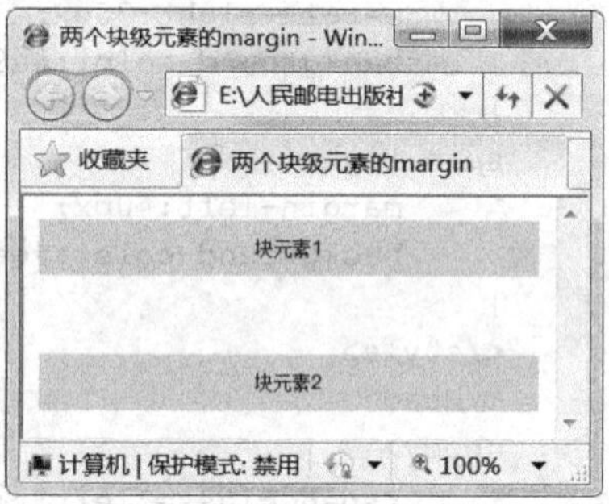

图 4.21　块级元素的 margin

执行结果如图 4.21 所示。倘若将块元素 2 的 margin-top 修改为 40px，就会发现执行结果没有任何变化。若再修改其值为 60px，就会发现块元素 2 向下移动了 10px。

> 提示　margin-top 和 margin-bottom 的这些特点在实际制作网页时要特别注意，否则常常会被增加了 margin-top 或者 margin-bottom 值时发现块“没有移动”的假象所迷惑。

4.7.3　嵌套盒子之间的 margin

除了上面提到的行内元素间隔和块级元素间隔这两种关系外，还有一种位置关系，它的 margin 值对 CSS 排版也有重要的作用，这就是父子关系。当一个<div>块包含在另一个<div>块中时，便形成了典型的父子关系。其中子块的 margin 将以父块的内容为参考，如图 4.22 所示。

在标准流中，一个块级元素的盒子水平方向的宽度会自动延伸，直至上一级盒子的限制位置，例如下面的实例。

这里有一个实例，代码如下，实例文件为“Ch04\4.7\03.html”。

```
<head>
<title>父子块的 margin</title>
```

```
<style type="text/css">
div.father{                                /* 父 div */
      background-color:#fffebb;
      text-align:center;
      font-family:Arial, Helvetica, sans-serif;
      font-size:12px;
      padding:10px;
      border:1px solid #000000;
}
div.son{                                   /* 子 div */
      background-color:#a2d2ff;
      margin-top:30px;
      margin-bottom:0px;
      padding:15px;
      border:1px dashed #004993;
}
</style>
</head>
<body>
      <div class="father">
            <div class="son">子 div</div>
      </div>
</body>
```

执行的结果如图 4.23 所示。外层盒子的宽度会自动延伸，直到浏览器窗口的边界为止，而里面的子 div 宽度也会自动延伸，它以父 div 的内容部分为限。

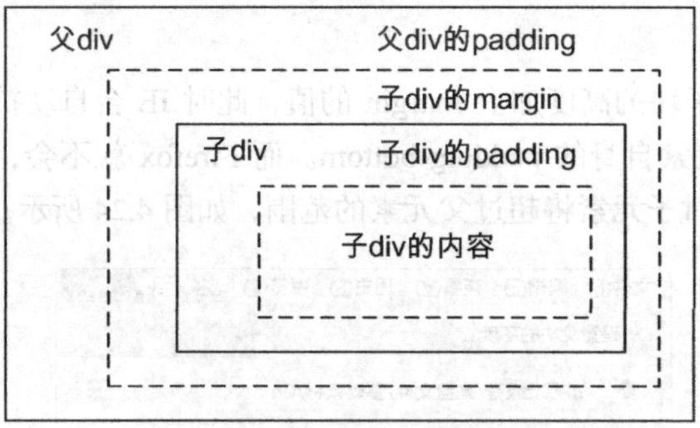

图 4.22　父子块的 margin

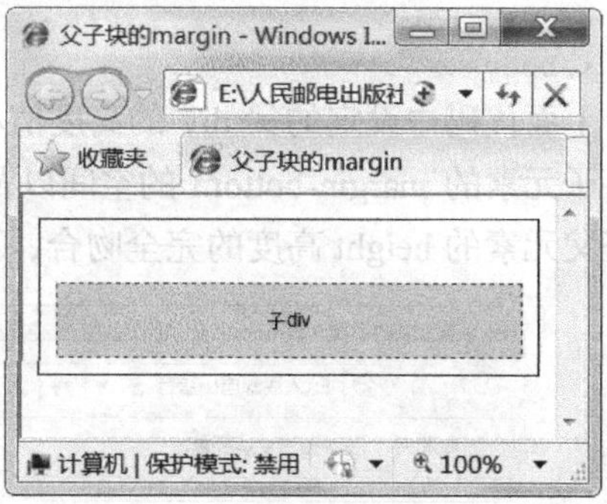

图 4.23　父子块的 margin 执行结果

具体可以看到，子 div 距离父 div 上边框为 40px（30px margin + 10px padding），其余 3 条边都是父 div 的 padding（10px）。

注意

（1）上面说的自动延伸是指宽度。对于高度，div 都是以里面的内容的高度来确定的，也就是会自动收缩到能够包容下内容的最小高度。

（2）宽度方向自动延伸，高度方向自动收缩，都是在没有设定 width 和 height 属性的情况下的表现。

（3）如果明确设置了 width 和 height 属性的值，盒子的实际宽度和高度就会按照 width 和 height 值来确定了。也就是前面说的盒子的实际大小是 width（height）+padding+border+margin。

这里需要注意 IE 与 Firefox 在细节处理上有所区别。如果设定了父元素的高度 height 值，且此时子元素的高度超过了该 height 值，二者的显示结果就完全不同。实例代码如下，实例文件为“Ch04\4.7\04.html”。

```
<head>
<title>设置父块的高度</title>
<style type="text/css">
div.father{                              /* 父 div */
    background-color:#fffebb;
    text-align:center;
    font-family:Arial, Helvetica, sans-serif;
    font-size:12px;
    padding:10px;
    border:1px solid #000000;
    height:40px;                         /* 设置父 div 的高度 */
}
div.son{                                 /* 子 div */
    background-color:#a2d2ff;
    margin-top:30px; margin-bottom:0px;
    padding:15px;
    border:1px dashed #004993;
}
</style>
</head>
<body>
    <div class="father">
        <div class="son">子 div</div>
    </div>
</body>
```

上面代码中设定的父 div 的高度值小于子块的高度加上 margin 的值，此时 IE 会自动扩大，保持子元素的 margin-bottom 的空间以及父元素自身的 padding-bottom。而 Firefox 就不会，它会保证父元素的 height 高度的完全吻合，而这时子元素将超过父元素的范围，如图 4.24 所示。

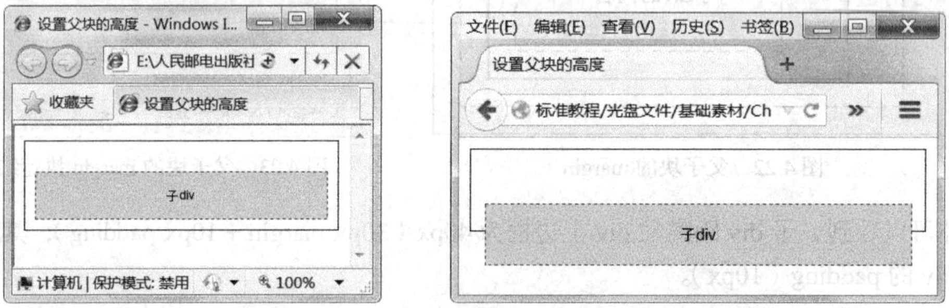

图 4.24　IE 与 Firefox 对待父 height 的不同处理

从 CSS 的标准规范来说，IE 的这种处理方法是不合规范的。它这种方式本应该由 min-height（最小高度）属性承担。

CSS 规范中有 4 个相关属性 min-height、max-heght、min-width、max-width，分别用于设置最大、最小宽度和高度，IE 没有实现对这 4 个属性的支持，而 Firefox 可以非常好地支持它们。

4.7.4　margin 属性可以设置为负值

上面提及 margin 的时候，它的值都是正数。其实 margin 的值也可以设置为负数，而且有关的巧妙运用方法也非常多，在后续章节中都会陆续介绍。这里先分析 margin 设为负数时产生的排版效果。

当 margin 设为负数时，会使被设为负数的块向相反的方向移动，甚至覆盖在另外的块上。实例代码如下，实例文件为“Ch04\4.7\05.html”。

```
<head>
<title>margin 设置为负数</title>
<style type="text/css">
span{
    text-align:center;
    font-family:Arial, Helvetica, sans-serif;
    font-size:12px;
    padding:10px;
    border:1px dashed #000000;
}
span.left{
    margin-right:30px;
    background-color:#a9d6ff;
}
span.right{
    margin-left:-53px;                /* 设置为负数 */
    background-color:#eeb0b0;
}
</style>
</head>
<body>
    <span class="left">行内元素 1</span><span class="right">行内元素 2</span>
</body>
```

执行效果如图 4.25 所示，右边的块移动到了左边的块上方，形成了重叠的位置关系。

当块之间是父子关系时，通过设置子块的 margin 参数为负数，可以将子块从父块中“分离”出来，如图 4.26 所示。关于它的应用在后续章节中还会有更详细的介绍。

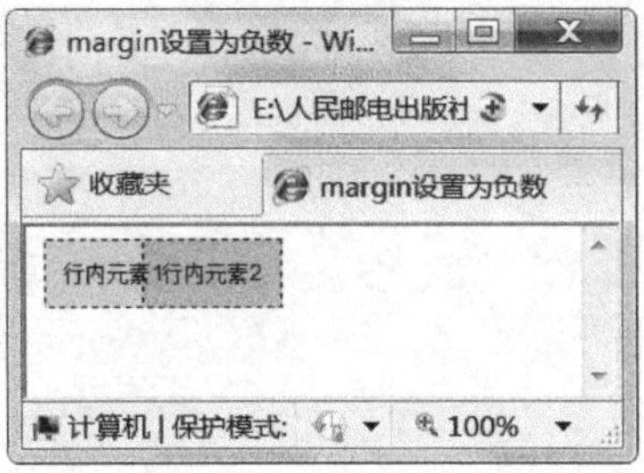

图 4.25　margin 设置为负数

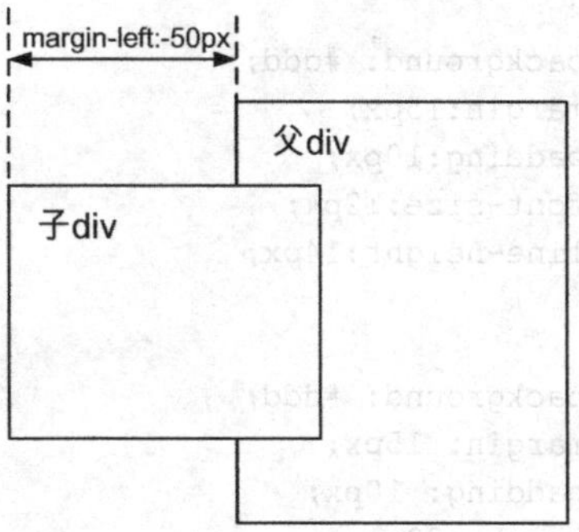

图 4.26　父子块设置 margin 为负数

4.8　盒子模型概念的实例

假设有一个网页，其显示效果如图 4.27 所示，通过分析盒子相关设置可以获得图 4.27 中 a～p 对应的宽度。实例文件为“Ch04\4.8\01.html”。

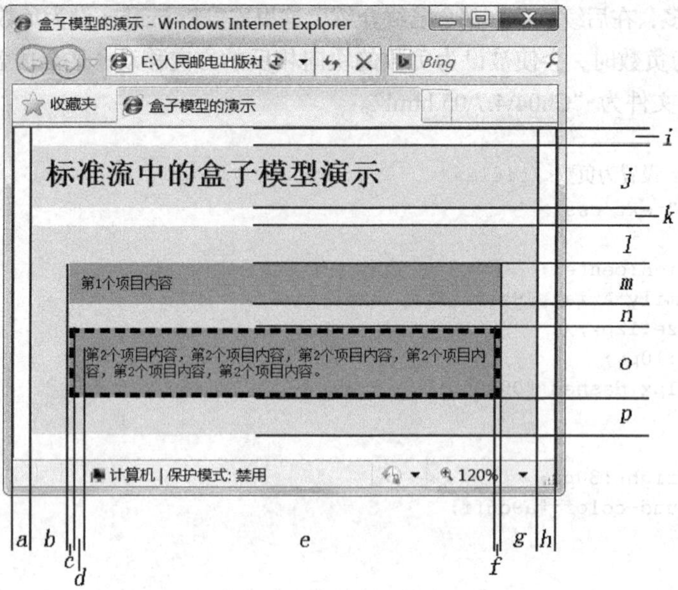

图 4.27　计算图中各个字母代表的宽度（高度）是多少像素

网页的完整代码如下：

```
<html xmlns="http://www.w3.org/1999/xhtml">
<head>
<meta http-equiv="Content-Type" content="text/html; charset=gb2312" />
<title>盒子模型的演示</title>
<style type="text/css">
body{
    margin:0;
    font-family:宋体;
}
ul {
    background: #ddd;
    margin:15px;
    padding:10px;
    font-size:12px;
    line-height:14px;
}
h1 {
    background: #ddd;
    margin: 15px;
    padding: 10px;
    height:30px;
    font-size:25px;
}
p,li {
    color: black;                       /* 黑色文本 */
    background: #aaa;                   /* 浅灰色背景 */
    margin: 20px 20px 20px 20px;        /* 外边距为 20 像素*/
    padding: 10px 0px 10px 10px;        /* 右侧内边距为 0，其余 10 像素 */
    list-style: none                    /* 取消项目符号 */
}
```

```
    .withborder {
        border-style: dashed;
        border-width: 5px;                          /* 设置边框为 5 像素 */
        border-color: black;
        margin-top:20px;
    }
    </style>
    </head>

      <body>
       <h1>标准流中的盒子模型演示</h1>
        <ul>
          <li>第 1 个项目内容</li>
          <li class="withborder">第 2 个项目内容，第 2 个项目内容，第 2 个项目内容，第 2 个项目内容，
第 2 个项目内容，第 2 个项目内容。</li>
        </ul>
      </body>
    </html>
```

以下具体计算 a～p 对应宽度。

先来计算水平方向的宽度，计算过程如下。

① a：由于 body 的 margin 设置为 0，因此 a 的值为 ul 的左 margin（h1 的左 margin 相同），即 15 像素。

② b：ul 的左 padding 加 li 的左 margin，即 30 像素。

③ c：第 2 个 li 的 border，即 5 像素。

④ d：li 的左 padding，即 10 像素。

⑤ e：计算完其他项目后再计算这个宽度，注意这里的文字和右边框之间没有间隔，因为右 padding 为 0。

⑥ f：第 2 个 li 的 border，即 5 像素。

⑦ g：ul 的右 padding 加上 li 的右 margin，即 30 像素。

⑧ h：ul 的右 margin，即 15 像素。

现在来计算 e 的宽度。把水平方向除 e 之外的各项加起来，等于 110 像素，因此 e 的宽度为浏览器窗口的宽度减去 110 像素。

然后计算竖直方向的宽度，计算过程如下。

① i：由于 body 的 margin 设置为 0，因此 i 的值为 ul 的上 margin，即 15 像素。

② j：h1 的上下 padding 加上高度（h1 的 height 属性值），即 50 像素。

③ k：h1 和 ul 相邻，因此上面的 h1 的下 margin 和下面的 ul 的上 margin 相遇，发生“塌陷”现象，因此 l 的值为二者中较大者，二者现在相同，因此 l 的值为 15 像素。

④ l：ul 的上 margin，即 15 像素。

⑤ m：li 的上下 padding 加上 1 行文字的行高，即 34 像素。

⑥ n：li 的上下 border 加上上下 padding，再加上 3 行文本的高度，即 72 像素。

⑦ o：上下两个 li 相邻，因此这里的高度是 20 像素。

⑧ p：ul 的上 margin，即 15 像素。

注意

对于盒子的宽度再强调说明一下，上述实例中所有的盒子都没有设置 width 属性，在没有设置 width 属性时，盒子会自动向右伸展，直到不能伸展为止。如果某个盒子设置了 width 属性，那么盒子的宽度就以该值为准。而盒子实际占据的宽度是 width+padding+boarder+margin 的总宽度，如图 4.28 所示。

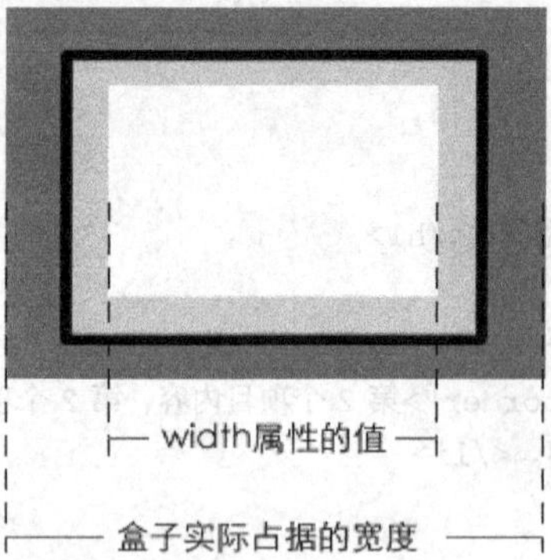

图 4.28　盒子的宽度

在 IE 6/7 和 Firefox 中都遵循上述原则，但是低版本的 IE 对于宽度的计算与此不同，不过现在使用低于 IE 6 的浏览器的用户已经很非常少了，一般不予考虑，这里就不再细致讲解。

延伸思考

在浏览器窗口比较宽的情况下，上面的这个页面在 Firefox 和 IE 中，效果是相同的。但是，当浏览器窗口比较窄的时候，二者会有区别，如图 4.29 所示。

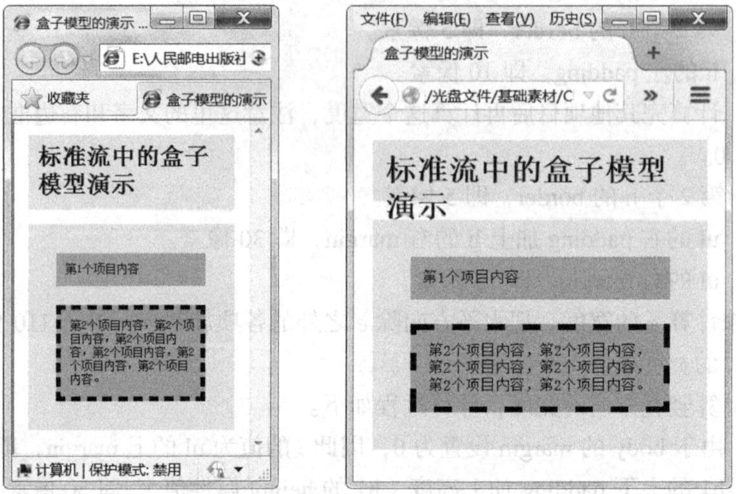

图 4.29　在 IE 和 Firefox 中的不同表现

可以看到，当 h1 标题在一行中显示不下的时候，IE 中会扩展 h1 盒子的高度，以容纳两行文字；而 Firefox 中，则依然会按照 CSS 代码中的高度设定 h1 盒子的高度。

小　结

盒子模型是 CSS 控制页面的基础。本章介绍“盒子”的概念以及盒子的组成。此外还介绍了

DOM 的基本概念、DOM 树是如何与一个 HTML 文档对应的，以及“标准流”的概念，为下一章讲解浮动和定位等相关知识做铺垫。

习　题

1. 简述 CSS 中“盒子模型”的概念和作用。
2. 简述“DOM 树”的含义，以及 DOM 树与 HTML 文档之间的对应关系。
3. 简述“标准流”的含义，以及 div 元素在标准流中是如何定位的。

第 5 章 盒子的浮动与定位

第 4 章介绍了独立的盒子模型，以及在标准流情况下的盒子的相互关系。如果仅仅按照标准流的方式进行排版，就只能按照仅有的几种可能性进行排版，限制太大。CSS 的制定者也想到了排版限制的问题，因此又给出了若干不同的手段以实现各种排版需要，从而可以灵活地实现各种形式的排版要求。

本章介绍 CSS 中 float 和 position 这两个重要属性的应用。

5.1 盒子的浮动

在标准流中，一个块级元素在水平方向会自动伸展，直到包含它的元素的边界；而在竖直方向和兄弟元素依次排列，不能并排。使用“浮动”方式后，块级元素的表现就会有所不同。

CSS 中有一个 float 属性，默认为 none，也就是标准流通常的情况。如果将 float 属性的值设置为 left 或 right，元素就会向其父元素的左侧或右侧靠紧，同时默认情况下，盒子的宽度不再伸展，而是收缩，根据盒子里面的内容的宽度来确定。

5.1.1 制作基础页面

浮动的性质比较复杂，这里先制作一个基础的页面，代码如下，文件为“Ch05\5.1\01.html”。后面讲解将基于这个文件进行。

```
<!DOCTYPE html PUBLIC "-//W3C//DTD XHTML 1.0 Transitional//EN"
"http://www.w3.org/TR/xhtml1/DTD/xhtml1-transitional.dtd">
<html xmlns="http://www.w3.org/1999/xhtml"> <head>
     <title>Float 属性</title>
<style type="text/css">
body{
     margin:15px;
     font-family:Arial; font-size:12px;
     }
.father{
     background-color:#ffff99;
     border:1px solid #111111;
     padding:5px;
     }
.father div{
     padding:10px;
```

```
        margin:15px;
        border:1px dashed #111111;
        background-color:#90baff;
        }
    .father p{
        border:1px dashed #111111;
        background-color:#ff90ba;
        }
    .son1{
        /* 这里设置 son1 的浮动方式*/
        }
    .son2{
        /* 这里设置 son1 的浮动方式*/
        }
    .son3{
    /* 这里设置 son3 的浮动方式*/
        }
    </style>
    </head>
    <body>
        <div class="father">
            <div class="son1">Box-1</div>
            <div class="son2">Box-2</div>
            <div class="son3">Box-3</div>
            <p>这里是浮动框外围的文字，这里是浮动框外围的文字，这里是浮动框外围的文字，这里是浮动框外围的文字，这里是浮动框外围的文字，这里是浮动框外围的文字，这里是浮动框外围的文字，这里是浮动框外围的文字，这里是浮动框外围的文字。</p>
        </div>
    </body>
    </html>
```

上面的代码定义了 4 个<div>块，其中一个父块，另外 3 个是它的子块。为了便于观察，将各个块都加上了边框以及背景颜色，并且让<body>标记以及各个 div 有一定的 margin 值。

如果 3 个子 div 都没有设置任何浮动属性，就为标准流中的盒子状态。在父盒子中，4 个盒子各自向右伸展，竖直方向依次排列，效果如图 5.1 所示。

下面开始在这个基础上讲解浮动盒子具有哪些性质。

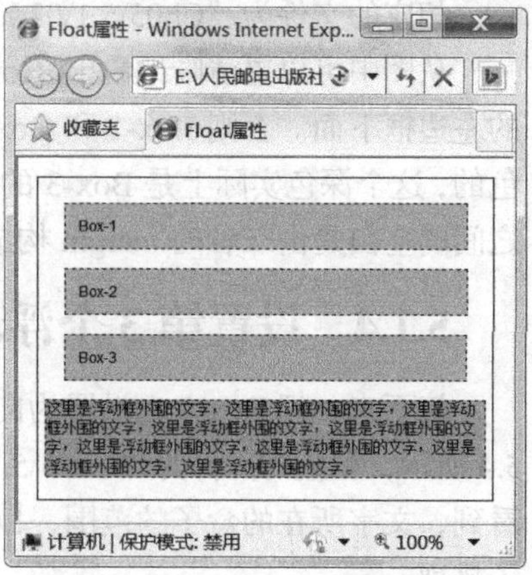

图 5.1　没有设置浮动时的效果

5.1.2　设置第 1 个浮动的 div

在上面的代码中找到：

```
.son1{
    /* 这里设置 son1 的浮动方式*/
    }
```

将.son1 盒子设置为向左浮动，代码为：

```
.son1{
    /* 这里设置 son1 的浮动方式*/
    float:left;
    }
```

这时效果如图 5.2 所示，相应的文件为“Ch05\5.1\02.html”。可以看到，标准流中的 Box-2 的文字在围绕着 Box-1 排列，而此时 Box-1 的宽度不再伸展，而是能容纳下内容的最小宽度。

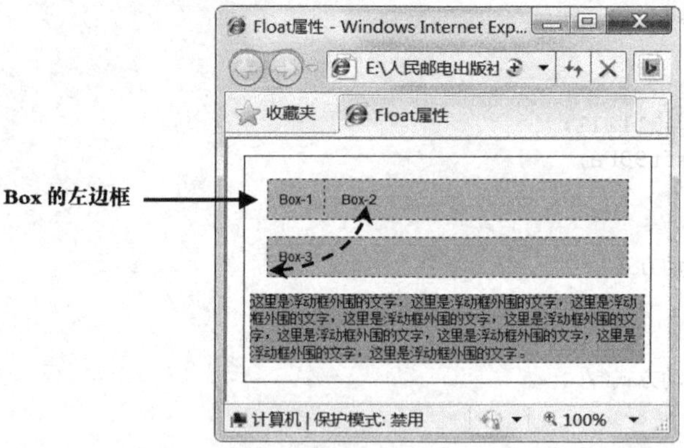

图 5.2　设置第 1 个 div 浮动时的效果

此时 Box-2 这个盒子的左边框与 Box-1 的左边框重合，因为此时 Box-1 已经脱离标准流，标准流中的 Box-2 会顶到原来 Box-1 的位置，而文字会围绕着 Box-1 排列。

5.1.3　设置第 2 个浮动的 div

将 Box-2 的 float 属性设置为 left，此时效果如图 5.3 所示。可以看到 Box-2 也变为根据内容确定宽度，并使 Box-3 的文字围绕 Box-2 排列。

相应的文件为“Ch05\5.1\03.html”。

从图中可以更清晰地看出，Box-3 的左边框仍在 Box-1 的左边框下面。否则 Box-1 和 Box-2 之间的空白不会是深色的，这个深色实际上是 Box-3 的背景色，Box-1 和 Box-2 之间的空白是由二者的 margin 构成的。

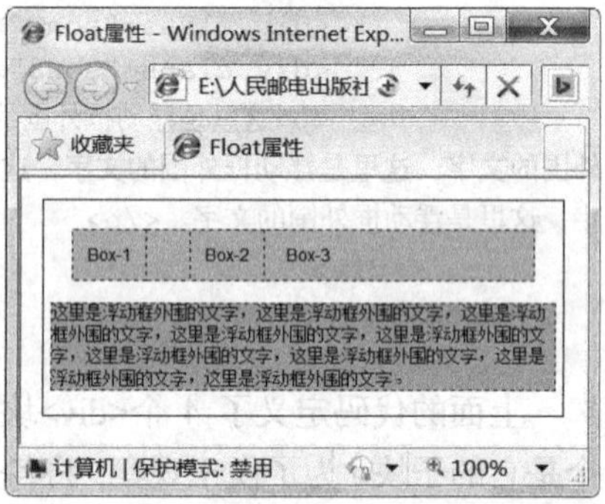

图 5.3　设置前两个 div 浮动时的效果

5.1.4　设置第 3 个浮动的 div

接下来，把 Box-3 也设置为向左浮动。这时效果如图 5.4 所示，相应的文件为“Ch05\5.1\04.html”。可以清楚地看到，文字所在的盒子的范围，以及文字会围绕浮动的盒子排列。

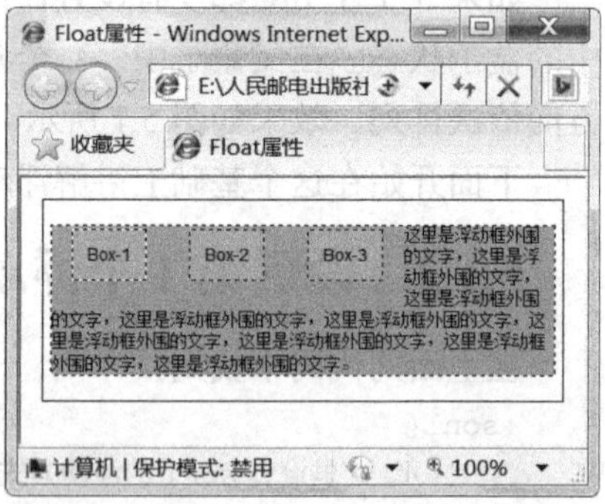

图 5.4　设置第 3 个 div 浮动时的效果

5.1.5　改变浮动的方向

将 Box-3 改为向右浮动，即 float:right。这时效果如图 5.5 所示，相应的文件为“Ch05\5.1\05.html”。可以看到 Box-3 移动到了最右端，文字段落盒子的范围没有改变，但文字变成了夹在 Box-2 和 Box-3 之间。

这时，如果把浏览器窗口慢慢调整变窄，Box-2 和 Box-3 之间的距离就会越来越小，直到二者相接触。如果继续把浏览器窗口调整变窄，浏览器窗口就无法在一行中容纳 Box-1 到 Box-3，Box-3 会被挤到下一行中，但仍保持向右浮动，这时文字会自动布满空间，如图 5.6 所示。

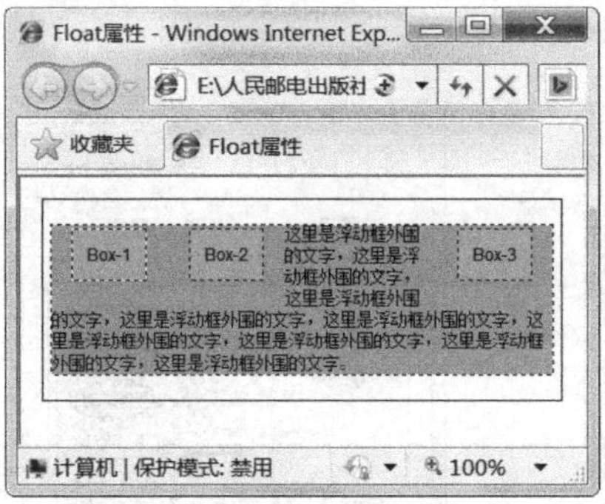

图 5.5　改变浮动方向后的效果

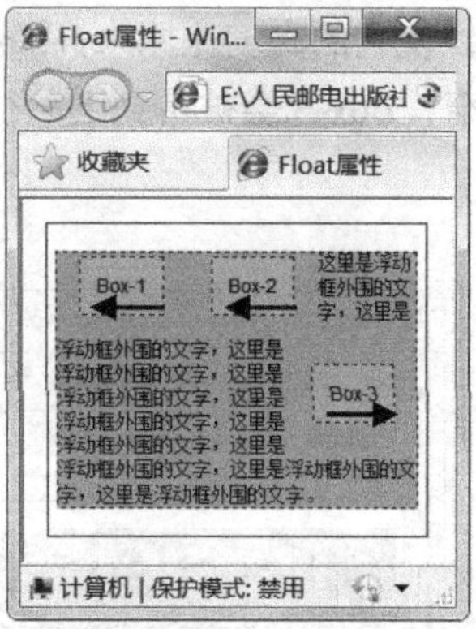

图 5.6　div 被挤到下一行时的效果

5.1.6　再次改变浮动的方向

将 Box-2 改为向右浮动，Box-3 改为向左浮动。这时效果如图 5.7 所示，相应的文件为“Ch05\5.1\06.html”。可以看到，布局没有变化，但是 Box-2 和 Box-3 交换了位置。

> **提示**
>
> 通过使用 CSS 布局，可以实现在 HTML 不做任何改动的情况下，调换盒子的显示位置。这个应用非常重要，可以在写 HTML 的时候，通过 CSS 来确定内容的显示位置；而在 HTML 中确定内容的逻辑位置，可以把内容最重要的放在前面，相对次要的放在后面。
>
> 这样做的好处是，在访问网页的时候，重要的内容先显示出来，虽然这可能只是几秒钟的事情，但是对于一个网站来说，却是很宝贵的几秒钟。研究表明，一个访问者对一个页面的印象往往是由最开始的几秒钟决定的。
>
> 此外，搜索引擎是不管 CSS 的，它只根据网页内容的价值来确定页面的排名，而对于一个 HTML 文档，越靠前的内容，搜索引擎会赋予越高的权重，因此把页面中最重要的内容放在前面，对于提高网站在搜索引擎的排名是很有意义的。

把浏览器窗口慢慢变窄，当浏览器窗口无法在一行中容纳 Box-1 到 Box-3 时，和上一个实验一样会有一个 Box 被挤到下一行。这时，在 HTML 中，写在后面的，也就是 Box-3 会被挤到下一行中，但仍保持向左浮动，会到下一行的左端，这时文字仍然会自动排列，如图 5.8 所示。

图 5.7　交换 div 位置时的效果

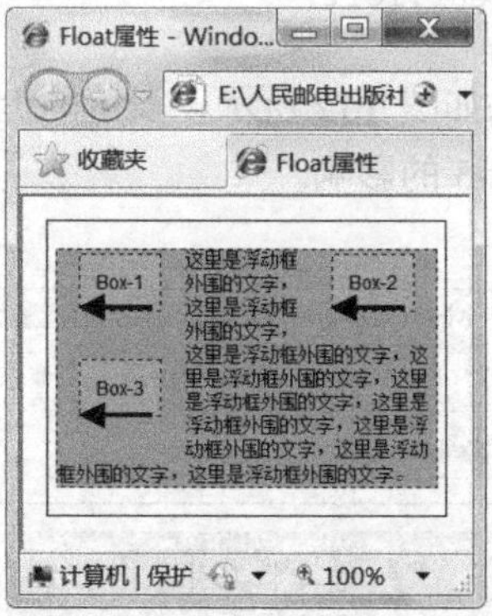

图 5.8　div 被挤到下一行的效果

5.1.7　全部向左浮动

下面把页面修改为图 5.9 所示的样子，方法是把 3 个 Box 都设置为向左浮动，然后在 Box-1

中增加一行，使它的高度比原来高一些，相应的文件为“Ch05\5.1\07.html”。如果此时把浏览器窗口调整变窄，Box-3 会被挤到下一行，如图 5.10 所示。

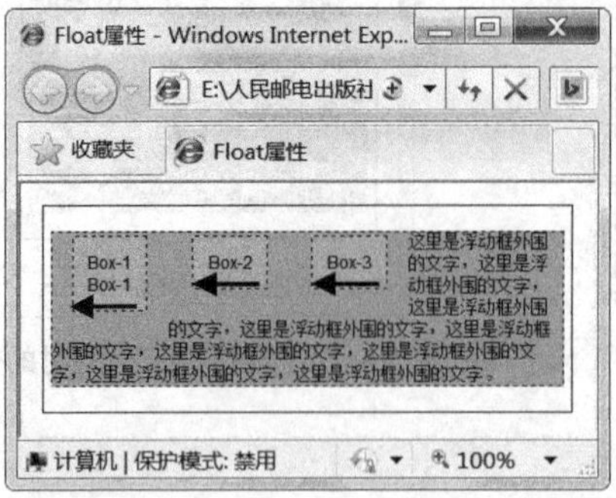

图 5.9　设置 3 个 div 浮动时的效果

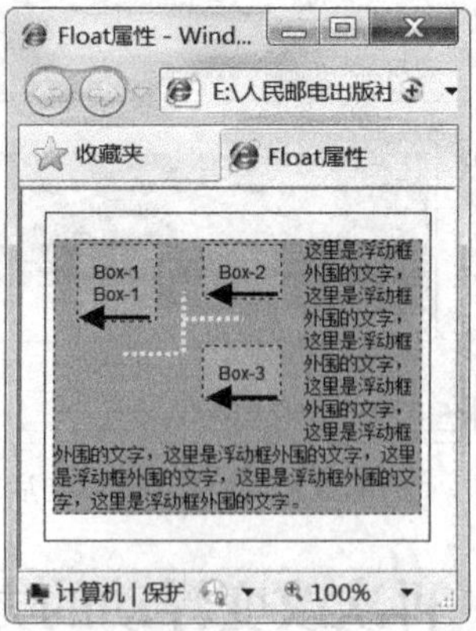

图 5.10　div 挤倒下一行被卡住时的效果

在图 5.10 中绘制了 3 条示意的虚线，这是 Box-2 和 Box-3 的实际分割线。Box-3 被挤到下一行，并向左移动，到了这个拐角的地方就会被卡住，而停留在 Box-2 的下面。

5.1.8 使用 clear 属性清除浮动的影响

如图 5.11 所示，修改代码，以使文字的左右两侧同时围绕着浮动的盒子。

如果不希望文字围绕浮动的盒子，解决方法是，首先找到代码中的如下 4 行。

```
.father p{
    border:1px dashed #111111;
    background-color:#ff90ba;
}
```

然后增加一行对 clear 属性的设置，这里先将它设为左清除，也就是这个段落的左侧不再围绕着浮动框排列，代码如下，相应的文件为“Ch05\5.1\08.html”。

```
.father p{
    border:1px dashed #111111;
    background-color:#ff90ba;
     clear:left;
}
```

这时效果如图 5.12 所示，段落的上边界向下移动，直到文字不受左边的两个盒子影响为止，但仍然受 Box-3 的影响。

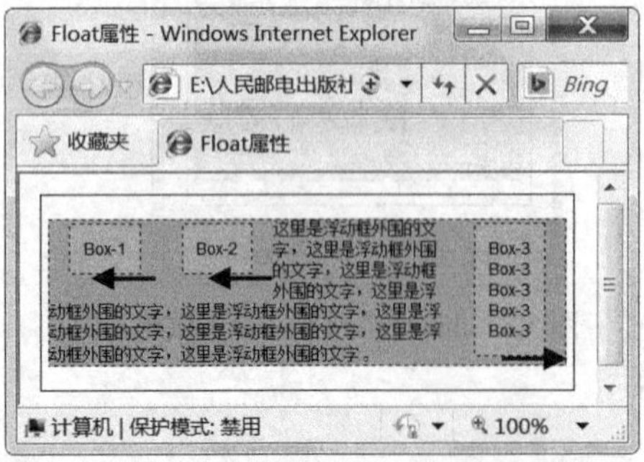

图 5.11　设置浮动后文字环绕的效果

图 5.12　清除浮动对左侧影响后的效果

接着，将 clear 属性设置为 right，效果如图 5.13 所示。由于 Box-3 比较高，因此清除了右边的影响，自然左边就更不会受影响了。

关于 clear 属性有两点要说明。

（1）clear 属性除了可以设置为 left 或 right 之外，还可以设置为 both，表示同时消除左右两边的影响。

（2）要特别注意，对 clear 属性的设置要放到文字所在的盒子里，例如一个 p 段落的 CSS 设置中，而不要放到对浮动盒子的设置里面。经常有初学者没有弄懂原理，误以为在对某个盒子设置了 float 属性以后，要消除它对外面的文字的影响，就要在它的 CSS 样式中增加一条 clear，其实这是没有用的。

图 5.13　清除浮动对右侧影响后的效果

5.1.9　扩展盒子的高度

关于 clear 的作用，这里再给出一个实例。在 5.1.8 小节的实例中，将文字所在的段落删除，这时在父 div 里面只有 3 个浮动的盒子，它们都不在标准流中，这时观察浏览器中的效果，如图 5.14 所示。

可以看到，文字段落被删除以后，父 div 的范围缩成一条，是由 padding 和 border 构成的，也就是说，一个 div 的范围是由它里面的标准流内容决定的，与里面的浮动内容无关。如果要使父 div 的范围包含这 3 个浮动盒子，如图 5.15 所示，方法如下。

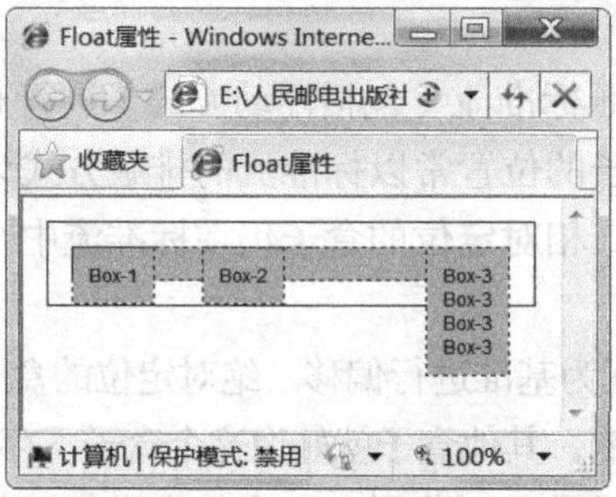

图 5.14　包含浮动 div 的容器将不会适应高度

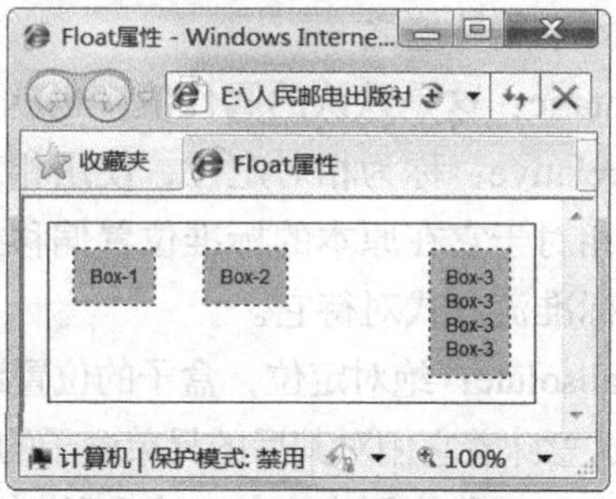

图 5.15　希望实现的效果

实现这个效果的方法有几种，其中一种方法是在 3 个 div 的后面再增加一个 div，HTML 代码如下：

```
<body>
    <div class="father">
        <div class="son1">Box-1</div>
        <div class="son2">Box-2</div>
        <div class="son3">Box-3<br />
            Box-3<br />
            Box-3<br />
            Box-3</div>
        <div class="clear"></div>
    </div>
</body>
```

然后为这个 div 设置样式，注意这里必须要指定其父 div，并覆盖原来对 margin、padding 和 border 的设置。

```
.father .clear{
    margin:0;
    padding:0;
    border:0;
    clear:both;
    }
```

这时效果如图 5.15 所示，相应的文件为“Ch05\5.1\09.html”。

5.2 盒子的定位

本小节详细讲解盒子的定位。实际上对于使用 CSS 进行网页布局这个大主题来说，“定位”这个词本身有两种含义。

广义的“定位”：要将某个元素放到某个位置的时候，这个动作可以称为定位操作，可以使用任何 CSS 规则来实现，这就是泛指的一个网页排版中的定位操作，使用传统的表格排版时，同样存在定位的问题。

狭义的“定位”：在 CSS 中有一个非常重要的属性 position，这个单词翻译为中文也是定位的意思。然而要使用 CSS 进行定位操作并不仅仅通过这个属性来实现，因此不要把二者混淆。

position 定位与 float 一样，也是 CSS 排版中非常重要的概念。position 从字面意思上看就是指定块的位置，即块相对于其父块的位置和相对于它自身应该在的位置。

首先，对 position 属性的使用方法做一个概述，后面再具体举例子说明。position 属性可以设置为以下 4 个属性值之一。

（1）static：这是默认的属性值，也就是该盒子按照标准流（包括浮动方式）进行布局。

（2）relative：称为相对定位，使用相对定位的盒子的位置常以标准流的排版方式为基础，然后使盒子相对于它在原本的标准位置偏移指定的距离。相对定位的盒子仍在标准流中，它后面的盒子仍以标准流方式对待它。

（3）absolute：绝对定位，盒子的位置以它的包含框为基准进行偏移。绝对定位的盒子从标准流中脱离。这意味着它们对其后的兄弟盒子的定位没有影响，其他盒子就好像这个盒子不存在一样。

（4）fixed：称为固定定位，它和绝对定位类似，只是以浏览器窗口为基准进行定位，也就是当拖动浏览器窗口的滚动条时，依然保持对象位置不变。

这一节详细讲解这 4 条属性的含义。

5.2.1 静态定位

静态定位（static）表示块保持在原本应该在的位置上，即该值没有任何移动的效果。static 为默认值，因此，前面的所有实例实际上都是 static 方式的结构。

这里通过实例讲解定位方式。首先给出最基础的代码，也就是没有设置任何 position 属性，相当于使用 static 方式的页面。相应的文件为“Ch05\5.2\01.html”。

```
<!DOCTYPE html PUBLIC "-//W3C//DTD XHTML 1.0 Transitional//EN"
 "http://www.w3.org/TR/xhtml1/DTD/xhtml1-transitional.dtd">
<html xmlns="http://www.w3.org/1999/xhtml">
<head>
<title>position 属性</title>
<style type="text/css">
```

```
body{
    margin:20px;
    font :Arial 12px;
}
#father{
     background-color:#a0c8ff;
     border:1px dashed #000000;
     padding:15px;
}

#block1{
    background-color:#fff0ac;
    border:1px dashed #000000;
    padding:10px;
}
</style>
</head>
<body>
    <div id="father">
        <div id="block1">Box-1</div>
    </div>
</body>
</html>
```

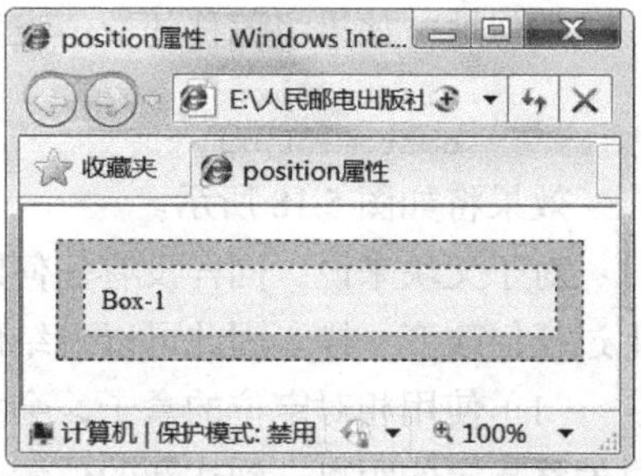

图 5.16　没有设置 position 属性时的状态

页面的效果如图 5.16 所示，这是一个很简单的标准流方式的两层的盒子。

5.2.2　相对定位

使用相对定位（relative），除了将 position 属性设置为 relative 之外，还需要指定一定的偏移量，水平方向通过 left 或者 right 属性来指定，竖直方向通过 top 和 bottom 来指定。下面通过实例进行讲解。

1. 一个子块的情况

下面在 CSS 样式代码中的 Box-1 处，将 position 属性设置为 relative，并设置偏移距离，代码如下：

```
#block1{
    background-color:#fff0ac;
    border:1px dashed #000000;
    padding:10px;
    position:relative;              /* relative 相对定位 */
    left:30px;
    top:30px;
    }
```

效果如图 5.17 所示，相应的文件为“Ch05\5.2\02.html”。图中显示了 Box-1 原来的位置和新位置的比较。可以看出，它向右和向下分别移动了 30 像素，也就是说，“left:30px”的作用就是使 Box-1 的新位置在它原来位置的左边框右侧 30 像素的地方，“top:30px”的作用就是使 Box-1 的新位置在原来位置的上边框下侧 30 像素的地方。

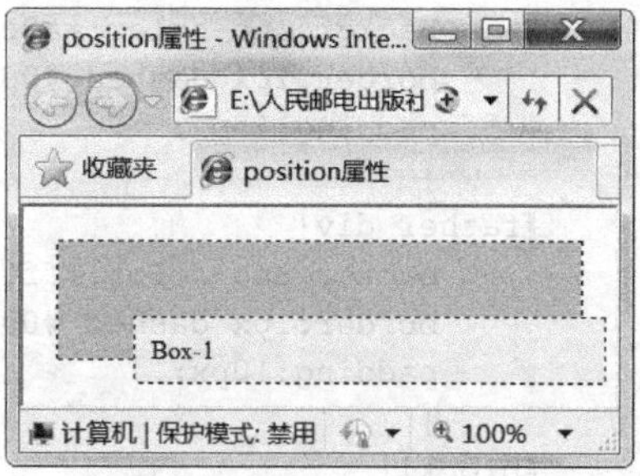

图 5.17　一个 div 设置为相对定位后的效果

这里用到了 top 和 left 这两个 CSS 属性，实际上在 CSS 中一共有 4 个配合 position 属性使用的定位属性，除 top 和 left 之外，还有 right 和 bottom。

这 4 个属性只有当 position 属性设置为 absolute、relative 或 fixed 时才有效。而且，在 position 属性取值不同时，它们的含义也不同。当 position 设置为 relative 时，它们表示各个边界与原来位置的距离。

top、right、bottom 和 left 这 4 个属性除了可以设置为绝对的像素数，还可以设置为百分数。此时，可以看到子块的宽度依然是未移动前的宽度，撑满未移动前父块的内容。只是向右移动了，右边框超出了父块。因此，还可以得出另一个结论，当子块使用相对定位以后，它发生了偏移，即使移动到了父盒子的外面，父盒子也不会变大，就好像子盒子没有变化一样。

类似地，如果将偏移的数值设置为：

```
right:30px;
bottom:30px;
```

效果将如图 5.18 所示。

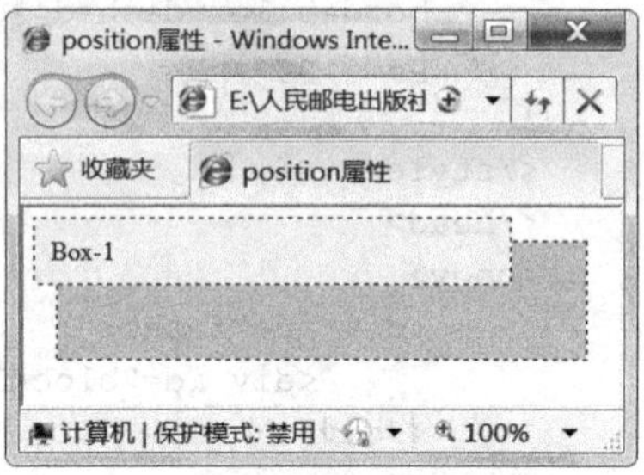

图 5.18　以右侧和下侧为基准设置相对定位

对于父块来说，同样没有任何影响，就好像子块没有发生过任何改变一样。因此可以总结出以下两条结论。

（1）使用相对定位的盒子，会相对于它原本的位置，通过偏移指定的距离，到达新的位置。

（2）使用相对定位的盒子仍在标准流中，它对父块没有任何影响。

2. 两个子块的情况

下面讨论两个子块的情况。把上述实例稍加改造，在父 div 中放两个 div。首先对它们都不设置任何偏移，代码如下：

```
<!DOCTYPE html PUBLIC "-//W3C//DTD XHTML 1.0 Transitional//EN"
 "http://www.w3.org/TR/xhtml1/DTD/xhtml1-transitional.dtd">
<html xmlns="http://www.w3.org/1999/xhtml">
<head>
<meta http-equiv="Content-Type" content="text/html; charset=utf-8" />
<title>position 属性</title>
<style type="text/css">
body{
     margin:20px;
     font-family:Arial;
     font-size:12px;
     }
#father{
     background-color:#a0c8ff;
     border:1px dashed #000000;
     padding:15px;
     }
#father div{
     background-color:#fff0ac;
     border:1px dashed #000000;
     padding:10px;
     }
#block1{
     }
#block2{
```

```
    }
</style>
</head>
<body>
    <div id="father">
        <div id="block1">Box-1</div>
        <div id="block2">Box-2</div>
    </div>
</body>
</html>
```

这时效果如图 5.19 所示，相应的文件为“Ch05\5.2\03.html”。

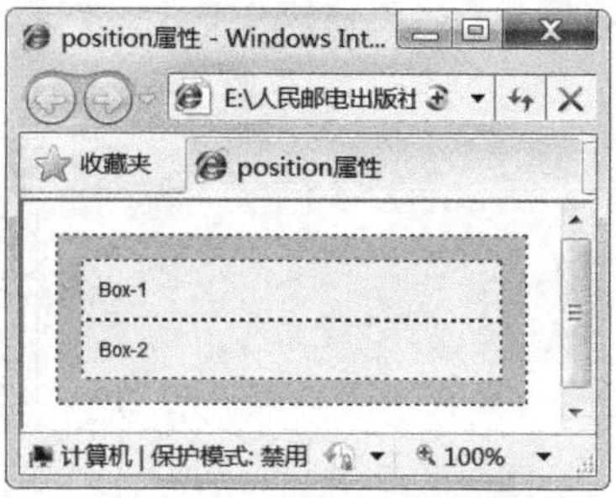

图 5.19　设置为相对定位前的效果

在代码中可以看到，现在对两个子块的设置都还空着。下面首先将 Box-1 盒子的 CSS 设置为：

```
#block1{
    position:relative;
    bottom:30px;
    right:30px;
}
```

图 5.20　两个兄弟 div 的情况下，其中一个设置为相对定位后的效果

将子块 1 的 position 属性设置成了 relative，子块 2 还没有设置任何与定位相关的属性。此时的效果如图 5.20 所示，与图 5.19 对比，可以看到子块 1 的位置以自身为基准向上和向左各偏移了 30 像素。而子块 2 和图 5.19 所示的相比没有任何变化，就好像子块 2 还在原来的位置上。

这又一次验证了前面实验 1 中总结出的两条结论，并且需要把第 2 条结论再稍稍改进。因为，使用相对定位的盒子不仅对父块没有任何影响，对兄弟盒子也没有任何影响。

如果同时设置两个子块的 position 属性都为 relative，即现在把子块 2 也进行相应的设置，代码如下：

```
#block2{
    position:relative;
    top:30px;
    left:30px;
    }
```

这时的效果如图 5.21 所示，相应的文件为“Ch05\5.2\04.html”。

3. 结论

可以得出下面两条关于“相对定位”的定位原则。

（1）使用相对定位的盒子，会相对于它在原本的位置，通过偏移指定的距离，到达新的位置。

（2）使用相对定位的盒子仍在标准流中，它对父块和兄弟盒子没有任何影响。

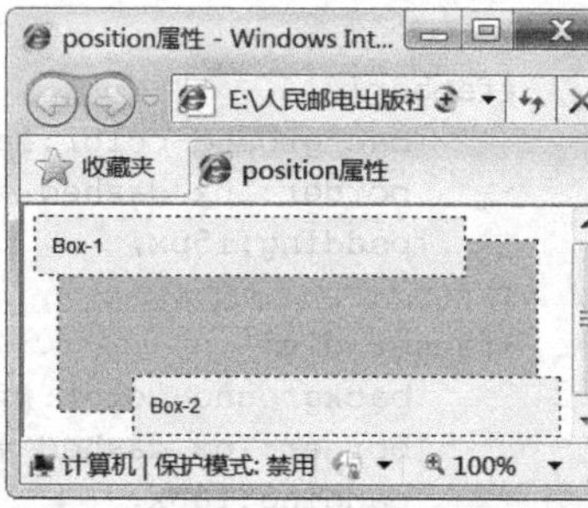

图 5.21　两个兄弟 div 都设置为相对定位后的效果

需要指出的是，上面的实验是针对标准流方式进行的，实际上，对浮动的盒子使用相对定位也是一样的。例如图 5.22 所示的是 3 个浮动的盒子，它们都向左浮动排在一行中，如果对其中的一个盒子使用相对定位，它也同样相对于它在原本的位置，通过偏移指定的距离，到达新的位置，它旁边的 Box-3 仍然“以为”它还在原来的位置。

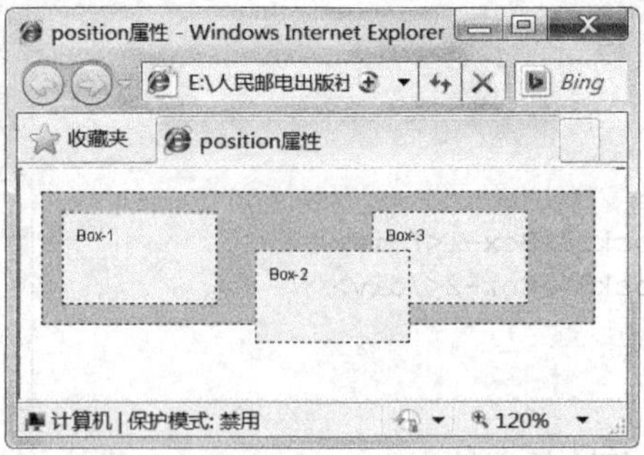

图 5.22　在浮动方式下使用相对定位

5.2.3　绝对定位

介绍了相对定位以后，下面介绍绝对定位（absolute）。通过上述讲解，可以了解到各种 position 属性都需要通过偏移一定的距离来实现定位，而其中核心的问题就是以什么作为偏移的基准。

对于相对定位，就是以盒子本身在标准流中或者浮动时原本的位置作为偏移基准的。下面来研究绝对定位的定位基准。

1. 创建基础页面

下面仍然以一个标准流方式的页面为基础，进行一系列的实验，总结出它的规律。先准备如下代码。

```
<!DOCTYPE html PUBLIC "-//W3C//DTD XHTML 1.0 Transitional//EN"
 "http://www.w3.org/TR/xhtml1/DTD/xhtml1-transitional.dtd">
<html xmlns="http://www.w3.org/1999/xhtml">
<head>
<meta http-equiv="Content-Type" content="text/html; charset=utf-8" />
<title>absolute 属性</title>
<style type="text/css">
body{
    margin:20px;
    font-family:Arial;
    font-size:12px;
}
#father{
     background-color:#a0c8ff;
     border:1px dashed #000000;
     padding:15px;
}
#father div{
     background-color:#fff0ac;
     border:1px dashed #000000;
     padding:10px;
     }
#block2{
     }
</style>
</head>
<body>
     <div id="father">
```

```
            <div >Box-1</div>
            <div id="block2">Box-2</div>
            <div >Box-3</div>
        </div>
    </body>
    </html>
```

效果如图 5.23 所示。可以看到，一个父 div 里面有 3 个 div，都是以标准流方式排列。相应的文件为“Ch05\5.2\05.html”。

图 5.23　设置绝对定位前的效果

2. 使用绝对定位

下面尝试使用绝对定位，代码中找到对#block2 的 CSS 设置位置，目前它是空白的，下面把它改为：

```
#block2{
    position:absolute;
    top:0;
    right:0;
}
```

这里将 Box-2 的定位方式从默认的 static 改为 absolute，此时的效果如图 5.24 所示。这时是以浏览器窗口作为定位基准的。此外，该 div 会彻底脱离标准流，Box-3 会紧贴 Box-1，就好像没有 Box-2 这个 div 存在一样。本例相应的文件为“Ch05\5.2\06.html”。

图 5.24　将中间的 div 设置为绝对定位后的效果

下面将设置改为：

```
#block2{
    position:absolute;
    top:30px;
    right:30px;
}
```

这时的效果如图 5.25 所示，以浏览器窗口为基准，从左上角开始向下和向左各移动 30 像素，得到图中的效果。

图 5.25　设置偏移量后的效果

然而，并不是所有的绝对定位都以浏览器窗口为基准来定位。接下来对上面的代码做一处修改，为父 div 增加一个定位样式，代码如下：

```
#father{
    background-color:#a0c8ff;
    border:1px dashed #000000;
    padding:15px;
    position:relative;
}
```

这时效果就变化了，如图 5.26 所示。偏移的距离没有变化，但是偏移的基准不再是浏览器窗口，而是它的父 div 了。

图 5.26　将父块设置为“包含块”后的效果

在这个实例中，在父 div 没有设置 position 属性时，Box-2 这个 div 的所有祖先都不符合“已经定位”的要求，因此它会以浏览器窗口为基准来定位。而当父 div 将 position 属性设置为 relative 以后，它就符合“已经定位”的要求了，它又是所有祖先中唯一一个已经定位的，也就满足“最近”这个要求，因此就会以它为基准进行定位了。本书后文将绝对定位的基准称为“包含块”。

说明

对于绝对定位的正确描述如下。

（1）使用绝对定位的盒子以它的“最近”的一个“已经定位”的“祖先元素”为基准进行偏移。如果没有已经定位的祖先元素，那么会以浏览器窗口为基准进行定位。

（2）绝对定位的框从标准流中脱离，这意味着它们对其后的兄弟盒子的定位没有影响，其他盒子就好像这个盒子不存在一样。

在上述第一条原则中，有 3 个带引号的定语，需要进行一些解释。

（1）“已经定位”元素的含义是，position 属性被设置，并且被设置为不是 static 的任意一种方式，那么该元素就被定义为“已经定位”的元素。

（2）关于“祖先”元素，如果结合前文介绍的“DOM 树”的知识，就可以理解了。从任意节点开始，走到根节点，经过的所有节点都是它的祖先，其中直接上级节点是它的父亲，依此类推。

（3）关于“最近”，在一个节点的所有祖先节点中，找出所有“已经定位”的元素，其中距离该节点最近的一个节点，父亲比祖父近，祖父比曾祖父近，依此类推，“最近”的就是要找的定位基准。

3. 浏览器的 Bug 与 Hack

对于存在于程序中的小错误，英文中称为“Bug”。任何程序和软件都很难做到清除掉所有 Bug，特别是浏览器，加之对于规范的解释不统一，因此类似的错误一直存在。

因此应运而生了许多 Hack 方法，用来解决一些特定的 Bug。绝大部分 Hack 技巧都是为了解决 IE 5.5 及以下版本的错误的，目前除非要制作非常特殊的网站，否则不必考虑 IE 5.5 的访问者。图 5.27 所示的是 statcounter 网站流量监测机构数据显示的网站分析工具对一个网站进行统计，得出的数据，IE 浏览器份额达到了 57.68%，火狐浏览器 Firefox 和谷歌浏览器 Chrome 差不多持平，都为 17%左右，Safari 浏览器为 5.68%，Opera 浏览器为 1.2%，其他浏览器占 0.38%。

图 5.27（a）所示的是访问者中使用各种浏览器的比例，图 5.27（b）所示的则是在使用 IE 的访问者中使用不同版本的分布比例。

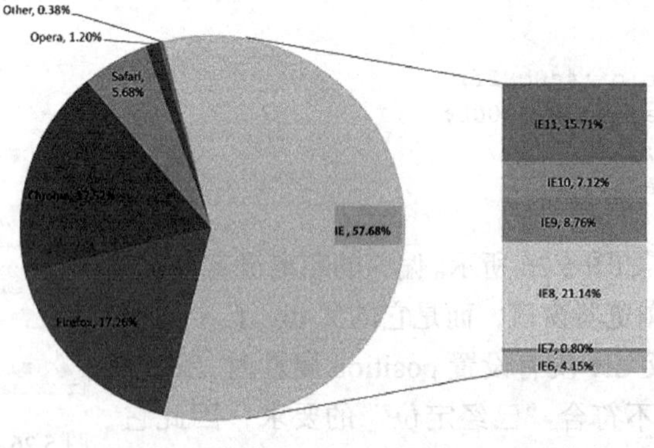

（a）　　　　　　（b）

图 5.27　使用各种浏览器的人数比例，以及使用不同版本 IE 的人数比例

根据这两张图中的数据计算，如果网站能够确保在 IE 8/11 和 Firefox 浏览器中显示正常，则

可以保证 57.96%的访问者正常浏览网页。相对来说，满足这 3 个浏览器要比兼容 IE 5.5/5.0 等容易得多，基本上不需要太多额外的方法就可以做出兼容性很好的网站。

4. 绝对定位的特殊性质

对于绝对定位，还有一个特殊的性质需要介绍。在有的网页中必须利用这个性质才能实现需要的效果。

有如下实例代码：

```
<!DOCTYPE html PUBLIC "-//W3C//DTD XHTML 1.0 Transitional//EN"
 "http://www.w3.org/TR/xhtml1/DTD/xhtml1-transitional.dtd">
<html xmlns="http://www.w3.org/1999/xhtml">

<head>
<style>
body{
      margin:0;
}
#outerBox{
      width:200px;
      height:100px;
      margin:10px auto;
      background:silver
      }
#innerBox{
      position:absolute;
      top:70px;
      width:100px;
      height:50px;
      background:orange
      }
</style>
</head>
<body>
    <div id="outerBox">
         <div id="innerBox"></div>
    </div>
</body>
</html>
```

代码中，外面的盒子没有设置 postion 属性，内部的盒子设置了绝对定位，但是只在竖直方向指定了偏移量，没有指定水平方向的偏移量。

浏览器中的效果如图 5.28 所示，相应的文件为“Ch05\5.2\07.html”。可以看到，因为内部的盒子设置了绝对定位属性，而外层的 div 没有设置 position 属性，所以它的定位基准是浏览器窗口。但是由于在水平方向上没有设置偏移属性，因此在水平方向它仍然会保持原来应该在的位置，它的左侧与外层盒子的左侧对齐。因为在竖直方向上设置了“top:70px”，所以距离浏览器窗口顶部为 70 像素。

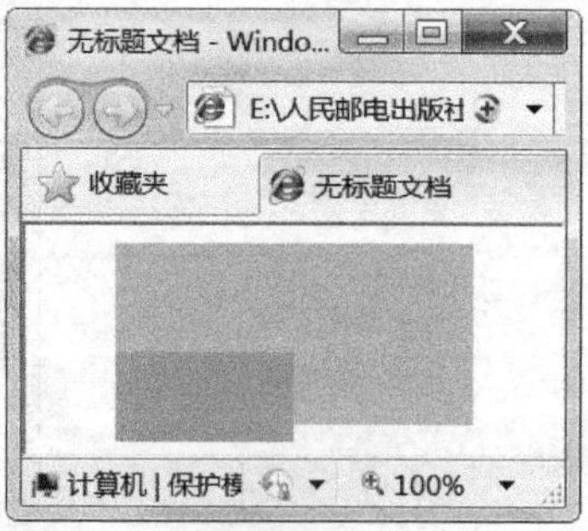

图 5.28　使用绝对定位但是不设置偏移属性时的效果

因此，通过这个实验可知，如果设置了绝对定位，而没有设置偏移属性，那么它仍将保持在原来的位置。这个性质可以用于需要使某个元素脱离标准流，而仍然希望它保持在原来的位置的情况。本书后续案例会用到这个性质。

5.2.4 固定定位

固定定位是绝对定位的一种特殊形式，它是以浏览器窗口作为参照物来定义网页元素的。如果定义某个固定显示，则该元素不受文档流的影响，也不受包含块的位置影响，它始终以浏览器窗口来定位自己的显示位置。不管浏览器滚动条如何滚动，也不管浏览器窗口大小变化，该元素都会显示在浏览器窗口内。

假设有如下代码：

```
<style type="text/css">
#top{
    background:#39C;                    /*设置背景颜色*/
    position:fixed;                     /*设置固定定位*/
    width:100%;                         /*设置宽度*/
    top:0;                              /*设置 x 轴坐标*/
    left:0;                             /*设置 y 轴坐标*/
}
#bottom{
    height:2000px;
}
</style>
</head>

<body>
<div id="top">
  <h1><span>CSS 绝对定位</span></h1>
  <h2><span>CSS 样式的使用</span></h2>
</div>
<div id="bottom"></div>
</body>
</html>
```

在代码中定义<div id= " top " >对象固定在浏览器窗口顶部显示，宽度为 100%。然后给下面的容器一个超大的高度值，强迫浏览器显示滚动条。这时如果在浏览器中拖动滚动条，就会发现上面容器中的内容始终显示在窗口的顶部，效果如图 5.29 所示，相应的文件为“Ch05\5.2\08.html”。

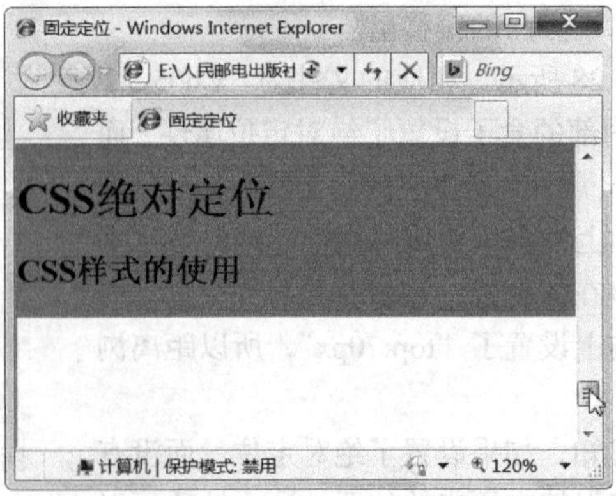

图 5.29 使用固定定位的显示效果

注意

固定定位在 IE6 及其以下版本的浏览器中不被支持。

position 属性的第 4 个取值是 fixed，其属性可以通过 left（左边距离）、top（顶边距离）、right（右边距离）、bottom（底边距离）属性从浏览器不同边框来进行定位，不受 body 元素的影响，也就是说不受页边距的影响。如果在没有指定高或宽的情况下，则可以通过 left、right、top、bottom 属性来定义元素的大小。例如，将设置修改如下：

```
#top{
    background:#39C;                    /*设置背景颜色*/
    position:fixed;                     /*设置固定定位*/
    right: 0;                           /*设置右边距离*/
    top:0;                              /*设置上边距离*/
    left:0;                             /*设置左边距离*/
    bottom;                             /*设置底边距离*/
}
```

上面的代码是将<div id="top">元素铺满整个浏览器窗口，但是这个特征只能够在 Firefox 等现代浏览器中浏览，IE6 及以下版本的浏览器不支持该方法。

同理，在没有定义宽度的情况下，如果同时定义了 left 和 right 属性，则可以在水平方向上定义元素的宽度和位置；在没有定义高度的情况下，如果同时定义了 top 和 bottom 属性，则可以在垂直方向上定义元素的高度和位置。

5.3　z-index 空间位置

z-index 属性用于调整定位时重叠块的上下位置，与它的名称一样，想象页面为 *x-y* 轴，垂直于页面的方向为 *z* 轴，z-index 值大的页面位于其值小的上方，如图 5.30 所示。

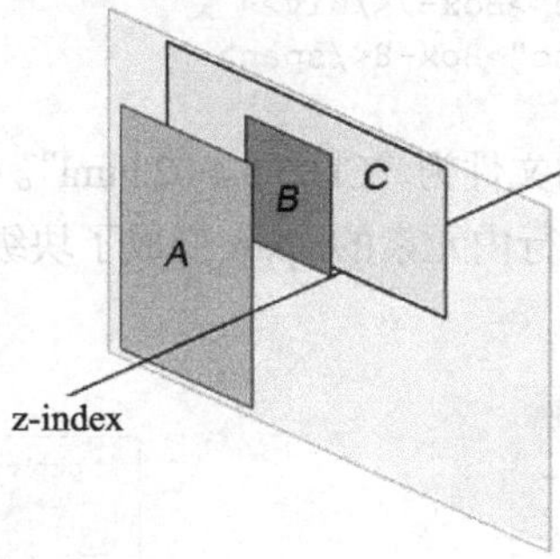

图 5.30　z-index 轴

z-index 属性的值为整数，可以是正数也可以是负数。当块被设置了 position 属性时，该值便可设置各块之间的重叠高低关系。默认的 z-index 值为 0，当两个块的 z-index 值一样时，将保持原有的高低覆盖关系。

5.4 盒子的 display 属性

通过前面的讲解，读者已经知道盒子有两种类型，一种是 div 这样的块级元素，另一种是 span 这样的行内元素。

事实上，对于盒子有一个专门的属性，用以确定盒子的类型，这就是 display 属性。

有如下 HTML 结构：

```
<body>
    <div>Box-1</div>
    <div>Box-2</div>
    <div>Box-3</div>
    <span>Box-4</span>
    <span>Box-5</span>
    <span>Box-6</span>
    <div>Box-7</div>
    <span>Box-7</span>
</body>
```

这时的效果如图 5.31 所示，相应的文件为“Ch05\5.4\01.html”。Box-4、Box-5、Box-6 是 span，因此它们在一行中，其余的都各占一行。

下面把前 3 个 div 的 display 属性设置为 inline，即“行内”；接着把中间 3 个 span 的 display 属性设置为 block，即“块级”；再把最后一个 div 和一个 span 的 display 属性设置为“none”，即“无”。具体的代码如下：

```
<body>
    <div style="display:inline">Box-1</div>
    <div style="display:inline">Box-2</div>
    <div style="display:inline">Box-3</div>
    <span style="display:block">Box-4</span>
    <span style="display:block">Box 5</span>
    <span style="display:block">Box-6</span>
    <div style="display:none">Box-7</div>
    <span style="display:none">Box-8</span>
</body>
```

这时效果如图 5.32 所示，相应的文件为“Ch05\5.4\02.html”。可以看到，原本应该是块级元素的 div 变成了行内元素，原本应该是行内元素的 span 变成了块级元素，并且设置为 none 的两个盒子消失了。

图 5.31 浏览器默认的显示效果

图 5.32 强制改变盒子类型后的显示效果

从这个例子可以看出，通过设置 display 属性，可以改变某个标记本来的元素类型，或者把某个元素隐藏起来。这个性质在后述案例中经常会用到。

小　　结

本章的重点和难点是深刻地理解“浮动”和“定位”这两个重要的性质，它们对于复杂页面的排版至关重要。

习　　题

1. 通过实际操作练习本章 5.1 节演示的实例，深刻理解 CSS 中浮动的原理和规则。
2. 分别简述“静态定位”“相对定位”“绝对定位”和“固定定位”的原理和规则。

第 2 部分

CSS 专题技术

第 6 章 用 CSS 设置文本

前文介绍了 CSS 设计中必须了解的 4 个核心基础——盒子模型、标准流、浮动和定位。有了这 4 个核心的基础，从本章开始逐一介绍网页设计的各种元素，例如文本、图像、链接、表格，如何使用 CSS 来进行样式设置。

6.1 使用 CSS 设置文本样式

在学习 HTML 的时候，通常也会使用 HTML 对文本进行一些非常简单的样式设置，而使用 CSS 对文本的样式进行设置远比使用 HTML 灵活、精确得多。

6.1.1 创建基础页面

创建一个基本的网页，如图 6.1 所示。

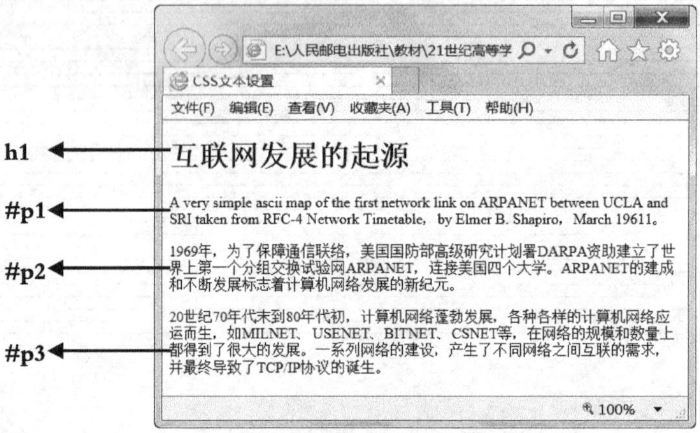

图 6.1 预备用于设置 CSS 样式的网页文件

这个网页由一个标题和 3 段正文组成，这 3 个文本段落分别设置了 ID，以便后面设置样式时使用。代码如下，实例文件为“Ch06\6.1\01.html”。

```
……头部代码省略……
<body>
<h1>互联网发展的起源</h1>
<p id="p1">A very simple ascii map of the first network link on ARPANET between UCLA
and SRI taken from RFC-4 Network Timetable, by Elmer B. Shapiro, March 19611.</p>
```

```
<p id="p2">1969 年，为了保障通信联络，美国国防部高级研究计划署 ARPA 资助建立了世界上第一个分组交换试验网 ARPANET，连接美国四个大学。ARPANET 的建成和不断发展标志着计算机网络发展的新纪元。</p>
<p id="p3">20 世纪 70 年代末到 80 年代初，计算机网络蓬勃发展，各种各样的计算机网络应运而生，如 MILNET、USENET、BITNET、CSNET 等，在网络的规模和数量上都得到了很大的发展。一系列网络的建设，产生了不同网络之间互联的需求，并最终导致了 TCP/IP 协议的诞生。</p>
</body>
</html>
```

6.1.2　设置文字的字体

在 HTML 中，设置文字的字体需要通过<font>标记的 face 属性。而在 CSS 中，则使用 font-family 属性。针对上述网页，在样式部分增加对<p>标记的样式设置如下，实例文件为“Ch06\6.1\02.html”。

```
<style type="text/css">
    h1{
        font-family:黑体;}
    p{
        font-family: Arial, "Times New Roman";}
</style>
```

以上语句声明了 HTML 页面中 h1 标题和文本段落的字体名称为黑体，并且对文本段落同时声明了两个字体名称，分别是 Arial 字体和 Times New Roman 字体。其含义是告诉浏览器首先在访问者的计算机中寻找 Arial 字体；如果该用户计算机中没有 Arial 字体，就寻找 Times New Roman 字体；如果这两种字体都没有，则使用浏览器的默认字体显示。

font-family 属性可以同时声明多种字体，字体之间用逗号分隔开。另外，一些字体的名称中间会出现空格，例如上面的 Times New Roman，这时需要用双引号将其括起来，使浏览器知道这是一种字体的名称。注意不要输入成中文的双引号，而要使用英文的双引号。

这时在浏览器中的效果如图 6.2 所示。可以看到，标题和第 1 个正文段落中的字体都发生了变化，而第 2 和第 3 个段落是中文，因此英文字体对这个段落中的中文是无效的，而该段落中的英文字母则都变成了 Arial 字体。

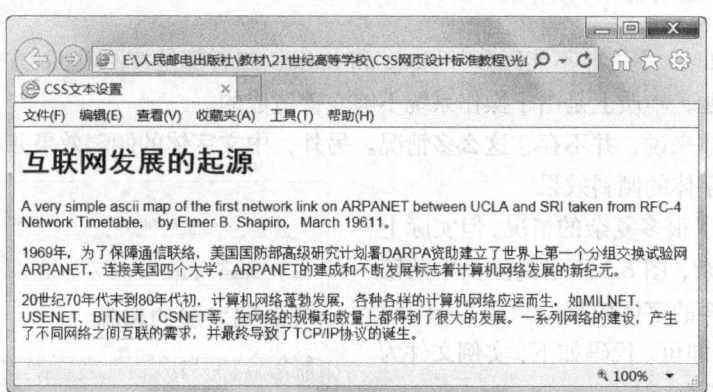

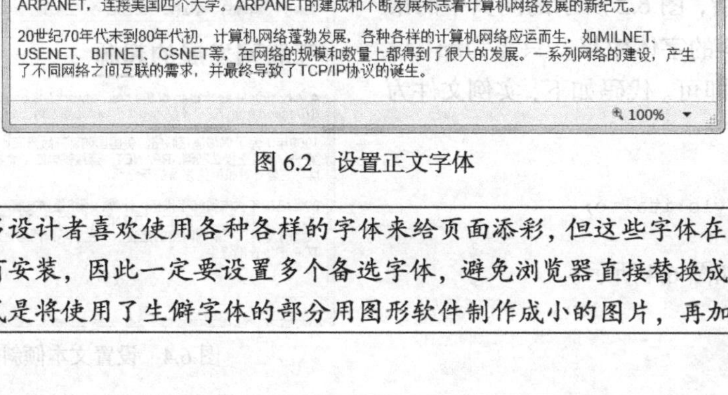

图 6.2　设置正文字体

注意　很多设计者喜欢使用各种各样的字体来给页面添彩，但这些字体在大多数用户的机器上都没有安装，因此一定要设置多个备选字体，避免浏览器直接替换成默认的字体。最直接的方式是将使用了生僻字体的部分用图形软件制作成小的图片，再加载到页面中。

6.1.3 设置文字的倾斜效果

在 CSS 中也可以定义文字是否显示为斜体，倾斜看起来很容易理解，实际上它比通常想象的要复杂一些。

大多数人对于字体倾斜的认识都是来自于 Word 等文字处理软件。例如图 6.3（a）所示的是一个 Time New Roman 字体的字母 a，图 6.3（b）所示的是它的常见的倾斜形式，图 6.3（c）所示的是另一种倾斜的形式。

（a）　　（b）　　（c）

图 6.3　正常字体与“意大利体”，及“倾斜体”的对比

请注意，文字的倾斜并不是真的通过把文字“拉斜”实现的，其实倾斜的字体本身就是一种独立存在的字体。例如图 6.3（a）所示的正常的字体无论怎么倾斜，也不会产生中间图中的字形。因此，倾斜的字体就是一个独立的字体，对应于操作系统中的某一个字库文件。

严格地说，在英文中，字体的倾斜有以下两种。

（1）一种称为 italic，即意大利体。我们平常说的倾斜都是指“意大利体”，这也就是为什么在各种文字处理软件上，字体倾斜的按钮上面大都使用字母“I”来表示的原因。

（2）另一种称为 oblique，即真正的倾斜。这就是把一个字母向右边倾斜一定角度产生的效果，类似于图 6.3（c）所示的效果。这里说“类似于”，是因为 Windows 操作系统中并没有实现 oblique 方式的字体，只是找了一个接近它的字体来示意。

CSS 中的 font-style 属性正是用来控制字体倾斜的，它可以设置为“正常”“意大利体”和“倾斜”3 种样式，分别如下：

```
font-style:normal;
font-style:italic;
font-style:oblique;
```

然而在 Windows 中，并不能区分 oblique 和 italic，二者都是按照 italic 方式显示的，这不仅仅是浏览器的问题，本质上是由于操作系统不够完善造成的。

对于中文字体来说，并不存在这么多情况。另外，中文字体的倾斜效果并不好看，因此网页上很少使用中文字体的倾斜效果。

尽管上面讲了很多复杂的情况，但实际上使用起来并不复杂，图 6.2 所示的网页中的第 1 段正文并未倾斜的字体效果，只需为#p1 设置一条 CSS 规则即可。代码如下，实例文件为“Ch06\6.1\03.html”。

```
#p1{
    font-style:italic;
}
```

这时的效果如图 6.4 所示。

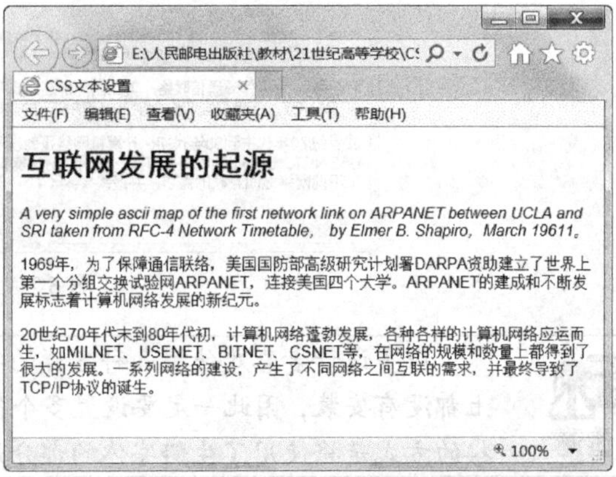

图 6.4　设置文本倾斜后的效果

6.1.4　设置文字的加粗效果

在 HTML 语言中可以通过添加<b>标记或者<strong>标记将文字设置为粗体。在 CSS 中，使用 font-weight 属性控制文字的粗细，可以将文字的粗细进行细致的划分，更重要的是 CSS 还可以将本身是粗体的文字变为正常粗细。

从 CSS 规范的规定来说，font-weight 属性可以设置很多不同的值，从而对文字设置不同的粗细，如表 6.1 所示。

表 6.1　　font-weight 属性设置

设 置 值	说　明
normal	正常粗细
bold	粗体
bolder	加粗体
lighter	比正常粗细还细
100～900	共有 9 个层次（100，200，…，900），数字越大字体越粗

然而遗憾的是，实际上大多数操作系统和浏览器还不能很好地实现非常精细的文字加粗设置，通常只能设置“正常”和“加粗”两种粗细，分别如下。

```
font-weight:normal          /*正常*/
font-weight:bold            /*加粗*/
```

提示

在 HTML 中，<b>标记和<strong>这两个标记表面上的效果是相同的，都是使文字以粗体显示，但是前者是一个单纯的表现标记，不含语义，因此应该尽量避免使用；而<strong>标记是具有语义的标记，表示“突出”和“加强”的含义。因此，如果要在一个网页的文本中突出某些文字，就应该用<strong>标记。

大多数搜索引擎都对网页中的<strong>标记很重视，因此这时就出现了一种需求。一方面，设计者希望把网页上的文字用<strong>标记来进行强调，使搜索引擎更好地了解这个网页的内容；另一方面，设计者又不希望这些文字以粗体显示，这时就可以对<strong>标记使用“font−weight:normal”，这样既可以让它恢复为正常的粗细，又不影响语义效果。

说明

由于西文字母数量很少，因此对于字母的样式还有很多非常复杂的属性，在 CSS 2.0 的规范中有很大篇幅的内容是关于字体属性的定义。对于普通的设计师而言，不必研究得太深，把上面介绍的几点了解清楚足以胜任日常工作。

6.1.5　转换英文字母大小写

英文字母大小写转换是 CSS 提供的很实用的功能之一，我们只需要设定英文段落的 text-transform 属性，就能很轻松地实现大小写的转换。

例如下面 3 个文字段落分别可以实现单词的首字母大写、所有字母大写和所有字母小写。

```
p.one{ text-transform:capitalize; }          /* 单词首字母大写 */
p.two{ text-transform:uppercase; }           /* 全部大写 */
p.three{ text-transform:lowercase; }         /* 全部小写 */
```

对上述网页代码的#p1 和#p2 两个段落分别设置如下，实例文件为“Ch06\6.1\04.html”。

```
#p1{
font-style:italic;
text-transform:capitalize;
}
#p2,#p3{
text-transform:lowercase;
}
```

这时的效果如图 6.5 所示。

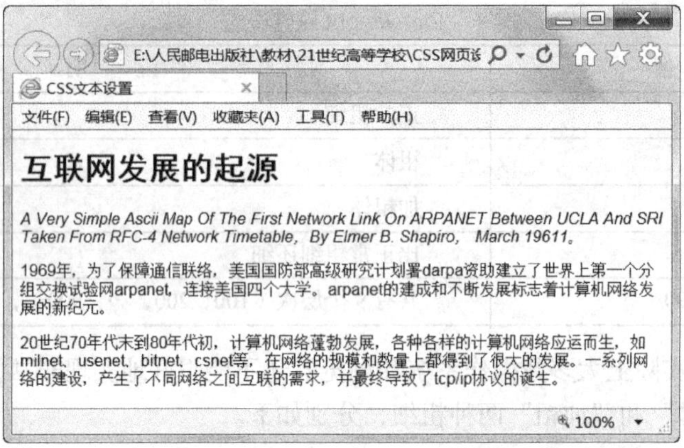

图 6.5　设置英文单词的大小写形式

可以看出，如果设置“text-transform:capitalize”，原来是小写的单词则会变为首字母大写，而对于本来是大写的单词，例如第一段中的单词“UCLA”，则仍然保持全部大写。

6.1.6　控制文字的大小

CSS 是通过 font-size 属性来控制文字大小的，而该属性的值可以使用很多种长度单位。

仍以上述网页为例，增加对 font-size 属性的设置，将其设置为 12 像素，代码如下，实例文件为“Ch06\6.1\05.html”。

```
p{ font-family: Arial, "Times New Roman";
   font-size:12px;
}
```

这时在浏览器中的效果如图 6.6 所示。可以看到，此时两个正文段落中的文字都变小了。

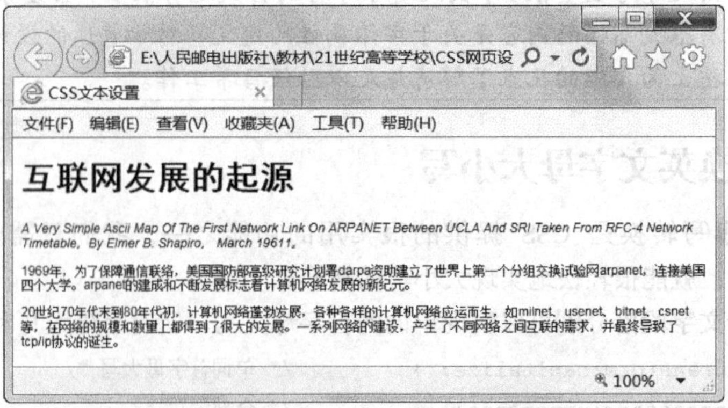

图 6.6　设置正文文字的大小为 12 像素

在实际工作中，font-size 属性最经常使用的单位是 px 和 em。1em 表示的长度是字母 m 的标准宽度。

例如，在文字排版时，有时会要求第一个字母比其他字母大很多，并下沉显示，就可以使用这个单位。首先，在上面的 HTML 中，把第 1 段文字的第 1 个字母“A”放入一对<span></span>标记中，并对其设置一个 CSS 类别“#firstLetter”。

```
<p id="p1"><span id="firstLetter">A</span> very ……
```

然后设置它的样式，将 font-size 设置为 2em，并使它向左浮动，代码如下：

```
#firstLetter{
      font-size:3em;
      float:left;
      }
```

实例文件为“Ch06\6.1\06.html”。这时在浏览器中的效果如图 6.7 所示。此时第 1 段的首字母就变为标准大小的 3 倍，并因设置了向左浮动，而实现了下沉显示。

还有一种单位，就是百分比。例如，“font-size:200%”表示文字的大小为原来的两倍。

图 6.7　设置段首的字母放大并下沉显示

6.1.7　设置文字装饰效果

在 HTML 文件中，可以使用<u>标记给文字加下划线，在 CSS 中由 text-decoration 属性为文字加下划线、删除线和顶线等多种装饰效果。

关于 text-decoration 属性的设置如表 6.2 所示。

表 6.2　　text-decoration 属性设置

设 置 值	说　明
none	正常显示
underline	为文字加下划线
line-through	为文字加删除线
overline	为文字加顶线
blink	文字闪烁，仅部分浏览器支持

这个属性可以同时设置多个属性值，用空格分隔即可。例如，对网页的 h1 标题进行如下设置，实例文件为“Ch06\6.1\07.html”。

```
h1{
   font-family:黑体;
     text-decoration: underline overline;
}
```

其效果如图 6.8 所示，可以看到同时出现了下划线和顶线。

图 6.8　设置文本的装饰效果

6.1.8　设置段落首行缩进

根据中文的排版习惯，每个正文段落首行的开始处应该保持两个中文字的空白。请注意，在英文版式中，通常不会这样设置。

如何在网页中实现文本段落的首行缩进，在 CSS 中专门有一个 text-indent 属性可以控制段落的首行缩进和缩进的距离。

Text-indent 属性是以各种长度为属性值，为了缩进两个字的距离，最经常用的是“2em”这个距离。例如，对网页代码的 p2，p3 段落进行如下设置，实例文件为“Ch06\6.1\08.html”。

```
#p2,#p3{
    text-transform:lowercase;
    text-indent:2em;
}
```

浏览器中的效果如图 6.9 所示。可以看到，除首行缩进了相应的距离外，第 2 行以后都紧靠左边对齐显示，因为 text-indent 只设置第 1 行文字的缩进距离。

这里再举一个不太常用的例子，如果希望首行不是缩进，而是凸出一定距离，也称为“悬挂缩进”，请看如下代码，实例文件为“Ch06\6.1\09.html”。

```
#p2,#p3{
   text-transform:lowercase;
   padding-left:2em;
   text-indent:-2em;
}
```

这时的效果如图 6.10 所示。它的原理是首先通过设置左侧的边界使整个文字段落向右侧移动 2em 的距离，然后将 text-indent 属性设置为“−2em”，这样就会凸出两个字的距离了。

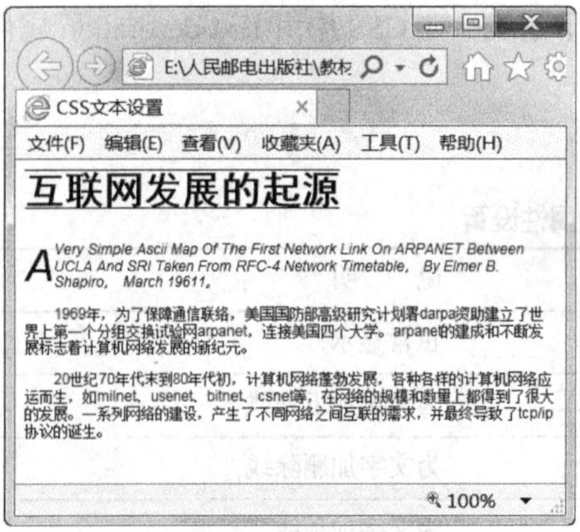

图 6.9　设置段落中首行文本缩进

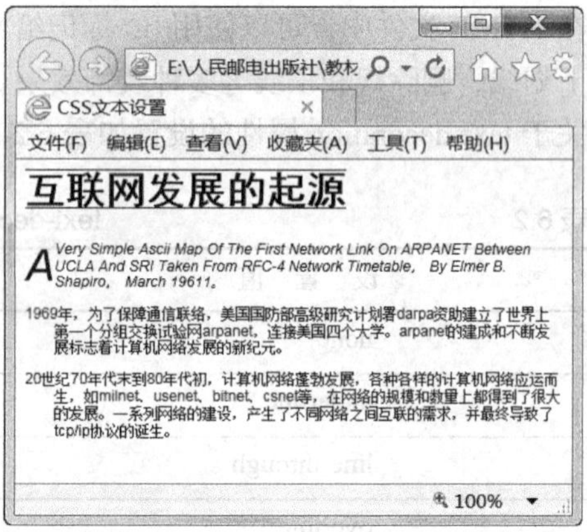

图 6.10　设置段落中首行文本悬挂缩进

6.1.9　设置字词间距

在英文中，文本是由单词构成的，而单词是由字母构成的，因此对于英文文本来说，要控制文本的疏密程度，需要从两个方面考虑，即设置单词内部的字母间距和单词之间的距离。

在 CSS 中，可以通过 letter-spacing 和 word-spacing 这两个属性分别控制字母间距和单词间距。例如下面的代码，实例文件为“Ch06\6.1\10.html”。

```
#p1{
    font-style:italic;
    text-transform:capitalize;
    word-spacing:10px;
    letter-spacing:-1px;
}
```

其效果如图 6.11 所示。将上面英文段落的字母间距设置为“-1px”，这样单词的字母就比正常情况更紧密地排列在一起，而如果将单词间距设置为 10 像素，这样单词之间的距离就大于正常情况了。

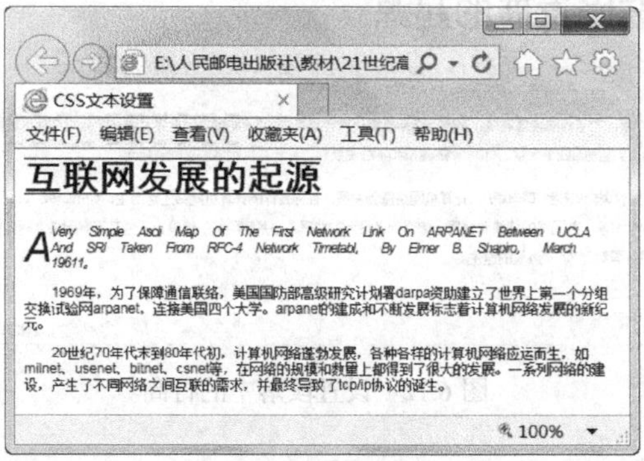

图 6.11　设置字词间距

注意　对于中文而言，如果要调整汉字之间的距离，需要设置 letter-spacing 属性，而不是 word-spacing 属性。

6.1.10　设置段落内部的文字行高

在 HTML 中是无法控制段落中行与行之间的距离的。在 CSS 中，使用 line-height 可以控制行的高度，通过它就可以调整行与行之间的距离。

line-height 属性的设置如表 6.3 所示。

表 6.3　line-height 属性设置

设 置 值	说 明
长度	数值，可以使用前面所介绍的尺度单位
倍数	font-size 的设置值的倍数
百分比	相对于 font-size 的百分比

例如，设置“line-height:20px”就表示行高为 20 像素，而设置“line-height:1.5”则表示行高为 font-size 的 1.5 倍，或者设置“line-height:130%”则表示行高为 font-size 的 130%。

对图 6.11 所示的第 2 段和第 3 段文字设置如下代码，实例文件为“Ch06\6.1\11.html”。

```
#p2,#p3{
    text-transform:lowercase;
    text-indent:2em;
    line-height:2;
}
```

页面效果如图 6.12 所示。

可以看到第 2 段文字的行与行之间的距离比第 1 段文字要大一些。这里需要注意两点。

（1）如果不设置行高，那么将由浏览器来根据默认的设置决定实际的行高，通常浏览器默认的行高大约是段落文字的 font-size 的 1.2 倍。

（2）这里设置的行高是图中相邻虚线之间的距离，而文字在每一行中会自动竖直居中显示。

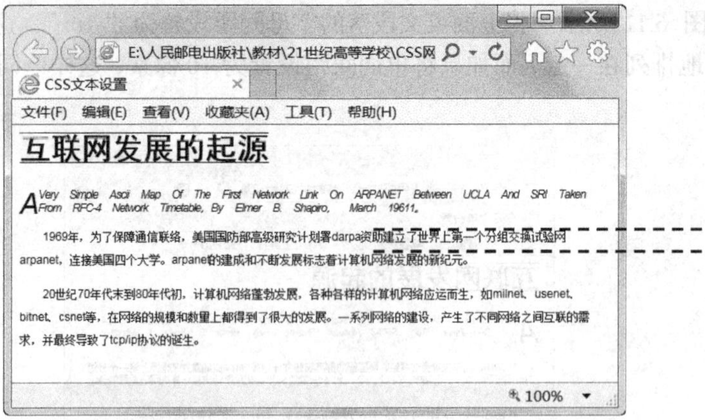

图 6.12　设置段落中的行高

6.1.11　设置段落之间的距离

下面介绍如何控制段落之间的距离。例如为<p>标记增加一条 CSS 样式，目的是给两个段落分别增加 1 像素粗细的红色实线边框，代码如下，实例文件为“Ch06\6.1\12.html”。

```
p{
    font-family: Arial, "Times New Roman";
    font-size:12px;
    border:1px red solid; }
```

这时页面效果如图 6.13 所示，可以清晰地看出两个文本段落之间有一定的空白，这就是段落之间的距离，它由 margin 属性确定。如果没有设置 margin 属性，将由浏览器默认设置。

因此，如果要调整段落之间的距离，设置 margin 属性即可。例如，在<p>标记的 CSS 样式中，进行如下设置。

```
p{
    font-family: Arial, "Times New Roman";
    font-size:12px;
    border:1px red solid;
    margin:5px 0px; }
```

这里为 margin 设置了两个属性值，前者确定上下距离为 5 像素，后者确定左右距离为 0 像素。这时效果如图 6.14 所示，可以看出段落间距小于原来浏览器默认的距离。

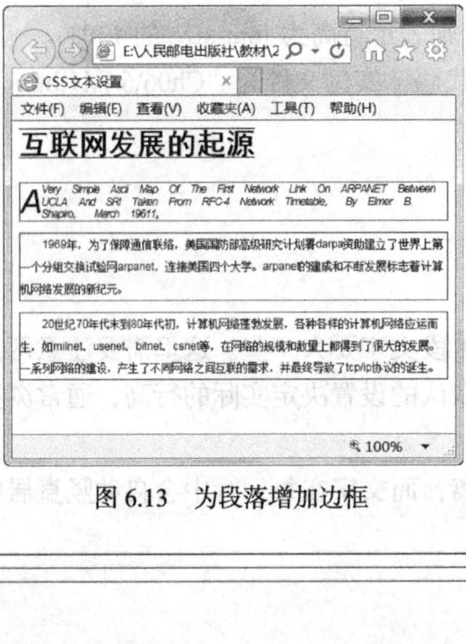

图 6.13　为段落增加边框

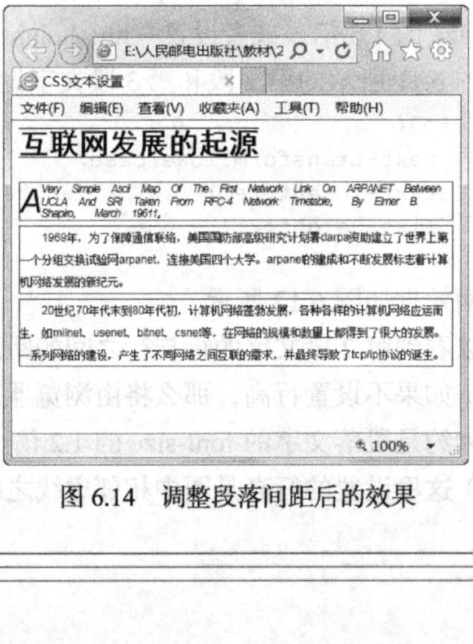

图 6.14　调整段落间距后的效果

注意

将 p 段落的上下 margin 设置为 5 像素，而不是 5 像素+5 像素=10 像素。因为尽管上下两个段落分别存在一个 5 像素的外边距，但是这里出现了前文介绍的“竖直方向相邻 margin 塌陷”现象，因此实际距离并不是将上下两个外边距相加获得的，而是取二者中较大的一个，这里都是 5 像素，因此结果就是 5 像素，而不是 10 像素。

6.1.12　控制文本的水平位置

使用 text-align 属性可以方便地设置文本的水平位置。text-align 属性的设置如表 6.4 所示。

表 6.4　text-align 属性设置

设 置 值	说　明
left	左对齐，也是浏览器默认的
right	右对齐
center	居中对齐
justify	两端对齐

表中前 3 项都很好理解，这里需要解释的是 justify，即两端对齐这种方式的含义。首先看一下前面的各个页面效果，可以看到在左对齐方式下，每一行的右端是不整齐的，而如果希望右端也能整齐，则可以设置“text-align:justify”。

例如，图 6.15 所示的是 h1 标题居中对齐、文本段落两端对齐的效果，实例文件为“Ch06\6.1\13.html”。

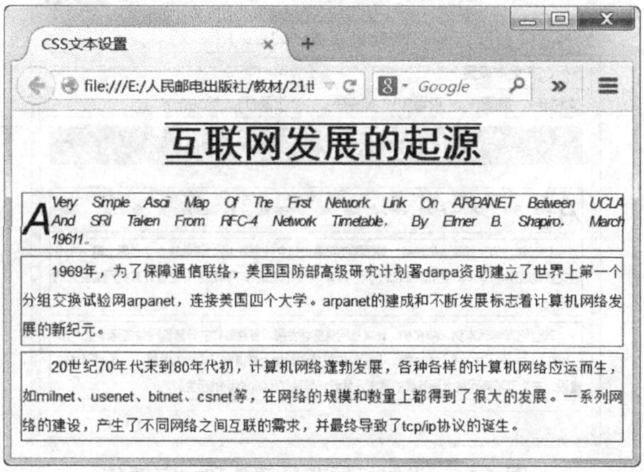

图 6.15　（Firefox 浏览器）标题居中对齐

6.1.13　设置文字与背景的颜色

在 HTML 页面中，颜色统一采用 RGB 的模式显示，也就是通常人们所说的“红绿蓝”三原色模式。每种颜色都由这 3 种颜色的不同比重组成，每种颜色的比重分为 0～255 挡。当红绿蓝 3 个分量都设置为 255 时就是白色，例如 rgb（100%，100%，100%）和#FFFFFF 都指白色，其中“#FFFFFF”为十六进制的表示方法，前两位为红色分量，中间两位是绿色分量，最后两位是蓝色分量，“FF”即为十进制中的 255。

当 RGB 3 个分量都为 0 时，即显示为黑色，例如 rgb（0%，0%，0%）和#000000 都表示黑色。同理，当红、绿分量都为 255，而蓝色分量为 0 时，则显示为黄色，例如 rgb（100%，100%，0）和#FFFF00 都表示黄色。

文字的各种颜色配合其他页面元素组成了整个五彩缤纷的页面，在 CSS 中文字颜色是通过 color 属性设置的。下面的几种方法都是将文字设置为蓝色，它们是完全等价的定义方法。

```
h3{ color: blue; }
h3{ color: #0000ff; }
h3{ color: #00f; }
h3{ color: rgb(0,0,255); }
h3{ color: rgb(0%,0%,100%); }
```

第 1 种方式是使用颜色的英文名称作为属性值。

第 2 种方式是用一个 6 位的十六进制数值表示。

第 3 种方式是第 2 种方式的简写方式，形如#aabbcc 的颜色值，就可以简写为#abc。

第 4 种方式是分别给出红绿蓝 3 种颜色分量的十进制数值。

第 5 种方式是分别给出红绿蓝 3 种颜色分量的百分比。

在 CSS 中，除了可以设置文字的颜色，还可以设置背景的颜色。它们二者分别使用属性 color 和 background-color。例如继续设置上面的页面，设置 h1 标题的样式为：

```
h1{
   background:#678;
   color:white;
}
```

将背景色设置为#678，也就是相当于#667788，并将文字颜色设置为白色。实例文件为“Ch06\6.1\14.html”，效果如图 6.16 所示。

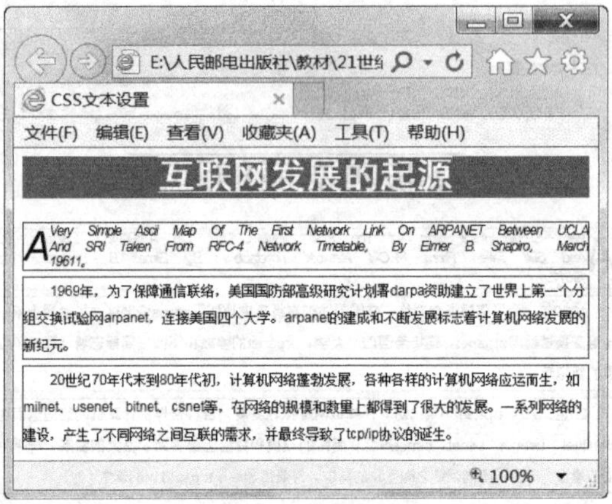

图 6.16　设置标题背景颜色和文字颜色

6.1.14　文字阴影效果

为了美化页面的文字效果，CSS 3 新增了文字阴影效果，也就是可以使用 text-shadow 属性给页面中的文字或其他元素添加阴影效果。到目前为止 Safari、Firefox、Chrome 和 Opera 等主流浏览器都支持阴影属性。实际上 text-shadow 属性，在 CSS 2.1 中 W3C 就已经定义了，但在 CSS 3 中又重新定义了它，并增加了不透明度效果。

以图 6.17 所示的网页为例，实例文件为“Ch06\6.1\15.html”。对标题文字增加 text-shadow 属性的设置，将其设置为灰色阴影，代码如下，实例源文件为“Ch06\6.1\16.html”。

```
h1{
    text-shadow:0.1em 0.1em #999;
}
```

效果如图 6.18 所示。可以看到，标题右下角出现了所设置的阴影效果。

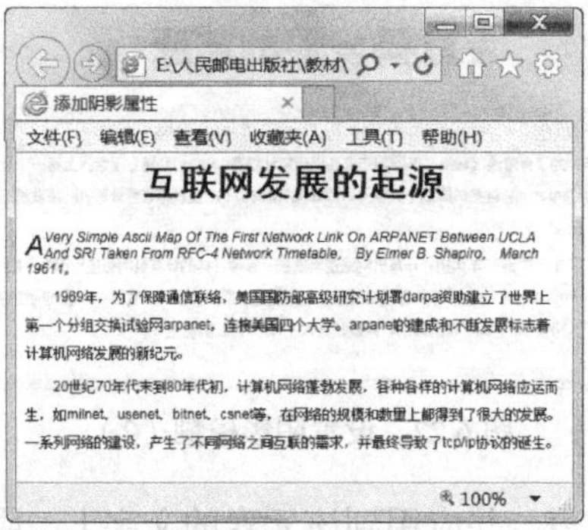

图 6.17　原网页效果

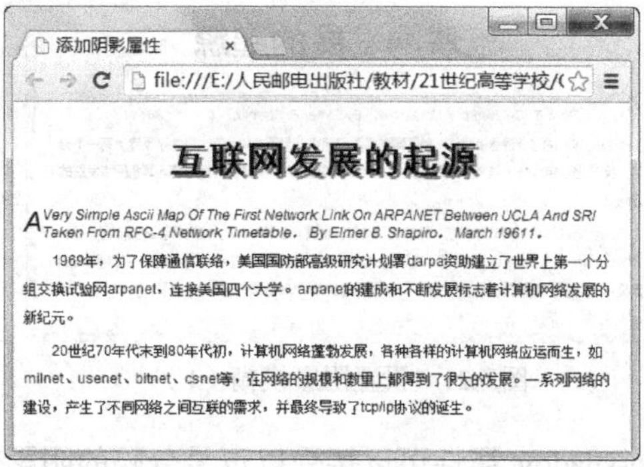

图 6.18　设置阴影在右下角

text-shadow:0.1em 0.1em #999；声明了右下角文字阴影效果，如果想要将投影放置到左上角，如图 6.19 所示，则可以按以下代码设置：

```
h1{
    text-shadow:-0.1em -0.1em #999;
}
```

同理，如果想要把阴影放置在文本的左下角，代码修改如下：

```
h1{
    text-shadow:-0.1em 0.1em #999;
}
```

效果如图 6.20 所示，为标题文字添加了左下角阴影效果。

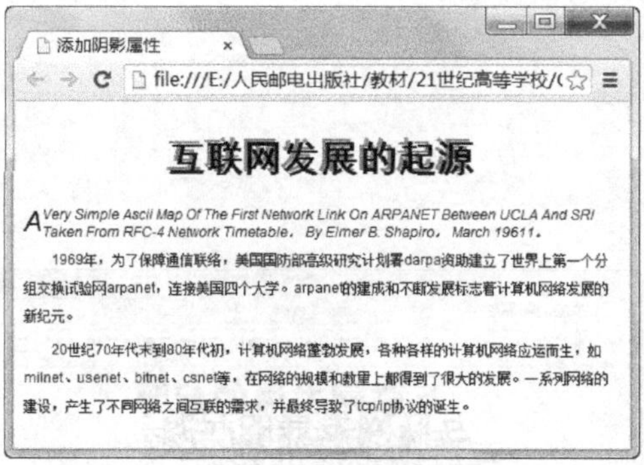

图 6.19　设置阴影在左上角

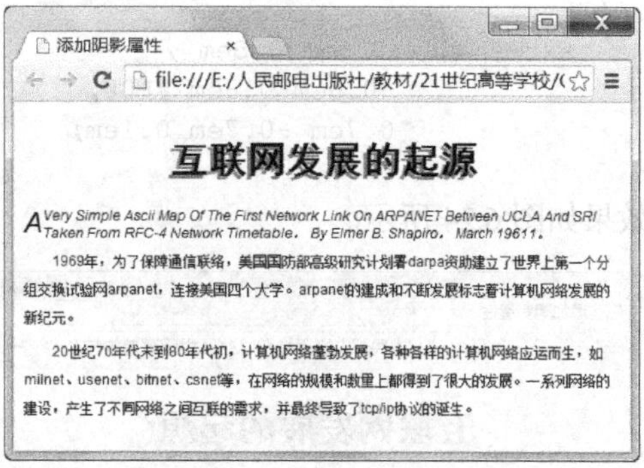

图 6.20　设置阴影在左下角

在 CSS 3 中文字除了可以添加阴影效果之外，还可以对添加的阴影进行模糊效果处理，代码如下：

```
h1{
    text-shadow:-0.1em 0.1em 0.3em #999;
}
```

效果如图 6.21 所示，为标题文字添加了模糊阴影效果。

文字模糊阴影效果还可以按以下代码设置。

```
h1{
    text-shadow:-0.1em 0.1em 0.2em black; }
```

效果如图 6.22 所示，为标题文字添加了模糊阴影效果。

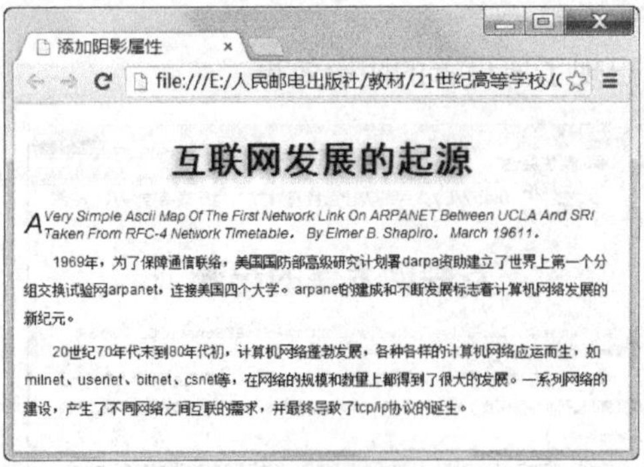

图 6.21　设置阴影模糊（1）

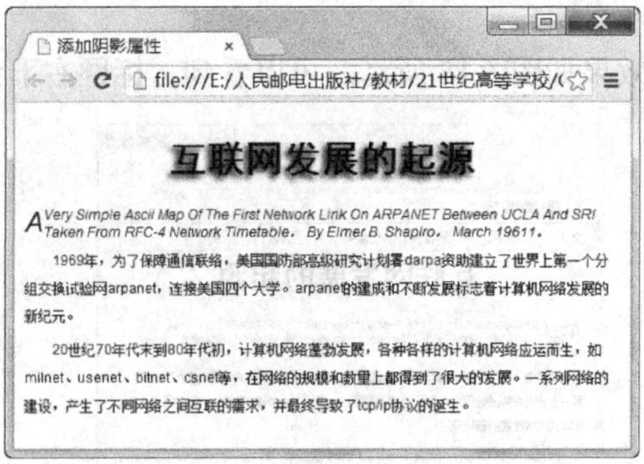

图 6.22　设置阴影模糊（2）

text-shadow 属性可以接受以逗号分隔的阴影效果列表，并应用到该元素的文字上。阴影效果按照指定的顺序应用，因此，有可能出现相互覆盖的效果，但是它们永远不会覆盖文字本身。阴影效果不会改变边框的尺寸，但可能延伸到它的边界之外。阴影效果的堆叠层次和元素本身层次是一样的。

例如，设置 h1 的代码如下。

```
h1{
    text-shadow:0.2em 0.5em 0.1em #0CF,
                -0.3em 0.1em 0.1em #093,
                0.5em -0.2em 0.1em #F63;
}
```

效果如图 6.23 所示，为标题文字添加了 3 种不同颜色的阴影效果。

叠加文字阴影效果也可以如下设置。

```
h1{
    text-shadow:0.5em 0.5em ,
                -0.8em 0.8em #F00,
                0.7em -0.7em 0.1em;
}
```

效果如图 6.24 所示。

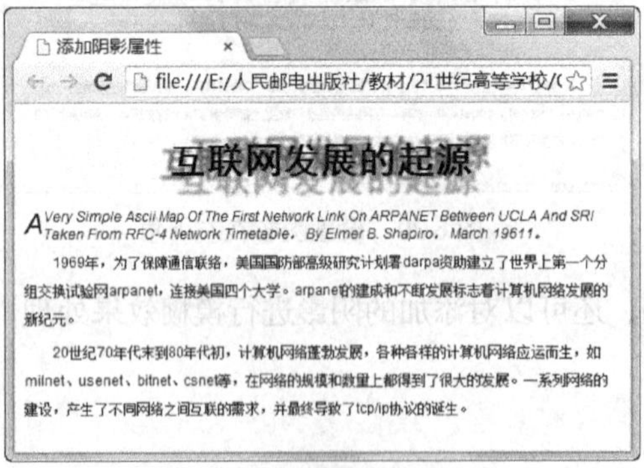

图 6.23　设置阴影叠加（1）

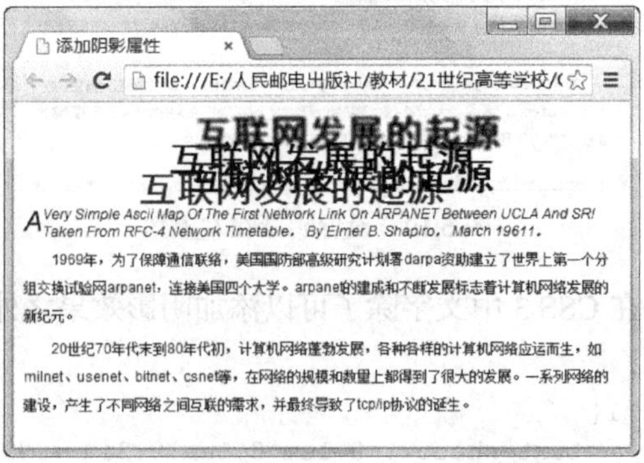

图 6.24　设置阴影叠加（2）

注意

每个阴影效果必须指定阴影偏移值，而模糊半径和阴影颜色可以设置也可以不设置。

这里我们借助阴影效果列表机制，制作燃烧火焰的阴影效果，代码如下。

```
h1{
    text-shadow:0 0 4px white,
                0 -5px 4px #ff3,
                2px -10px 6px #fd3,
                -2px -15px 11px #f80,
                2px -25px 18px #f20;
}
```

效果如图 6.25 所示，为标题文字添加了燃烧阴影效果。

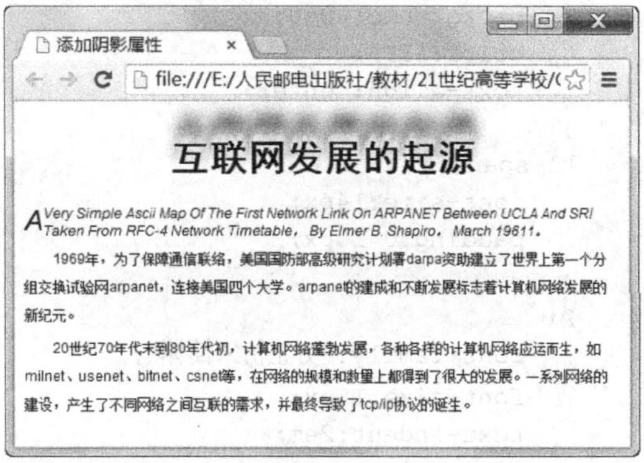

图 6.25　设置燃烧文字阴影效果

6.2　用 CSS 设置多列布局

在 CSS 2.1 及以前的版本中，都是使用 float 属性或 position 属性进行页面布局，但是该方法有一个比较明显的缺点，就是多列的 div 元素间是各自独立的，因此，如果在第 1 列 div 元素中加入一些内容，将会使第 2 列元素的底部不能对齐，导致叶面中多出一块空白区域。

为了解决多列布局的难题，CSS 3 新增了 Multi-column Layout，即多列自动布局功能。利用多列布局属性可以自动将内容按指定的列数排列，这种特性特别适合报纸和杂志类网页布局。

6.2.1　创建基础页面

创建一个基本的网页，如图 6.26 所示。

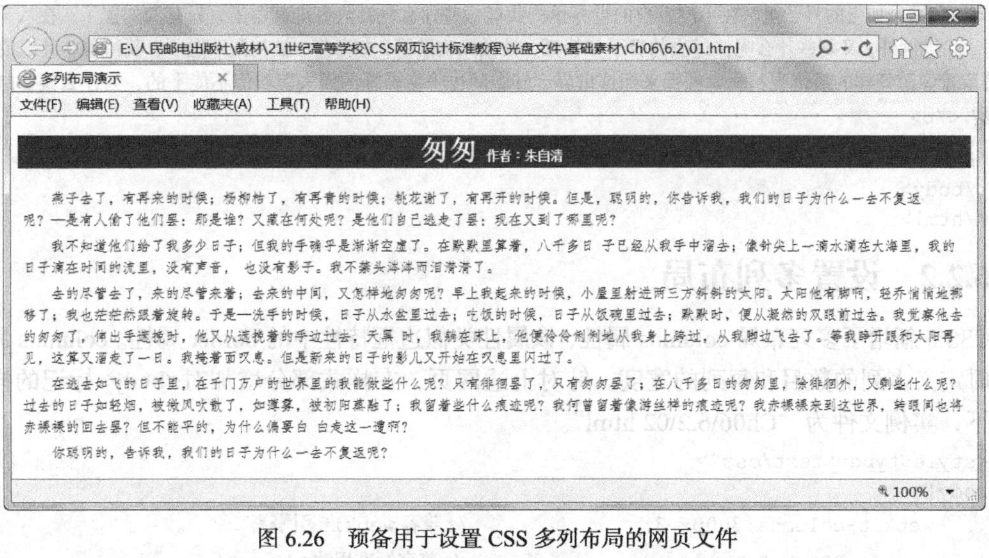

图 6.26　预备用于设置 CSS 多列布局的网页文件

这个网页由多段落组成，并对标题及正文文本进行了 CSS 样式的设置。代码如下，实例文件为“Ch06\6.2\01.html”。

```
<style type="text/css">
h1{
```

```
    background:#060;
    color:#FFF;
    text-align:center;
}
h1 span{
    font-size:14px;
    padding:0 10px;
}
p{
    font-family:"方正仿宋简体";
    font-size:16px;
    text-indent:2em;
    line-height: 24px;
    margin:5px;
}
</style>

<body>
<h1>匆匆<span>作者：朱自清</span></h1>
<p>燕子去了，有再来的时候；杨柳枯了，有再青的时候；桃花谢了，有再开的时候。但是，聪明的，你告诉我，我们的日子为什么一去不复返呢？—是有人偷了他们罢：那是谁？又藏在何处呢？是他们自己逃走了罢：现在又到了哪里呢？</p>
<p>我不知道他们给了我多少日子；但我的手确乎是渐渐空虚了。在默默里算着，八千多日子已经从我手中溜去；像针尖上一滴水滴在大海里，我的日子滴在时间的流里，没有声音，也没有影子。我不禁头涔涔而泪潸潸了。</p>
<p>去的尽管去了，来的尽管来着；去来的中间，又怎样地匆匆呢？早上我起来的时候，小屋里射进两三方斜斜的太阳。太阳他有脚啊，轻轻悄悄地挪移了；我也茫茫然跟着旋转。于是—洗手的时候，日子从水盆里过去；吃饭的时候，日子从饭碗里过去；默默时，便从凝然的双眼前过去。我觉察他去的匆匆了，伸出手遮挽时，他又从遮挽着的手边过去，天黑时，我躺在床上，他便伶伶俐俐地从我身上跨过，从我脚边飞去了。等我睁开眼和太阳再见，这算又溜走了一日。我掩着面叹息。但是新来的日子的影儿又开始在叹息里闪过了。</p>
<p>在逃去如飞的日子里，在千门万户的世界里的我能做些什么呢？只有徘徊罢了，只有匆匆罢了；在八千多日的匆匆里，除徘徊外，又剩些什么呢？过去的日子如轻烟，被微风吹散了，如薄雾，被初阳蒸融了；我留着些什么痕迹呢？我何曾留着像游丝样的痕迹呢？我赤裸裸来到这世界，转眼间也将赤裸裸的回去罢？但不能平的，为什么偏要白白走这一遭啊？</p>
<p>你聪明的，告诉我，我们的日子为什么一去不复返呢？</p>
</body>
</html>
```

6.2.2 设置多列布局

CSS 3 新增了多列布局 columns 属性，该属性类似边框特性中的 border 属性。columns 属性可以同时定义多列的数目和每列的宽度。针对上述网页，在样式部分增加对<body>标记的样式设置如下，实例文件为“Ch06\6.2\02.html”。

```
<style type="text/css">
body{
    -webkit-columns:300px 3;                /*兼容 webkit 引擎*/
    columns:300px 3;                        /*兼容标准用法*/
}
</style>
```

这时在浏览器中的效果如图 6.27 所示。可以看到，整篇文章被分为 3 栏显示，同时每栏的栏宽为 300 像素。

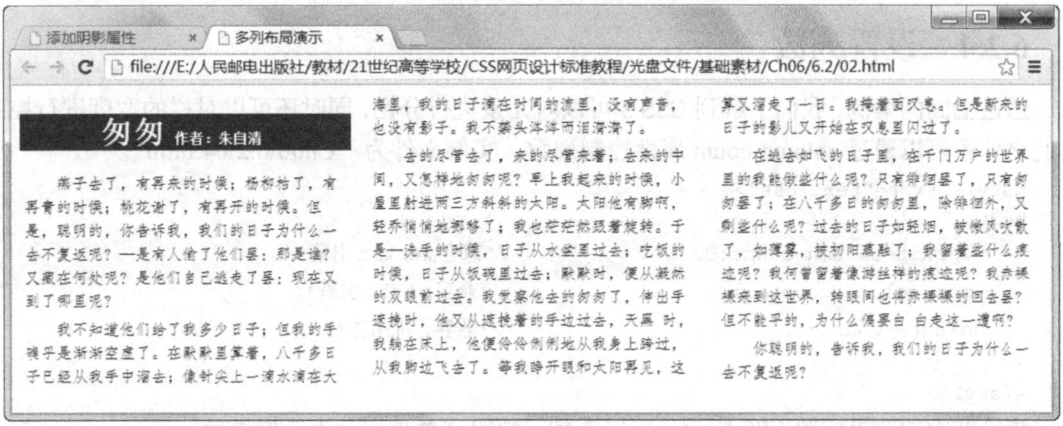

图 6.27　预备用于设置 CSS 多列布局的网页文件

6.2.3　设置列宽度

使用 columns 属性可以将元素设置成多列显示，同时使用 column-width 属性可以设置列的宽度。该属性可以与其他多列布局属性配合使用；也可以单独使用，限制模块的单列宽度，当超出宽度时，则会自动以多列进行显示，实例文件为“Ch06\6.2\03.html”。

```
<style type="text/css">
body{
   -webkit-column-width:200px;                /*兼容 webkit 引擎*/
   -moz-column-width:200px;                   /*兼容 gecko 引擎*/
   columns-width:200px;                        /*兼容标准用法*/
}
</style>
```

这时在浏览器中的效果如图 6.28 所示。可以看到，浏览器会根据窗口的宽度自动变化栏目的数量。

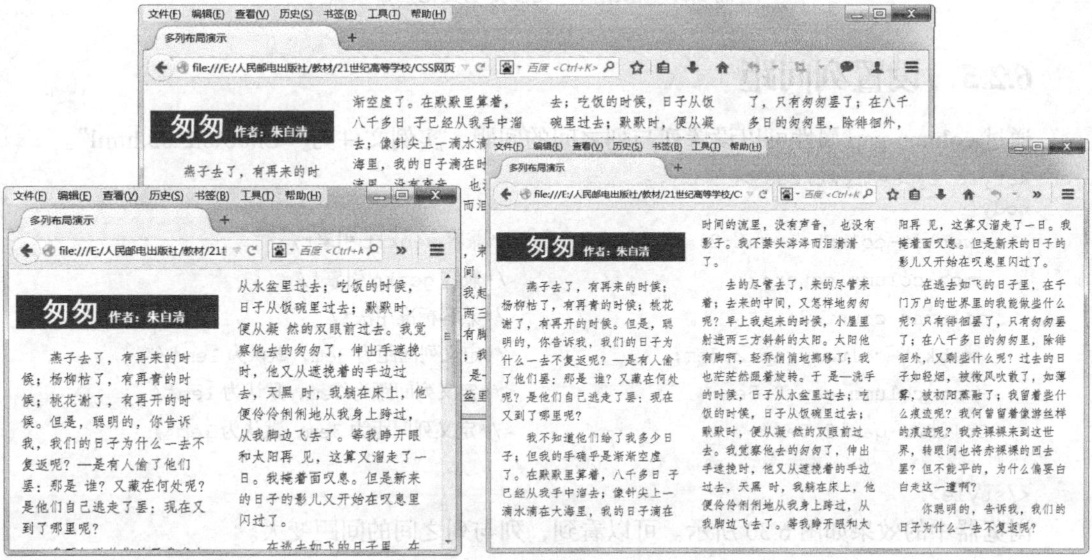

图 6.28　根据窗口宽度自动变化栏目数量

6.2.4 设置列数

通过上面的案例，我们了解到 CSS 3 可以对元素进行分栏，同时还可以对栏的宽度进行控制，除此之外还可以通过 column-count 属性控制列数，实例文件为“Ch06\6.2\04.html”。

```
<style type="text/css">
body{
    -webkit-column-count:3;                    /*兼容 webkit 引擎*/
    -moz-column-count:3;                       /*兼容 gecko 引擎*/
    columns-count:3;                           /*兼容标准用法*/
}
</style>
```

浏览器中的效果如图 6.29 所示。可以看到，整篇文章被划分为 3 栏显示。

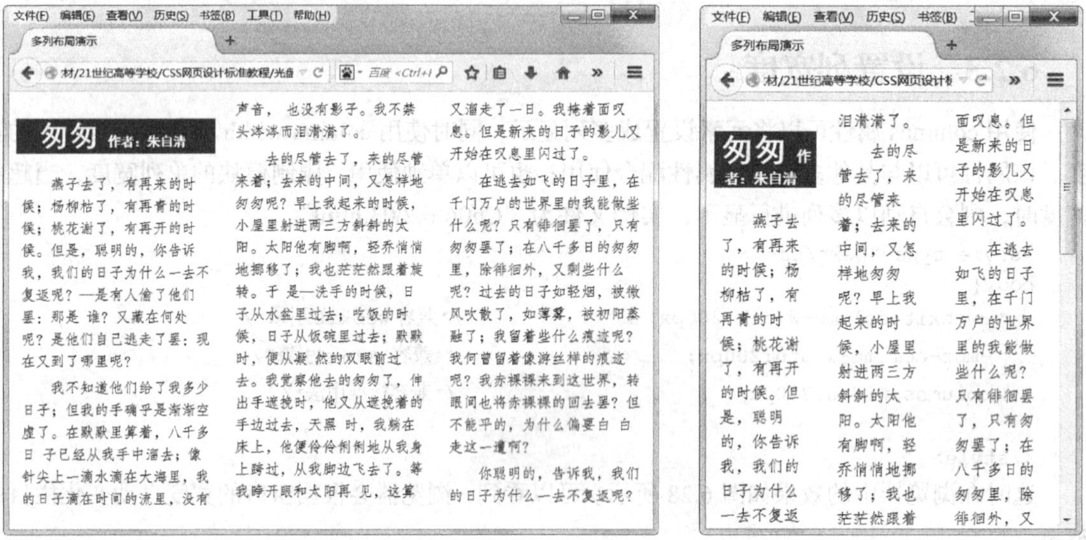

图 6.29 根据窗口宽度自动变化栏目数量

6.2.5 设置列间距

通过 column-gap 属性可以设置列与列之间的间距，实例文件为“Ch06\6.2\05.html”。

```
<style type="text/css">
body{
    -webkit-column-count:3;                    /*兼容 webkit 引擎*/
    -moz-column-count:3;                       /*兼容 gecko 引擎*/
    columns-count:3;                           /*兼容标准用法*/
    -webkit-column-gap:2.5em;                  /*定义列间距为 3em，默认为 1em*/
    -moz-column-gap:2.5em;                     /*定义列间距为 3em，默认为 1em*/
    Columns-gap:2.5em;                         /*定义列间距为 3em，默认为 1em*/
}
</style>
```

浏览器中的效果如图 6.30 所示。可以看到，列与列之间的间距变大。

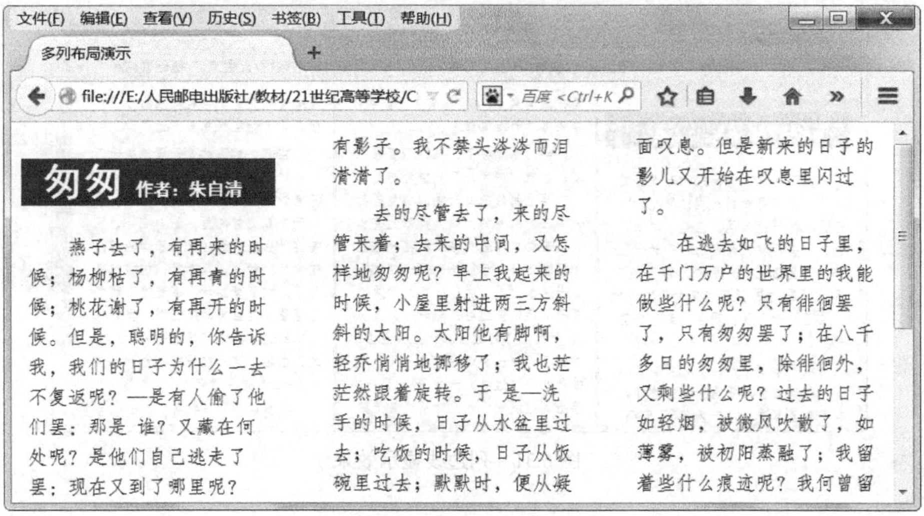

图 6.30　设置列间距的效果

6.2.6　设置列边框样式

CSS 3 还可以通过 column-rule 属性定义列与列之间边框的宽度、样式、颜色。column-rule 属性可以设置很多不同的值，从而对列边框设置不同的样式，如表 6.5 所示。

表 6.5　column-rule 属性设置

设 置 值	说 明
column-rule-color	列边框颜色。column-rule-color 属性可以接受所有的颜色
column-rule-width	列边框宽度。column-rule-width 属性接受任意浮点数，但不接受负值
column-rule-style	列边框样式。column-rule-style 属性与 border-style 属性值相同，包括 none、hidden、dotted、dashed、solid、double、groove、ridge、inset、outset

例如，设置列边框以双线、红色、3 像素显示，设置如下代码：

```
<style type="text/css">
body{
    -webkit-column-count:3;                          /*兼容 webkit 引擎*/
    -moz-column-count:3;                             /*兼容 gecko 引擎*/
    columns-count:3;                                 /*兼容标准用法*/
    -webkit-column-rule:double 3px red;              /*边框线以 3 像素红色双线显示*/
    -moz-column-rule:double 3px red;                 /*边框线以 3 像素红色双线显示*/
    column-rule:double 3px red;                      /*边框线以 3 像素红色双线显示*/
}
</style>
```

浏览器中的效果如图 6.31 所示，实例文件为“Ch06\6.2\06.html”。可以看到列与列之间会出现垂直的红色双线效果。

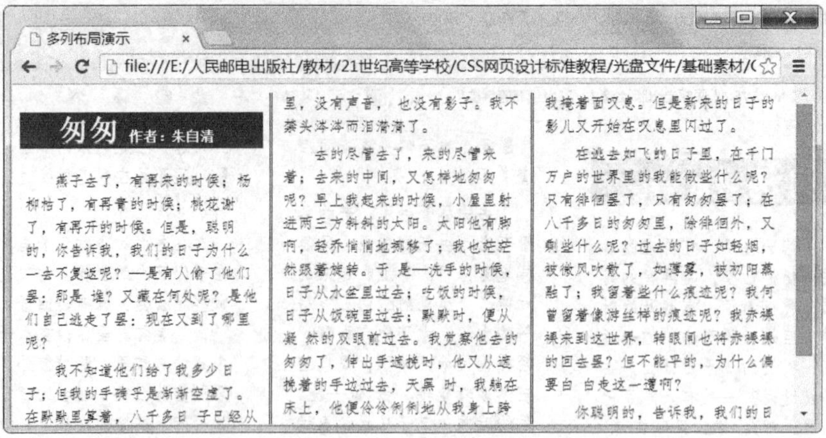

图 6.31　列边线显示效果

6.2.7　设置跨列显示

通过上面的案例我们看到大标题只会在第 1 列中显示，如果想要让大标题在所有列的最上方显示，可以通过 column-span 属性来设置跨列显示，实例文件为“Ch06\6.2\07.html”。

```
<style type="text/css">
body{
    -webkit-column-count:3;                          /*兼容 webkit 引擎*/
    -moz-column-count:3;                             /*兼容 gecko 引擎*/
    columns-count:3;                                 /*兼容标准用法*/
    -webkit-column-rule:double 3px red;              /*边框线以 3 像素红色双线显示*/
    -moz-column-rule:double 3px red;                 /*边框线以 3 像素红色双线显示*/
    column-rule:double 3px red;                      /*边框线以 3 像素红色双线显示*/
}
h1{
    background:#060;
    color:#FFF;
    text-align:center;
    -webkit-column-span:all;                         /*设置大标题跨所有列*/
    -moz-column-span:all;                            /*设置大标题跨所有列*/
    columns-span:all;                                /*设置大标题跨所有列*/
}
</style>
```

浏览器中的效果如图 6.32 所示。可以看到大标题跨 3 列在最上部显示。

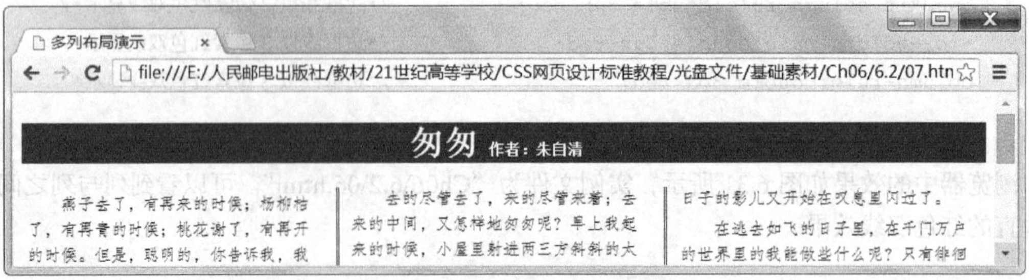

图 6.32　大标题跨列显示效果

6.2.8　设置列高度

前面我们介绍了多列、列宽、列间距、列边框样式及跨列，下面我们简单地介绍一下列高度。可以通过 column-fill 属性设置列的高度。column-fill 属性可以设置 2 个值，从而对列高度进行控制，如表 6.6 所示。

表 6.6　　　　column-fill 属性设置

设 置 值	说　明
auto	各列的高度随其内容的变化而自动变化
balance	各列的高度将会根据内容最多的那一列的高度进行统一

例如，将上面案例的 3 列高度设为相同，设置如下代码：

```
<style type="text/css">
body{
    -webkit-column-count:3;                    /*兼容 webkit 引擎*/
    -moz-column-count:3;                       /*兼容 gecko 引擎*/
    columns-count:3;                           /*兼容标准用法*/
    -webkit-column-rule:double 3px red;        /*边框线以 3 像素红色双线显示*/
    -moz-column-rule:double 3px red;           /*边框线以 3 像素红色双线显示*/
    column-rule:double 3px red;                /*边框线以 3 像素红色双线显示*/
    -webkit-column-fill:auto;                  /*设置个列高度自动调整*/
    -moz-column-fill:auto;                     /*设置个列高度自动调整*/
    column-fill:auto;                          /*设置个列高度自动调整*/
}
</style>
```

浏览器中的效果如图 6.33 所示，实例文件为“Ch06\6.2\08.html”。可以看到格列之间的高度自动调整。

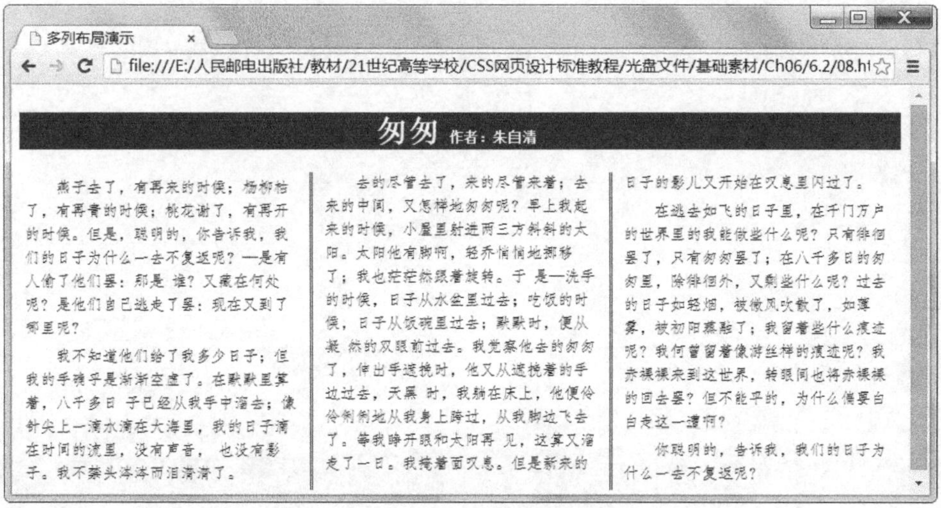

图 6.33　列高度自动调整效果

小　结

本章介绍了使用 CSS 设置文本相关的各种样式的方法。这些属性主要可以分为两类：以“font-”开头的属性，例如 font-size、font-family 等都是与字体相关的；而以“text-”开头的属性，例如 text-indent、text-align 等都是与文本排版格式相关的属性。此外，有一些单独的属性，比如设置颜色的 color 属性、设置行高的 line-height 属性等。根据这个规律可以更方便地记住这些属性。

习　题

1. 在 HTML 中和 CSS 中都有“属性”这个概念，简述二者的区别。
2. 分别列举 HTML 中与文字相关的属性，以及 CSS 中与文字相关的属性，并且分析一下使用 CSS 属性设置文本样式的优点。
3. 利用多列布局属性制作一个简单的页面效果。

第 7 章 用 CSS 设置图像和圆角

图片是网页中不可缺少的内容，它能使页面更加丰富多彩，能让人更直观地感受网页所要传达给浏览者的信息。本节详细介绍 CSS 设置图片风格样式的方法，包括图片的边框、对齐方式和图文混排等，并通过实例综合讲解文字和图片的各种运用。

使用 CSS 可以方便地使用各种手段把页面灵活地分为多个部分。但是简单分割出来的都是矩形方框，设置背景颜色和边框的颜色，产生的都只能是单调的矩形方框。而在网页中，经常需要用到圆角的设计。

7.1 用 CSS 设置图像样式

图片不仅能够增加网页的吸引力，同时也大大地提升了用户浏览网页的体验。图片的展示形式丰富多样，不同形式的图片展现也让浏览网页的乐趣变得更加多样化。

作为单独的图片本身，它的很多属性可以直接在 HTML 中进行调整，但是通过 CSS 统一管理，不但可以更加精确地调整图片的各种属性，还可以实现很多特殊的效果。首先讲解用 CSS 设置图片基本属性的方法，为进一步深入探讨打下基础。

7.1.1 设置图片边框

在 HTML 中可以直接通过<img>标记的 border 属性值为图片添加边框，属性值为边框的粗细，以像素为单位，从而控制边框的粗细。当设置该值为 0 时，则显示为没有边框。代码如下：

```
<img src="img.jpg" border="0">
<img src="img.jpg" border="2">
```

然而使用这种方法存在很大的限制，即所有的边框都只能是黑色，而且风格十分单一，都是实线，只是在边框粗细上能够进行调整。如果希望更换边框的颜色，或者换成虚线边框，仅仅依靠 HTML 都是无法实现的。

1. 基本属性

在 CSS 中可以通过边框属性为图片添加各式各样的边框。border-style 用来定义边框的样式，如虚线、实线或点画线等。

在 CSS 中，一个边框由 3 个要素组成。

（1）border-width（粗细）：可以使用各种 CSS 中的长度单位，最常用的是像素。

（2）border-color（颜色）：可以使用各种合法的颜色来定义方式。

（3）border-style（线型）：可以在一些预先定义好的线型中选择。

下面给出一个简单的案例，说明使用 CSS 设置边框的方法。实例文件为“Ch07\7.1\01.html”。

```
<style type="text/css">
.test1{
        border-style:dotted;        /* 点画线 */
        border-color:#996600;       /* 边框颜色 */
        border-width:4px;           /* 边框粗细 */
}
.test2{
        border-style:dashed;        /* 虚线 */
        border-color:blue;          /* 边框颜色 */
        border-width:2px;           /* 边框粗细 */
}
</style>

<body>
<img src="images/pic.jpg" class="test1">
<img src="images/pic.jpg" class="test2">
</body>
```

其显示效果如图 7.1 所示，第 1 幅图片设置的是金黄色、4 像素宽的点画线，第 2 幅图片设置的是蓝色、2 像素宽的虚线。

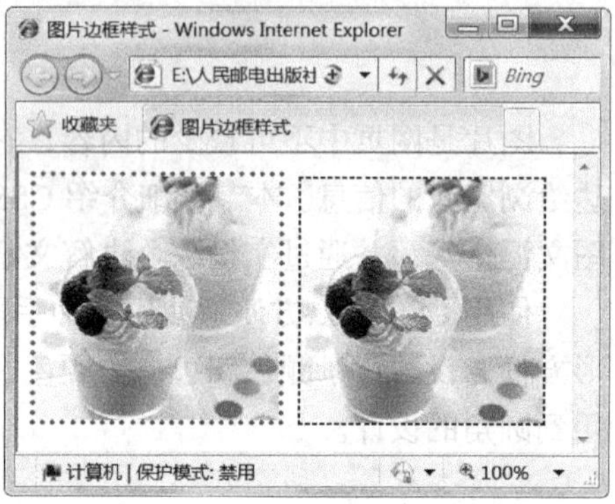

图 7.1　设置各种图片边框

> **说明**　这里使用的是 class 选择器，与前面使用过的 ID 选择器类似，但是二者是有区别的，一个类别选择器定义的样式可以应用于多个网页元素，而 ID 选择器定义的样式仅能应用于一个网页元素。

2. 为不同的边框分别设置样式

上面的设置方法对一幅图片的 4 条边框同时产生作用。如果希望分别设置 4 条边框的不同样式，在 CSS 中也是可以实现的，只需要分别设定 border-left、border-right、border-top 和 border-bottom 的样式即可，依次对应于左、右、上、下 4 条边框。

在使用时，依然是每条边框分别设置粗细、颜色和线型这 3 项。例如，设置有边框的颜色，那么相应的属性就是 border-right-color，因此这样的属性共有 12（4×3=12）个。

这里给出一个演示实例，实例文件为“Ch07\7.1\02.html”。

```
<style>
img{
        border-left-style:dotted;   /* 左点画线 */
        border-left-color:#FF9900;  /* 左边框颜色 */
        border-left-width:3px;      /* 左边框粗细 */
        border-right-style:dashed;
        border-right-color:#33CC33;
        border-right-width:2px;
        border-top-style:solid;     /* 上实线 */
        border-top-color:#CC44FF;   /* 上边框颜色 */
        border-top-width:2px;       /* 上边框粗细 */
        border-bottom-style:groove;
        border-bottom-color:#66cc66;
```

```
        border-bottom-width:3px;
    }
    </style>

    <body>
        <img src="images/pic.jpg">
    </body>
```

其显示效果如图 7.2 所示，图片的 4 条边框分别被设置了不同的风格样式。

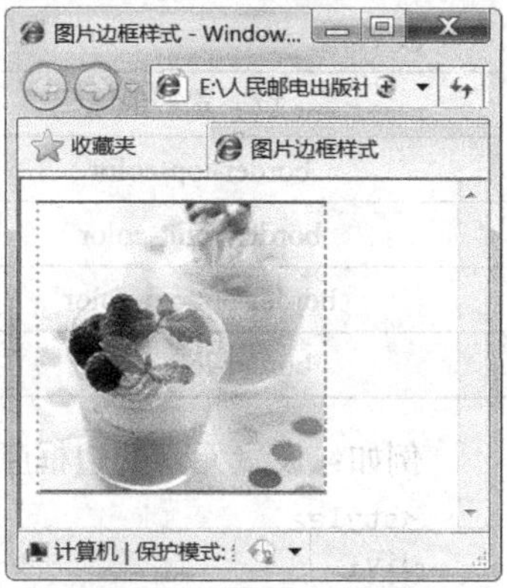

图 7.2　分别设置 4 个边框

这样将 12 个属性依次设置固然是可以的，但是比较繁琐。事实上在绝大多数情况下，各条边框的样式基本上是相同的，仅有个别样式不一样，这时就可以先进行统一设置，再针对个别的边框属性进行特殊设置。例如下面的设置方法，实例文件为“Ch07\7.1\03.html”。

```
    img{
        border-style:dashed;
        border-width:2px;
        border-color:red;

        border-left-style:solid;
        border-top-width:4px;
        border-right-color:blue;
        }
```

在浏览器中的效果如图 7.3 所示。这个实例先对 4 条边框进行统一的设置，然后分别对上边框的粗细、右边框的颜色和左边框的线型进行特殊设置。

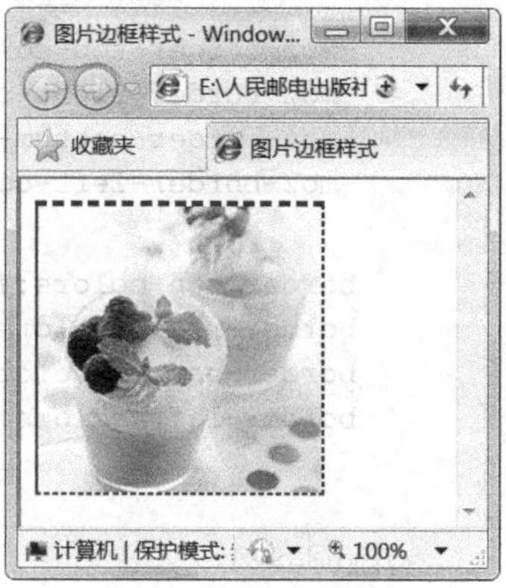

图 7.3　边框效果

在使用熟练后，border 属性还可以将各个值写到同一语句中，用空格分离，这样可大大简化 CSS 代码的长度。例如下面的代码：

```
    img{
        border-style:dashed;
        border-width:2px;
        border-color:red;
    }
```

还有下面的代码：

```
    img{
        border:2px red dashed;
    }
```

这两段代码是完全等价的，而后者写起来要简单得多，把 3 个属性值依次排列，用空格分隔即可。这种方式适用于对边框同时设置属性。

7.1.2　设置多色边框

在上述的案例中，使用 borde-color 属性为图像添加边框色，不过添加的都是单一颜色值。CSS 3 增强了该属性的功能，使它可以为边框添加更多的颜色，从而方便设计者设计渐变等绚丽的边框效果。border-color 属性可以设置很多不同的值，从而对列边框设置不同的样式，如表 7.1 所示。

表 7.1 border-color 属性设置

设 置 值	说 明
border-top-color	指定元素顶部的边框颜色
border-right-color	指定元素右侧的边框颜色
border-bottom-color	指定元素底部的边框颜色
border-left-color	指定元素左侧的边框颜色

例如：设置元素的边框颜色为渐变效果，实例文件为“Ch07\7.1\04.html”。

```
<style>
div{
    border:30px solid #FC0;
    height:150px;
    width:300px;
                                        /*设置元素的边框样式及大小*/
    -moz-border-top-colors:#a10 #a20 #a30 #a40 #a50 #a60 #a70 #a80 #a90 #fc0;
    -moz-border-right-colors:#a10 #a20 #a30 #a40 #a50 #a60 #a70 #a80 #a90 #fc0;
    -moz-border-bottom-colors:#a10 #a20 #a30 #a40 #a50 #a60 #a70 #a80 #a90 #fc0;
    -moz-border-left-colors:#a10 #a20 #a30 #a40 #a50 #a60 #a70 #a80 #a90 #fc0;
                                        /*兼容 gecko 引擎*/
    border-top-colors:#a10 #a20 #a30 #a40 #a50 #a60 #a70 #a80 #a90 #fc0;
    border-right-colors:#a10 #a20 #a30 #a40 #a50 #a60 #a70 #a80 #a90 #fc0;
    border-bottom-colors:#a10 #a20 #a30 #a40 #a50 #a60 #a70 #a80 #a90 #fc0;
    border-left-colors:#a10 #a20 #a30 #a40 #a50 #a60 #a70 #a80 #a90 #fc0;
                                        /*兼容标准用法*/
}
</style>
<body>
<div></div>
</body>
```

火狐浏览器中的效果如图 7.4 所示。通过浏览器我们可以看到元素的边框颜色以渐变色进行显示。

我们还可以通过多色边框属性，制作出凸凹立体的效果，代码如下：

```
<style type="text/css">
div{
    border:5px solid #FC0;
    height:150px;
    width:300px;
    background-color:#999;
    -moz-border-top-colors:#ce8609 #fba40e;
    -moz-border-right-colors:#fba40e #ad4804;
    -moz-border-bottom-colors:#fba40e #ad4804;
    -moz-border-left-colors:#ce8609 #fba40e0;
}
</style>
</head>

<body>
<div></div>
</body>
```

效果如图 7.5 所示，实例文件为“Ch07\7.1\05.html”。可以看到元素边框出现凸凹立体效果。

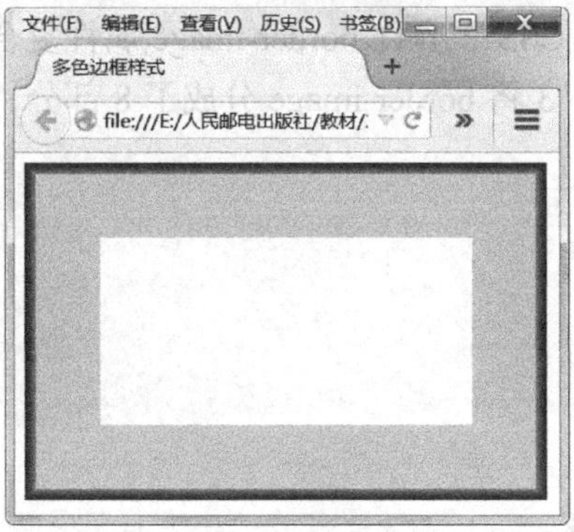

图 7.4 边框渐变色显示

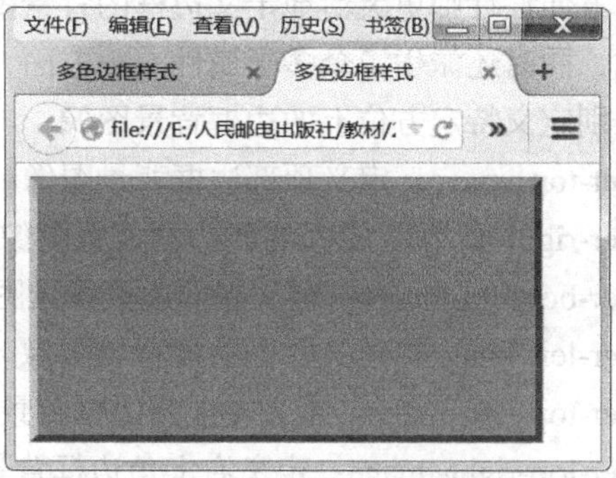

图 7.5 边框立体效果

7.1.3 设置边框背景

在 CSS 3 之前，如果要添加图像边框，元素的长或宽是随时可变的，用户通常采用的做法是让元素的每条边单独使用一幅图像文件，但是这种做法也有缺点：一方面是比较麻烦；另一方面是页面上使用的元素比较多。

针对这种情况，CSS 3 中增加了一个 border-image 属性，可以让处于随时变化状态的元素的长或宽的边框统一使用一个图像文件来绘制。使用 border-image 属性，可以让浏览器在显示图像边框时，自动将使用到的图像分割为 9 部分进行处理，这样就不需要用户另外进行人工处理了。另外页面中也不需要因此而使用较多的元素了。如将图 7.6 所示的图像设置为边框，这里给出一个演示实例，实例文件为“Ch07\7.1\06.html”。

```
<style>
div{
    height:160px;
    border-width:31px;
    -moz-border-image:url(images/pic_1.png) 31;           /*兼容 gecko 引擎*/
    -webkit-border-image:url(images/pic_1.png) 31;        /*兼容 webkit 引擎*/
    -o-border-image:url(images/pic_1.png) 31;             /*兼容 presto 引擎*/
    border-image:url(images/pic_1.png) 31;                /*兼容标准用法*/
    }
</style>
<body>
<div></div>
</body>
```

效果如图 7.7 所示。此时在浏览器中可以看到在盒子的周围出现了边框背景图像。

图 7.6 边框背景图像

图 7.7 在 Google Chrome 浏览器中预览

为了方便设计师更灵活地定义边框的背景图像，CSS 3 允许 border-image 属性复合定义边框背景样式，同时还派生了众多子属性。一方面，CSS 3 将 border-image 分成了 8 部分，使用 8 个子属性分别定义特定方位上的边框背景图像。

border-top-image：定义顶部边框背景图像。

border-right-image：定义右侧边框背景图像。

border-botttom-image：定义底部边框背景图像。

border-left-image：定义左侧边框背景图像。

border-top-left-image：定义左上角边框背景图像。

border-top-right-image：定义右上角边框背景图像。

border-bottom-left-image：定义左下角边框背景图像。

border-bottom-right-image：定义右下角边框背景图像。

另外，根据边框背景图像的处理功能，border-image 属性还派生了下面几个属性。

border-image-source：定义边框的背景图像源，即图像的 URL。

border-image-slice：定义如何裁切背景图像，与背景图像的定位功能不同。

border-image-repeat：定义边框背景图像的重复性。

border-image-width：定义边框背景图像的显示大小（即边框显示大小）。虽然 W3C 定义了该属性，但浏览器还是习惯使用 border-width 实现相同的功能。

border-image-outset：定义边框背景图像的偏移位置。

7.1.4 设置各种边框效果

上述案例讲到可以使用 border-image 属性，为边框添加图像效果，下面通过一些小案例制作精巧边框。

1. 设置局部或全部圆角效果

首先，使用设计软件制作出图 7.8 所示的图像效果，使用 border-image 属性，制作对角圆角效果，代码如下：

```
<style type="text/css">
div{
    height:140px;
    border-width:20px;
    -moz-border-image:url(images/fillet.png) 25;
    -webkit-border-image:url(images/fillet.png) 25;
    -o-border-image:url(images/fillet.png) 25;
    border-image:url(images/fillet.png) 25;
}
</style>

<body>
<div></div>
</body>
```

图 7.8 圆角边框素材

浏览器中的效果如图 7.9 所示，实例文件为“Ch07\7.1\07.html”。可以看出元素对角圆角效果。

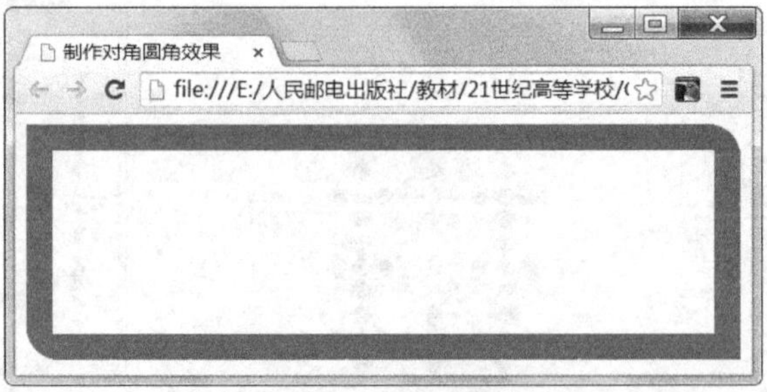

图 7.9 对角圆角

如果想要制作出下方或上方两个角为圆

角的效果，那么，首先需要制作出图 7.10 所示的图像，然后将代码修改为如下所示。

```
<style type="text/css">
div{
    height:140px;
    border-width:20px;
    -moz-border-image:url(images/fillet_1.png) 25;
    -webkit-border-image:url(images/fillet_1.png) 25;
    -o-border-image:url(images/fillet_1.png) 25;
    border-image:url(images/fillet_1.png) 25;
}
</style>
</head>

<body>
<div></div>
</body>
```

浏览器中的效果如图 7.11 所示，实例文件为“Ch07\7.1\08.html”。可以看出元素下方的两个角为圆角效果。

图 7.10 边框背景图像

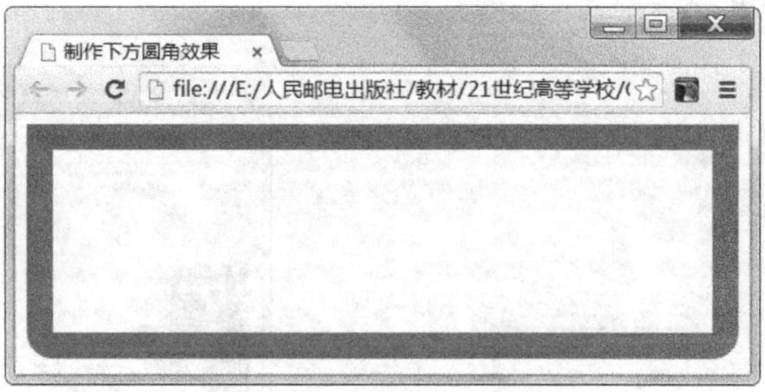

图 7.11 下方两个角为圆角效果

全部圆角效果，需要制作出图 7.12 所示的图像，代码修改为如下所示。

图 7.12 边框背景图像

```
<style type="text/css">
div{
    height:140px;
    border-width:20px;
    -moz-border-image:url(images/fillet_2.png) 25;
    -webkit-border-image:url(images/fillet_2.png) 25;
    -o-border-image:url(images/fillet_2.png) 25;
    border-image:url(images/fillet_2.png) 25;
}
</style>
</head>

<body>
<div></div>
</body>
```

浏览器中的效果如图 7.13 所示，实例文件为“Ch07\7.1\09.html”。可以看出元素所有边角都为圆角效果显示。

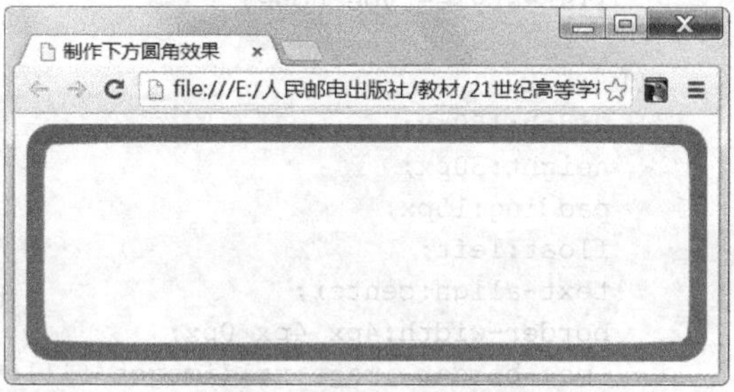

图 7.13 所有边角为圆角

2. 设置阴影效果

使用边框图像也可以制作出阴影的效果，

和前面相同，在制作之前，要先制作出带有阴影效果的图像，如图 7.14 所示，代码修改为如下所示。

```
<style type="text/css">
img{
    border-width:2px 6px 7px 2px;
    -moz-border-image:url(images/fillet_3.png)  2 6 7 2;
    -webkit-border-image:url(images/fillet_3.png) 2 6 7 2;
    -o-border-image:url(images/fillet_3.png) 2 6 7 2;
    border-image:url(images/fillet_3.png) 2 6 7 2;
}
</style>
</head>

<body>
<div><img src="images/img.jpg" width="400" height="267"></div>
</body>
</html>
```

浏览器中的效果如图 7.15 所示，实例文件为“Ch07\7.1\10.html”。可以看出在图像的周围出现了阴影效果。

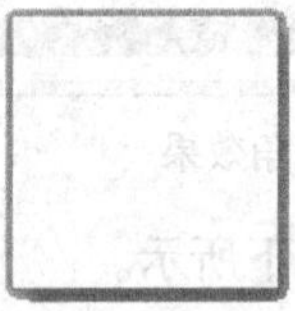

图 7.14　边框背景图像

图 7.15　图像周围出现阴影

3. 设置选项卡效果

我们在浏览网页时，会经常发现一些圆角效果的选项卡，这些选项卡如何制作呢？现在就比较方便了，可以使用边框图像属性来进行制作，和前面相同在制作之前，想制作一个圆角图像，如图 7.16 所示，代码修改为如下所示。

```
<style type="text/css">
ul{
    padding:0;
    margin:0;
    list-style-type:none;
}
li{
    width:150px;
    height:30px;
    padding:15px;
    float:left;
    text-align:center;
    border-width:4px 4px 0px;
    -moz-border-image:url(images/fillet_4.png)  4 4 0;
    -webkit-border-image:url(images/fillet_4.png) 4 4 0;
```

```
    -o-border-image:url(images/fillet_4.png) 4 4 0;
    border-image:url(images/fillet_4.png) 4 4 0;
}
</style>
</head>

<body>
<ul>
  <li>首页</li>
  <li>微信</li>
  <li>微博</li>
  <li>QQ</li>
</ul>
</body>
```

浏览器中的效果如图 7.17 所示，实例文件为“Ch07\7.1\11.html”。

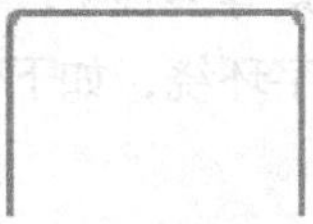

图 7.16 边框背景图像

图 7.17 圆角效果的选项卡

7.1.5 图片缩放

CSS 控制图片的大小与 HTML 一样，也是通过 width 和 height 两个属性来实现的。所不同的是 CSS 中可以使用更多的值，如上一章中“文字大小”一节提到的相对值和绝对值等。例如，当设置 width 的值为 50%时，图片的宽度将调整为父元素宽度的一半，代码如下：

```
<html>
<head>
<title>图片缩放</title>
<style>
img.test1{
      width:50%;        /* 相对宽度 */
}
</style>
</head>
<body>
     <img src="images/pic.jpg" class="test1">
</body>
</html>
```

因为设定的是相对大小（这里即相对于 body 的宽度），所以当拖动浏览器窗口改变其宽度时，图片的大小也会相应地发生变化。

这里需要指出的是，当仅仅设置了图片的 width 属性，而没有设置 height 属性时，图片本身会自动等纵横比例缩放；如果只设定 height 属性，也是一样的道理。只有当同时设定 width 和 height 属性时才会不等比例缩放，代码如下：

```
<html>
<head>
<title>不等比例缩放</title>
<style>
```

```
img.test1{
    width:70%;          /* 相对宽度 */
    height:110px;       /* 绝对高度 */
}
</style>
</head>
<body>
    <img src="images/pic.jpg" class="test1">
</body>
</html>
```

7.1.6 图文混排

Word 中文字与图片有很多排版的方式，在网页中同样可以通过 CSS 设置实现各种图文混排的效果。本节介绍 CSS 图文混排的具体方法。

1. 文字环绕

文字环绕图片的方式在实际页面中的应用非常广泛，如果再配合内容、背景等多种手段便可以实现各种绚丽的效果。在 CSS 中主要是通过给图片设置 float 属性来实现文字环绕，如下例所示。代码如下，实例文件为“Ch07\7.1\12.html”。

```
<html>
<head>
<title>图文混排</title>
<style type="text/css">
body{
    background-color:#EAECDF;           /* 页面背景颜色 */
    margin:0px;
    padding:0px;
}
img{
    float:right;                        /* 文字环绕图片 */
}
p{
    color:#000000;                      /* 文字颜色 */
    margin:0px;
    padding-top:10px;
    padding-left:5px;
    padding-right:5px;
}
span{
    float:left;                         /* 首字放大 */
    font-size:60px;
    font-family:黑体;
    margin:0px;
    padding-right:5px;
}
</style>
  </head>
<body>
    <img src="images/zcz.jpg" border="0">
    <p><span>祖</span> 冲之（公元 429 年—公元 500 年）是中国数学家、科学家。南北朝时期人，字文远。
生于刘宋文帝元嘉六年，卒于齐东昏侯永元二年。祖籍范阳郡遒县（今河北涞水县）。先世迁入江南，祖父掌管土木建筑，
```

```
父亲学识渊博。祖冲之从小接受家传的科学知识。青年时进入华林学省，从事学术活动。一生先后任过南徐州（今镇江市）从事史、公府参军、娄县（今昆山县东北）令、谒者仆射、长水校尉等官职。其主要贡献在数学、天文历法和机械三方面。在数学方面，他写了《缀术》一书，被收入著名的《算经十书》中，作为唐代国子监算学课本，可惜后来失传了。《隋书·律历志》留下一小段关于圆周率（π）的记载，祖冲之算出π的真值在 3.1415926（朒数）和 3.1415927（盈数）之间，相当于精确到小数第 7 位，成为当时世界上最先进的成就。这一纪录直到 15 世纪才由阿拉伯数学家卡西打破。</p>
    </body>
    </html>
```

在上面的例子中，对图像使用了“float:right”，使得它在页面右侧，文字对它环绕排版。此外也对第一个“祖”字运用“float:left”，使得文字环绕图片以外，还运用了首字放大的方法。可以看到图片环绕与首字放大的方式几乎是完全相同的，只不过对象分别是图片和文字本身，显示效果如图 7.18 所示。

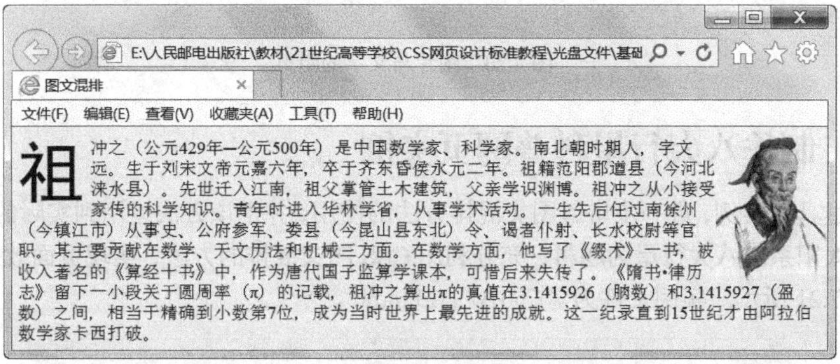

图 7.18　文字环绕

如果将对 img 设置 float 属性为 left，图片将会移动至页面的左边，从而文字在右边环绕，如图 7.19 所示。

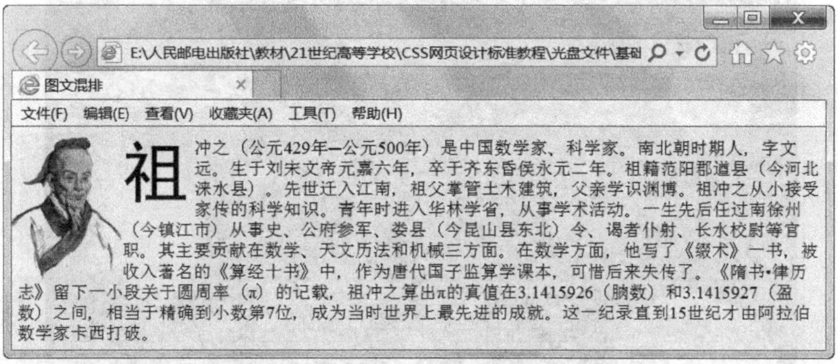

图 7.19　修改后的文字环绕效果

可以看到这样的排版方式非常灵活，可以给设计师很大的创作空间。

2. 设置图片与文字的间距

在上例中文字紧紧环绕在图片周围。如果希望图片本身与文字有一定的距离，只需要给<img>标记添加 margin 或者 padding 属性即可，代码如下：

```
img{
    float:right;            /* 文字环绕图片 */
    margin:10px;
}
```

其显示效果如图 7.20 所示，可以看到文字距离图片明显变远了，如果把 margin 的值设定为负数，则文字将移动到图片上方。

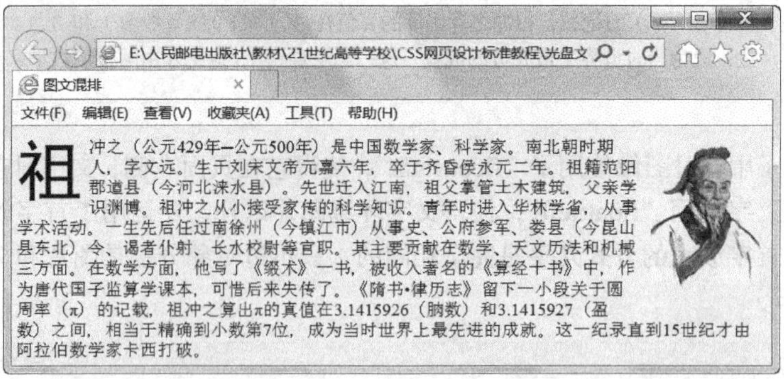

图 7.20　图片与文字的距离

7.1.7　制作八大行星科普网页实例

本节通过具体实例，进一步讲解图文混排方法的使用，并把该方法运用到实际的网站制作中。本例以介绍太阳系的八大行星为题材，充分利用 CSS 图文混排的方法，实现页面效果。实例的最终效果如图 7.21 所示。实例文件为“Ch07\7.1\13.html”。

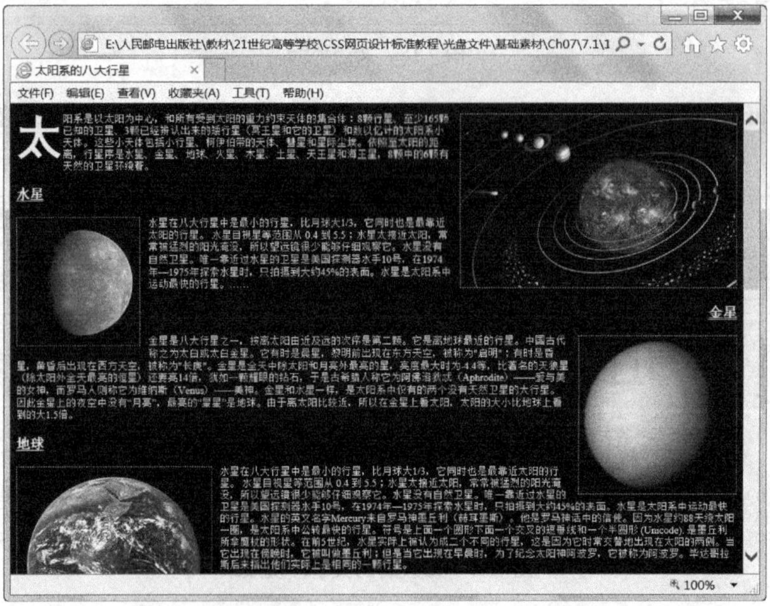

图 7.21　八大行星页面

首先选取一些相关的图片和文字介绍，将总体的描述和图片放在页面的最上端，同样采用首字放大的方法。

```
<img src="images/baall.jpg" class="pic2">
<p><span class="first">太</span>阳系是以太阳为中心，和所有受到太阳的重力约束天体的集合体：8 颗行星、至少 165 颗已知的卫星、3 颗已经辨认出来的矮行星（冥王星和它的卫星）和数以亿计的太阳系小天体。这些小天体包括小行星、柯伊伯带的天体、彗星和星际尘埃。依照至太阳的距离，行星序是水星、金星、地球、火星、木星、土星、天王星和海王星，8 颗中的 6 颗有天然的卫星环绕着。</p>
```

为整个页面选取一个合适的背景颜色。为了表现广袤的星空，这里用黑色作为整个页面的背景色。然后用图文混排的方式将图片靠右，并适当地调整文字与图片的距离，将正文文字设置为白色。CSS 部分的代码如下：

```
body{
    background-color:black;         /* 页面背景色 */
}
p{
    font-size:13px;                 /* 段落文字大小 */
    color:white;
}
img{
    border:1px #999 dashed;         /* 图片边框 */
}
span.first{                         /* 首字放大 */
    font-size:60px;
    font-family:黑体;
    float:left;
    font-weight:bold;
    color:#CCC;                     /* 首字颜色 */
}
```

此时的显示效果如图 7.22 所示。

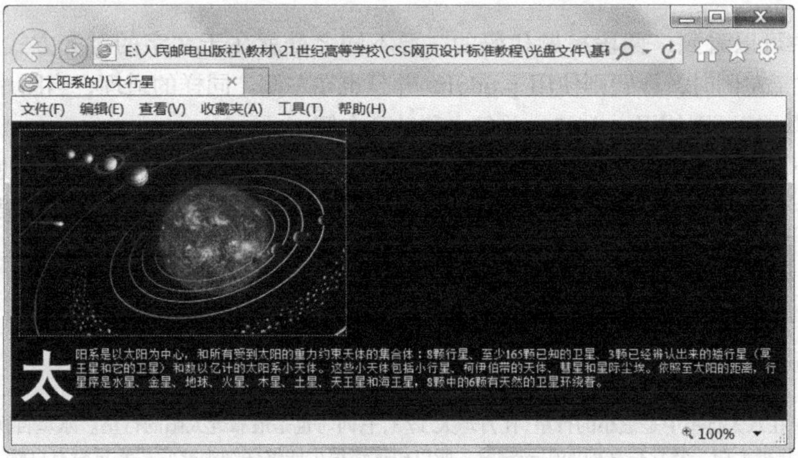

图 7.22 首字放大并图片靠右

考虑到“八大行星”的具体排版，这里采用一左一右的方式，并且全部应用图文混排。因此图文混排的 CSS 分左右两段，分别定义为 img.pic1 和 img.pic2。.pic1 和.pic2 都采用图文混排，不同之处在于一个用于图片在左侧的情况，另一个用于图片在右侧的情况，这样交替使用。具体代码如下：

```
img.pic1{
    float:left;                     /* 左侧图片混排 */
    margin-right:10px;              /* 图片右端与文字的距离 */
    margin-bottom:5px;
}
img.pic2{
    float:right;                    /* 右侧图片混排 */
```

```
    margin-left:10px;                   /* 图片左端与文字的距离 */
    margin-bottom:5px;
}
```

当图片分别处于左右两边后，正文的文字并不需要做太大的调整，而每一小段的标题则需要根据图片的位置做相应的变化。因此八大行星名称的小标题也需要定义两个 CSS 标记，分别为 p.title1 和 p.title2，而段落正文不用区分左右，定为 p.content。具体代码如下：

```
p.title1{                               /* 左侧标题 */
        text-decoration:underline;      /* 下划线 */
        font-size:18px;
        font-weight:bold;               /* 粗体*/
        text-align:left;                /* 左对齐 */
}
p.title2{                               /* 右侧标题 */
        text-decoration:underline;
        font-size:18px;
        font-weight:bold;
        text-align:right;
}
p.content{                              /* 正文内容 */
      line-height:1.2em;                /* 正文行间距 */
      margin:0px;
}
```

从代码中可以看到，两段标题代码的主要不同之处就在于文字的对齐方式。当图片使用 img.pic1 而位于左侧时，标题则使用 p.title1，并且也在左侧。同样的道理，当图片使用 img.pic2 而位于右侧时，标题则使用 p.title2，并且也移动到右侧。

对于整个页面中 HTML 分别介绍八大行星的部分，文字和图片都一一交错地使用两种不同的对齐和混排方式，即分别采用两组不同的 CSS 类型标记，达到一左一右的显示效果，HTML 部分的代码如下：

```
......
      <p class="title1">水星</p>
      <img src="images/ba1.jpg" class="pic1">
      <p class="content">
      水星在八大行星中是最小的行星，比月球大 1/3，它同时也是最靠近太阳的行星。水星目视星等范围从 0.4
到 5.5；水星太接近太阳，常常被猛烈的阳光淹没，所以望远镜很少能够仔细观察它。水星没有自然卫星。唯一靠近过
水星的卫星是美国探测器水手 10 号，在 1974 年～1975 年探索水星时，只拍摄到大约 45%的表面。水星是太阳系中运
动最快的行星。……</p>

      <p class="title2">金星</p>
      <img src="images/ba2.jpg" class="pic2">
      <p class="content">金星是八大行星之一，按离太阳由近及远的次序是第二颗。它是离地球最近的行
星。中国古代称之为太白或太白金星。它有时是晨星，黎明前出现在东方天空，被称为“启明”；有时是昏星，黄昏后
出现在西方天空，被称为“长庚”。……</p>
      ......
```

通过图文混排后，文字能够很好地使用空间，就像在 Word 中使用图文混排一样，十分方便且美观。本例中间部分的截图如图 7.23 所示，充分体现出 CSS 图文混排的效果和作用。

图 7.23 图文混排

本例主要通过图文混排的技巧，合理地将文字和图片融为一体，并结合设置文字的各种方法，实现了常见的介绍性页面。这种方法在实际运用中使用很广。

7.1.8 设置图片与文字的对齐方式

当图片与文字同时出现在页面上的时候，图片的对齐方式就显得很重要了。如何能够合理地将图片对齐到理想的位置，成为页面是否整体协调、统一的重要因素。本节从图片水平对齐和竖直对齐两方面出发，分别介绍 CSS 设置图片对齐方式的方法。

1. 横向对齐方式

图片水平对齐的方式与上一章中文字水平对齐的方式基本相同，分为左、中、右 3 种。不同的是图片的水平对齐通常不能直接通过设置图片的 text-align 属性，而是通过设置其父元素的该属性来实现的，如下例所示。实例文件为“Ch07\7.1\14.html”，代码如下：

```
<html>
<head>
<title>水平对齐</title>
</head>
<body>
<table width="100%" border="1">
  <tr>
    <td>
      <p style="text-align:left;"><img src="images/pic_2.jpg"></p>
      <p style="text-align:center;"><img src="images/pic_2.jpg"></p>
      <p style="text-align:right;"><img src="images/pic_2.jpg"></p>
    </td>
  </tr>
</table>
</body>
</html>
```

其显示效果如图 7.24 所示，可以看到图片在段落中分别以左、中、右的方式对齐。而如果直接在图片上面设置水平对齐方式，则达不到想要的效果。

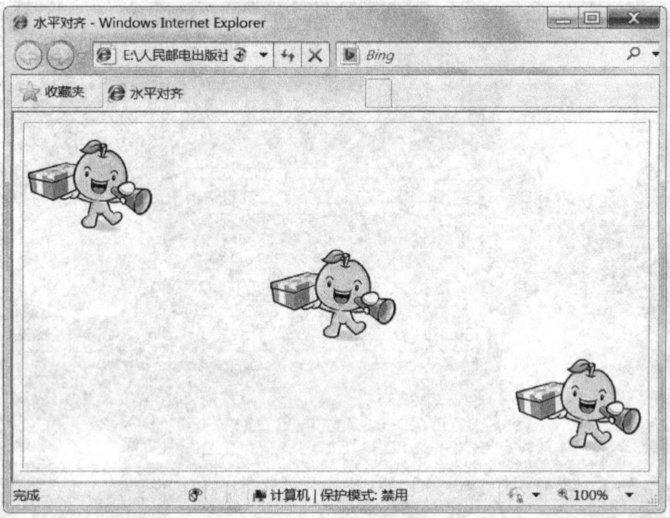

图 7.24　水平对齐

对文本段落设置它的 text-align 属性，目的是确定该段落中的内容在水平方向如何对齐，可以看到，它不仅对普通的文本起作用，也会对图像起到相同的作用。

2. 纵向对齐方式

图片竖直方向上的对齐方式主要体现在与文字搭配的情况下，尤其当图片的高度与文字本身不一致时。在 CSS 中同样是通过 vertical-align 属性来实现各种效果的。实际上这个属性比较复杂，下面选择一些重点的内容进行讲解。

有如下代码：

```
<p><img src="images/pic_3.png">lpsum </p>
```

这是没有进行任何设置时的默认效果，如图 7.25 所示。

从图中可能看不出这个方形图像和旁边的文字是如何对齐的，这时如果在图中画出一条横线，就可以看得很清楚了，如图 7.26 所示。

图 7.25　默认的纵向对齐方式

图 7.26　图像与文字基线对齐

可以看到，大多数英文字母的下端是在同一水平线上的。而对于 p、j 等个别字母，它们的最下端低于这条水平线，这条水平线称为“基线”（baseline），同一行中的英文字母都以此为基准进行排列。

由此可以得出结论，在默认情况下，行内的图像的最下端，将与同行的文字的基线对齐。

要改变这种对齐方式，需要使用 vertical-align 属性。将上面的代码修改为：

```
<p><img src="images/pic_3.png" style="vertical-align:text-bottom;">lpsum </p>
```

这时的效果如图 7.27 所示，可以看到，如果将 vertical-align 属性设置为 text-bottom，则图像的下端将不再按照默认的方式与基线对齐，而是与文字的最下端所在水平线对齐。

此外，还可以将 vertical-align 属性设置为 text-top，则图像的下端将与文字的最上端所在水平线对齐，如图 7.28 所示。

此外，最经常用到应该是如何居中对齐。这时可以将 vertical-align 属性设置为 middle。这个属性值的严格定义是，图像的下端与文字的基线加上文字高度的一半所在水平线对齐。效果如图 7.29 所示。

图 7.27　图像与文字底端对齐

图 7.28　图像与文字顶端对齐

图 7.29　图像与文字中间对齐

上面介绍了 4 种对齐方式——基线、文字顶端、文字底端、居中。事实上，vertical-align 属性还可以设置其他属性值，这里不再一一介绍。

另外注意以下 3 点。

（1）当图像（或其他对象）放在表格的一个单元格中，该属性的表现与放置在其他容器中（例如上面的文本段落）的表现是不一样的，需要特别注意。

（2）上面介绍的是 CSS 规范中的定义，然而需要指出的是 vertical-align 属性在 IE 与 Firefox 浏览器中的显示结果在某些值上还略有区别。这里举一个实例说明，实例文件为“Ch07\7.1\15.html”，代码如下：

```
<html>
<head>
<title>竖直对齐</title>
<style type="text/css">
p{ font-size:15px;
border:1px red solid;}
img{ border: 1px solid #000055; }
</style>
   </head>
<body>
     <p>竖直对齐<img src="images/pic_5.jpg" style="vertical-align:baseline;">方式:baseline<img src="images/pic_4.jpg" style="vertical-align:baseline;">方式</p>
     <p>竖直对齐<img src="images/pic_5.jpg" style="vertical-align:top">方式:top<img src="images/pic_4.jpg" style="vertical-align:top">方式</p>
     <p>竖直对齐<img src="images/pic_5.jpg" style="vertical-align:middle;">方式:middle<img src="images/pic_4.jpg " style="vertical-align:middle;">方式</p>
     <p>竖直对齐<img src="images/pic_5.jpg" style="vertical-align:bottom;">方式:bottom<img src="images/pic_4.jpg" style="vertical-align:bottom;">方式</p>
     <p>竖直对齐<img src="images/pic_5.jpg" style="vertical-align:text-bottom;">方式:text-bottom <img src="images/pic_4.jpg" style="vertical-align:text-bottom;">方式</p>
     <p>竖直对齐<img src="images/pic_5.jpg" style="vertical-align:text-top;">方式:text-top<img src="images/pic_4.jpg" style="vertical-align:text-top;">方式</p>
     <p>竖直对齐<img src="images/pic_5.jpg" style="vertical-align:sub;">方式:sub<img src="images/pic_4.jpg" style="vertical-align:sub;">方式</p>
     <p>竖直对齐<img src="images/pic_5.jpg" style="vertical-align:super;">方式:super<img src="images/pic_4.jpg" style="vertical-align:super;">方式</p>
</body>
</html>
```

在 IE 与 Firefox 中的显示效果分别如图 7.30 的左图和右图所示。其中图片 donkey.jpg 的高度比文字大，而 miki.jpg 的高度则小于文字的高度（15 像素）。这里每一个文本段落设置了 1 像素的边框，可以更清楚地显示出图像和文字的相对位置。

图 7.30　竖直对齐方式

当 vertical-align 的值为 baseline 时（默认效果），两幅图片的下端都落在文字的基线上，即如果给文字添加了下划线，就是下划线的位置。对于其他的值，都能从显示结果和值本身的名称直观地得到结果，这里不一一介绍。

从图 7.30 的显示结果来看，在有些情况下，IE 与 Firefox 的显示结果是不一样的，建议尽量少使用浏览器间显示效果不一样的属性值。

（3）图片的竖直对齐也可以用具体的数值来调整，正数和负数都可以使用。例如下面这个实例，实例文件为“Ch07\7.1\16.html”，代码如下：

```
<html>
<head>
<title>竖直对齐，具体数值</title>
<style type="text/css">
p{
    font-size:15px;
}
img{
    border: 1px solid #000055;
}
</style>
</head>
<body>
    <p>竖直对齐<img src="images/pic_5.jpg"style="vertical-align:5px;">方式: 5px</p>
    <p>竖直对齐 <img src="images/pic_4.jpg"style="vertical-align:-10px;">方式: -10px
    </p>
</body>
</html>
```

其显示效果如图 7.31 所示，图片在竖直方向上，以基线为基准，上移（正值）或下移（负值）一定的距离。注意这里无论图片本身的高度是多少，均以图像底部为准。

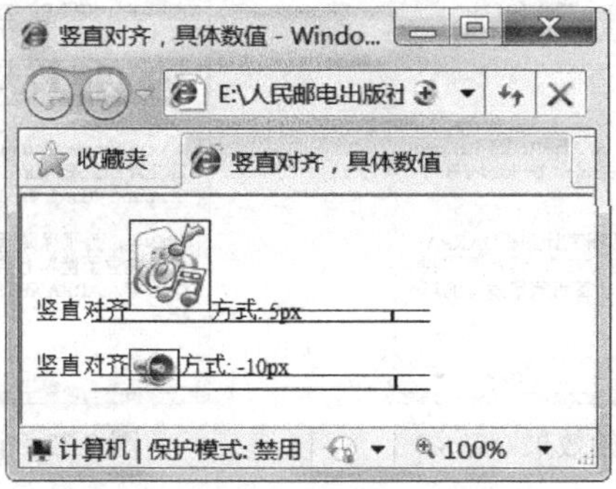

图 7.31　具体数值

7.2　用 CSS 设置背景样式

本节首先要介绍颜色的多种设置方法，之后介绍如何设置网页和文字的背景颜色，以及多种背景图片样式的设置方法。

7.2.1　设置背景颜色

在 HTML 中，设置网页的背景颜色利用的是<body>标记中的 bgcolor 属性，而在 CSS 中不但可以设置网页的背景颜色，还可以设置文字的背景颜色。

在 CSS 中，网页元素的背景颜色使用 background-color 属性来设置，属性值为某种颜色。颜色值的表示方法和前面介绍的文字颜色设置方法相同。

下面举一个实例讲解设置方法。创建基础页面，其初始效果如图 7.32 所示。

其核心代码仅包括一个 h1 标题和两个文本段落，代码如下，实例文件为“Ch07\7.2\ 01.html”。

```
<body>
<h1>互联网发展的起源</h1>
<p id="p1">A very simple ascii map of the first network link on ARPANET between UCLA and SRI taken from RFC-4 Network Timetable, by Elmer B. Shapiro, March 19613.</p>
<p id="p2">1969 年，为了保障通信联络，美国国防部高级研究计划署 DARPA 资助建立了世界上第一个分组交换试验网 ARPANET，连接美国四个大学。ARPANET 的建成和不断发展标志着计算机网络发展的新纪元。</p>
</body>
```

下面将标题设置为绿色背景加白色文字的效果。CSS 样式部分代码为：

```
<style type="text/css">
h1{
    font-family:黑体;
    color:white;
    background-color:green;
}
</style>
```

这时效果如图 7.33 所示，实例文件为“Ch07\7.2\02.html”。

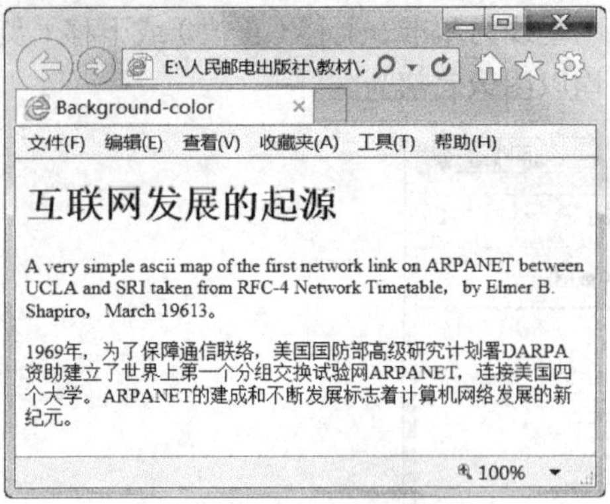

图 7.32　网页的初始效果

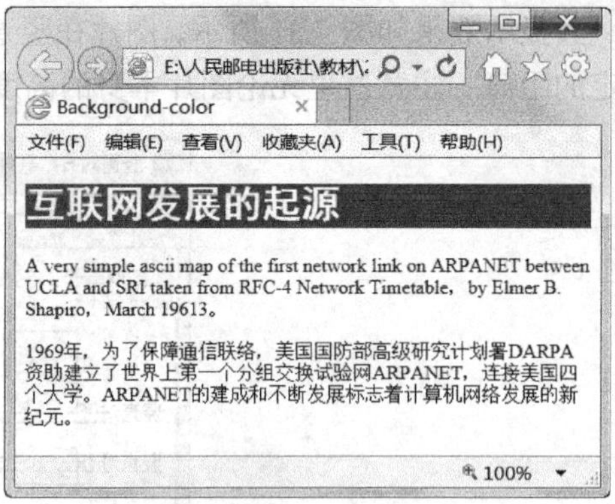

图 7.33　设置标题“绿底白字”效果

代码中 color 属性用于设置标题文字的颜色，background-color 用于设置标题背景的颜色。background-color 属性可以用于各种网页元素。如果要给整个页面设置背景色，只需要对<body>标记设置该属性即可，例如：

```
body{
    background-color:#0f0; }
```

注意，在 CSS 中可以使用 3 个字母的颜色表达方式，例如#0FC 就等价于#00FFCC，这种 3 个字母的表示方法在 HTML 中是不允许的，仅能够用在 CSS 中。

7.2.2　设置背景图像

背景不仅可以设置为某种颜色，CSS 中还可以用图像作为网页元素的背景，而且用途极为广泛。

设置背景图像，使用 background-image 属性实现。仍然以上面的实例为基础，在 CSS 样式部分增加如下样式代码。

```
body{
    background-image:url(images/bj.jpg); }
```

然后准备一个图像文件，这个图片中有 4 条斜线，如图 7.34 所示。这个图像的长和宽都是 10 像素。读者也可以自己随意准备一个图像。

这时页面效果如图 7.35 所示，可以看到背景图像会铺满整个页面的背景，也就是说，用这种方式设置背景图像以后，图像会自动沿着水平和竖直两个方向平铺。

图 7.34　准备一个背景图像文件

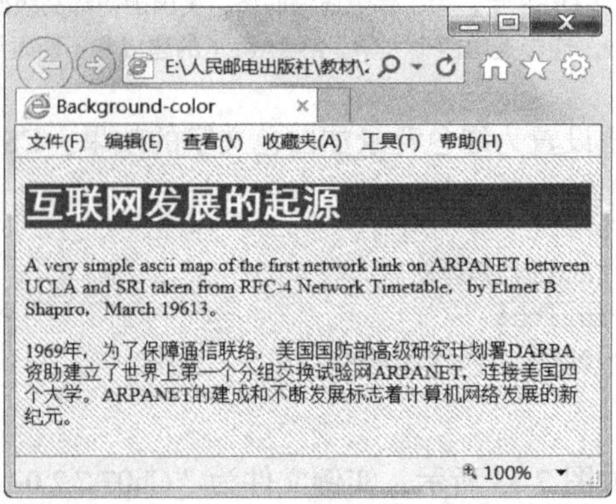

图 7.35　页面的 body 元素设置了背景图像后的效果

为了使页面上的文字不至于和背景混在一起，可以把<p>标记的背景色设置为白色，这时的效果如图 7.36 所示。

其他元素也同样可以使用背景图像，例如将实例中的<h1>标记的背景由原来的背景色改为使用图像作为背景，效果如图 7.37 所示。

实例最终的效果参见实例文件“Ch07\7.2\03.html”。

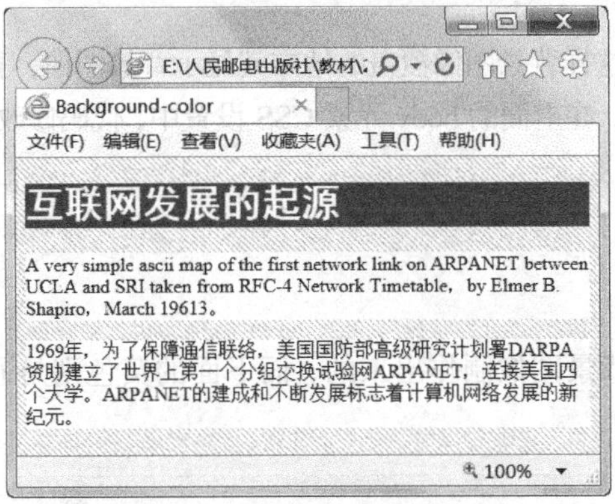

图 7.36　将正文段落的背景设置为白色

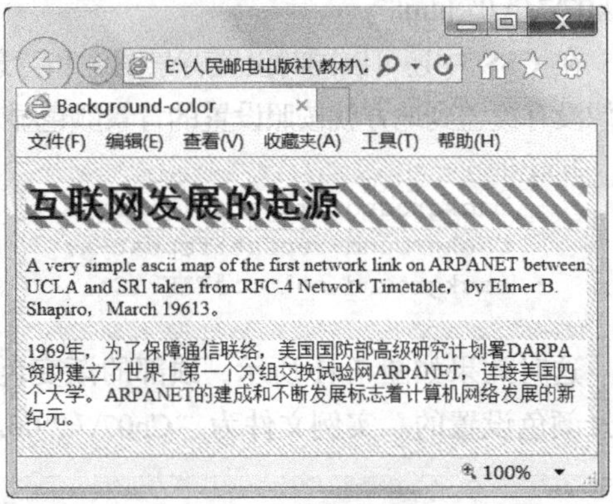

图 7.37　h1 标题使用背景图像的效果

7.2.3　设置背景图像平铺

在默认情况下，图像会自动向水平和竖直两个方向平铺。如果不希望平铺，或者只希望沿着一个方向平铺，可以使用 background-repeat 属性来控制。该属性可以设置为以下 4 种之一。

- repeat：沿水平和竖直两个方向平铺，这也是默认值。
- no-repeat：不平铺，即只显示一次。
- repeat-x：只沿水平方向平铺。
- repeat-y：只沿竖直方向平铺。

首先准备一个图 7.38 所示的图像。

然后，对 body 元素设置如下 CSS 样式，并去除刚才对 h1 标题的背景图像和 p 的背景颜色的设置，实例最终的效果参见实例文件“Ch07\7.2\04.html”。

```
body{
    background-image:url(images/bj_1.jpg); }
```

这时的效果如图 7.39 所示，可以看到，背景图像沿着竖直和水平方向平铺。

图 7.38　渐变色构成的背景图像

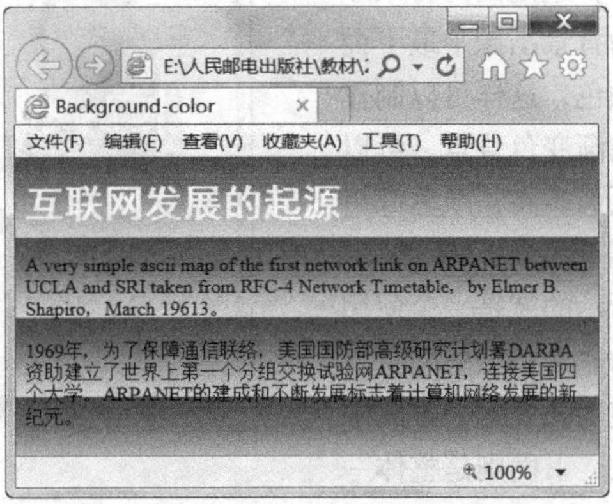

图 7.39　设置背景颜色后的效果

将上面的代码改为：

```
body{
    background-image:url(images/bj_1.jpg);
    background-repeat:repeat-x;
}
```

这时背景图像只沿着水平方向平铺，效果如图 7.40 所示，实例最终的效果参见实例文件“Ch07\7.2\05.html”。

在 CSS 中还可以同时设置背景图像和背景颜色，这样背景图像覆盖的地方就显示背景图像，背景图像没有覆盖到地方就按照设置的背景颜色显示。例如，在上面的 body 元素 CSS 设置中，代码修改为：

```
body{
    background-image:url(images/bj_1.jpg);
    background-repeat:repeat-x;
    background-color:#FAE21C;
}
```

这时效果如图 7.41 所示，顶部的渐变色是通过背景图像制作出来的，而下面的黄色则是通过背景颜色设置的。实例文件为“Ch07\7.2\06.html”。

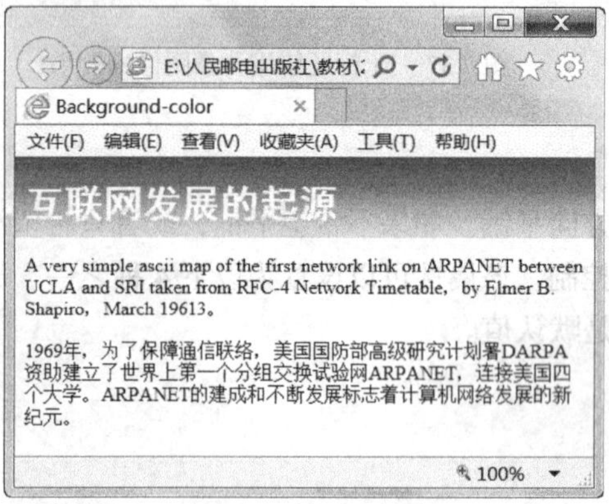

图 7.40 水平方向平铺背景图像的效果

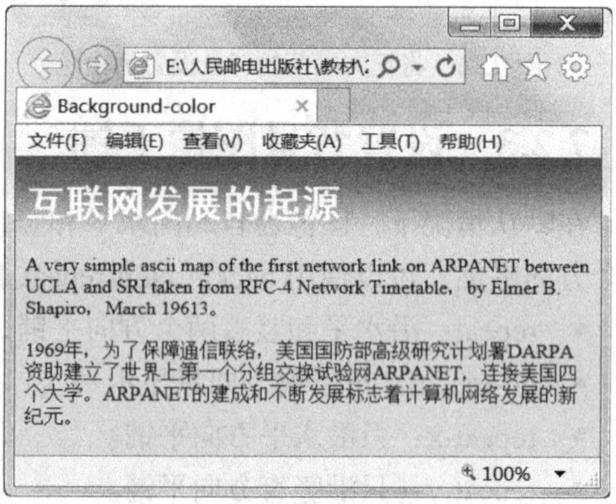

图 7.41 同时设置背景图像和背景颜色

这里还使用了一个非常巧妙的技巧，可以看到图 7.41 中的背景色过渡非常自然，在渐变色和下面的黄色之间，并没有一个明显的边界，这是因为背景颜色正好设置为背景图像中最下面一排像素的颜色，这样可以制作出非常自然的渐变色背景。可以保证，无论页面多高，颜色都可以一直延伸到页面最下端。

图 7.42 所示的就是一个使用了这种技巧的非常精致的网页。

其上部使用一个水平方向平铺的图像背景，下面则是整体一致的背景颜色，如图 7.43 所示。

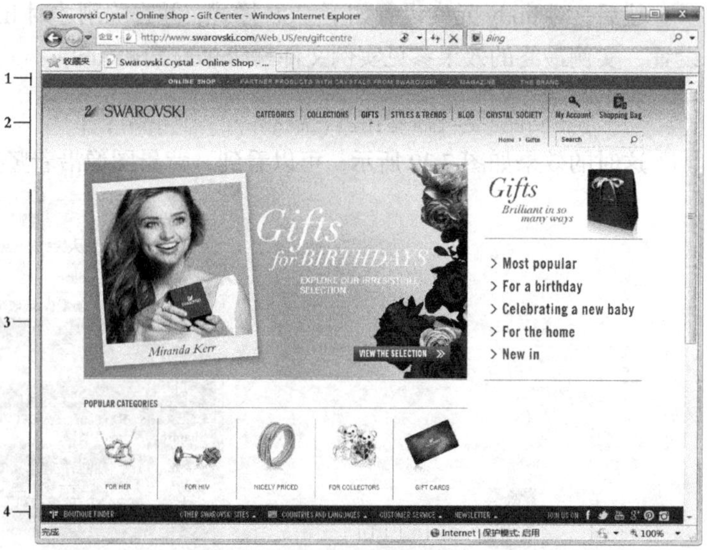

1、3和4是背景色；2是背景图像

图 7.42 网页效果图

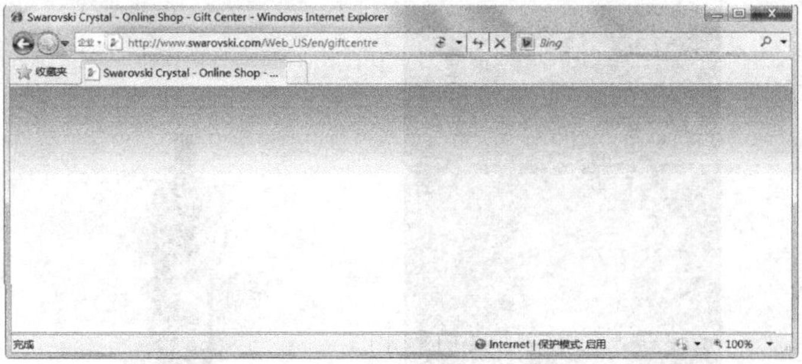

图 7.43　隐藏页面其他内容后的效果

就如同 font、border 等属性在 CSS 中可以简写一样，背景样式的 CSS 属性也可以简写。例如下面这段样式，使用了 3 条 CSS 规则。

```
body{
    background-image:url(images/bj_2.jpg);
    background-repeat:repeat-x;
    background-color:#FFF;
}
```

它完全等价于如下这条 CSS 规则。

```
body{
    background:#FFF url(images/bj_2.jpg) repeat-x;
}
```

注意属性之间用空格分隔。

7.2.4　设置多重背景图像

background 是 CSS 中使用最多一种属性。为了设计师能够灵活地设计网页效果，CSS 3 增强了该属性的功能，允许在同一元素内叠加多个背景图像。background 属性可以设置很多不同的值，从而对背景图像设置不同的样式，如表 7.2 所示。

表 7.2　　background 属性设置

设 置 值	说　明
background-image	指定背景图像
background-color	指定背景颜色
background-origin	指定背景的显示区域
background-clip	指定背景的裁剪区域
background-repeat	指定背景图像是否铺满以及如何铺满
background-size	指定背景图像的大小
background-position	指定背景图像的位置
background-attachment	指定背景图像的显示方法

例如，我们把图 7.44 所示的两幅图像拼合成一幅图像，并设为页面的背景，现在可以直接使用 background 属性完成，而不用 Photoshop 将其合成，实例最终的效果参见实例文件“Ch07\7.2\07.html”。

素材 pic.jpg

素材 pic_1.png

图 7.44 拼合图像素材

代码如下：

```
<style type="text/css">
html,body{
    height:100%;                    /*定义页面高度为 100%显示，否则网页显示为一条线*/
}
body{
    background:url(images/pic_1.png) center 85% no-repeat,
               url(images/pic.jpg) center  no-repeat;
}
</style>

<body>
</body>
```

浏览器中的效果如图 7.45 所示。可以看到先载入的背景图像在上面显示，而后载入的背景图像在下面显示。

图 7.45 多背景拼合效果

7.2.5 设置背景图像位置

下面来研究背景图像的位置，假设将网页的 body 元素设置如下 CSS 样式。

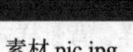

```
body{
    background-image:url(images/pic_2.png);
    background-repeat:no-repeat;
}
```

这时效果如图 7.46 所示，实例文件为“Ch07\7.2\08.html”。可以看到，背景图像设置为不平铺，这里这个图像是整个页面的背景图像，因此在默认情况下，背景图像将显示在元素的左上角。

如果希望背景图像出现在右下角或其他位置，则需要用到另一个 CSS 属性——background-position。假设将上面的代码修改为：

```
body{
    background-image:url(images/pic_2.png);
    background-repeat:no-repeat;
    background-position:right bottom;
}
```

这时效果如图 7.47 所示。实例文件为“Ch07\7.2\09.html”。

即在 background-position 属性中，设置两个值：

（1）第 1 个值用于设定水平方向的位置，可以选择“left”（左）、“center”（中）或“right”（右）之一；

（2）第 2 个值用于设定竖直方向的位置，可以选择“top”（上）、“center”（中）或“bottom”（下）之一。

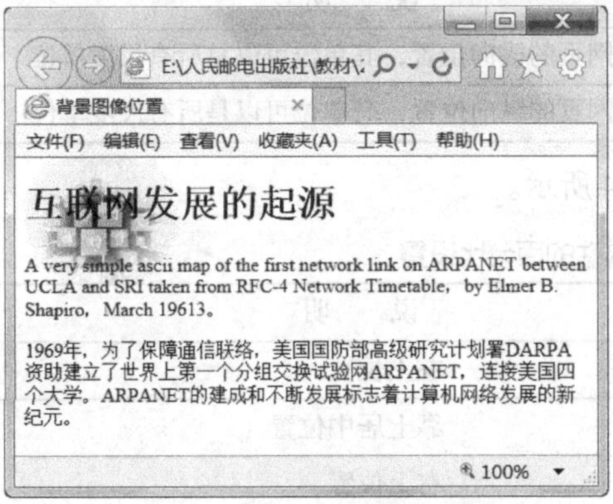

图 7.46　将背景图像放在左上角

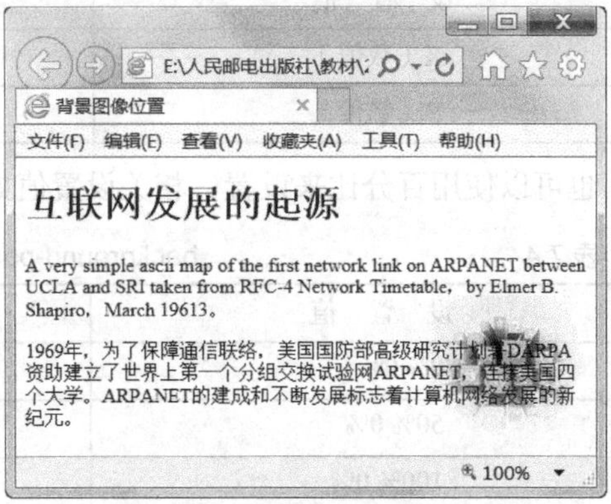

图 7.47　将背景图像放在右下角

此外，还可以使用具体的数值来精确地确定背景图像的位置，例如将上面的代码修改为：

```
body{
    background-image:url(images/pic_2.png);
    background-repeat:no-repeat;
    background-position:200px 100px;
}
```

这时效果如图 7.48 所示，图像距离上边缘为 100 像素，距离左边缘为 200 像素。实例文件为“Ch07\7.2\10.html”。

最后要说明的是，采用数值的方式，除了使用百分比作为单位，用各种长度单位都是类似的。使用百分比作为单位是特殊的计算方法。例如将上面的代码修改为：

```
body{
    background-image:url(images/pic_2.png);
    background-repeat:no-repeat;
```

```
    background-position:30% 60%;
}
```

这里前面的 30%表示在水平方向上，背景图像的水平 30%的位置与整个元素（这里是 body）水平 30%的位置对齐，如图 7.49 所示。竖直方向与此类似。实例文件为“Ch07\7.2\11.html”。

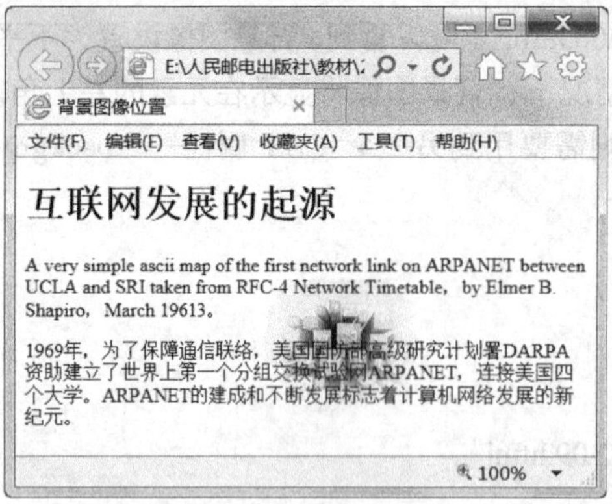

图 7.48　用数值设置背景图像的位置

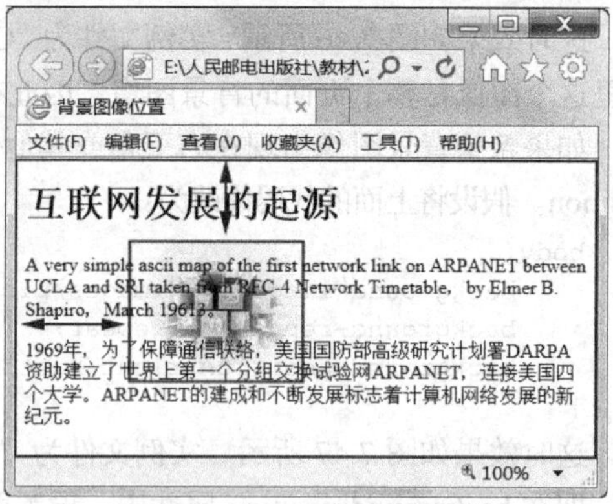

图 7.49　用百分比设置背景图像的位置

这里总结一下 background-position 属性的设置方法。background-position 属性的设置是非常灵活的，可使用长度直接设置，相关的设置如表 7.3 所示。

表 7.3　background-position 属性长度设置

设　置　值	说　　明
X（数值）	设置网页的横向位置，其单位可以是所有尺度单位
Y（数值）	设置网页的纵向位置，其单位可以是所有尺度单位

也可以使用百分比来设置，相关设置值如表 7.4 所示。

表 7.4　background-position 属性的百分比设置

设　置　值	说　　明
0% 0%	左上位置
50% 0%	靠上居中位置
100% 0%	右上位置
0% 50%	靠左居中位置
50% 50%	正中位置
100% 50%	靠右居中位置
0% 100%	左下位置
50% 100%	靠下居中位置
100% 100%	右下位置

也可以使用关键字来设置，相关设置值如表 7.5 所示。

表 7.5　background-position 属性的关键字设置

设　置　值	说　　明
top left	左上位置
top center	靠上居中位置

续表

设 置 值	说　明
top right	右上位置
left center	靠左居中位置
center center	正中位置
right center	靠右居中位置
bottom left	左下位置
bottom center	靠下居中位置
bottom right	右下位置

background-position 属性都可以设置以上的设置值，同时也可以混合设置，如 “background-position:200px 50%”。只要横向值和纵向值以空格隔开即可。

7.2.6 固定背景图片位置

在网页上设置背景图片时，随着滚动条的移动，背景图片也会跟着一起移动，如图 7.50 所示，拖动滚动条时，背景图像会一起移动。

使用 CSS 的 background-attachment 属性可以把背景图像设置成固定不变的效果，使背景图像固定，而不跟随网页内容一起滚动。首先把上面的代码修改为：

```
body{
    background-image:url(images/pic_2.png);
    background-repeat:no-repeat;
    background-position:30% 60%;
    background-attachment:fixed;
}
```

这时效果如图 7.51 所示，可以看到拖动浏览器的滚动条，虽然网页的内容移动了，但是背景图像的位置固定不变。实例文件为 “Ch07\7.2\12.html”。

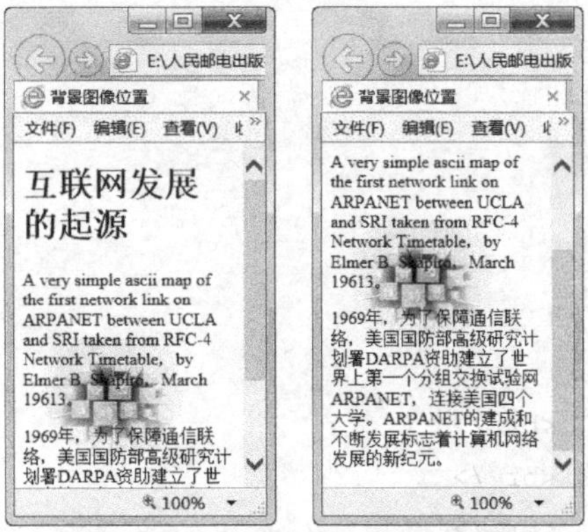

图 7.50　背景图像会随页面一起移动

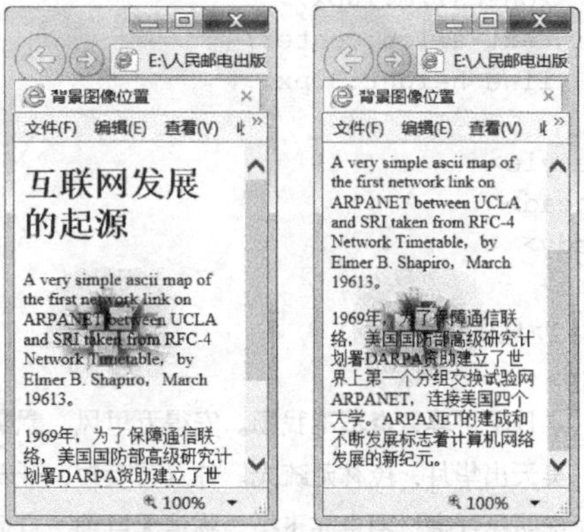

图 7.51　将背景图像固定在浏览器窗口中

7.2.7 设置背景图像坐标原点

background-origin 属性定义 background-position 属性的参考位置。在默认情况下，background-position 属性总是以元素的左上角坐标原点进行背景图像定位。使用 background-origin 属性可以改变这种定位方式。background-origin 属性可以设置设置 3 种不同的值，如表 7.6 所示。

表 7.6 background-origin 属性长度设置

设 置 值	说 明
border	指定背景图像从边框区域开始显示
padding	指定背景图像从补白区域开始显示
content	指定背景图像仅在内容区域显示

注意 在最新版本的 CSS 背景模块规范中，W3C 规定该属性的取值为 padding-box、border-box 和 conernt-box，不过目前还没有得到主浏览器的支持。

例如，通过下面的一个小案例来了解一下 background-origin 属性的使用，实例文件为“Ch07\7.2\13.html”。

```
<style type="text/css">
div{
    width:500px;
    height:333px;
    border:solid 1px #090;
    padding:60px 0px 0 0px;
    background:url(images/img.jpg) no-repeat;
    -moz-background-origin:border;           /*定义背景图像坐标从边框开始显示*/
    -webkit-background-origin:border;        /*定义背景图像坐标从边框开始显示*/
    background-origin:border;                /*定义背景图像坐标从边框开始显示*/
}
h1{
    font-family:"方正大标宋简体";
    font-size:24px;
    text-align:center;
    margin:0px;
}
p{
    font-size:10px;
    text-align:center;
    line-height:30px;
}
</style>
</head>
<body>
<div>
  <h1>夏夜叹</h1>
  <p>
    永日不可暮，炎蒸毒我肠。安得万里风，飘飖吹我裳。<br />
    昊天出华月，茂林延疏光。仲夏苦夜短，开轩纳微凉。<br />
    虚明见纤毫，羽虫亦飞扬。物情无巨细，自适固其常。<br />
    念彼荷戈士，穷年守边疆。何由一洗濯，执热互相望。<br />
    竟夕击刁斗，喧声连万方。青紫虽被体，不如早还乡。<br />
    北城悲笳发，鹳鹤号且翔。况复烦促倦，激烈思时康。
  </p>
</div>
</body>
```

效果如图 7.52 所示。

图 7.52　设置背景图像坐标以边框开始

7.2.8　设置背景图像的大小

在 CSS 2.0 及以前的版本中，图像大小是不可以控制的，如果想要使背景图像填充元素的背景区域，则需要事先设计更大的背景图像，否则背景图像只能按照平铺的方法进行填充。CSS 3 新增了 background-size 属性，该属性可以控制背景图像的大小。

例如，先制作一个页面。实例文件为“Ch07\7.2\14.html”，代码如下。

```
<style type="text/css">
div{
    border:solid 1px #090;
    float:left;
    margin:5px;
    background:url(images/pic_3.jpg) no-repeat center;
}
.d1{
    height:150px;
    width:200px
}
.d2{
    height:200px;
    width:300px
}
.d3{
    height:400px;
    width:500px
}
</style>
</head>
<body>
<div class="d1"></div>
<div class="d2"></div>
<div class="d3"></div>
</body>
```

效果如图 7.53 所示，可以看出背景图像只能在元素中局部显示。如果想要让背景图像在元素中显示整体，只需要将上面的代码修改如下：

```
div{
```

```
    border:solid 1px #090;
    float:left;
    margin:5px;
    background:url(images/pic_3.jpg) no-repeat center;
    -moz-background-size:cover;
    -webkit-background-size:cover;
    background-size:cover;
}
```

浏览器中效果如图 7.54 所示，实例文件为“Ch07\7.2\15.html”。可以看到背景图像整体显示在元素中。

图 7.53　没有控制大小之前

图 7.54　控制大小之后的效果

7.2.9　设置标题的图像替换

前面关于文字样式中曾经谈到，由于文字的显示字体依赖于访问者的计算机系统情况，因此在使用字体的时候要特别谨慎，防止使用了大多数人都没有的字体。而这给网页设计带来了很大限制，特别是对于中文网页的设计，因为英文字母数量很少，所以一般的计算机操作系统中都配置有大量英文字库，字体很丰富，而中文汉字数量很大，每一种字体的字库文件大小都远远大于英文字库文件，这就导致在一般人的计算机上的中文字体非常有限，仅有很基本的宋体、黑体等几种字体。

对于正文，通常在几种基本的字体中选择。对于标题文字，如果仍然只能使用这几种最基本的字体，对于网页美观性就会非常不利。因此，很多网页通常使用图像代替文本的方法来设置标题。

为了美观性的要求，需要使用图像来代替文本，然而从另外的角度考虑，例如，为了便于搜索引擎理解和收录网页，以及为了以后维护的考虑，把图像直接以<img>标记的方式嵌入到网页中，也不是一个好办法。

因此，一些 CSS 设计师发明了“图像替换”的方法来解决这个问题。其核心思想是使 HTML 中的文字仍以文本形式存在，便于维持页面的内容和结构的完整性，然后通过 CSS 使文字不显示在页面上，而将图片以背景图像的形式出现，这样访问者看到的就是美观的图像了。

图 7.55 所示的网页中，可以看到用文本是无法制作这样的标题效果的，只有用图像才能产生这样的效果。

其中的每一个 h3 标题都对应一个图像文件，如图 7.56 所示。

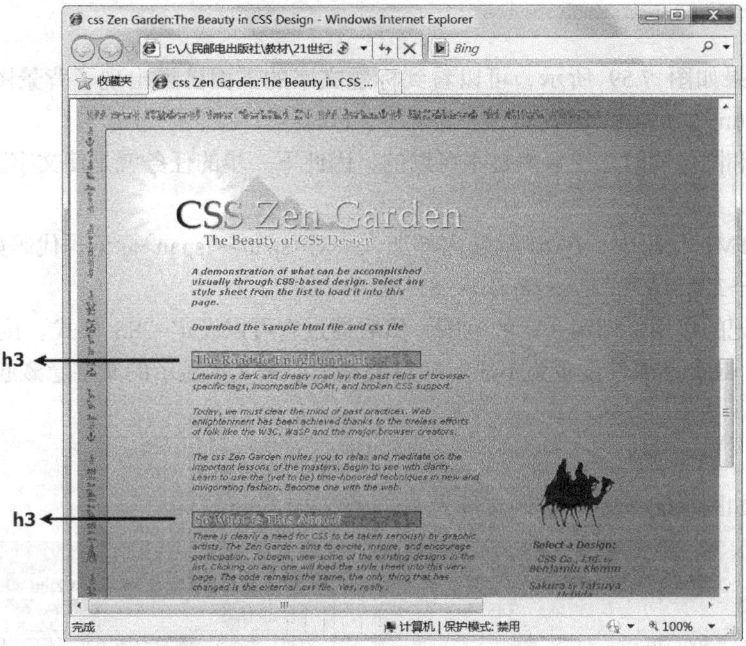

图 7.55　“CSS 禅意花园”的 198 号作品

图 7.56　标题对应的图像

下面介绍图像替换的具体方法。以前面制作的图 7.57 所示的页面为例，在原来的页面中，h1 标题文字使用的是普通的黑体字，现在要将这个标题做得更“花哨”一些。

现在的任务是，通过使用图像替换的方法，使标题看起来更美观，而且不依赖于访问者的字体文件。

首先准备标题图像，基于刚才的渐变色的背景，制作图 7.58 所示的图像。这个图像中的文字使用的是“汉仪黛玉体简”，这显然是大多数浏览者计算机中没有的字体，而且利用图像软件增加了阴影、浮雕、描边和镂空效果，看起来更有立体感。

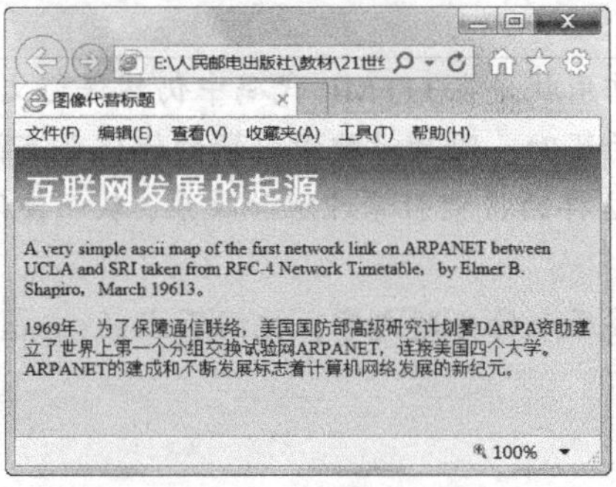

图 7.57　文字标题效果

图 7.58　制作一个标题背景图像

接着设置 h1 的 CSS 属性，将上面制作好的图像作为 h1 的背景图像，设置为不平铺，并给出高度 65 像素。

```
h1{ height:65px;
    background-image:url(images/pic_4.png);
    background-repeat:no-repeat;
    background-position:center;
}
```

这时的效果如图 7.59 所示，可以看到标题文字的下面已经出现了背景图像，实例文件为“Ch07\7.2\16.html”。

标题文字和图像同时存在显然是不可以的，因此下一步的任务就是使文字隐藏起来，使访问者仅看到图像。

首先在 HTML 代码中，在 h1 标题内部加入一对<span></span>标记，代码如下：

```
<h1><span>互联网发展的起源</span></h1>
```

<span>标记的作用是划定一定的范围，然后通过它可以设定 CSS 样式。接下来，将 span 元素通过 CSS 的 display 属性设置为不显示，目的是把原来文本显示的文字隐藏起来。

```
span{
    display:none;
}
```

这时效果如图 7.60 所示。实例文件为“Ch07\7.2\17.html”。

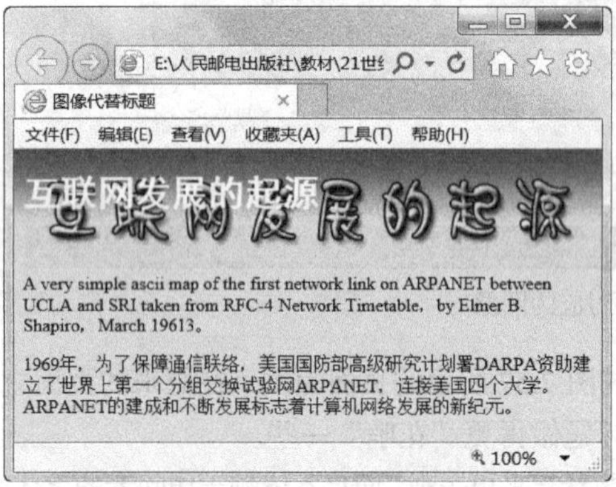

图 7.59　显示标题图像

图 7.60　图像替换的最终效果

这时可以看到原文字已经由图像代替了。这里使用的这种图像替换方法称为“FIR”（Fahrner Image Replacement）法，是由美国设计师 Todd Fahrner 和英国设计师 C.Z.Robertson 开创的。这是最早也是最容易理解的一种方法。

注意

对标题文字即进行图像替换最核心的作用就是在 HTML 代码中仍然保留文字信息，这样对于网页的维护和结构完整都有很大的帮助，同时对搜索引擎的优化也有很重要的意义，可以使网页更好地被 Google 或百度这样的搜索引擎理解和收录，从而使网页在搜索引擎中有更好的排名。

需要补充说明的一点是，这里为了隐藏原来的标题文字，把网页上的<span>标记设置为不可见了，使用的代码是：

```
span{
    display:none;
}
```

这样做的结果是，网页上所有的<span>标记中的内容都变为不可见了。那么如果希望网页中其他部分的<span>标记不受影响，仅仅是<h1>标记内部的<span>标记不可见，具体方法是把代码修改为：

```
h1 span{
    display:none;
}
```

这种方式的选择器称为“后代选择器”，也就是说两个标记之间用空格隔开，表示只有在前者内部的相应元素才被选中。例如这里，只有<h1>标记内部的<span>标记才会被选中，也就是被隐藏起来，而其他位置的<span>标记仍旧保持不变。

事实上，文字的“图像替换”方法还有很多，在这里不再进一步深入介绍。

7.3 设置圆角效果

在网页设计中，通常需要把网页分为若干个部分，这正是 CSS 的强项。使用 CSS 可以方便地使用各种手段把页面灵活地分为多个部分。但是简单分割出来的都是矩形方框，设置背景颜色和边框的颜色，产生的都只能是单调的矩形方框。而在网页中，经常需要用到圆角的设计。本章专门对圆角的设计进行介绍。

7.3.1 圆角属性

在 CSS 3 之前，如果要用圆角效果，需要图像文件才能达到。在 CSS 3 中可以使用 border-radius 属性就可以实现圆角效果。border-radius 属性可以派生 4 个子属性，如表 7.7 所示。

表 7.7 border-radius 子属性设置

设 置 值	说 明
border-top-right-radius	指定元素右上角圆角
border-bottom-right-radius	指定元素右下角圆角
border-bottom-left-radius	指定元素左下角圆角
border-top-left-radius	指定元素左上角圆角

目前，Webkit 引擎支持-webkit-border-radius 私有属性，Mozilla Gecko 引擎支持-moz-border-radius 私有属性，Presto 引擎和 IE9+ 支持 border-radius 标准属性。IE8 及以前的版本的浏览器暂不支持 border-radius 属性。相应地，Webkit 和 Gecko 引擎还分别支持以下几个私有属性。

（1）-moz-border-radius-bottomleft 和-webkit-border-bottom-left-radius。

（2）-moz-border-radius-bottomright 和-webkit-border-bottom-right-radius。

（3）-moz-border-radius-topleft 和-webkit-border-top-left-radius。

（4）-moz-border-radius-topright 和-webkit-border-top-right-radius。

7.3.2 圆角实例

下面我们通过一些小案例来了解圆角的使用，代码如下：

```
<style type="text/css">
div{
    height:120px;
    border:10px solid #C0C;
    -moz-border-radius:20px;            /*兼容 Gecko 引擎*/
    -webkir-border-radius:20px;         /*兼容 Webkit 引擎*/
    border-radius:20px ;                /*兼容标准引擎*/
}
</style>
</head>

<body>
<div></div>
</body>
```

浏览器中的效果如图 7.61 所示，实例文件为“Ch07\7.3\01.html”。可以看到元素的四个边角都变为 20 像素的圆角效果。

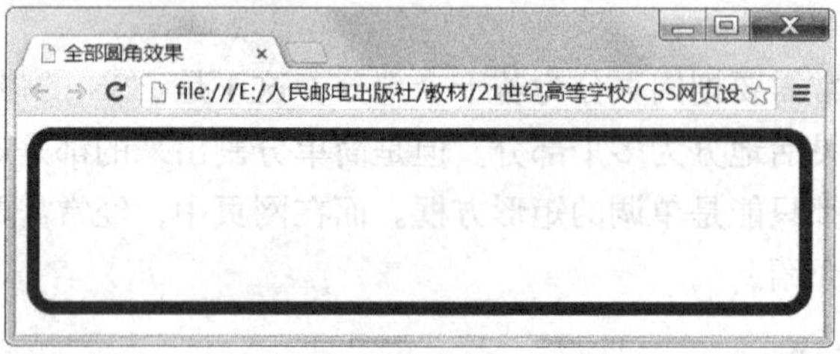

图 7.61　元素四角均为圆角

如果把 border-radius 属性设置为两个属性值，则圆角效果发生变化，修改代码如下：

```
<style type="text/css">
div{
    height:120px;
    border:10px solid #C0C;
    -moz-border-radius:20px/50px;       /*兼容 Gecko 引擎*/
    -webkir-border-radius:20px/50px;    /*兼容 Webkit 引擎*/
    border-radius:20px/50px;            /*兼容标准引擎*/
}
</style>
</head>

<body>
<div></div>
</body>
```

浏览器中的效果如图 7.62 所示，实例文件为“Ch07\7.3\02.html”。

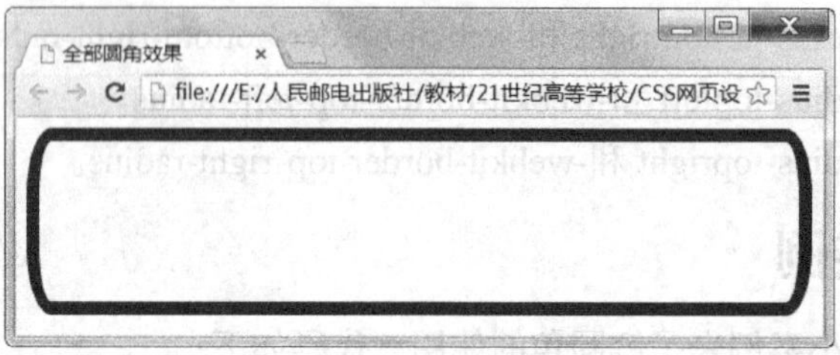

图 7.62　两个值的圆角效果

将上面 border-radius 属性的两个属性值调换一下位置，修改代码如下：

```
<style type="text/css">
div{
    height:120px;
    border:10px solid #C0C;
    -moz-border-radius:50px/20px;          /*兼容 Gecko 引擎*/
    -webkir-border-radius:50px/20px;       /*兼容 Webkit 引擎*/
    border-radius:50px/20px;               /*兼容标准引擎*/
}
</style>
</head>

<body>
<div></div>
</body>
```

浏览器中的效果如图 7.63 所示，实例文件为“Ch07\7.3\03.html”。

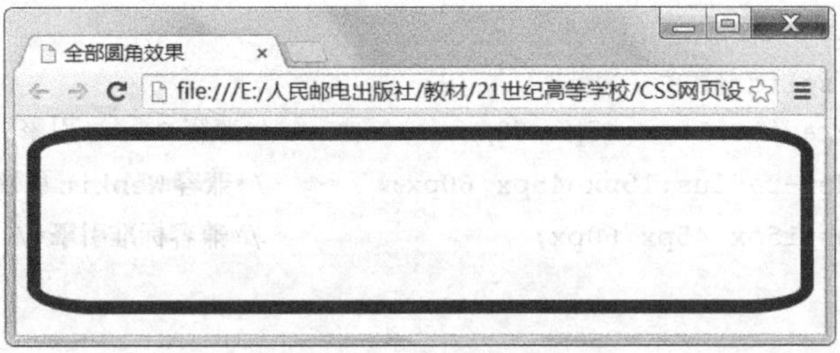

图 7.63　两个值的圆角效果

通过上述的案例，我们了解了给 border-radius 属性赋予两个属性值的效果，当然我们也可以为元素的四个边角指定不同半径的圆角，可以通过以下两种方法实现：

一种是为 border-radius 属性赋一组值。当为 border-radius 属性赋一组值时，将遵循 CSS 赋值规则，可以包含 2 个、3 个或 4 个值的集合，但是这时不能像 2 个值时用斜杆方式定义圆角水平和垂直的半径。

如果为元素赋予了 4 个值，则该值将会按照 top-left、top-right、bottom-right 和 bottom-left 的顺序来设置。如果 bottom-left 的值省略，那么它等于 top-right。如果 bottom-right 的值省略，那么它等于 top-left。如果 top-right 的值省略，那么它等于 top-left。如果为 border-radius 属性设置 4 个值的集合，则每个值表示每个角的圆角半径，下面将圆角半径指定不同的值，代码如下：

```
<style type="text/css">
div{
    height:120px;
    border:10px solid #C0C;
    -moz-border-radius:15px 30px 45px 60px;       /*兼容 Gecko 引擎*/
    -webkir-border-radius:15px 30px 45px 60px;    /*兼容 Webkit 引擎*/
    border-radius:15px 30px 45px 60px;            /*兼容标准引擎*/
}
</style>
</head>

<body>
<div></div>
</body>
```

浏览器中的效果如图 7.64 所示，实例文件为“Ch07\7.3\04.html”。可以看出指定的圆角半径数值是从左上角到左下角按顺时针的方向设置。

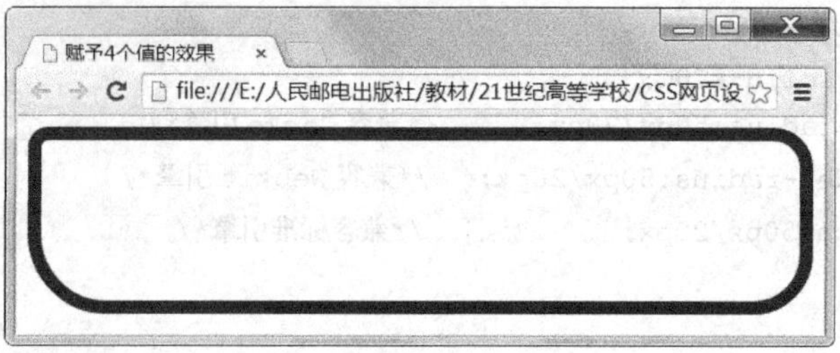

图 7.64　4 个值的圆角效果

为元素指定 4 个圆角半径值时，是按照左上角、右上角、右下角和左下角的顺序赋值。如果为元素赋予 3 个圆角半径，那么是按照什么样的顺序赋值，代码如下：

```
<style type="text/css">
div{
    height:120px;
    border:10px solid #C0C;
    -moz-border-radius:15px 45px 60px;              /*兼容 Gecko 引擎*/
    -webkir-border-radius:15px 45px 60px;           /*兼容 Webkit 引擎*/
    border-radius:15px 45px 60px;                   /*兼容标准引擎*/
}
</style>
</head>

<body>
<div></div>
</body>
```

浏览器中的效果如图 7.65 所示，实例文件为“Ch07\7.3\05.html”。可以看出第一个值表示的是左上角的圆角半径，第二个值表示右上角和左下角两个圆角的半径，第三个值表示右下角的圆角半径。

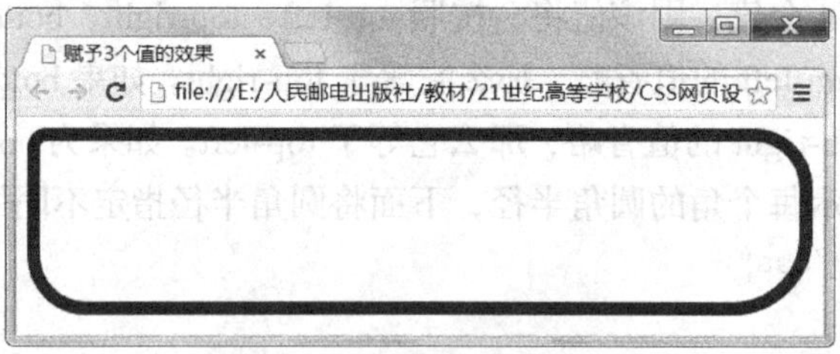

图 7.65　3 个值的圆角效果

如果为元素赋予 2 个圆角半径，那么是按照什么样的顺序赋值，代码如下：

```
<style type="text/css">
div{
    height:120px;
    border:10px solid #C0C;
    -moz-border-radius:15px 60px;              /*兼容 Gecko 引擎*/
    -webkir-border-radius:15px 60px;           /*兼容 Webkit 引擎*/
    border-radius:15px 60px;                   /*兼容标准引擎*/
}
```

```
</style>
</head>

<body>
<div></div>
</body>
```

浏览器中的效果如图 7.66 所示，实例文件为“Ch07\7.3\06.html”。可以看出第一个值表示的是左上角和右下角两个圆角的半径，第二个值表示右上角和左下角两个圆角的半径。

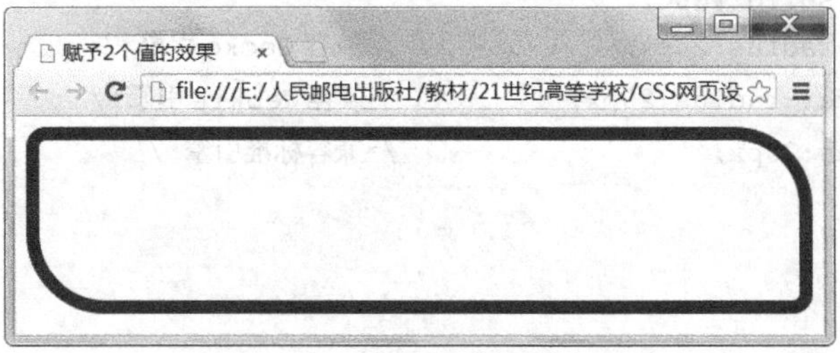

图 7.66　2 个值的圆角效果

上面的案例我们是通过为 border-radius 属性赋一组值的方法为元素设置 4 个圆角半径。另一种方法就是利用 border-radius 属性的派生子属性来实现，如 border-top-right-radius、boruder-bottom-right-radius、border-bottom-left-radius 和 border-top-left-radius。注意，Gecko 和 Presto 引擎在写法上存在很大的差异。例如，将元素的右上角设置为 60 像素的圆角，代码如下：

```
<style type="text/css">
div{
   height:120px;
   border:10px solid #C0C;
   -moz-border-radius-topright:60px;               /*兼容 Gecko 引擎*/
   -webkir-border-top-right-radius:60px;           /*兼容 Webkit 引擎*/
   border-top-right-radius:60px;                   /*兼容标准引擎*/
}
</style>
</head>

<body>
<div></div>
</body>
</html>
```

浏览器中的效果如图 7.67 所示，实例文件为“Ch07\7.3\07.html”。

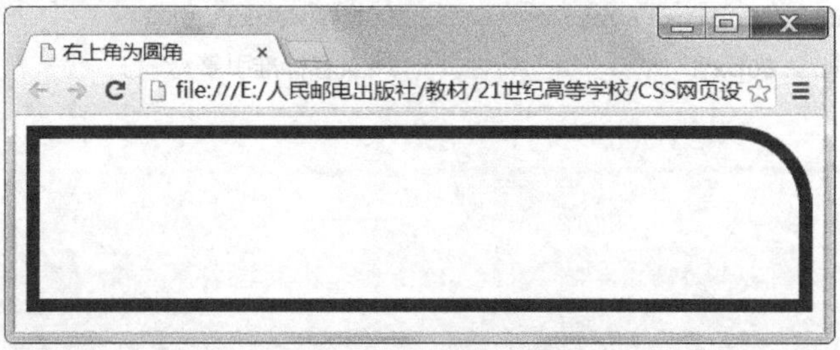

图 7.67　右上角为圆角效果

注意 内边半径等于外边半径减去对应的宽度。如果差值为负值时，内边半径为 0，则会显示为内直角效果，而不是内圆角，所以内外边曲线的圆心并不必然是一致的。

例如，制作一个内直角效果，代码如下：

```
<style type="text/css">
div{
    height:120px;
    border:40px solid #C0C;
    -moz-border-radius:20px;                /*兼容 Gecko 引擎*/
    -webkir-border-radius:20px;             /*兼容 Webkit 引擎*/
    border-radius:20px;                     /*兼容标准引擎*/
}
</style>
</head>

<body>
<div></div>
</body>
```

浏览器中的效果如图 7.68 所示，实例文件为“Ch07\7.3\08.html”。按照上面的方法计算内边半径，外角半径减去边宽，也就是 20－40，但是 20－40 得到的是负值，所以内角半径是直角效果。

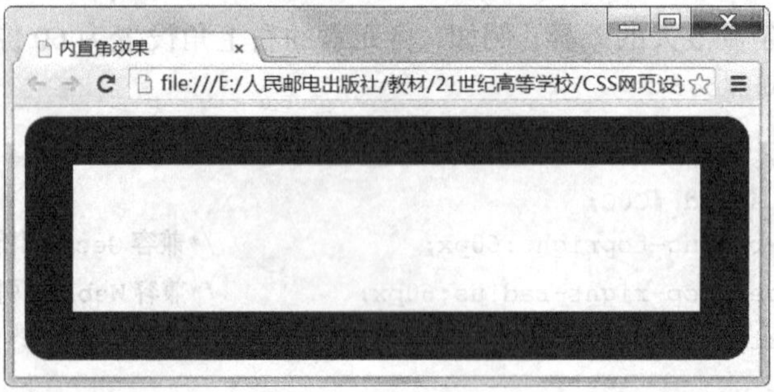

图 7.68　内直角效果

将上面的代码修改一下，代码如下：

```
<style type="text/css">
div{
    height:120px;
    border:40px solid #C0C;
    -moz-border-radius:60px;                /*兼容 Gecko 引擎*/
    -webkir-border-radius:60px;             /*兼容 Webkit 引擎*/
    border-radius:60px;                     /*兼容标准引擎*/
}
</style>
</head>

<body>
<div></div>
</body>
```

浏览器中的效果如图 7.69 所示，实例文件为“Ch07\7.3\09.html”。按照上面的方法计算内边半径，外角半径减去边宽，也就是 60－40，得到的是正值，所以内角半径是圆角效果。

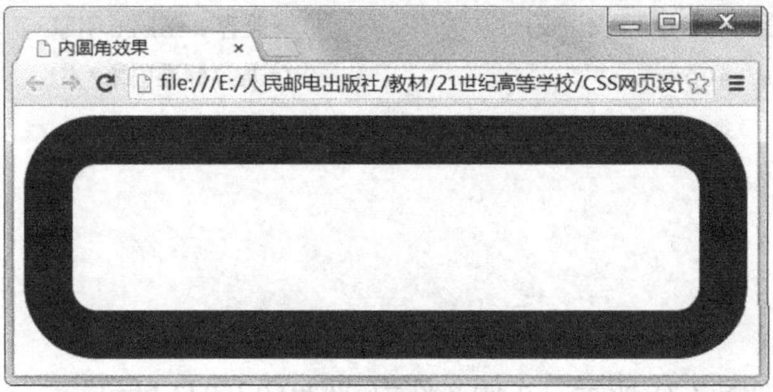

图 7.69　内圆角效果

如果设置两个相邻的角宽度不同，会产生什么样的效果，代码如下：

```
<style type="text/css">
div{
    height:120px;
    border:solid #C0C;
    border-width:30px 50px 70px 80px;
    -moz-border-radius:100px 80px 60px 40px;          /*兼容 Gecko 引擎*/
    -webkir-border-radius:100px 80px 60px 40px;       /*兼容 Webkit 引擎*/
    border-radius:100px 80px 60px 40px;               /*兼容标准引擎*/
}
</style>
</head>
<body>
<div></div>
</body>
```

浏览器中的效果如图 7.70 所示，实例文件为“Ch07\7.3\10.html”。可以看出相邻的边角，从宽边圆滑过渡到窄边。

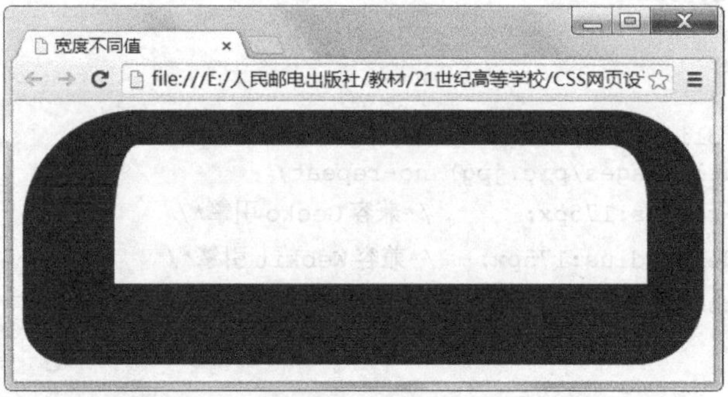

图 7.70　宽边圆滑过渡到窄边（1）

上面的案例是两个相邻的边宽度不同时，边角会从宽边圆滑过渡到窄边。如果相邻边的颜色和样式不同时会产生什么样的效果，代码如下：

```
<style type="text/css">
div{
    height:120px;
    border-style:solid;
    border-color:#093 #F90 #06F #C3F;
    border-width:30px 50px 50px 60px;
    -moz-border-radius:40px;                          /*兼容 Gecko 引擎*/
```

```
    -webkir-border-radius:40px;                  /*兼容 Webkit 引擎*/
    border-radius:40px;                          /*兼容标准引擎*/
}
</style>
</head>

<body>
<div></div>
</body>
```

浏览器中的效果如图 7.71 所示，实例文件为“Ch07\7.3\11.html”。

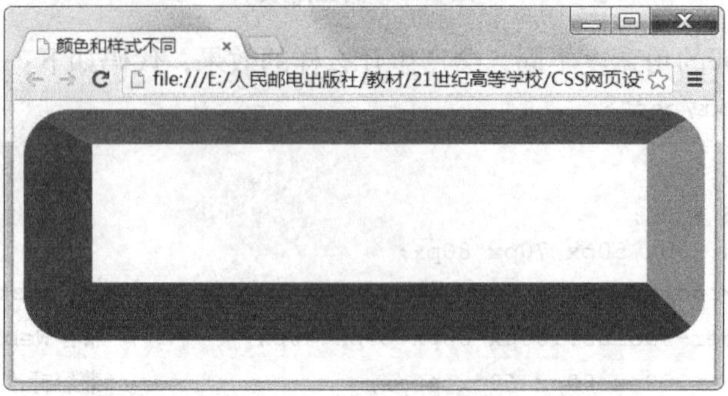

图 7.71　宽边圆滑过渡到窄边（2）

注意　如果两条边宽度相同，那么这个分界点应该就是在 45° 的角上。如果一条边的宽度是相邻另一条边的宽度的两倍，那么这个点就在一个 30° 的角上。

使用 border-radius 属性还可以定义圆形。例如，设置元素的长宽相同，同时设置圆角半径为元素大小的一半，代码如下：

```
<style type="text/css">
div{
    height:350px;
    width:350px;
    border:1px solid #090;
    background:url(images/pic.jpg) no-repeat;
    -moz-border-radius:175px;         /*兼容 Gecko 引擎*/
    -webkir-border-radius:175px;      /*兼容 Webkit 引擎*/
    border-radius:175px;              /*兼容标准引擎*/
}
</style>
</head>

<body>
<div></div>
</body>
```

浏览器中的效果如图 7.72 所示，实例文件为“Ch07\7.3\12.html”。border 的属性值为 none 时，也会呈现圆形效果。

图 7.72　圆形效果显示

注意

如果 background-clip 的属性值为 padding-box，那么背景会被曲线的圆角内边裁剪；如果 background-clip 的属性值为 border-box，那么背景会被圆角外边裁剪。border 和 padding 属性定义的区域也一样会被曲线裁剪。另外，所有边框样式（如 solid、dotted、inset 等）都遵循边框圆角的曲线，即使是定义了 border-image 属性，曲线以外的边框背景都会被裁减掉。

小　结

本章介绍了图像边框和图文混排以及背景图像的设置。本章中需要重点理解边框背景、背景的设置方法，包括背景颜色、边框背景和背景图像，特别是背景图像的具体属性，包括位置、平铺等内容。

本章还包括关于使用 CSS 3 设置圆角效果。需要特别指出的是，制作圆角框的方法远远不止本章介绍的这几种。不同的方法适用于不同的情况，因此需要具体问题具体分析。

习　题

1. 根据本章 7.3 节介绍的方法，分别制作一个固定宽度的圆角框，并制作一个实际的网页，将页面中的各个部分放置在各自的圆角框中。

2. 假设某网页的背景效果如图 7.73 所示，使用代码说明这种效果是如何实现的。

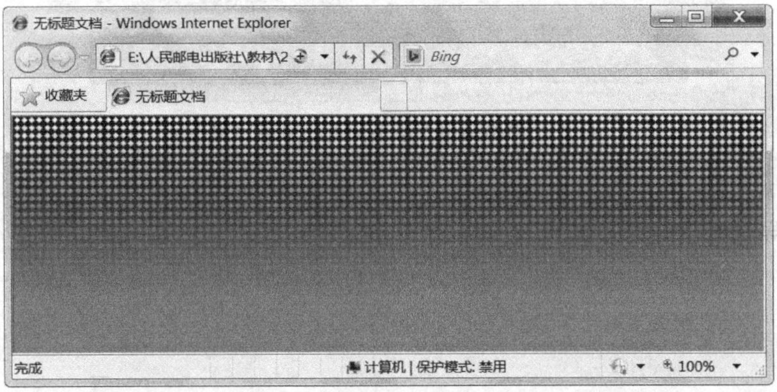

图 7.73　题 2 图

3. 说明“标题的图像替换”这项技术的作用，并列举出简单的代码说明具体实现方法。

4. 为个人网站页面设置适当的背景图像和颜色，并对各级标题使用图像替换的方法，使标题更精致美观。

5. 学习 7.1.7 小节的实例之后，制作一个介绍“八仙过海”故事人物的网页，要求从互联网上查找“八仙”人物的文字资料和图片，并可进行适当的加工，然后制作出样式清晰的、图文混排的页面。

第 8 章 用 CSS 设置超链接与导航菜单

在一个网站中，所有页面都会通过超链接相互链接在一起，这样才会形成一个有机的整体。在各种网站中，导航都是网页中最重要的组成部分之一。因此，也出现了各式各样非常美观、实用性很强的导航样式，图 8.1 所示的是清华大学的网站，上部是有关学校类别的导航条。

图 8.1　Office 网站导航风格与软件风格一致

再例如图 8.2 所示的是清华大学的网站，它的导航使用的是菜单方式。对于一些内容非常多的大型网站，导航就显得更重要了。

图 8.2　Windows Mobile 网站的菜单式导航

8.1 制作丰富的超链接特效

超链接是网页上最普通的元素，通过超链接能够实现页面的跳转、功能的激活等，因此超链接也是与用户打交道最多的元素之一。本节主要介绍超链接的各种效果，包括超链接的各种状态、伪属性和按钮特效等。

这里所说的“伪属性”是 CSS 中定义的一种语法形式，它和前面介绍的选择器的构成方式很类似，区别在于使用冒号作为连接符号。伪属性的作用是定义了一些特定的属性，用于选中相应的元素。“伪属性”又可以分为“伪类别”和“伪元素”两种。下面通过具体实例进一步解释它们的作用。

在 HTML 语言中，超链接是通过标记<a>来实现的，链接的具体地址则是利用<a>标记的 href 属性，代码如下：

```
<a href="http://baidu.com">百度</a>
```

在默认的浏览器浏览方式下，超链接统一为蓝色并且有下划线，被单击过的超链接则为紫色并且也有下划线，如图 8.3 所示。

显然这种传统的超链接样式无法满足广大用户的需求。通过 CSS 可以设置超链接的各种属性，包括前面章节提到的字体、颜色和背景等，而且通过伪类别（Anchor Pseudo Classes）还可以制作很多动态效果。首先用最简单的方法去掉超链接的下划线，代码如下：

```
a{                                /* 超链接的样式 */
    text-decoration:none;         /* 去掉下划线 */
}
```

此时的页面效果如图 8.4 所示，无论是超链接本身，还是单击过的超链接，下划线都被去掉了，除了颜色以外，与普通的文字没有多大区别。

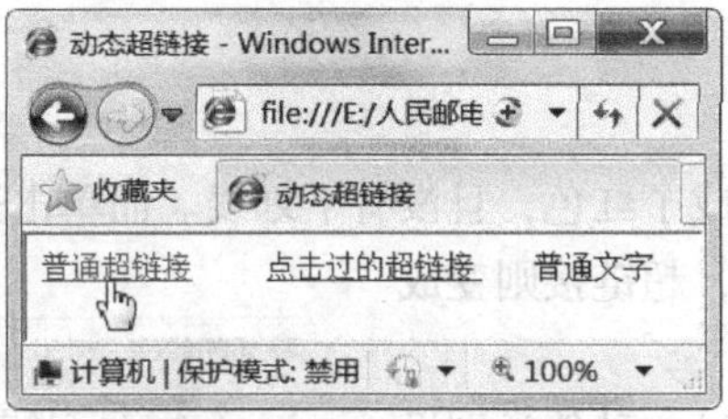

图 8.3 普通的超链接

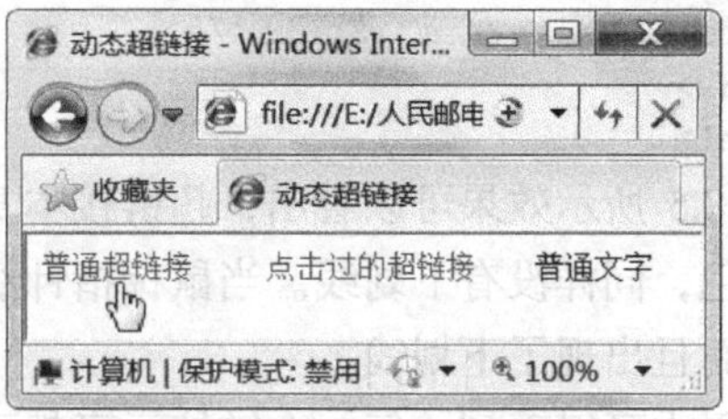

图 8.4 没有下划线的超链接

仅仅如上面所述的，通过设置标记<a>的样式来改变超链接，并没有太多动态的效果，下面介绍利用 CSS 的伪类别（Anchor Pseudo Classes）来制作动态效果的方法，具体属性设置如表 8.1 所示。

表 8.1 可制作动态效果的 CSS 伪类别属性

属　性	说　明
a:link	超链接的普通样式，即正常浏览状态的样式
a:visited	被单击过的超链接的样式
a:hover	鼠标指针经过超链接时的样式
a:active	在超链接上单击时，即“当前激活”时超链接的样式

请看如下实例代码，实例文件为“Ch08\8.1\01.html”。

```
<style>
body{
    background-color:#99CCFF;
}
a{
    font-size:16px;
    font-family:Arial, Helvetica, sans-serif;
}
a:link{                          /* 超链接正常状态下的样式 */
    color:red;                   /* 红色 */
    text-decoration:none;        /* 无下划线 */
}
a:visited{                       /* 访问过的超链接 */
    color:black;                 /* 黑色 */
    text-decoration:none;        /* 无下划线 */
}
a:hover{                         /* 鼠标指针经过时的超链接 */
    color:yellow;                /* 黄色 */
    text-decoration:underline;   /* 下划线 */
    background-color:blue;
}
</style>

<body>
<a href="home.htm">Home</a>
<a href="east.htm">East</a>
<a href="west.htm">West</a>
<a href="north.htm">North</a>
<a href="south.htm">South</a>
</body>
</html>
```

从图 8.5 所示效果可以看出，超链接本身都变成了红色，且没有下划线。而单击过的超链接变成了黑色，同样没有下划线。当鼠标指针经过时，超链接则变成了黄色，而且出现了下划线。

从代码中可以看到，每一个链接元素都可以通过 4 种伪类别设置相应的 4 种状态时的 CSS 样式。

请注意以下 4 点。

（1）不仅是上面代码中涉及文字相关的 CSS 样式，其他各种背景、边框和排版的 CSS 样式都可以随意加入到超链接的几个伪类别的样式规则中，从而得到各式各样的效果。

图 8.5　超链接的各个状态

（2）当前激活状态“a:active”一般被显示的情况非常少，因此很少使用。因为当用户单击一个超链接之后，焦点很容易就会从这个链接上转移到其他地方，如新打开的窗口等，此时该超链接就不再是“当前激活”状态了。

（3）在设定一个 a 元素的这 4 种伪类别时，需要注意顺序，要依次按照 a:link、a:visited、a:hover、a:active 这样的顺序。有人总结了容易帮助记忆的口诀是“LoVe HAte”（爱恨）。

（4）每一个伪类别的冒号前面的选择器之间不要有空格，要连续书写，例如 a.classname:hover 表示类别为“.classname”的 a 元素在鼠标经过时的样式。

下面通过几个实例讲解如何使用 CSS 将原本普通的链接样式变为丰富多彩的效果。

8.2　创建按钮式超链接

很多网页上的超链接都制作成各种按钮的效果，这些效果大都采用了各种图片。本节仅仅通过 CSS 的普通属性来模拟按钮的效果，如图 8.6 所示。实例文件为“Ch08\8.2\01.html”。

首先跟所有 HTML 页面一样，建立最简单的菜单结构，本例使用和上面实例相同的 HTML 结构，代码如下：

```
<body>
   <a href="home.htm">Home</a>
   <a href="east.htm">East</a>
   <a href="west.htm">West</a>
   <a href="north.htm">North</a>
   <a href="south.htm">South</a>
</body>
```

此时页面的效果如图 8.7 所示，仅有几个普通的超链接。

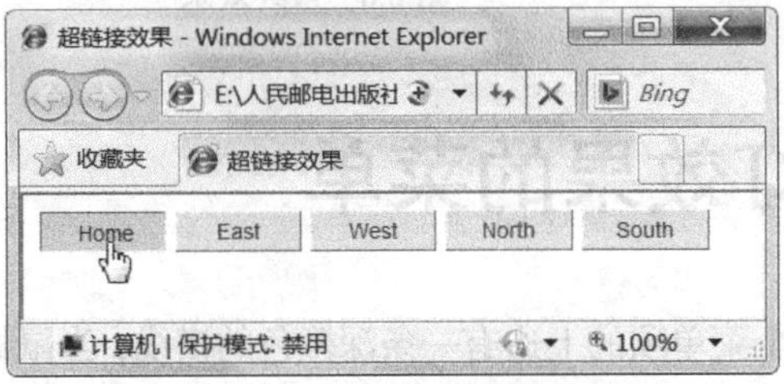

图 8.6　按钮式超链接

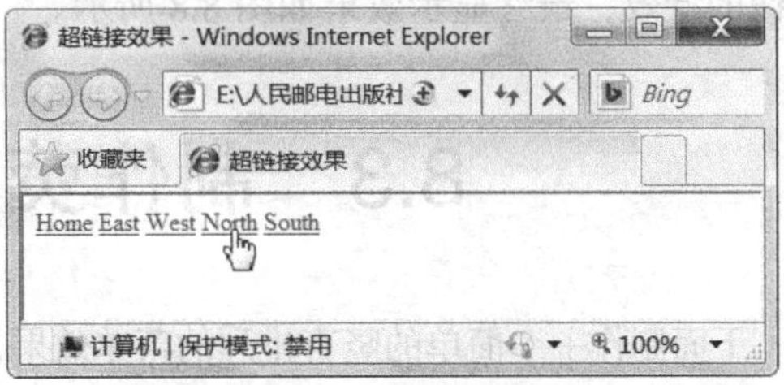

图 8.7　普通超链接

然后对<a>标记进行整体控制，同时加入 CSS 的 3 个伪属性。对于普通超链接和单击过的超链接采用同样的样式，并且利用边框的样式模拟按钮效果。而对于鼠标指针经过时的超链接，相应地改变文字颜色、背景色、位置和边框，从而模拟出按钮“按下去”的特效，代码如下：

```
<style>
a{
    display:block;                      /*设置为块级元素*/
    font-family: Arial;                 /* 统一设置所有样式 */
    font-size:14px;
    text-align:center;
    margin:3px;
    float:left;
    width:60px;
}
a:link, a:visited{                      /* 超链接正常状态、被访问过的样式 */
    color: #A62020;
    padding:4px 10px 4px 10px;
    background-color: #DDD;
    text-decoration: none;
    border-top: 1px solid #EEEEEE;      /* 边框实现阴影效果 */
```

```
        border-left: 1px solid #EEEEEE;
        border-bottom: 1px solid #717171;
        border-right: 1px solid #717171;
    }
    a:hover{                                    /* 鼠标经过时的超链接 */
        color:#821818;`                         /* 改变文字颜色 */
        padding:5px 8px 3px 12px;               /* 改变文字位置 */
        background-color:#CCC;                  /* 改变背景色 */
        border-top: 1px solid #717171;          /* 边框变换，实现“按下去”的效果 */
        border-left: 1px solid #717171;
        border-bottom: 1px solid #EEEEEE;
        border-right: 1px solid #EEEEEE;
    }
    </style>
```

在 CSS 中，超链接 a 元素默认情况下是“行内元素”，为了对 a 元素设置高度、宽度、边框等属性，需要将它由行内元素转换为“块级元素”。

在上述代码中首先将 a 元素设置了<a>属性的整体样式，即超链接所有状态下通用的样式，然后通过对 3 个伪属性的颜色、背景色和边框的修改，模拟了按钮的特效，最终显示效果如图 8.8 所示。

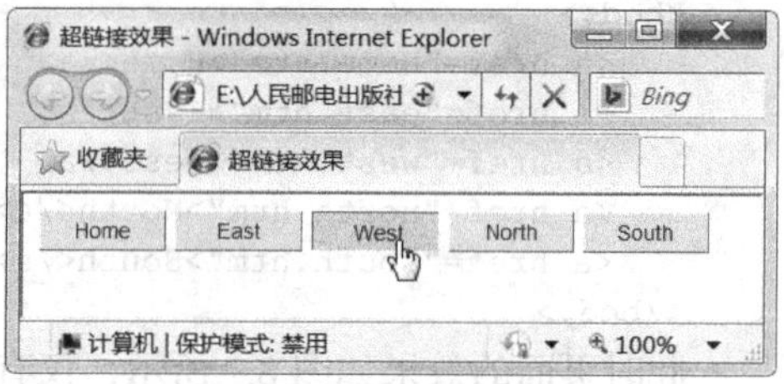

图 8.8　最终效果

8.3　制作荧光灯效果的菜单

下面制作一个简单的竖直排列的菜单效果，在每个菜单项的上边有一条深橙色的横线，当鼠标指针滑过时，横线由深橙色变成浅黄色，就好像一个荧光灯点亮后的效果，同时菜单文字变为青色，以更明显的方式提示用户选中了哪个菜单项目，效果如图 8.9 所示。该实例文件为“Ch08\8.3\01.html”。

图 8.9　荧光灯效果菜单

8.3.1　创建 HTML 框架

首先，从编写基本的 HTML 文件开始，搭建出这个菜单的基本框架，HTML 代码如下：

```
<body>
    <div id="menu">
      <a href="#"> Home </a>
```

```
        <a href="#"> Contact Us</a>
        <a href="#"> Web Dev</a>
        <a href="#"> Web Design</a>
        <a href="#"> Map </a>
    </div>
</body>
</html>
```

可以看到，body 部分非常简单，5 个文字链接被放置到一个 id 设置为 menu 的 div 容器中。此时在浏览器中观察效果，只是最普通的文字超链接样式，如图 8.10 所示。

图 8.10　没有任何 CSS 设置时的效果

> **说明**　由于这个 div 包括了所有的链接，即各个菜单项，因此这里将这个 div 称为“容器”。

8.3.2　设置容器的 CSS 样式

（1）现在设置菜单 div 容器的整体区域样式，设置菜单的宽度、背景色，以及文字的字体和大小。在 HTML 文件的 head 部分增加 CSS 样式表，代码如下：

```
<style type="text/css">
    #menu {
      font-family:Arial;
      font-size:14px;
      font-weight:bold;
      width:120px;
      background:#000;
      border:1px solid #ccc;
      }
</style>
```

这时效果如图 8.11 所示。可以看到，文字链接都被限制在了#menu 容器中。

（2）然后对菜单进行定位，在#menu 部分增加如下两行代码。

```
padding:8px;                    /*设置内边距*/
margin:0 auto;                  /*设置水平居中*/
```

这时这个菜单在浏览器窗口中就水平居中显示了，并且文字和边界之间空 8 个像素的距离，如图 8.12 所示。

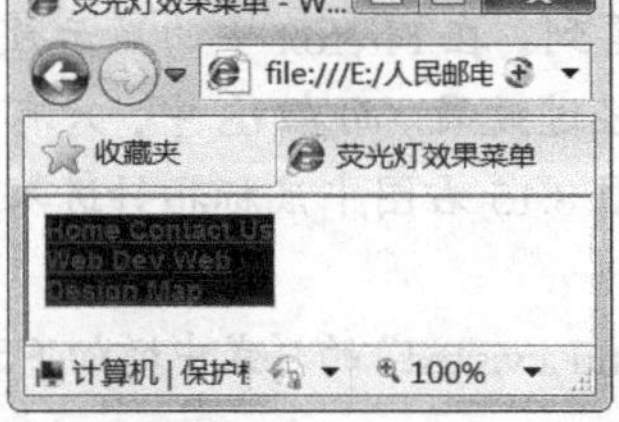

图 8.11　设置了#menu 容器后的效果

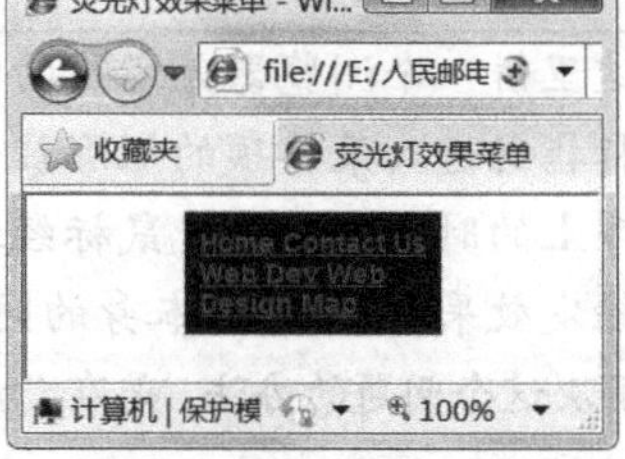

图 8.12　设置内外边距后的效果

8.3.3　设置菜单项的 CSS 样式

（1）现在就需要设置文字链接了。为了使 5 个文字链接依次竖直排列，需要将它们从“行内元素”变为“块级元素”。此外还应该为它们设置背景色和内边距，以使菜单文字之间不要过于局促。具体代码如下：

```
#menu a, #menu a:visited {
    display:block;
    padding:4px 8px;
}
```

效果如图 8.13 所示，使用 padding 属性设置内边距。

图 8.13　内边距示意图

（2）接下来设置文字的样式，取消下划线，并将文字设置为灰色，代码如下：

```
color:#ccc;
text-decoration:none;
```

（3）还需要给每个菜单项的上面增加一个“荧光灯”，这可以通过设置上边框来实现，代码如下：

```
border-top:8px solid #060;
```

效果如图 8.14 所示。

图 8.14　在 Firefox 中的效果

（4）最后，设置鼠标指针经过效果，代码如下：

```
#menu a:hover {
    color:#FF0;
    border-top:8px solid #0E0;
}
```

此时在 Firefox 和 IE 中的效果如图 8.15 所示。

图 8.15　在 Firefox 和 IE 中的不同效果

注意

这里讲一个浏览器兼容性的问题。可以看到，在 Firefox 中的显示效果完全正确，只要鼠标指针进入菜单项的矩形就会触发鼠标经过效果。而在 IE 中，只有当鼠标指针移动到文字上的时候才会触发鼠标经过效果，而图 8.15 右图中鼠标指针进入矩形范围时，并没有触发效果，这是 IE 本身的问题导致的。

解决这个问题的办法，是在“#menu a, #menu a:visited”的样式中增加下面这条 CSS 规则：

```
height:1em;
```

这样不会改变菜单的外观，但可以解决上述问题。

至此，这个实例全部完成，代码如下：

```
<style>
    /*对 menu 层设置*/
```

```
#menu {
  font-family:Arial;
  font-size:14px;
  font-weight:bold;
  width:120px;
  padding:8px;
  background:#000;
  margin:0 auto;
  border:1px solid #ccc;
  }
/*设置菜单选项*/
#menu a, #menu a:visited {
  display:block;
  padding:4px 8px;
  color:#ccc;
  text-decoration:none;
  border-top:8px solid #060;
  }
#menu a:hover {
  color:#FF0;
  border-top:8px solid #0E0;
  }
</style>
```

8.4 控制鼠标指针

在浏览网页时，通常看到的鼠标指针的形状有箭头、手形和 I 字形，而在 Windows 环境下实际看到的鼠标指针种类要比这个多得多。CSS 弥补了 HTML 在这方面的不足，通过 cursor 属性可以设置各式各样的鼠标指针样式。

cursor 属性可以在任何标记里使用，从而可以改变各种页面元素的鼠标指针效果，代码如下：

```
body{
   cursor:pointer;
}
```

pointer 是一个很特殊的鼠标指针值，它表示将鼠标设置为被激活的状态，即鼠标指针经过超链接时，该浏览器默认的鼠标指针样式在 Windows 中通常显示为手的形状。如果在一个网页中添加了以上语句，页面中任何位置的鼠标指针都将呈现手的形状。除了 pointer 之外，cursor 还有很多定制好了的鼠标指针效果，如表 8.2 所示。

表 8.2 cursor 定制的鼠标属性值及指针效果

属 性 值	指 针 说 明	属 性 值	指 针 说 明
auto	浏览器的默认值	nw-resize	
crosshair		se-resize	
default		s-resize	
e-resize		sw-resize	
help		text	
move		wait	
ne-resize		w-resize	

续表

n-resize		hand	
all-scroll		col-resize	
no-drop		not-allowed	
progress		row-resize	
vertical-text			

> **提示**　表 8.2 中的鼠标指针样式，在不同的机器或者操作系统显示时可能存在差异，应根据需要适当选用。很多时候，浏览器调用的是操作系统的鼠标指针效果，因此同一用户浏览器之间的差别很小，但不同操作系统的用户之间还是存在差异的。

8.5　设置项目列表样式

传统的 HTML 提供了项目列表的基本功能，包括顺序式列表的<ol>标记和无顺序列表的<ul>标记等。当引入 CSS 后，项目列表被赋予了很多新的属性，甚至超越了它最初设计时的功能。本节主要围绕项目列表的基本 CSS 属性进行相关介绍，包括项目列表的编号、缩进和位置等。

8.5.1　列表的符号

通常的项目列表主要采用<ul>或者<ol>标记，然后配合<li>标记列出各个项目，简单的列表代码如下，其效果如图 8.16 所示。

对应的实例文件为“Ch08\8.5\01.html”。

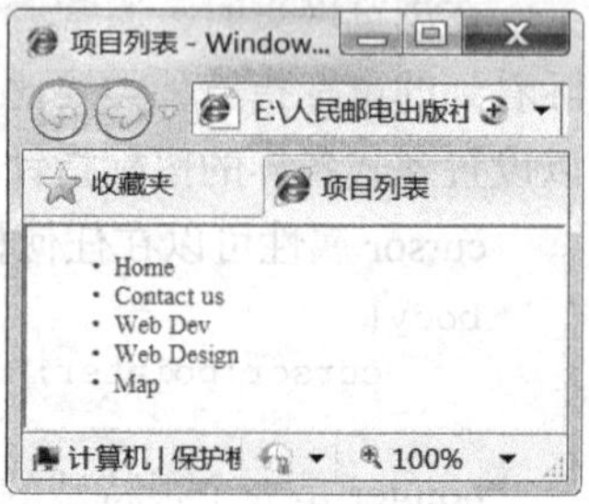

图 8.16　普通项目列表

```
<html>
<head>
<title>项目列表</title>
<style>
ul{
    font-size:0.9em;
    color:#00458c;
}
</style>
</head>
<body>
<ul>
    <li>Home</li>
    <li>Contact us</li>
    <li>Web Dev</li>
    <li>Web Design</li>
    <li>Map</li>
</ul>
</body>
</html>
```

在 CSS 中项目列表的编号是通过属性 list-style-type 来修改的。无论是<ul>标记还是<ol>标记，都可以使用相同的属性值，而且效果是完全相同的。例如修改<ul>标记的样式为：

```
ul{
```

```
    font-size:0.9em;
    color:#00458c;
    list-style-type:decimal;        /* 项目编号 */
}
```

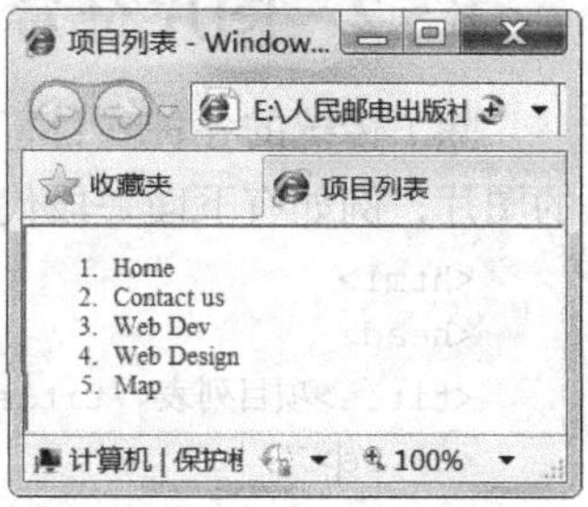

图 8.17　项目编号

此时项目列表将按照十进制编号显示，这本身是<ol>标记的功能。换句话说，在 CSS 中<ul>标记与<ol>标记的分界线并不明显，只要利用 list-style-type 属性，二者就可以通用，效果如图 8.17 所示。

当给<ul>或者<ol>标记设置 list-style-type 属性时，在它们中间的所有<li>标记都将采用该设置；如果对<li>标记单独设置 list-style-type 属性，则仅仅作用在该条项目上，代码如下：

```
<style>
ul{
    font-size:0.9em;
    color:#00458c;
    list-style-type:decimal;            /* 项目编号 */
}
li.special{
    list-style-type:circle;             /* 单独设置 */
}
</style>
</head>
<body>
<ul>
    <li>Home</li>
    <li>Contact us</li>
    <li class="special">Web Dev</li>
    <li>Web Design</li>
    <li>Map</li>
</ul>
</body>
```

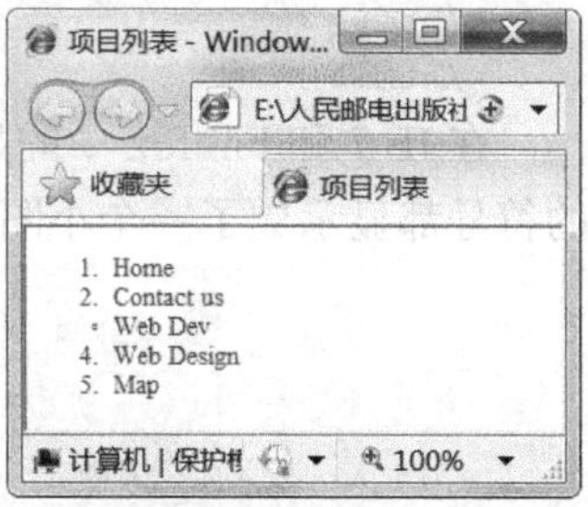

图 8.18　单独设置<li>标记

此时效果如图 8.18 所示，可以看到第 3 项的项目编号变成了空心圆，但是并没有影响其他编号。

通常使用的 list-style-type 属性的值除了上面看到的十进制编号和空心圆以外还有很多，常用的如表 8.3 所示。

表 8.3　　list-style-type 属性值及其显示效果

关 键 字	显 示 效 果
disc	实心圆
circle	空心圆
square	正方形
decimal	1,2,3,4,5,6,…
upper-alpha	A,B,C,D,E,F,…
lower-alpha	a,b,c,d,e,f,…
upper-roman	Ⅰ,Ⅱ,Ⅲ,Ⅳ,Ⅴ,Ⅵ,Ⅶ,…
lower-roman	ⅰ,ⅱ,ⅲ,ⅳ,ⅴ,ⅵ,ⅶ,…
none	不显示任何符号

8.5.2 图片符号

除了传统的各种项目符号外，CSS 还提供了属性 list-style-image，可以将项目符号显示为任意的图片，例如有下面一段代码：

```
<html>
<head>
<title>项目列表</title>
<style>
ul{
    font-size:0.9em;
    color:#00458c;
    list-style-image: url(images/pic.png);          /* 项目符号 */
}
</style>
</head>
<body>
<ul>
    <li>Home</li>
    <li>Contact us</li>
    <li>Web Dev</li>
    <li>Web Design</li>
    <li>Map</li>
</ul>
</body>
</html>
```

在 IE 7 和 Firefox 中的显示效果如图 8.19 所示，实例文件为“Ch08\8.5\02.html”。每个项目的符号都显示成了一个小图标，即 pic.png。

图 8.19　图片符号

如果仔细观察图片符号在两个浏览器中的显示效果，就会发现图标与文字之间的距离有着明显的区别，因此不推荐这种设置图片符号的方法。如果希望项目符号采用图片的方式，则建议将 list-style-type 属性的值设置为 none，然后通过修改<li>标记的背景属性 background 来实现，例如下面这个实例。

相应实例文件为“Ch08\8.5\03.html”。

```
<html>
<head>
<title>项目列表</title>
<style>
ul{
```

```
        font-size:0.9em;
        color:#00458c;
        list-style-type:none;                      /* 不显示项目符号 */
    }
    li{
        background:url(icon1.jpg) no-repeat;       /* 添加为背景图片 */
        padding-left:25px;                         /* 设置图标与文字的间隔 */
    }
    </style>
    </head>
    <body>
    <ul>
        <li>Home</li>
        <li>Contact us</li>
        <li>Web Dev</li>
        <li>Web Design</li>
        <li>Map</li>
    </ul>
    </body>
    </html>
```

这样通过隐藏<ul>标记中的项目列表，然后再设置<li>标记的样式，统一定制文字与图标之间的距离，就可以实现各个浏览器之间的效果一致，如图 8.20 所示。

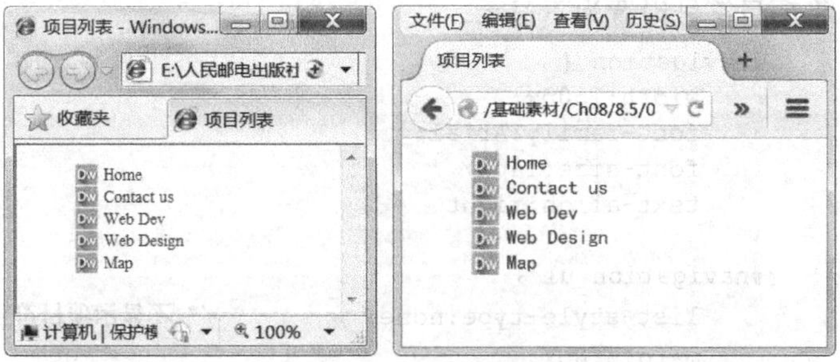

图 8.20　图片符号

8.6　创建基于列表的导航菜单

对于一个成功的网站，导航菜单是永远不可缺少的。导航菜单的风格往往也决定了整个网站的风格，因此很多设计者都会投入很多时间和精力来制作各式各样的导航条，从而体现网站的整体构架。

在传统方式下，制作导航菜单是很麻烦的工作。需要使用表格，设置复杂的属性，还需要使用 JavaScript 实现相应鼠标指针经过或单击的动作。如果用 CSS 来制作导航菜单，实现起来非常简单。

8.6.1　简单的竖直排列菜单

当项目列表的 list-style-type 属性值为“none”时，制作各式各样的菜单和导航条便成了项目列表常见用处之一，通过各种 CSS 属性变幻可以达到很多意想不到的导航效果。首先看一个实例，其效果如图 8.21 所示。本实例文件为“Ch08\8.6\01.html”。

（1）首先建立 HTML 基本结构，将菜单的各个项用项目列表<ul>表示，同时设置页面的背景颜色，代码如下：

```
<body>
<div id="navigation">
```

图 8.21　无需表格的菜

```
        <ul>
        <li><a href="#">Home</a></li>
        <li><a href="#">Contact us</a></li>
        <li><a href="#">Web Dev</a></li>
        <li><a href="#">Web Design</a></li>
        <li><a href="#">Map</a></li>
    </ul>
    </div>
    </body>
```

（2）然后开始设置 CSS 样式，首先把页面的背景色设置为浅色，代码如下：

```
body{
    background-color:#FADBFF;
}
```

此时页面的效果如图 8.22 所示，这只是最普通的项目列表。

（3）设置整个<div>块的宽度为固定 150 像素，并设置文字的字体。设置项目列表<ul>的属性，将项目符号设置为不显示。

```
#navigation {
    width:150px;
    font-family:Arial;
    font-size:14px;
    text-align:right
}
#navigation ul {
    list-style-type:none;          /* 不显示项目符号 */
    margin:0px;
    padding:0px;
}
```

图 8.22　项目列表

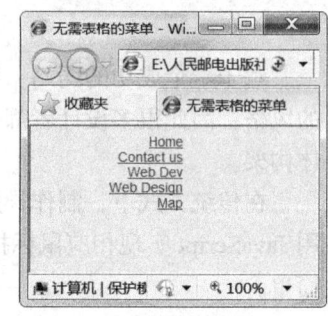

进行以上设置后，项目列表便显示为普通的超链接列表，如图 8.23 所示。

（4）为<li>标记添加下边线，以分割各个超链接，并且对超链接<a>标记进行整体设置，代码如下：

```
#navigation li {
    border-bottom:1px solid #E83995;     /* 添加下边线 */
}
#navigation li a{
    display:block;
    height:1em;
    padding:5px 5px 5px 0.5em;
    text-decoration:none;
    border-left:12px solid #B90F8E;      /* 左边的粗边 */
    border-right:1px solid #B90F8E;      /* 右侧阴影 */
}
```

图 8.23　超链接列表

以上代码中需要特别说明的是“display:block;”语句，通过该语句，超链接被设置成了块元素。当鼠标指针进入该块的任何部分时都会被激活，而不是仅在文字上方时才被激活。此时的显示效果如图 8.24 所示。

（5）最后设置超链接的样式，以实现动态菜单的效果，代码如下：

```
#navigation li a:link, #navigation li a:visited{
    background-color:#E21BAB;
    color:#FFFFFF;
}
```

图 8.24　区块设置

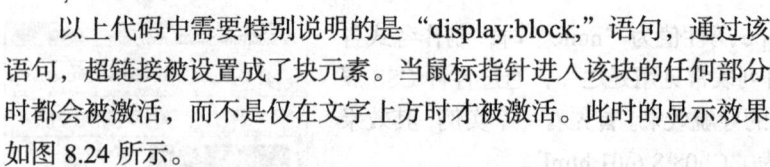

```
#navigation li a:hover{                      /* 鼠标指针经过时 */
    background-color:#B90F8E;                /* 改变背景色 */
    color:#ffff00;                           /* 改变文字颜色 */
    border-left:12px solid yellow;
}
```

代码的具体含义都在注释中一一说明了，这里不再重复。此时导航菜单就制作完成了，最终的效果如图 8.25 所示，在 IE 与 Firefox 两种浏览器中的显示效果是一致的。

图 8.25　导航菜单

8.6.2　横竖自由转换菜单

导航条不只有竖直排列的形式，很多时候还需要页面的菜单能够在水平方向显示。通过 CSS 属性的控制，可以轻松实现项目列表导航条的横竖转换。

这里在上述实例的基础上仅做两处改动，就能实现一个自由转换的菜单。图 8.26 所示的是浏览器窗口比较宽的时候，菜单的水平排列效果；图 8.27（a）所示的是浏览器窗口很窄的时候，菜单的竖直排列效果；图 8.27（b）所示的是浏览器窗口宽度不宽不窄的时候，菜单的折叠排列效果。本实例文件为“Ch08\8.6\02.html”。

图 8.26　水平菜单

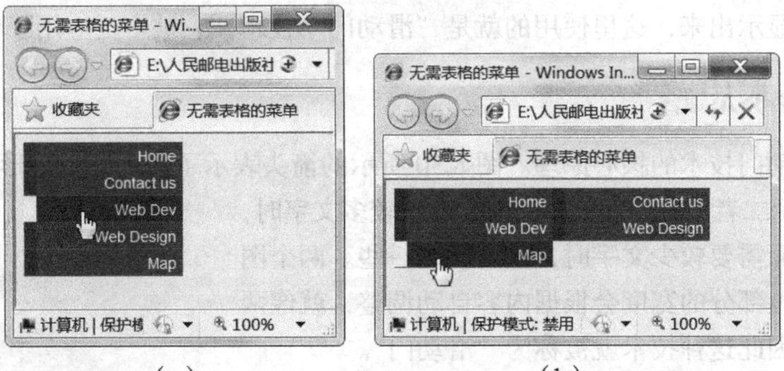

（a）　（b）

图 8.27　水平菜单可以自由地转换为竖直菜单和折行菜单

将这两处做如下改动。

（1）把 width:120 这条 CSS 规则从“#navigation”移动到“#navigation li a”中。这样，这个列表就没有宽度限制了，同时可保证每个列表项的宽度都是 150 像素。

（2）在“#navigation li”的样式中增加一条“float:left;”，也就是使各个列表项变为向左浮动，这样它们就会依次排列，直到浏览器窗口容纳不下，再折行排列。

通过这两处小小的改动，就可以实现从竖直排列的菜单到自由适应浏览器宽度的菜单的转换了。对于 Firefox 和 IE 都是适用的。

8.7 应用滑动门技术的玻璃效果菜单

下面来制作一个难度较前面稍大的实例，加深对 CSS 的原理的理解。本例中要实现一个玻璃材质效果的水平菜单。为了表现出立体的视觉效果，以及玻璃的质感，必须借助背景图像才可以实现，完成后的效果如图 8.28 所示。该实例文件为“Ch08\8.7\01.html”。

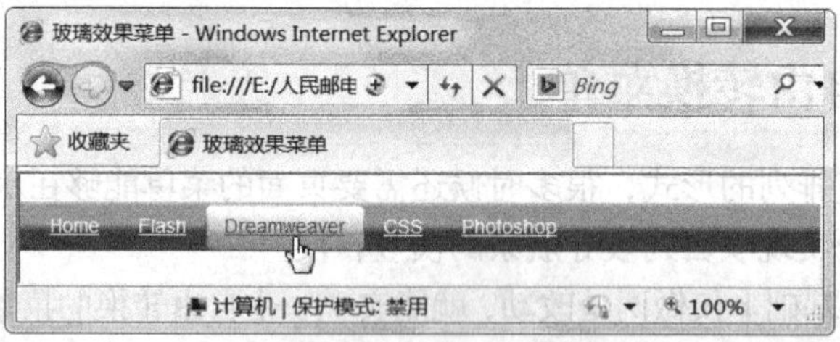

图 8.28　玻璃效果的菜单

本例中用到了两个图像，分别如图 8.29（a）和图 8.29（b）所示。

（a）　　（b）

图 8.29　本案例中用到的两个图像文件

可以看出，图 8.29（a）是作为整个菜单的背景色平铺使用的，右边的玻璃材质图则是当鼠标指针经过某个菜单项的时候显示出来的。

从效果图中可以看出，玻璃材质图是一个固定的图像文件，而菜单中的各个菜单项宽窄不一，却都可以完整地显示出来，这里使用的就是“滑动门”技术，它被广泛应用于各种 CSS 效果中。

8.7.1 基本思路

首先讲解滑动门技术的核心原理。图 8.30 所示的箭头表示了两个圆角矩形图像的滑动方向。较深颜色区域表示二者重叠的部分，当需要容纳较多文字时，重叠就少一些，而需要较少文字时，重叠就多一些。两个图像可以滑动，重叠部分的宽度会根据内容自动调整，就像两扇推拉门一样，因此这种技术就被称为“滑动门”。

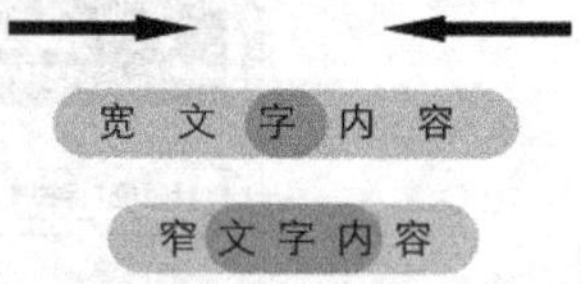

图 8.30　滑动门技术的原理示意图

本例与前面的实例相比要更复杂一些。除了菜单项需要设置图像背景外，整个菜单也需要设置图像背景，因此这里的 HTML 结构将使用无序列表来组织，而不是仅仅使用 a 标记。这样做的好处是可以更方便地进行控制。

相应的 HTML 代码如下：

```
<body>
    <ul  id="menu">
      <li><a href="#"><strong> Home </strong></a> </li>
     <li><a href="#"><strong> Flash </strong></a></li>
     <li><a href="#"><strong> Dreamweaver </strong></a></li>
     <li><a href="#"><strong> CSS </strong></a></li>
     <li><a href="#"><strong> Photoshop </strong></a></li>
    </ul>
</body>
```

可以看到，每个文字链接都是作为一个列表项目<li>出现的。此外，还对文字设置了加粗显示的效果，这不但可以使字体变粗，而且还可以作为设置玻璃材质背景的 CSS“钩子”使用。这里所说的“钩子”是指为了能将某些 CSS 样式赋予某个 HTML 元素，额外添加的一些没有直接布局作用的元素。例如这里的<strong>标记，并不会直接影响它前后元素的布局状态，但是通过它，就可以设置 CSS 样式了，就好像一个“挂钩”把 CSS 样式和 HTML 元素结合起来。为了实现滑动门，需要两个背景图片，因此就需要两个“钩子”来分别设置背景图片，这里的<a>标记和<strong>标记就分别承担了左右门的“钩子”的任务。

8.7.2　设置菜单整体效果

下面设置菜单的整体效果。

（1）首先确定菜单的整体位置，代码如下：

```
body{
    margin:20px 0 0 0;
   }
```

（2）设置 ul 的样式，具体包括设置文字的字体和字号，以及内外边距等，代码如下：

```
ul#menu {
    font-family:Arial;
    font-size:14px;
    background:url(images/under.jpg);
    padding:0 0 0 8px;
    list-style:none;
    height:35px;
    }
```

这里首先设置了 padding 和 margin，然后将 list-style 属性设置为 none，这样可以取消每个列表项目前面的圆点。然后设置高度为 35 像素，这正是背景图像的高度，最后将背景设置为图像所在的地址。

（3）设置#menu 容器中的 li 的属性。li 原本就是块级元素，这里将其设置为向左浮动，这样将使得各列表横向排列，而不是默认的竖直排列，代码如下：

```
ul#menu li {
    float:left;
    }
```

（4）将 a 元素设置为块级元素，这样整个矩形范围内都会响应鼠标事件，代码如下：

```
ul#menu li a{
   display:block;
   line-height:35px;
   color:#FFF;
```

```
    text-decoration:underline;
    padding:0 0 0 14px;
    }
```

上面这段代码中，将<a>标记设置为块级元素后，设置了行高 line-height 属性。设置行高可以使文字竖直方向居中排列。然后将文字设置为白色。最后，设置 padding 属性，在每个菜单项的左侧设置了 14 像素的内边距。这时在浏览器中的效果如图 8.31 所示。

图 8.31　完成基本设置的效果

8.7.3　使用“滑动门”技术设置玻璃材质背景

（1）首先设置 a 元素的鼠标指针经过效果，代码如下：

```
ul#menu li a:hover{
    color:#666;
    background: url(images/hover.jpg);
    }
```

这里将文字设置为灰色，然后将玻璃质感的图像文件地址作为背景属性的值，此时在浏览器中查看的效果如图 8.32 所示。

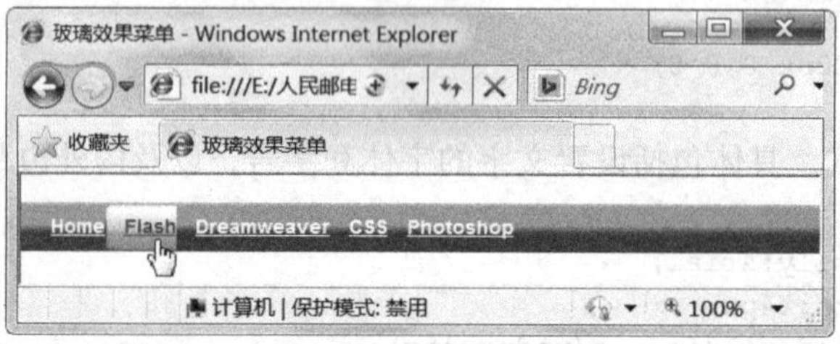

图 8.32　设置左侧滑动门

注意

可以看到，鼠标指针经过时，玻璃材质的背景已经出现了，但是它的右边被齐刷刷地切断了，而没有出现背景图像的右端。

在 CSS 中是不能使图像的宽度缩放的。解决方案之一是为每一个菜单项创建各自宽度的背景图像，但是显然适应性比较差，而且会需要多个图像文件，增加下载的流量，因此不是一个好办法。

另外一个可行的解决方案是使用前面在 HTML 中设置的文字加粗标记<strong>。基本思想就是把<strong>标记作为“钩子”来设置 CSS 样式，因此可以再为它的背景设置一个背景图像。这个背景图像仍然使用唯一的玻璃材质图像文件，不同的是这次从右向左展开，这样就可以出现右边的端点了。具体的方法如下。

（2）对<strong>标记的属性进行设置，这里仅需将其设置为块级元素就可以了，代码如下。

```
ul#menu li a strong{
  display:block;
```

```
}
```

（3）设置在鼠标指针经过时的<strong>标记样式。这是一个很关键的步骤，代码如下：

```
ul#menu li a:hover strong{
  color:#fff;
  background: url(images/hover.jpg) no-repeat right top;
  }
```

上面的代码中首先设置文字颜色为白色，这样鼠标指针经过时效果会更加醒目。然后设置背景图片，这张图片将会覆盖在前面定义的"ul#menu li a:hover"中设置的图片的上面。这两张图片实际上是同一张图片，后面的"no-repeat right top"设定了这个背景图的铺设方式，只显示一次，并从右上角开始铺设，此时在浏览器中的效果如图 8.33 所示。

（4）这样基本上已经成功了，只是背景图像还不对称，右边还应该增加一些空白。只需要在"#menu ul li a strong"的样式中增加一条内边距的样式，在最右侧对称地增加 14 像素内边距即可，代码如下。

```
#menu ul li a strong{
  display:block;
  padding:0 14px 0 0;
  }
```

此时在浏览器中的效果如图 8.34 所示。

图 8.33　设置右侧滑动门

图 8.34　完成调整效果

小　　结

本章主要介绍了超链接文本的样式设计，以及对列表的样式设计。对于超级链接，最核心的是 4 种类别的含义和用法；对于列表，需要了解基本的设置方法。这二者都是非常重要和常用的元素。要求把相关的基本要点掌握熟练，为后面制作复杂的例子打好基础。

习　　题

1. 使用 8.6.2 小节中介绍的方法，制作一个能够横竖自由转换的菜单，具体样式可以自由发挥。

2. 充分理解"滑动门"技术的要点，并对 8.7 节中制作的菜单进行扩展，实现可以显示"当前"项目的菜单。

第 9 章 用 CSS 设置表格和表单样式

表格是网页上很常见的元素。在传统的网页设计中表格除了显示数据外，还常常被用来作为整个页面布局的手段。在 Web 标准逐渐深入设计领域以后，表格逐渐不再承担布局的任务，但是表格仍然都在网页设计中发挥着重要的作用。本章介绍表格与表单样式的设置方法。

9.1 控制表格

表格作为传统的 HTML 元素，一直受到网页设计者的青睐。使用表格来表示数据、制作调查表等应用在网络中屡见不鲜。同时因为表格框架的简单、明了，使用没有边框的表格来排版，也受到很多设计者的喜爱。本节主要介绍 CSS 控制表格的方法，包括表格的颜色、标题、边框和背景等。

9.1.1 设置表格的边框

下面先准备一个简单的表格，例如制作一个“期中考试成绩表”，用到了 5 个标记，代码如下，实例文件为“Ch09\9.1\01.html”。

```
<!DOCTYPE html PUBLIC "-//W3C//DTD XHTML 1.0 Transitional//EN"
"http://www.w3.org/TR/xhtml1/DTD/xhtml1-transitional.dtd">
<head>
<meta http-equiv="Content-Type" content="text/html; charset=utf-8" />
<head>
<title>期中考试成绩单</title>
</head>
<body>
<table border="2" cellpadding="2" cellspacing="2" bgcolor="#eeeeee">
    <caption>期中考试成绩单</caption>
      <tr>
           <th>姓名</th> <th>物理</th> <th>化学</th> <th>数学</th> <th>总分</th>
      </tr>
      <tr><th>牛小顿</th> <td>32</td> <td>17</td> <td>14</td> <td>63</td>   </tr>
      ......
</table>
</body>
```

这个页面的显示效果如图 9.1 所示。

下面通过 CSS 来对表格样式进行设置。首先在原来的代码中删除使用的 HTML 属性，然后为 table 设置一个类别“record”，并进行如下设置。实例文件为“Ch09\9.1\02.html”。

```
<style type="text/css">
.record{
    font: 14px 宋体;
    border:2px #777 solid;
    text-align:center;
}

.record td{
    border:1px #777 dashed;
}
.record th{
    border:1px #777 solid;
}
</style>
```

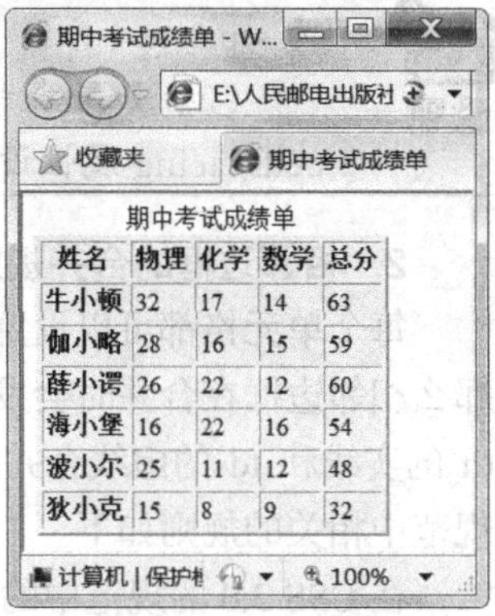

图 9.1　基本的表格样式

此时效果如图 9.2 所示。最外面的粗线框是整个表格边框，里面每个单元格都有自己的边框，th 和 td 可以分别设置各自的边框样式，例如这里 th 为 1 像素的实线，td 为 1 像素的虚线。

可以看到此时每个单元格之间都有一定的空隙，如果此时将表格边框线设置为最细的 1 像素，并使 cellspacing 为 0，这样的效果如图 9.3 所示。实例文件为“Ch09\9.1\03.html”。

那么图 9.3 中单元格之间的框线的粗细“实际”是 2 像素，因为每个单元格都有自己的边框，相邻边框紧贴在一起，因此一共是 2 像素。

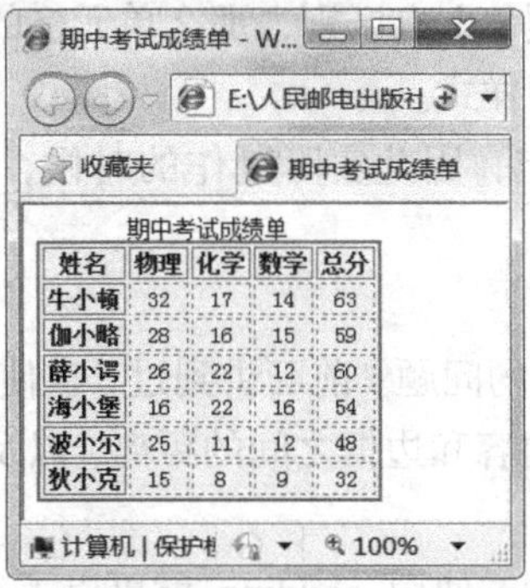

图 9.2　设置表格的框线

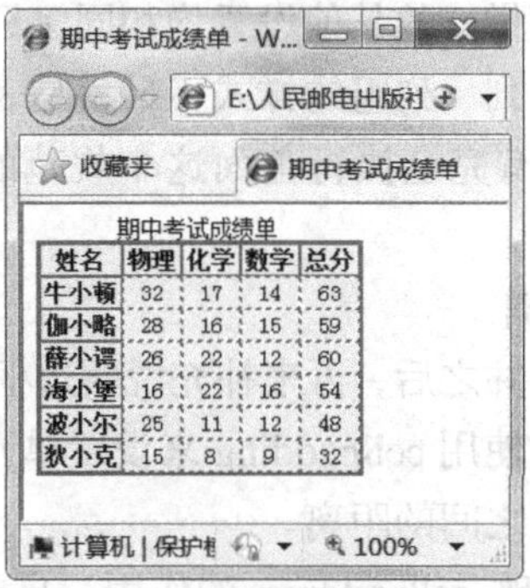

图 9.3　cellspacing 设置为 0 的效果

因此如果使用 HTML 的属性来设置，最细边框线就是 2 像素了。如果使用 CSS 则可以制作边框线宽度真正为 1 像素的表格，这里需要使用一个新的 CSS 属性 border-collapse。

1．设置单元格的边框

通过 border-collapse 属性，CSS 提供了两种完全不同的方法来设置单元格的边框。一种用于在独立的单元格中设置分离的边框，另一种适合设置从表格一端到另一端的连续边框。在默认情况下，使用上面讲到的“分离边框”，也就是在上面的表格中看到的效果，相邻的单元格有各自的边框。

如果在上面的实例中，在“.record”的设置中增加一个属性设置：

```
border-collapse: collapse;
```

其他不做任何改变，效果将变成图 9.4 所示的样子，可以看到相邻单元格之间原来的两条边框重合为一条边框了，而且这条边框的粗细正是 1 像素。实例文件为“Ch09\9.1\04.html”。

说明

（1）border-collapse 属性可以设置的属性值除了 collapse（合并）之外，还可以设置为 separate（分离），默认值为 separate。

（2）如果表格的 border-collapse 属性设置为 collapse，那么 HTML 中设置的 cellspacing 属性设置的值就无效了。

2. 相邻边框的合并规则

每个单元格都可以设置各自的边框颜色、样式和宽度等属性，那么相邻边框在合并时会发生冲突。例如在上面的实例中可以看到 th 的实线和 td 的虚线合并的时候，浏览器选择了 th 的实线。CSS 规范中相关的规则如下。

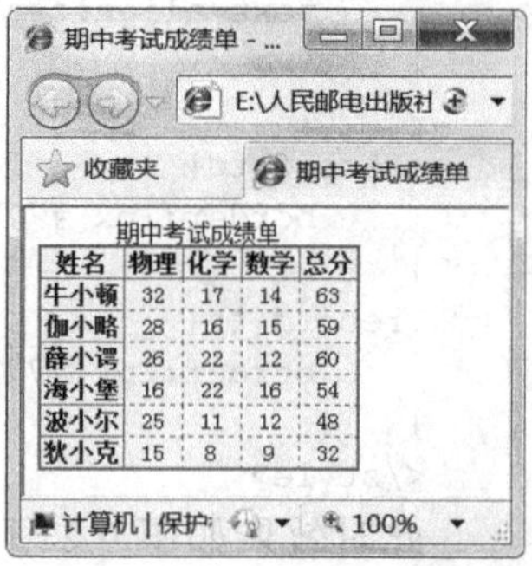

图 9.4 表格框线的重合模式

在 CSS 2.0 的规范中的定义如下。

（1）如果边框的“border-style”设置为“hidden”，那么它的优先级高于任何其他相冲突的边框。任何边框只要有该设置，其他边框的设置就都将无效。

（2）如果边框的属性中有“none”，那么它的优先级是最低的。只有在该边重合的所有元素的边框属性都是“none”时，该边框才不会被省略。

（3）如果重合的边框中没有被设置为“hidden”的，并且至少有一个不是“none”，那么重合的边框中粗的优先于细的。如果几个边框的“border-width”相同，那么样式的优先次序由高到低依次为“double”“solid”“dashed”“dotted”“ridge”“outset”“groove”“inset”。

（4）如果边框样式的其他设置均相同，只是颜色上有区别，那么单元格的样式最优先，然后依次是行、行组、列、列组的样式，最后是表格的样式。

不过 IE 还没有完全执行上面这个规范的规定，因此实际制作的时候，还需要多进行一些测试。

3. 边框的分离

讲完边框的合并之后，再来补充说明边框分离的问题。前面讲到过，在使用 HTML 属性格式化表格时可以通过使用 cellpadding 来设置单元格内容和边框之间的距离，以及使用 cellspacing 设置相邻单元格边框之间的距离。

要用 CSS 实现 cellpadding 的作用，只要对 td 使用 padding 就可以了；而要用 CSS 实现 cellspacing 的作用时，对单元格使用 margin 是无效的，需要对 table 使用另一个专门的属性 border-spacing 来代替它，并确保没有将 border-collapse 属性设置为 collapse。例如，在上面的代码中，在“.record”中增加一条样式设置：

```
border-spacing:10px;
```

在 Firefox 中的效果如图 9.5 所示，实例文件为“Ch09\9.1\05.html”。

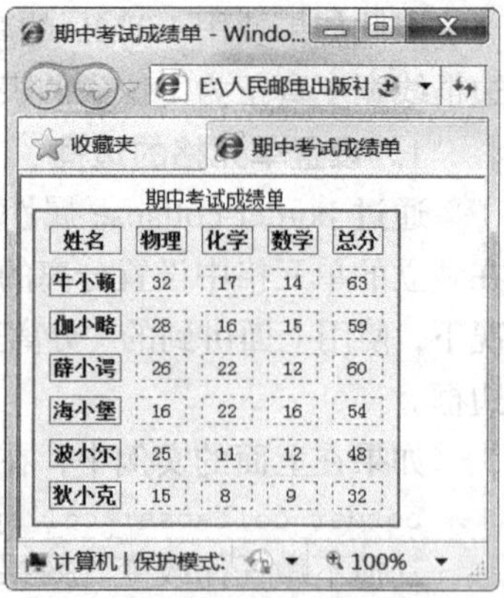

图 9.5 框线分离模式下设置边框之间的距离

9.1.2 确定表格的宽度

CSS 提供了两种确定表格以及内部单元格宽度的方式。一种与表格内部的内容相关，称为“自动方式”；另一种与内容无关，称为“固定方式”。

使用了自动方式时，实际宽度可能并不是 width 属性的设置值，因为它会根据单元格中的内容多少进行调整。而在固定方式下，表格的水平布局不依赖于单元格的内容，而明确地由 width 属性指定。如果取值为“auto”就意味着使用“自动方式”进行表格的布局。

在两种模式下，各自如何计算布局宽度是一个比较复杂的逻辑过程。对于一般用户来说，不需要精确地掌握它，但是知道有这两种方式是很必要的。

在无论各列中的内容有多少，都要严格保证按照指定的宽度显示时，可以使用“固定方式”。例如在后面的“日历”排版中，就用到了固定方式。反之，对各列宽度没有严格要求时，用“自动方式”可以更有效地利用页面空间。

如果要使用固定方式，就需要对表格设置它的 table-layout 属性。将它设置为“fixed”即为固定方式；设置为“auto”时则为自动方式。浏览器默认使用自动方式。

9.1.3　其他与表格相关的标记

除了前面介绍的标记之外，HTML 中还有 3 个标记<thead>、<tbody>和<tfoot>，它们用来定义表格的不同部分，称为“行组”，如图 9.6 所示。

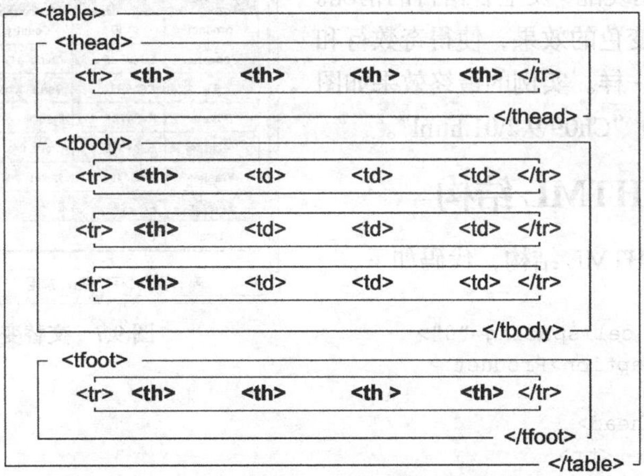

图 9.6　表格的 HTML 结构示意

要使用 CSS 来格式化表格时，通过这 3 个标记可以更方便地选择要设置样式的单元格。例如，对在<thead>、<tbody>和<tfoot>中的<th>设置不同的样式，如果使用下面这个标记：

```
tbody th{……}
```

将只对<tbody>中的内容产生作用，这样就不用再额外声明类别了。

在 HTML 中，单元格是存在于“行”中的，因此如果要对整列设置样式，就不像设置行那么方便，这时可以使用<col>标记。

例如，一个 3 行 3 列的表格，要将第 3 列的背景色设置为灰色，可以使用如下代码：

```
<table >
<col></col><col></col><col class="special"></col>
    <tr>
        <td>11</td>
        <td>12</td>
        <td>13</td>
    </tr>
```

……以下省略……

每一对“<col></col>”标记对应于表格中的一列，对需要单独设置的列设置一个类别，然后设置该类别的 CSS 即可。

注意 由于一个单元格既属于某一行，又属于某一列，因此很可能行列各自的 CSS 设置都会涉及该单元格，这时以谁的设置为准，就要根据 CSS 的优先级来确定。如果有些规则非常复杂，制作的时候就要实际试验一下，但是需要特别谨慎。

9.2 美化表格

本实例对一个简单的表格进行设置，使它看起来更为精致。另外，当表格的行和列都很多，并且数据量很大的时候，若单元格采用相同的背景色，会使浏览者感到凌乱，发生看错行的情况。本例为表格设置隔行变色的效果，使得奇数行和偶数行的背景颜色不一样。实例的最终效果如图 9.7 所示。实例文件为“Ch09\9.2\01.html”。

图 9.7　交替变色的表格样式

9.2.1　搭建 HTML 结构

首先确定表格的 HTML 结构，代码如下：

```
<body>
        <table cellspacing="0">
            <caption>Product List</caption>
            <thead>
                <tr>
                    <th >product</th>
                    <th >ID</th>
                    <th >Country</th>
                    <th >Price</th>
                    <th >Color</th>
                    <th >weight</th>
                </tr>
            </thead>
            <tbody>
                <tr >
                    <th >Computer</th>
                    <td>C184645</td>
                    <td>China</td>
                    <td>$3200.00</td>
                    <td>Black</td>
                    <td>5.20kg</td>
                </tr>
                ……这里省略 5 行……

            <tfoot>
                <tr>
```

```
                <th >Total</th>
                <th colspan="5">6 products</th>
            </tr>
        </tfoot>
</table>
</body>
```

这个表格中，使用的标记从上至下依次为<caption>、<thead>、<tbody>和<tfoot>。此时在浏览器中的效果如图 9.8 所示。

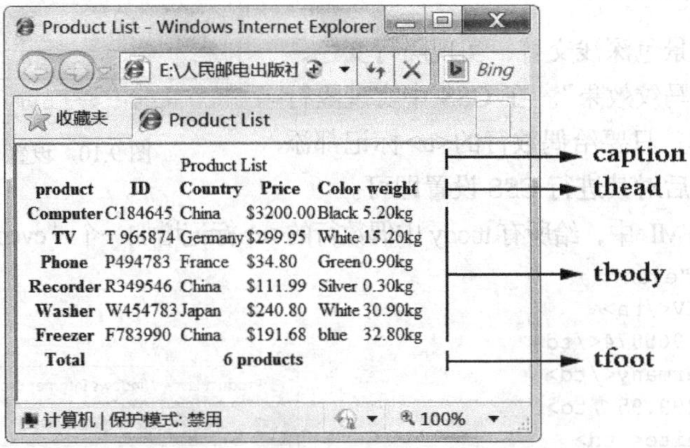

图 9.8　没有设置任何样式的表格

9.2.2　整体设置

接下来对表格的整体和标题进行设置，代码如下：

```
table {
    border: 1px #333 solid;
    font: 12px arial;
    width: 500px}
 table caption {
    font-size: 24px;
    line-height:36px;
    color:white;
    background-color:#777;
 }
```

此时的效果如图 9.9 所示，可以看到整体的文字样式和标题的样式已经设置好了。

图 9.9　设置部分属性的表格样式

9.2.3　设置单元格样式

现在来设置各单元格的样式，代码如下。首先分别设置 tbody、thead 和 tfoot 部分的行背景色。

```
tbody tr{
    background-color: #CCC;
    }

thead tr,tfoot tr{
    background:white;
}
```

然后设置单元格的内边距和边框属性，实现立体的效果。

```
td,th{
    padding: 5px;
    border: 2px solid #EEE;
    border-bottom-color: #666;
    border-right-color:  #666;
}
```

此时的效果如图 9.10 所示。

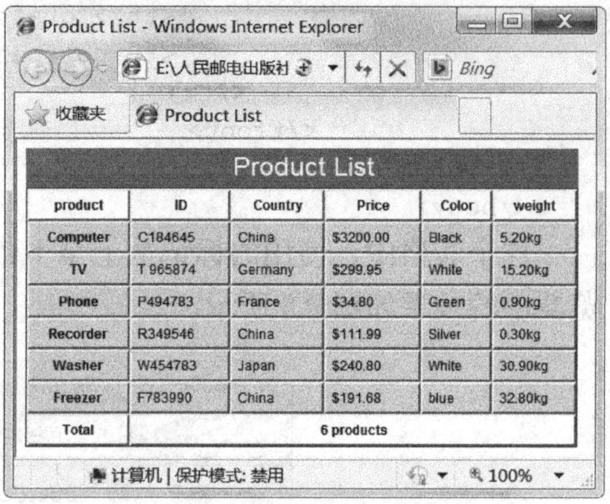

图 9.10　设置了单元格的样式

9.2.4　斑马纹效果

使数据内容的背景色深浅交替，实现隔行变色，这种效果又称为“斑马纹效果”。在 CSS 中实现隔行变色的方法十分简单，只要给偶数行的<tr>标记都添加上相应的类型，然后对其进行 CSS 设置即可。

（1）首先，在 HTML 中，给所有 tbody 中偶数行的<tr>标记增加一个“even”类别，代码如下：

```
<tr class="even">
    <th >TV</th>
    <td>T 965874</td>
    <td>Germany</td>
    <td>$299.95</td>
    <td>White</td>
    <td>8.20kg</td>
</tr>
```

（2）设置“.even”与其他单元格不同的样式，代码如下：

```
tbody tr.even{
    background-color: #AAA; }
```

此时效果如图 9.11 所示。这里交替的两种颜色不但可以使表格更美观，而且更重要的是，当表格的行列很多的时候，可以使查看者不易看错行，实例文件为“Ch09\9.2\01.html”。

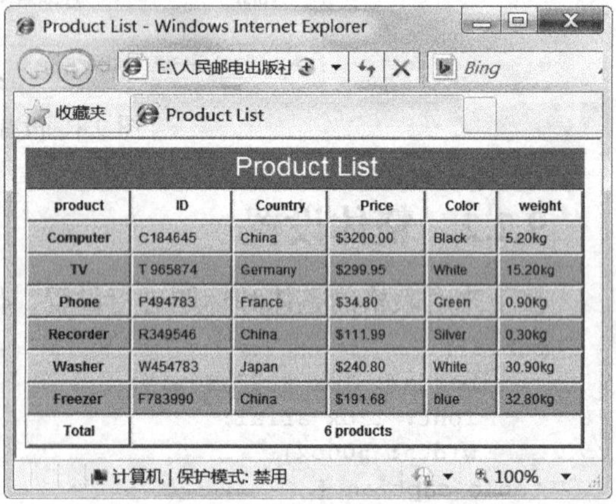

图 9.11　交替变色的样式

说明　在实际网页中，这种隔行变色的效果通常是配合服务器动态生成的，在服务器上读取数据的时候做判断，读第 1 个数据的时候输出“<tr>”，读第 2 个数据的时候输出“<tr class="even">”，然后依次循环。

9.3　制 作 日 历

日历是日常生活中随处可见的工具。计算机出现后，产生了很多供人们记录日程安排的备忘录软件。随着互联网的普及，将日历存储在互联网上就更方便了，无论走到哪里，只要能够登录互联网，就可以随时查询和登记各种日程信息。

365 日历网推出的国内最专业的日历软件，涵盖手机版（iOS、android）、PC 版、Web 版全平台，数据云同步；拥有公历、农历、万年历、日程管理、图片日程、城市天气等实用功能；还可以收藏电影首映日历等个性化公众日历、自由创建与共享群组日历、挑选与变换主题网站界面，如图 9.12 所示。

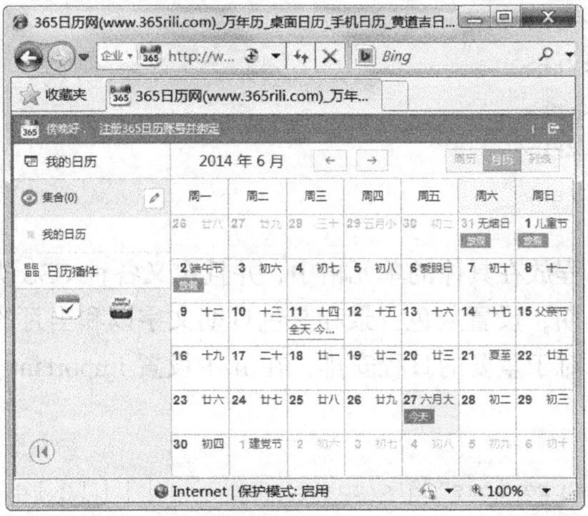

图 9.12　365 日历

在本节中也将实现一个日历的页面，效果如图 9.13 所示。本实例最终代码请参见本书素材文件中的“Ch09\9.3\01.html”。

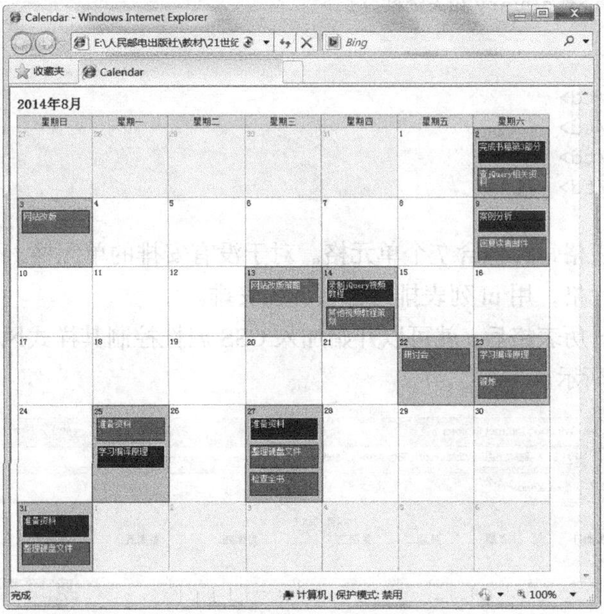

图 9.13　用视图模式显示的日历

9.3.1　搭建 HTML 结构

按照传统的方法建立最简单的表格，包括建立表格的标题<caption>，以及利用<th>表示星期一到星期日，并给表格定义 CSS 类别，代码如下：

```
<body>
<table class="month">
    <caption>2014 年 8 月</caption>
    <tr>
        <th>星期日</th>
        <th>星期一</th>
```

```
        <th>星期二</th>
        <th>星期三</th>
        <th>星期四</th>
        <th>星期五</th>
        <th>星期六</th>
    </tr>
```

然后开始将各天的日程放在具体的单元格中，并且定义各种 CSS 类型。previous 和 next 分别表示上个月和下个月的日期，设置灰色背景和灰色日期文字以和当月的日期区分开；active 用来表示有具体安排的日子，对于重要的日程安排，在 li 中设置 important 类别，以便后期用 CSS 做特殊样式。实例代码如下：

```
    <tr>
        <td class="previous">31</td>
        <td>1</td>
        <td class="active">2
        <ul>
            <li class="important">完成书稿第 3 部分</li>
            <li>查 jQuery 相关资料</li>
        </ul>
        </td>
        <td>3</td>
        <td>4</td>
        <td>5</td>
        <td>6</td>
    </tr>
```

上面的代码中，表格每行包含 7 个单元格。对于没有安排的单元格，仅输入一个日期数字即可；对于有安排的单元格，用 ul 列表排列各项日程安排。

依次建立好整个日历表格后，就可以开始加入 CSS 属性控制其样式风格了。此时还没有 CSS 控制的日历如图 9.14 所示。

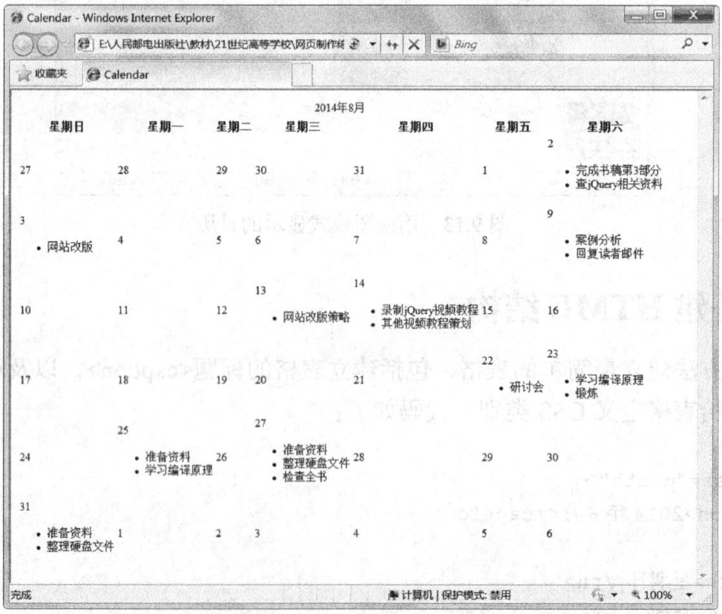

图 9.14　未添加 CSS 的表格

9.3.2　设置整体样式和表头样式

在建立好表格的框架结构后，开始编写 CSS 样式。

（1）首先添加对整个表格的控制，代码如下：

```
.month {
    border-collapse: collapse;
    table-layout:fixed;
    width:780px;
}
```

注意

需要特别注意上面的两条 CSS 样式。

- “border-collapse: collapse;”的作用是使边框使用重合模式，从最终的效果图中可以看到相邻单元格之间的边框是重合在一起的。
- “table-layout:fixed;”的作用是用固定宽度的布局方式，使每一列的宽度都相等。从图 9.14 中可以看到，由于星期二这一列中没有任何日程安排，因此被挤得很窄。如果希望各列都一样宽，就需要使用固定布局方式，严格按照 width 属性来确定各列的宽度。

（2）设置<caption>和<th>的基本属性。

```
.month {
    border-collapse: collapse;
    table-layout:fixed;
    width:780px;
}
.month caption {
    text-align: left;
    font-family: 宋体, arial;
    font-size:20px;
    font-weight:normal;
    padding-bottom: 6px;
    font-weight:bold;
}
.month th {
    border: 1px solid #999;
    border-bottom: none;
    padding: 3px 2px 2px;
    margin:0;
    background-color: #ADD;
    color: #333;
    font: 80% 宋体;
}
```

此时的表头部分已经初见效果，如图 9.15 所示，列名称中各个星期的样式都不再显得那么单调了。

图 9.15　控制标题、表头单元

9.3.3 设置日历单元格样式

整个表格中的单元格一共分为 4 种，即“普通的”“有日程安排的”“上个月的”和“下个月的”。后三者分别设置了 active、previous 和 next 类别，因此先对普通单元格进行设置，它也是后三者所具有的“共性”样式基础。具体的步骤如下。

（1）对普通单元格进行设置，代码如下：

```
.month td {
    border: 1px solid #AAA;
    font: 12px 宋体;
    padding: 2px 2px;
    margin:0;
    vertical-align: top;
}
```

（2）设置 previous 和 next 类别的“个性”属性。没有提到的属性都与前面的“共性”设置一致。这里仅将背景色设置为灰色，文字也设置为灰色，因为这几个单元格不是当月的内容，所以希望使它不容易引起访问者注意。

```
.month td.previous, .month td.next {
    background-color: #eee;
    color: #A6A6A6;
}
```

（3）设置有日程安排的单元格。这个设置的目的是使它比较醒目，因此设置了深色的边框，并设为 2 像素的粗边框。

```
.month td.active {
    background-color: #B1CBE1;
    border: 2px solid #4682B4;
}
```

此时的表格如图 9.16 所示，表格和单元格的边框、上个月和下个月的日期单元格有灰色背景，当月单元格为白色。

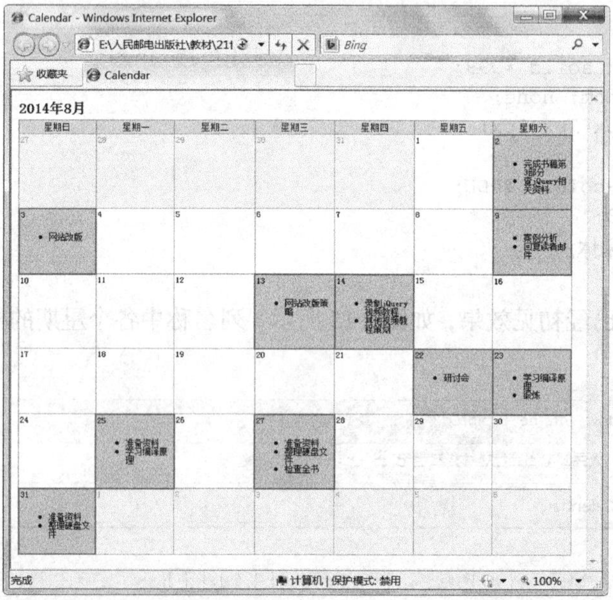

图 9.16　对单元格进行设置后的效果

（4）对日程安排中的事件列表进行 CSS 控制，清除每个事件前面的小圆点，事件与事件之间添加一定的空隙，并设置背景图像，代码如下：

```
.month ul {
    list-style-type: none;
    margin: 3px;
    padding:0;
}

.month li {
    color:#FFF;
    padding:2px;
    margin-bottom: 6px;
    height:34px;
    overflow:hidden;
    width:100px;
    border:1px #C00 solid;
    background-color:#C66;
}
```

此时表格的样式结构已经基本定型，如图 9.17 所示。

图 9.17　日历表格效果

注意

在 li 中把溢出（overflow）设置为隐藏，可以使显示不下的文字都隐藏起来。

9.4　CSS 与表单

表单是网页与用户交互所不可缺少的元素，在传统的 HTML 中对表单元素的样式进行控制的标记很少，仅仅局限于功能上的实现。本节围绕 CSS 控制表单进行详细介绍，包括表单中各个元素的控制、与表格配合制作各种效果等。

9.4.1 表单中的元素

表单中的元素很多，包括常用的输入框、文本框、单选项、复选框、下拉菜单和按钮等，图 9.18 所示的是一个没有经过任何修饰的表单，包括最简单的输入框、下拉菜单、单选项、复选框、文本框和按钮等。

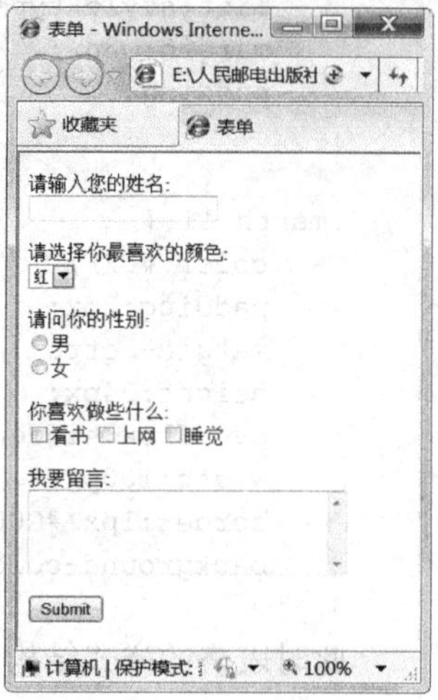

图 9.18 普通表单

该表单的代码如下，主要包括<form>、<input>、<textarea>、<select>和<option>等几个标记，没有经过任何 CSS 修饰，实例文件为"Ch09\9.4\01.html"。

```
<form method="post">
<p>请输入您的姓名:<br><input type="text" name="name"
id="name"></p>
<p>请选择你最喜欢的颜色:<br>
<select name="color" id="color">
    <option value="red">红</option>
    <option value="green">绿</option>
    <option value="blue">蓝</option>
    <option value="yellow">黄</option>
    <option value="cyan">青</option>
    <option value="purple">紫</option>
</select></p>
<p>请问你的性别:<br>
    <input type="radio" name="sex" id="male" value="male">男<br>
    <input type="radio" name="sex" id="female" value="female">女</p>
<p>你喜欢做些什么:<br>
    <input type="checkbox" name="hobby" id="book" value="book">看书
    <input type="checkbox" name="hobby" id="net" value="net">上网
    <input type="checkbox" name="hobby" id="sleep" value="sleep">睡觉</p>
<p>我要留言:<br><textarea name="comments" id="comments" cols="30" rows="4"></textarea> </p>
<p><input type="submit" name="btnSubmit" id="btnSubmit" value="Submit"></p>
</form>
```

下面直接利用 CSS 对标记进行控制，为整个表单添加简单的样式风格，包括边框、背景色、宽度和高度等，实例文件为"Ch09\9.4\02.html"。

```
form {
    border: 1px dotted #AAAAAA;
    padding: 3px 6px 3px 6px;
    margin:0px;
    font:14px Arial;
}
input {
    color: #00008B;
    background-color: #ADD8E6;
    border: 1px solid #00008B;
}
select {
    width: 80px;
    color: #00008B;
```

```
    background-color: #ADD8E6;
    border: 1px solid #00008B;
}
textarea {
    width: 200px;
    height: 40px;
    color: #00008B;
    background-color: #ADD8E6;
    border: 1px solid #00008B;
}
```

此时表单看上去就不那么单调了。不过仔细观察会发现单选项和复选框的边框的显示效果，在浏览器 IE 和 Firefox 中有明显的区别，如图 9.19 所示。

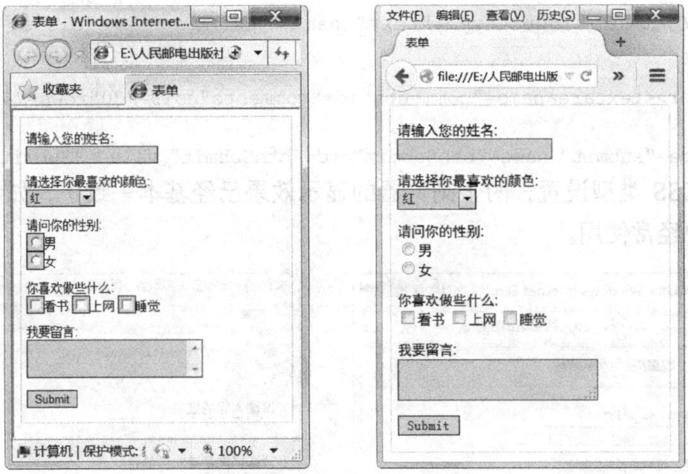

图 9.19　简单的 CSS 样式风格

图 9.19 中显示了在两种浏览器中的显示区别，在 IE 中的单选项和复选框都有边框，而在 Firefox 中则没有。因此在设计表单时通常的方法还是给各项添加类别属性，进行单独的设置，实例文件为“Ch09\9.4\03.html”。

```
form{
    border: 1px dotted #AAAAAA;
    padding: 1px 6px 1px 6px;
    margin:0px;
    font:14px Arial;
}
input{                                  /*所有 input 标记 */
    color: #00008B;
}
input.txt{                              /* 文本框单独设置 */
    border: 1px inset #00008B;
    background-color: #ADD8E6;
}
input.btn{                              /* 按钮单独设置 */
    color: #00008B;
    background-color: #ADD8E6;
    border: 1px outset #00008B;
    padding: 1px 2px 1px 2px;
}
select{
    width: 80px;
```

```
        color: #00008B;
        background-color: #ADD8E6;
        border: 1px solid #00008B;
    }
    textarea{
        width: 200px;
        height: 40px;
        color: #00008B;
        background-color: #ADD8E6;
        border: 1px inset #00008B;
    }

    <form method="post">
    <p>请输入您的姓名:<br><input type="text" name="name"id="name"class="txt"></p>
    ......
    <p>我要留言:<br><textareaname="comments"id="comments"cols="30"rows="4" class="txtarea">
</textarea></p>
    <p><input type="submit" name="btnSubmit" id="btnSubmit" value="Submit" class="btn"></p>
```

经过单独的 CSS 类型设置，两个浏览器的显示效果已经基本一致了，如图 9.20 所示。这种方法在实际设计中经常使用。

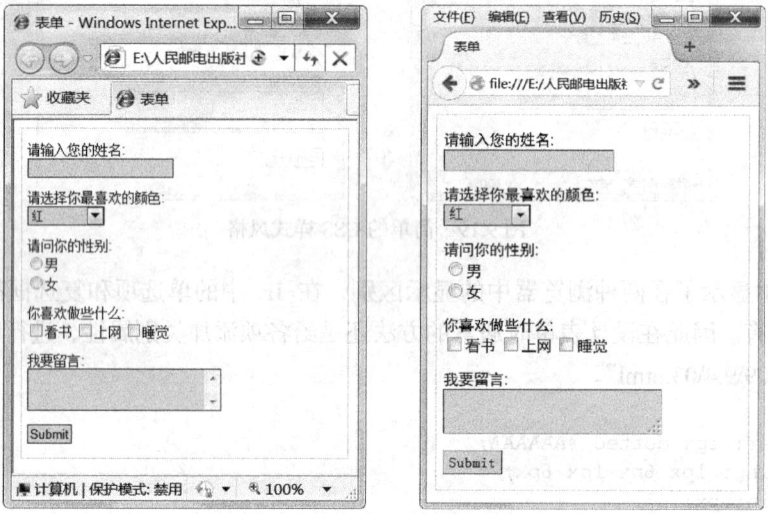

图 9.20　单独设置各个元素

提示　各个浏览器之间显示的差异通常都是因为各浏览器对部分 CSS 属性的默认值不同导致的，通常的解决办法就是指定该值，而不让浏览器使用默认值。

9.4.2　多彩的下拉菜单

CSS 不仅可以控制下拉菜单的整体字体和边框等，对于下拉菜单中的每一个选项同样可以设置背景色和文字颜色。对于下拉选项很多、必须加以进一步分类的时候，这种方法十分奏效，对于选择颜色更是得心应手。

首先建立相关的 HTML 部分，包括表单、下拉菜单、各个选项和按钮等，并且为每一个下拉选项指定一个相应的 CSS 类型，代码如下：

```
    <form method="post">
```

```
    <p><label for="color">请选择一种颜色</label>
    <select name="color" id="color">
        <option value=""> 选择 </option>
        <option value="blue" class="blue">蓝色</option>
        <option value="red" class="red">红色</option>
        <option value="green" class="green">绿色</option>
        <option value="yellow" class="yellow">黄色</option>
        <option value="cyan" class="cyan">青色</option>
        <option value="purple" class="purple">紫色</option>
    </select></p>
    <p><input type="submit" name="btnSubmit" id="btnSubmit" value="提交"></p>
</form>
```

此时下拉菜单与普通的下拉菜单一样，所有下拉选项显示相同的颜色风格。给每一个下拉选项都添加相应的 CSS 样式，主要是文字颜色和背景颜色的设置。CSS 部分代码如下，实例文件为“Ch09\9.4\04.html”。

```
.blue{
    background-color:#7598FB;
    color: #000000;
}
.red{
    background-color:#E20A0A;
    color: #ffffff;
}
.green{
    background-color:#3CB371;
    color: #ffffff;
}
.yellow{
    background-color:#FFFF6F;
    color: #000000;
}
.cyan{
    background-color:#00FFFF;
    color:#000000;
}
.purple{
    background-color:#800080;
    color:#FFFFFF;
}
```

为每一个下拉选项都设置 CSS 样式之后，各个选项的背景颜色都变成了其文字所描述的颜色本身，而文字颜色则选取了与背景色有一定反差的色彩，以便浏览。实例的最终效果如图 9.21 所示。

图 9.21　七彩的下拉菜单

9.5　网民调查问卷实例

门户网站上的新闻和事实往往都伴随着各种各样的调查问卷，包括事实的评论、舆论的反馈和事态的预测等。这些调查问卷都离不开表格与表单的配合使用。本例通过制作一个简单的调查问卷，进一步熟练 CSS 控制表格和表单的方法。

图 9.22 所示的是一个网上关于足球世界杯的热点调查，本例通过简单的表格和表单的配合，模拟该调查问卷的效果。

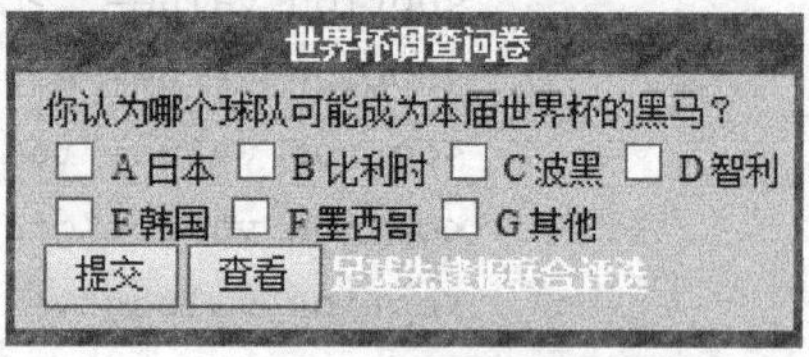

图 9.22　调查问卷

跟其他实例的方法类似，首先建立 HTML 框架结构。考虑到该调查问卷分为内外两层，外层为草绿色，内层为浅绿色，因此采用表格的相互嵌套，代码如下：

```
<body>
<table class="outside">
    <tr><td class="title">世界杯调查问卷</td></tr>
    <tr><td class="tdoutside">
        <form method="post">
        <table class="inside" cellspacing="0">
            <tr>
                <td class="tdinside">
                你认为哪个球队可能成为本届世界杯的黑马？<br>
                <input type="checkbox" name="checkbox" id="checkbox" />A 日本
                <input type="checkbox" name="checkbox" id="checkbox2" />B 比利时
                <input type="checkbox" name="checkbox" id="checkbox3" />C 波黑
                <input type="checkbox" name="checkbox" id="checkbox4" />D 智利
                <br />
                <input type="checkbox" name="checkbox" id="checkbox5" />E 韩国
                <input type="checkbox" name="checkbox" id="checkbox6" />F 墨西哥
                <input type="checkbox" name="checkbox" id="checkbox7" />G 其他
                <br>
                <input type="submit" value="提交">
                <input type="button" name="viewresult" value="查看">
                <a href="#">足球先锋报联合评选</a>
                </td>
            </tr>
        </table>
        </form>
    </td></tr>
</table>
</body>
```

在外层表格中设置标题“世界杯调查问卷”，内层表格则是具体的表单，同时给内外表格以及单元格都设置 CSS 类别，此时的效果如图 9.23 所示。

为外层表格添加 CSS 样式，包括草绿色的背景图片、文字大小和标题样式等，参考实例文件为“Ch09\9.5\01.html”，此时的效果如图 9.24 所示。

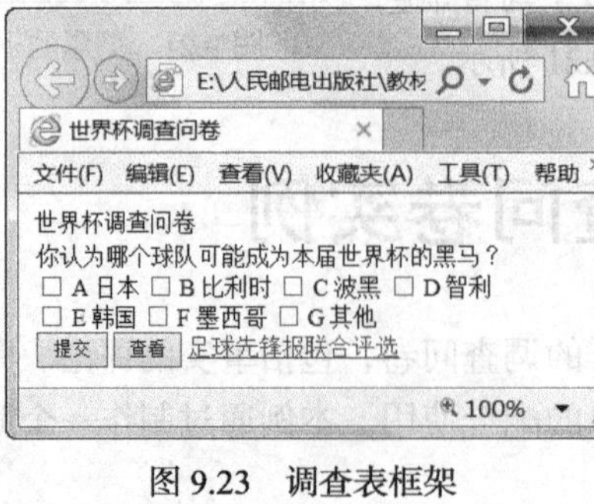

图 9.23　调查表框架

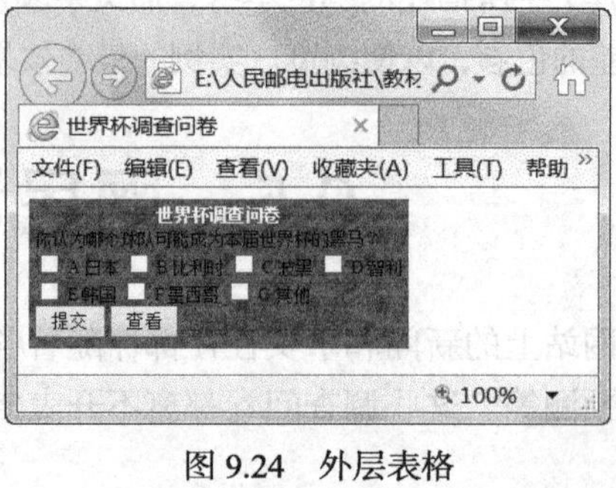

图 9.24　外层表格

```
table.outside{                                  /* 外层表格 */
    background:url(images/bj.jpg);
    font-size:12px;
    padding:0px;
}
td.title{                                       /* 表格标题 */
    color:#FFFFFF;
    font-weight:bold;
    text-align:center;
    padding-top:3px;
    padding-bottom:0px;
}
td.tdoutside{
    padding:0px 1px 4px 1px;
}
```

然后调整内存表格的样式，包括文字样式、背景颜色、表单的按钮和单选项等，代码如下，效果如图 9.25 所示。

```
table.inside{                                   /* 内层表格 */
    width:269px;
    font-size:12px;
    padding:0px;
    margin:0px;
}
td.tdinside{
    padding:7px 0px 7px 10px;
    background-color:#84EA89;
}
form{
    margin:0px; padding:0px;
}
input{
    font-size:12px;
}
```

最后调整“查看”按钮后面的超链接的样式属性，代码如下：

```
a{
    color:#FFF;
    text-decoration:underline;
    font-weight: bold;
}
```

这样，一个网上调查问卷便制作完毕了，最终效果如图 9.26 所示。

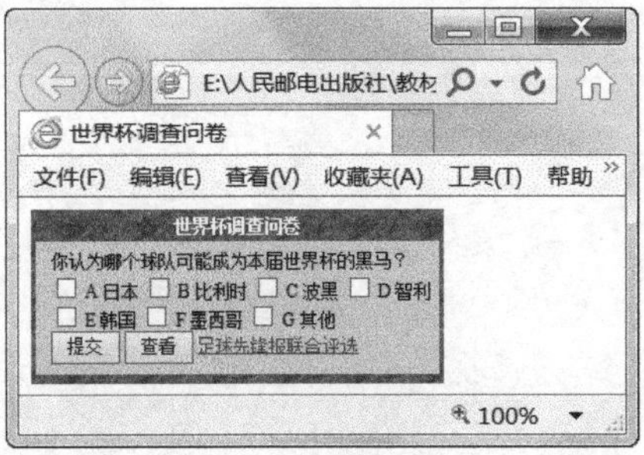

图 9.25　内层表格

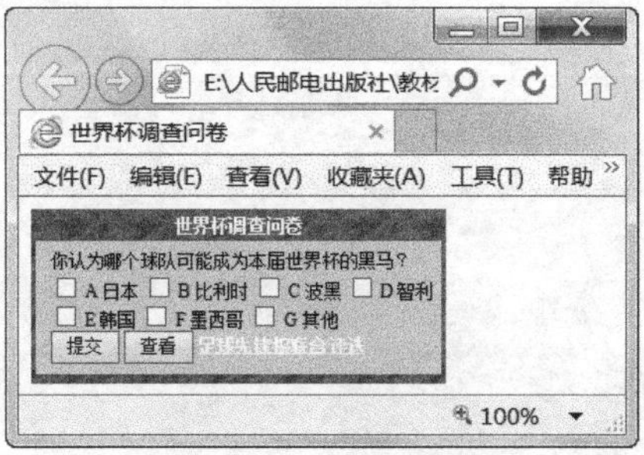

图 9.26　最终效果

小　结

本章详细介绍表格的 CSS 样式的设置方法，主要包括 3 个方面。

（1）关于表格的 HTML 结构及其相应的 CSS 属性设置。

（2）使用 JavaScript 实现对 CSS 的样式扩充。

（3）通过“日历”这个实例，演示了如何在一个实际的页面中使用表格，以及设置相关的样式。

本章还介绍了表单的制作，以及使用 CSS 设置表单元素的方法。表单是交互式网站很重要的应用之一，它可以实现交互功能。需要注意的是，本章所介绍的内容只涉及表单的设置，不涉及具体功能的实现方法，例如要实现一个真正的留言簿功能，则必须要有服务器程序的配合。

习　题

1. 分别列出 HTML 中和 CSS 中，对表格元素的设置有哪些属性，分别可以实现哪些方面的演示设置，研究一下是否所有的与表格相关的 HTML 属性都有相应的 CSS 属性完成其功能。

2. 制作一个课程表，要求适当地使用<table>、<thead>、<tbody>、<tfoot>、<th>、<tr>、<td>这些 HTML 元素。

3. 对第 2 题制作出的表格，使用 CSS 进行样式设置，要求效果美观清晰。

4. 简述表单的基本原理及主要用途。

5. 制作一个用户注册页面，要求页面中包含若干项目，以供注册人输入，例如姓名、性别、年龄、地址等。尽可能使用各种表单元素。

第 10 章 网页样式综合案例——灵活的电子相册

前面几章针对 CSS 设计中的几个专项分别进行了讲解，本章通过一个案例，对 CSS 的样式设计进行阶段复习。本章通过 CSS 对电子相册进行排版，进一步介绍 CSS 排版的方法。

本案例的有趣之处在于使用相同的 HTML 结构，可以产生不同的变化。例如，在阵列模式时，效果如图 10.1 所示，而使用单列模式的效果则如图 10.2 所示。这两个看起来完全不同的页面，实际上 HTML 代码是完全相同的，只是使用了不同的 CSS 设计。

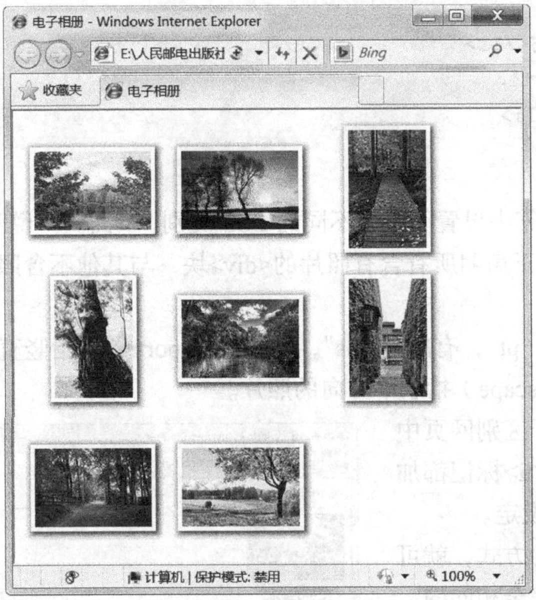

图 10.1　阵列模式

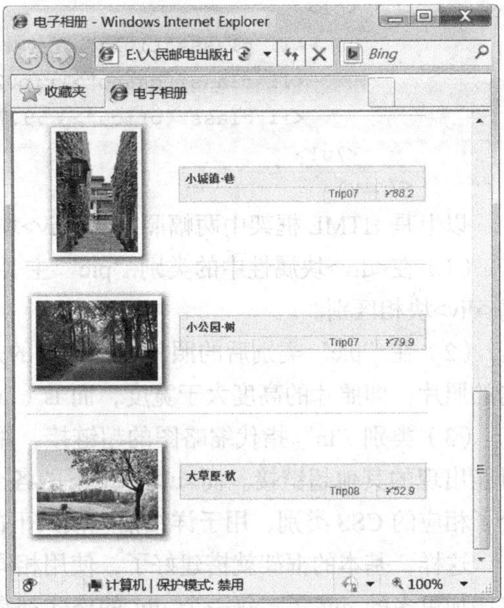

图 10.2　单列模式

10.1 搭建框架

首先来搭建页面的框架结构。搭建框架主要应考虑在实际页面中相册的具体结构和形式，包括照片整体排列的方法、用户可能的浏览情况、照片是否需要自动调整等。

首先对于阵列模式，不同的用户可能有不同的浏览器。显示器分辨率为“1024×768”的用户可能希望每行能显示 5～6 幅缩略图，而显示器分辨率为“1280×1024”的用户或许希望每行能容纳 7～8 幅，宽屏用户或许希望每行能显示更多。其次，即使在同一个浏览器下，用户也不一定能够全屏幕欣赏，这就需要照片能够自动排列和换行。如果使用<table>排版，是无论如何也不可能实现这一点的。

对于详细信息的模式，照片的信息通常环绕在一侧，设计者往往不愿意再重新设计整体框架，而希望在阵列框架的基础上，通过直接修改 CSS 文件就能实现整体的变换，这也是<table>排版不可能实现的。

考虑到以上要求，对每一幅照片以及它的相关信息都用一个<div>块进行分离，并且根据照片的横、竖来设置相应的 CSS 类别，代码如下：

```
<div class="pic ls" id="p0">
    <a href="images/m01.jpg" class="tn"><img src="images/thumb/s01.jpg"/></a>
    <ul>
        <li class="title">龙庆峡·枫</li>
        <li class="catno">Trip01</li>
        <li class="price">￥79.9</li>
    </ul>
</div>
<div class="pic ls" id="p1">
    <a href="images/m02.jpg" class="tn"><img src="images/thumb/s02.jpg"/></a>
    <ul>
        <li class="title">晚夕阳·树</li>
        <li class="catno">Trip02</li>
        <li class="price">￥59.7</li>
    </ul>
</div>
```

以上是 HTML 框架中两幅照片的<div>块。其中设置了很多不同的 CSS 类别，下面一一说明。

（1）在<div>块属性中的类别“pic”主要用于声明所有含有照片的<div>块，与其他不含照片的<div>块相区别。

（2）在“pic”类别后的照片类别，有的是“pt”，有的是“ls”，其中 pt（portrait）指竖直方向的照片，即照片的高度大于宽度，而 ls（landscape）指水平方向的照片。

（3）类别“tn”指代缩略图的超链接，用于区别网页中可能出现的其他超链接。而<ul>标记下的各个<li>标记都加上了相应的 CSS 类别，用于详细信息模式下的设定。

这样，基本的框架就搭建好了，使用相同的方式，就可以增加更多的 div 了。每一个 div 的格式都是完全相同的，只需按照片是横向的还是竖向的来设置类别并输入相关的文字信息就可以了。例如，在本书光盘中的案例源文件中，我们放入了 8 张照片，此时没有设置什么 CSS 样式，页面的效果如图 10.3 所示。实例文件为“Ch10\10.1\01.html”。

可以看到，由于还没有设置任何 CSS 样式，因此所有内容都从上到下依次排列。

图 10.3　未设置 CSS 样式的效果

10.2 阵列模式

首先来讨论阵列模式的实现方法，它主要要求照片能够根据浏览器的宽度自动调整每行的照片数，在 CSS 排版中正好可以用 float 属性来实现；另外考虑到需要排列整齐，而且照片有横向显示的也有纵向显示的，因此将块扩大为一个正方形，并且给照片加上边框。

在浏览器窗口比较宽的时候，一行可以显示比较多的照片，效果如图 10.4 所示。

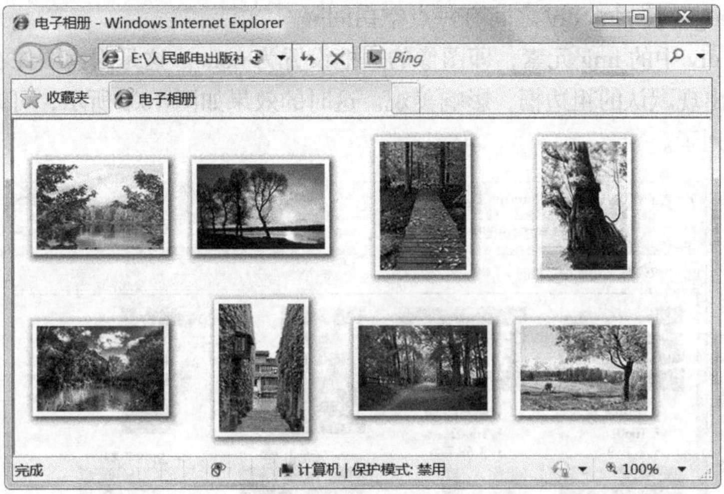

图 10.4　以阵列模式显示

当浏览器窗口宽度变化时，阵列也会自动改变，如图 10.5 所示。

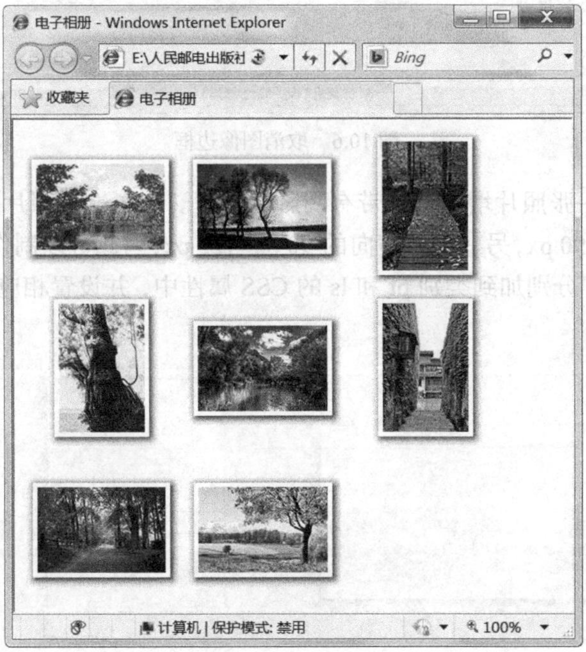

图 10.5　自动改变每行放置的照片数量

（1）首先实现整体的结构，代码如下：

```
div.pic{
    height:160px; width:160px;          /* 每幅图片块的大小 */
    float:left;                         /* 向左浮动 */
    margin:5px;
}
div.pic img{
    border:none;
}
```

这里进行了非常简单的设置，将每一个 div 设置固定的宽度和高度，都是 160 px，使之向左浮动，并通过 margin 使相邻 div 之间有一点空白间隔。

（2）然后将 div 中的 img 元素，即图像的边框设置为 none。这是因为图像在链接中，如果不取消边框，就会出现默认的粗边框，影响美观。这时的效果如图 10.6 所示，可以看到，现在已经形成阵列方式排列了。

图 10.6　取消图像边框

（3）下面要为每一张照片增加一个带有阴影的边框。由于这里照片显示的方式只有两种，一种是竖向的 135 px×90 px，另一种是横向的 90 px×125 px，因此可以制作两幅方形的背景图片，用来衬托每一张照片，分别加到类别 pt 和 ls 的 CSS 属性中，并设置相应的照片大小，如图 10.7 所示。

图 10.7　照片的背景衬托

注意

实际上两幅图片都是正方形的，图 10.7 中外侧的细线仅表示范围。

（4）下面的样式是将图像应用到 div 的背景上。

```
div.ls{
    background:url(images/framels.jpg) no-repeat center; /* 水平照片的背景 */
}
div.pt{
    background:url(images/framept.jpg) no-repeat center; /* 竖直照片的背景 */
}
```

（5）设置照片图像的宽度。如果确认图像的大小恰好是 90 px 和 135 px，就可以不用设置。这里设置的作用是如果照片图像的大小不是正好这么大，可以强制以正确的大小显示。

```
div.ls img{                                  /* 水平照片 */
    margin:0px;
    height:90px; width:135px;
}
div.pt img{                                  /* 竖直照片 */
    margin:0px;
    height:135px; width:90px;
}
```

（6）目前在阵列模式下，不需要显示照片的具体文字信息，因此将<ul>标记的 display 设置为 none，代码如下：

```
div.pic ul{
    display:none;                            /* 阵列模式，不显式照片信息 */
}
```

此时页面的效果如图 10.8 所示，可以看到背景图像已经放置好了，只是还没有与照片对齐。

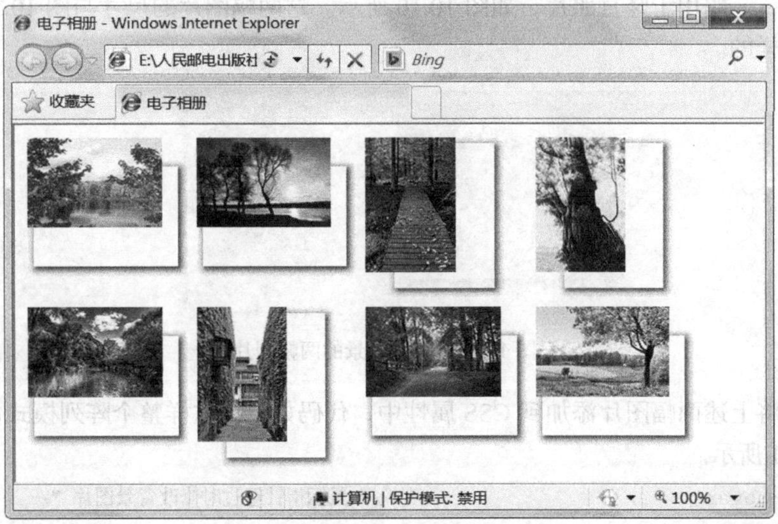

图 10.8　添加背景，取消<ul>信息

（7）将超链接设置为块元素，并且利用 padding 值将作用范围扩大到整个 div 块的“160 px× 160 px”范围，同时通过调整 4 个 padding 值，实现照片正好放到背景图的白色矩形区域中的效果，代码如下：

```
div.ls a{
    display:block;                          /* 定义为块元素 */
    padding:34px 14px 36px 11px;            /* 将超链接区域扩大到整个背景块 */
}
div.pt a{
    display:block;
    padding:11px 36px 14px 34px;            /* 将超链接区域扩大到整个背景块 */
}
```

此时页面的效果如图 10.9 所示。

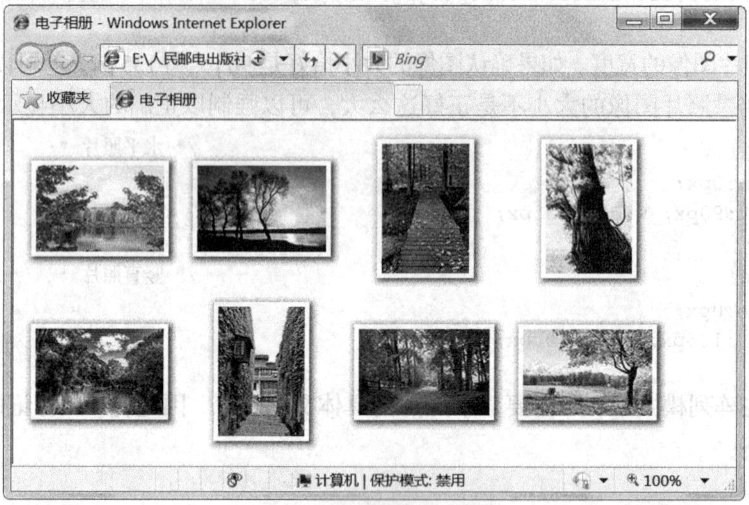

图 10.9　调整超链接块

（8）考虑到超链接的突出效果，再分别为鼠标指针经过照片时制作两幅橘黄色的背景，一幅用于水平照片，一幅用于竖直照片，如图 10.10 所示。这两幅图片的尺寸与图 10.7 中用于衬托的图片是完全一样的。

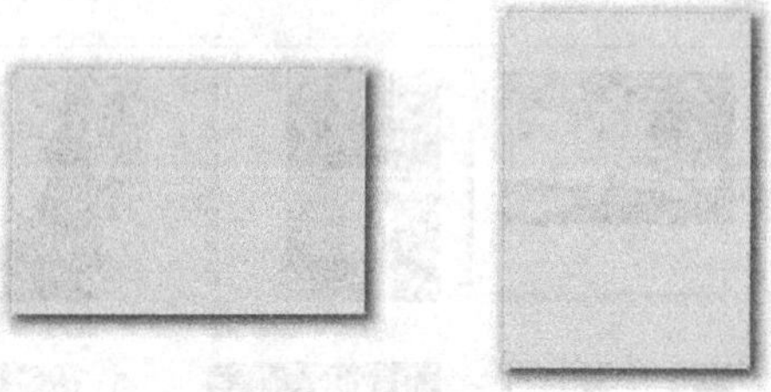

图 10.10　突出背景的两幅图片

（9）分别将上述两幅图片添加到 CSS 属性中，代码如下。这样整个阵列模式便制作完成了，效果如图 10.11 所示。

```
div.ls a:hover{                             /* 鼠标指针经过时修改背景图片 */
    background:url(images/framels_hover.jpg) no-repeat center;
}
div.pt a:hover{
    background:url(images/framept_hover.jpg) no-repeat center;
}
```

本实例最终效果的实例文件为“Ch10\10.2\01.html”。

图 10.11　阵列模式最终效果

10.3　单 列 模 式

单列模式的效果如图 10.12 所示，所有照片竖直排列，每张照片的右侧显示关于该照片的详细信息，并且不更改页面的 HTML 结构。

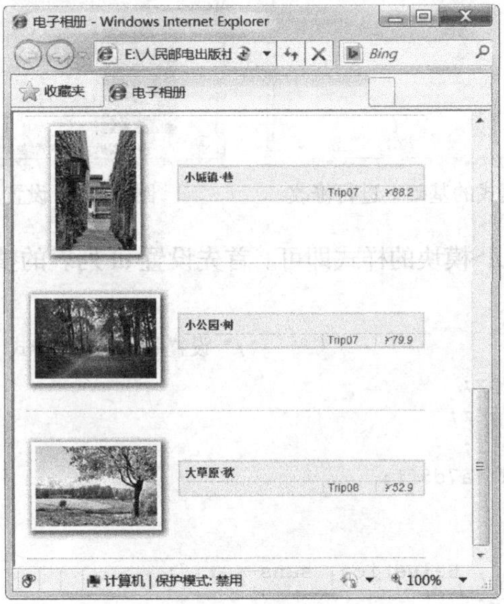

图 10.12　单列模式

在采用了 CSS 的 div 排版后，仅仅需要在阵列的基础上不再浮动即可，然后将照片的超链接设置为向左浮动，照片的信息不再隐藏，代码如下：

```
div.pic{
    width:450px; height:160px;          /* 块的大小 */
    margin:5px;
}
```

```
div.pic img{
    border:none;
}
div.pic a.tn{
    float:left;                                   /* 超链接环绕 */
}
```

此时页面的效果如图 10.13 所示。可以看到，由于 div 中的 a 元素设置为向左浮动，因此它后面的列表文字就环绕它，从而显示在其右侧了。

只通过简单地修改 CSS 文件，详细信息的框架就已经搭建出来了。关于如何设置图像的背景，以及使鼠标指针经过时更换背景图像，这些都和前面的阵列模式完全相同，不需要任何改动。设置好以后，效果如图 10.14 所示。

图 10.13　在阵列模式的基础上进行修改

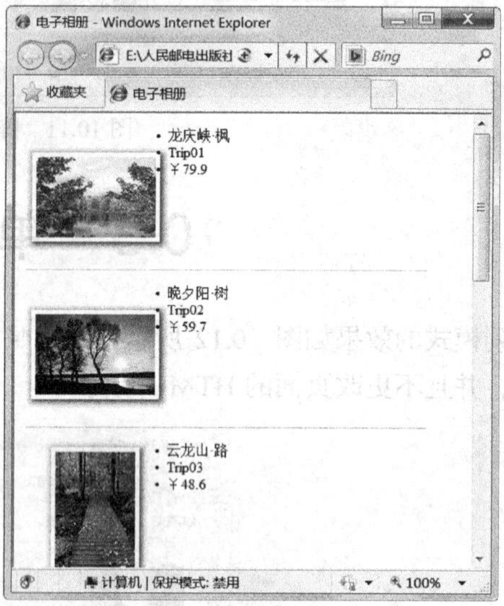

图 10.14　设置照片背景等属性

下面只需要单独设置<ul>模块的样式即可。首先设置 ul 列表的整体位置、边框等属性，代码如下：

```
div.pic ul{                               /* 设置照片信息的样式 */
    margin:0 0 0 170px;
    padding:0 0 0 0.5em;
    background:#dceeff;
    border:2px solid #a7d5ff;
    font-size:12px;
    list-style:none;
    font-family:Arial, Helvetica, sans-serif;
    position:relative;
    top:50px;
}
```

最终效果如图 10.15 所示。

下面就是针对 3 个列表项目进行设置，这里不再详细介绍，代码如下：

```
div.pic li{
    line-height:1.2em;
    margin:0;
    padding:0;
}
```

```
div.pic li.title{
    font-weight:bold;
    padding-top:0.4em;
    padding-bottom:0.2em;
    border-bottom:1px solid #a7d5ff;
    color:#004586;
}
div.pic li.catno{
    color:#0068c9;
    margin:0 2px 0 13em;
    padding-left:5px;
    border-left:1px solid #a7d5ff;
}
div.pic li.price{
    color:#0068c9;
    font-style:italic;
    margin:-1.2em 2px 0 18em;
    padding-left:5px;
    border-left:1px solid #a7d5ff;
}
```

最终效果如图 10.16 所示。

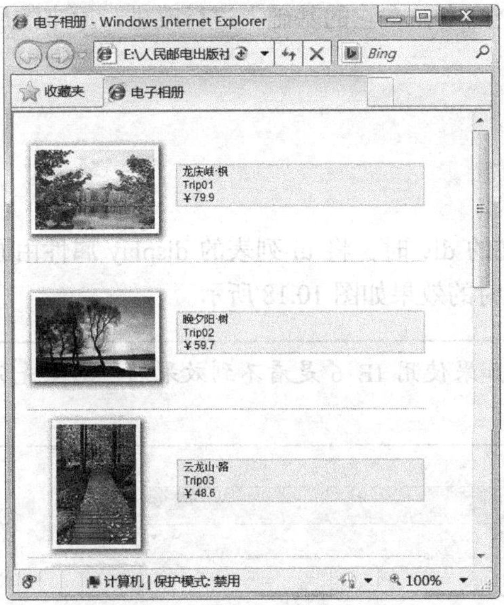

图 10.15　单列模式的效果

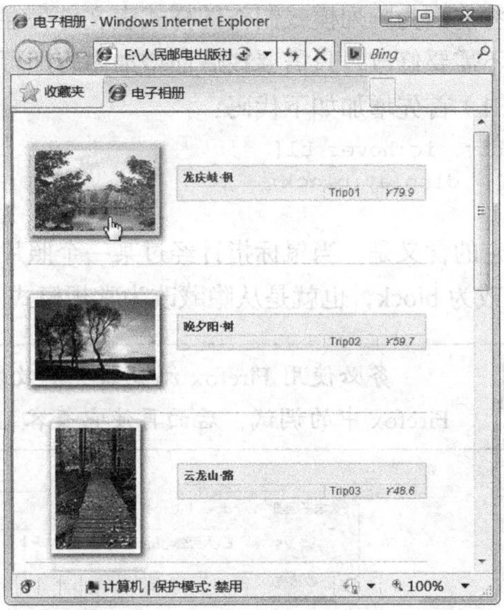

图 10.16　设置详细信息文字的样式

本实例最终效果的实例文件为“Ch10\10.3\01.html”。

10.4　改进阵列模式

对于阵列模式，如果也能够看到详细信息就更好了。如果能够在鼠标指针经过某张照片时出现一个信息框，并显示文字内容，鼠标离开以后该信息框自动消失，这样不但页面非常简洁，而且可以方便浏览者掌握信息，效果如图 10.17 所示。

图 10.17　在阵列模式中动态显示文字信息

可以看到，当鼠标指针经过第 1 行的第 3 张照片时，它的下面出现了一个详细信息框，这个信息框的样式和上面单列模式中的设置是相同的。下面介绍如何实现这个功能。

将前面为阵列模式制作的样式表文件另存一个副本，在它的基础上进行改进。原来的所有内容都不需要修改，只需要在后面增加内容即可。

（1）首先增加如下代码：

```
div.pic:hover ul{
   display:block;
}
```

它的含义是，当鼠标指针经过某一个照片所在的 div 时，将 ul 列表的 display 属性由原来的 none 改为 block，也就是从隐藏改为常规模式。这时的效果如图 10.18 所示。

注意　务必使用 Firefox 浏览器观察效果，如果使用 IE 6 是看不到效果的。这里先完成在 Firefox 中的调试，后面再使它兼容 IE。

图 10.18　鼠标指针经过时动态出现了文字信息

（2）可以看到，鼠标指针经过第 2 行的照片时，出现了文字列表。但需要注意，此时如果鼠标指针经过第 1 行的照片时无法出现文字列表，这是因为 div 的高度已经确定，文字内容在照片的下面，即使使用 block 方式，也不会显示出来。

这时最好的解决办法是使这个 ul 脱离标准流，这样就不会受到其他盒子的影响，这时可以用到第 5 章盒子的浮动与定位中关于绝对定位的知识。只要将它的 position 属性设置为绝对定位，它就脱离标准流了。

接下来的问题是如何具体设置它的位置。可以想到，在没有脱离标准流之前，每个 ul 都在相应的照片的下面，保持这个位置或者稍做调整就好了，因此可以想到绝对定位的一个性质，即当设置为绝对定位，而没有设置 top、bottom、left 和 right 中的任意一个时，这个脱离标准流的盒子仍会保持在原来的位置。

因此，上面的代码修改为：

```
div.pic:hover ul{
    display:block;
    position:absolute;
}
```

这时效果如图 10.19 所示。可以看到，鼠标指针经过任何一张照片时，都会在其下方显示 ul 列表。

图 10.19　使用绝对定位时文字信息脱离标准流

（3）下面的工作是具体设置列表。可以直接将为“列表模式”设计的样式中的相关代码复制过来，然后稍微调整一下即可。

首先复制并调整对 ul 进行整体设置的样式，代码如下：

```
div.pic ul{                                /* 设置照片信息的样式 */
    margin:-5px 0 0 0px;
    padding:0 0 0 0.5em;
    background:#dceeff;
    border:2px solid #a7d5ff;
    font-size:12px;
    list-style:none;
    font-family:Arial, Helvetica, sans-serif;
}
```

注意：一定要去掉原来的相对定位，因为这里已经改为绝对定位了。此外，调整 ul 的位置时，不要使用 top、bottom、left 和 right 中的任意一个，而是通过 margin 和 padding 来调整，例如这里将上侧的 margin 设置为-5 像素，就是这个 ul 列表距离照片近一些。

此时的效果如图 10.20 所示。

图 10.20　设置文字信息的样式

（4）接下来具体设置列表项目的效果，这里不再赘述，设置后的效果如图 10.21 所示，实例文件为“Ch10\10.4\01.html”。

图 10.21　在 Firefox 中已经完成了最终的效果

这样就轻松实现了鼠标指针经过时显示详细信息的功能，对于改善访问者的体验，CSS 确实是一个非常有力的武器。

小　　结

在学习前面各章的技术专题之后，本章制作了一个比较完整的实例。

本章的电子相册的实例充分展示了 CSS 的作用，可以将一个非常基本、简单的页面制作成丰富多彩的样式。本章的目的并不仅仅是介绍电子相册的排版方法，更重要的是加深理解盒子模型、标准流、浮动和定位这 4 个最核心的原理，只有真正把这 4 个核心原理理解得非常透彻，才能真正掌握 CSS。

习　　题

1. 现在有很多大型网站提供“电子相册”功能，比如 Google 的 picasa 以及 Yahoo 的 flickr 等，考查 3 个不同网站提供的电子相册功能，对各自特点进行一些分析。
2. 在本章介绍的内容基础上，再做一些思考，能否再制作一些更进一步的扩展。

第 3 部分

CSS 页面布局

第 11 章 固定宽度布局剖析与制作

CSS 的排版是一种很新的排版理念，完全有别于传统的排版习惯。它将页面首先在整体上进行<div>标记的分块，然后对各个块进行 CSS 定位，最后再在各个块中添加相应的内容。利用 CSS 排版的页面，更新起来十分容易，甚至连页面的拓扑结构都可以通过修改 CSS 属性来重新定位。

本章介绍固定宽度的网页布局，并给出一系列的实例。

11.1 向报纸学习排版思想

在网页出现之前大约 400 年，报纸就开始发展并承担起向大众传递信息的使命。经过 400 余年的发展，报纸已经成为世界上最成熟的大众传媒载体之一。网页与报纸在视觉上有着很多类似的地方，因此网页的布局和设计也可以把报纸作为非常好的参考和借鉴。

报纸的排版通常都是基于一种称为“网格”的方式进行的。传统的报纸经常使用的是 8 列设计，例如，图 11.1 中显示的这份报纸就是典型的 8 列设计，相邻的列之间会有一定的空白缝隙。而图 11.2 中显示的则是现在更为流行的 6 列设计，例如《北京青年报》等报纸的大部分关于新闻时事的版面都是 6 列布局，而文艺副刊等版面则使用更灵活的布局方式。

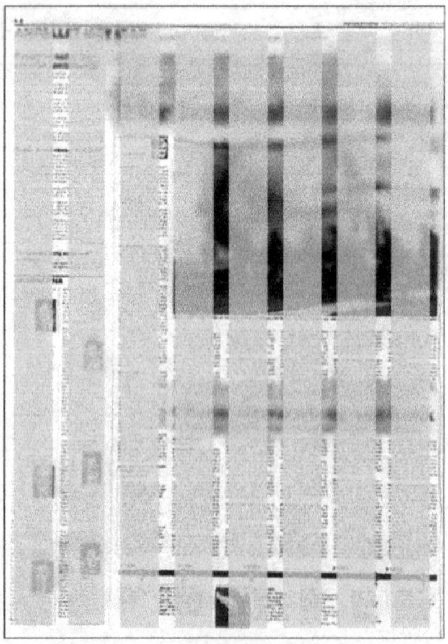

图 11.1　8 列方式的报纸布局

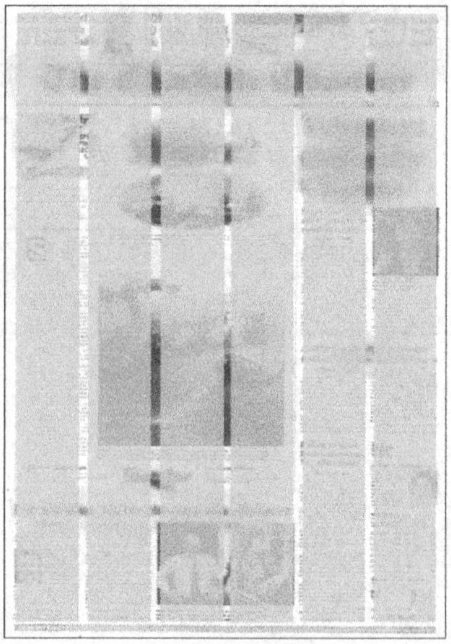

图 11.2　6 列方式的报纸布局

如果仔细观察更多的报纸，实际上还可以找到其他列数的设计方式。但是总体来说，报纸的列数通常要比网页的列数多，这是因为如果比较报纸的一个页面和浏览器窗口，报纸的一个页面在横向上容纳文字字数远远超过浏览器窗口。另一个方面是报纸排版由于多年的发展，技术上已经很成熟，因此即使是非常复杂的布局，在报纸上也可以比较容易地实现，而网页排版出现时间相对较短，因此还在不断发展的过程中。

下面仔细分析阅读报纸和阅读网页的动作差异，以及从而产生的效果。人们通常会手持报纸，每一个版分为 6 列，每一列文字的宽度大约 15 个汉字，在阅读时，看一行文字基本不用横向移动眼球，目光只聚焦于很窄的范围，这样阅读效率是很高的，特别适于报纸这样的“快餐”性媒体。而由于报纸宽度是固定的，又比较宽（可容纳正文文字近 100 个），因此通常都会分很多栏。

浏览器窗口的宽度所能容纳的文字比报纸少得多，因此通常不会有像报纸那么多的列。现在网页的布局形式越来越复杂和灵活了，这是因为相关的技术在不断发展，逐渐成熟。

总之，可以从报纸的排版中学到很多经过多年积累下来的经验。核心的思想是借鉴“网格”的布局思想，它具有如下优点。

（1）使用基于网格的设计可以使大量页面保持很好的一致性，这样无论是在一个页面内，还是在网站的多个页面之间，都可以具有统一的视觉风格，这是很重要的。

（2）均匀的网格以大多数认为合理的比例将网页划分为一定数目的等宽列，这样在设计中产生了很好的均衡感。

（3）使用网格可以帮助设计把标题、标志、内容和导航目录等各种元素合理地分配到适当的区域，这样可以为内容繁多的页面创建出一种潜在的秩序，或者称为“背后”的秩序。报纸的读者通常并不会意识到这种秩序的存在，但是这种秩序实际上在起着重要的作用。

（4）网格的设计不但可以约束网页的设计，从而产生一致性，而且具有高度的灵活性。在网格的基础上，通过跨越多列等手段，可以创建出各种变化的方式。这种方式既保持了页面的一致性，又具有风格的变化。

（5）网格可大大提高整个页面的可读性，因为在任何文字媒体上，一行文字的长度与读者的阅读效率和舒适度有直接的关系。如果一行文字过长，读者在换行的时候，眼睛就必须剧烈的运动，以找到下一行文字的开头，这样既打断了读者的思路，又使眼睛和脖子的肌肉紧张，使读者疲劳感明显增加。而通过使用网格，可以把一行文字的长度限制在适当的范围，使读者阅读起来既方便，又舒适。

如果把报纸排版中的概念和 CSS 的术语进行对比，如图 11.3 所示。

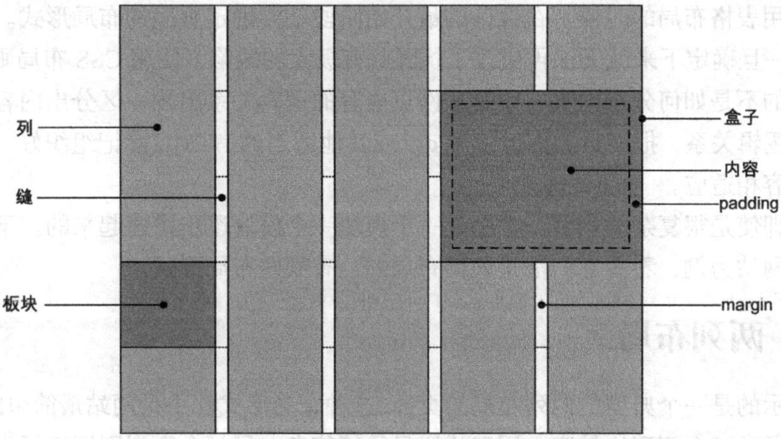

图 11.3 报纸排版术语与 CSS 属于对比

使用网格来进行设计的灵活性在于，设计时可以灵活地将若干列在某些位置进行合并。如图 11.4（a）所示，将最重要的一则新闻，通常称为“头版头条”，放在非常显著的位置，并且横跨了 8 列中 6 列。其余的位置，在需要地方也可以横跨若干列，这样的版式就明显地打破了统一的网格带来的呆板效果。如图 11.4（b）所示，也同样将重要的内容使用了横跨多列的设计手法。

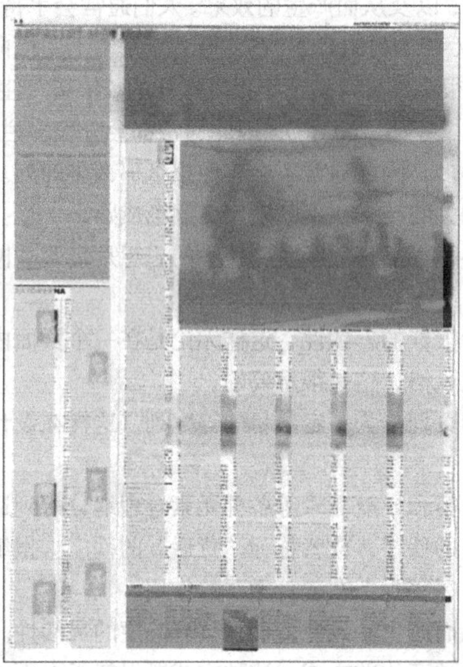

（a）

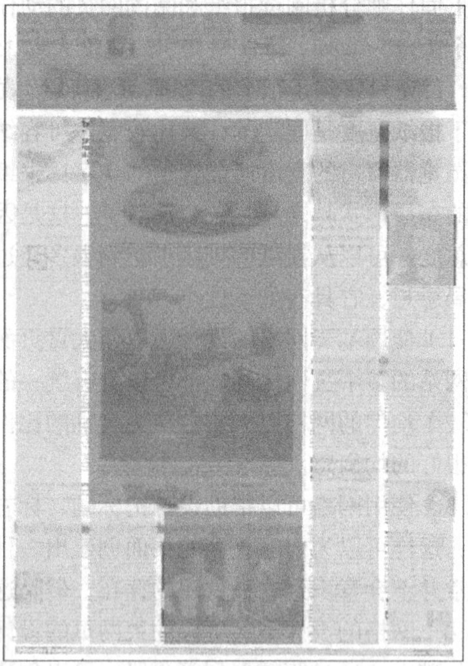

（b）

图 11.4　报纸排版中，列可以灵活地组合

11.2　CSS 排版观念

在过去使用表格布局的时候，在设计的最开始阶段就要确定页面的布局形式。由于使用表格来进行布局，一旦确定下来就无法再更改了，因此有极大的缺陷。使用 CSS 布局则完全不同，设计者首先考虑的不是如何分割网页，而是从网页内容的逻辑关系出发，区分出内容的层次和重要性。然后根据逻辑关系，把网页的内容使用 div 或其他适当的 HTML 标记组织好，再考虑网页的形式如何与内容相适应。

实际上，即使是很复杂的网页，也都是一个模块一个模块逐步搭建起来的。下面以一些访问量较大的实际网站为例，看看它们都是如何布局的，有哪些布局形式。

11.2.1　两列布局

图 11.5 所示的是一个典型的两列布局的页面。这种布局形式几乎是网站最简单的布局形式了。两列布局中，通常一个侧列比较窄，用于放置目录等信息，另一个宽列则用于展示主要内容。这

种布局形式的结构清晰，对访问者的引导性很好。

图 11.5　两列布局的网页

11.2.2　三列布局

ESPN 是著名体育网站，它也是最早开始使用 CSS 布局的大型网站之一，如图 11.6（a）所示，抽象出来的页面布局形式如图 11.6（b）所示，是一个典型的“1-3-1”布局，即在页面的顶部和底部各有一个占满宽度的横栏，中间的部分再分为左中右 3 列。

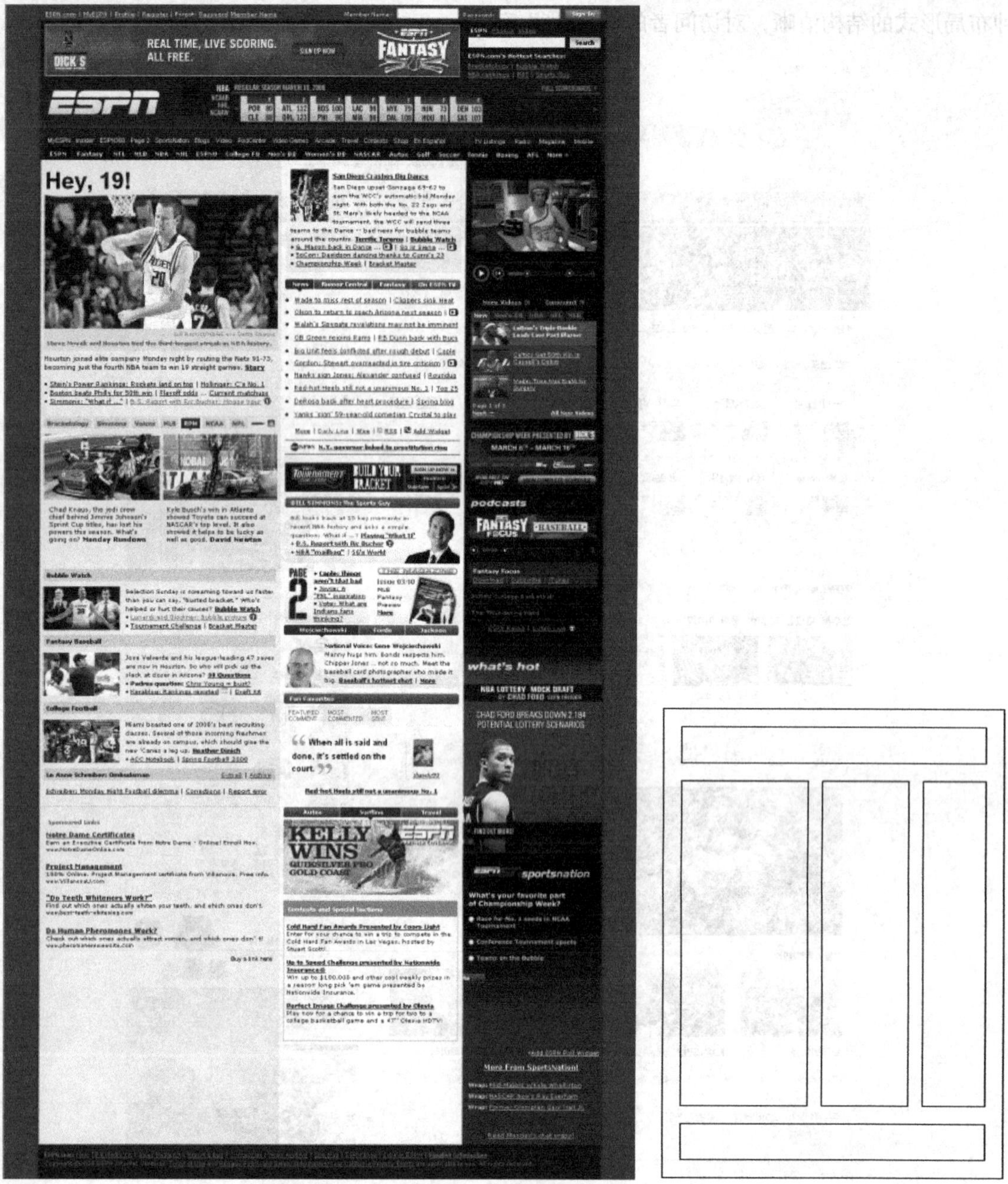

（a）　　　　　　　　　　（b）

图 11.6　“1-3-1”布局的网页及其示意图

11.2.3　多列布局

纽约时报（*The Nev York Times*）网站是一个新闻类的知名站点，如图 11.7 所示，它具有深厚的报纸传统，因此它的布局带有非常明显的报纸排版风格。列数很多，看这个页面就像在看报纸，各个分栏会在适当位置合并，适应于不同类别的内容。

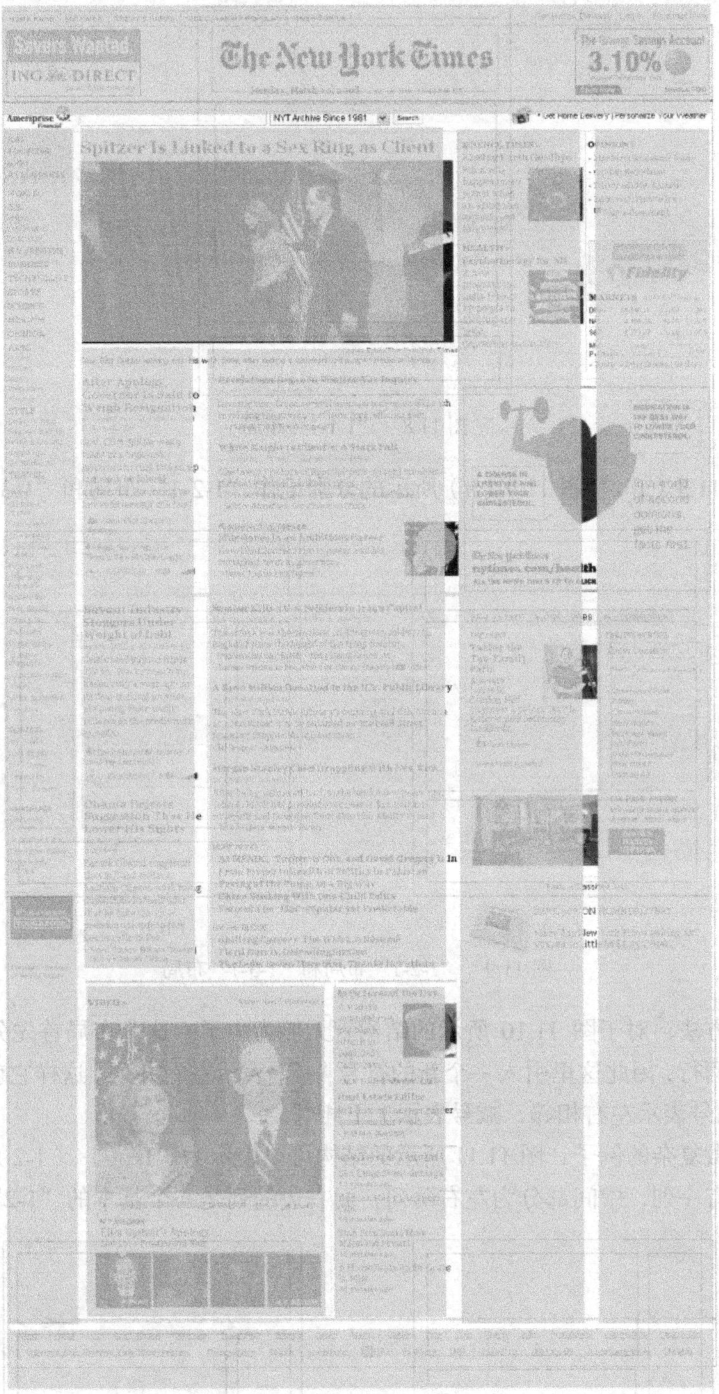

图 11.7 使用多列布局的网页

11.2.4 布局结构的表达式与结构图

为了能够方便地表示各种网页结构，这里规定一套固定的表达方法来称呼各种布局结构。

图 11.8 所示的是最简单的布局形式，称为“1-1-1”布局，“1”表示一共 1 列，减号表示竖直方向上下排列。

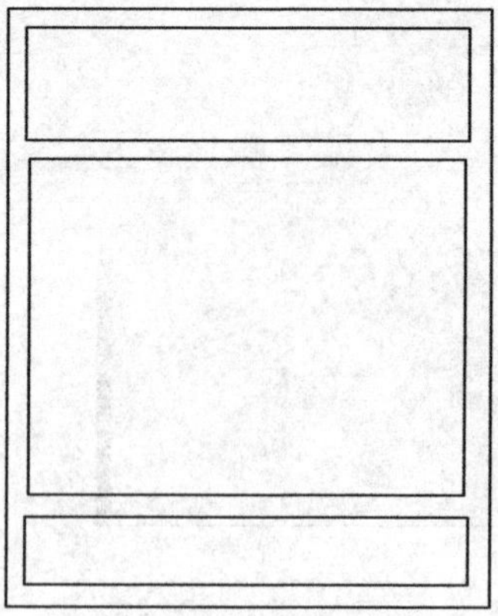

图 11.8 “1-1-1”布局

类似地，图 11.9（a）和图 11.9（b）所示的分别记作“1-2-1”布局和“1-3-1”布局。

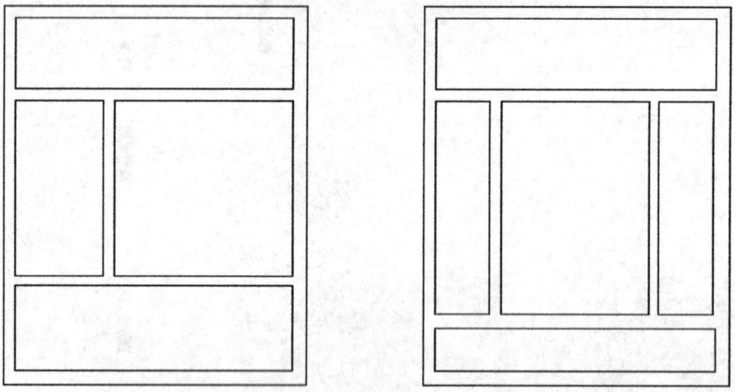

（a）　　（b）

图 11.9 “1-2-1”布局和“1-3-1”布局

使用上面的方法，对于图 11.10 所示的结构就无能为力了。这个布局首先分为左右两列，而右列又分为上下两行，因此这里引入一个新的符号“+”，表示左右并列。这样它就可以表示为“1+（1−1）”结构。加号表示左右相邻，减号表示上下相邻。

再举一个稍微复杂的例子，图 11.11 所示的结构可以表示为“1−（1+（1-2））−1”，也就是最上面和最下面各有一列，中间部分为左右两列，而右边的列是一个基本的“1-2”布局。

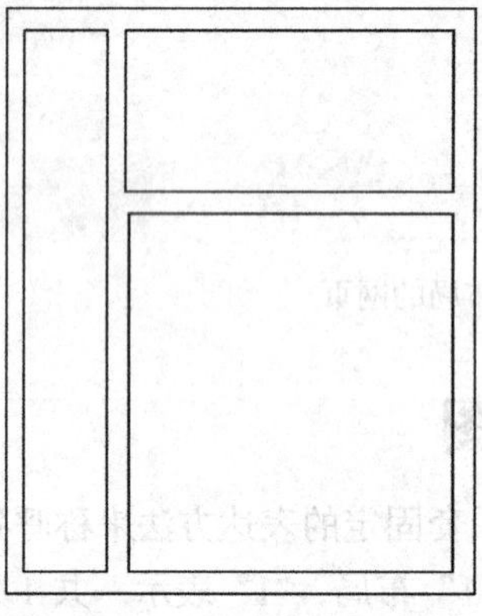

图 11.10 “1+（1−1）”布局

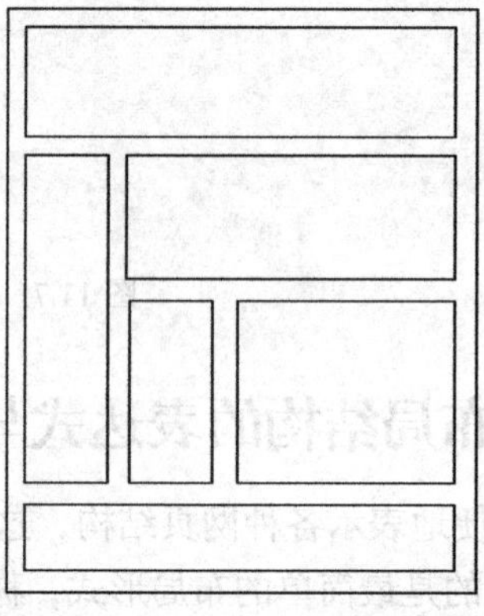

图 11.11 “1−（1+（1-2））−1”布局

给出图 11.12 所示的两个页面布局示意图，思考它们的结构表达式。

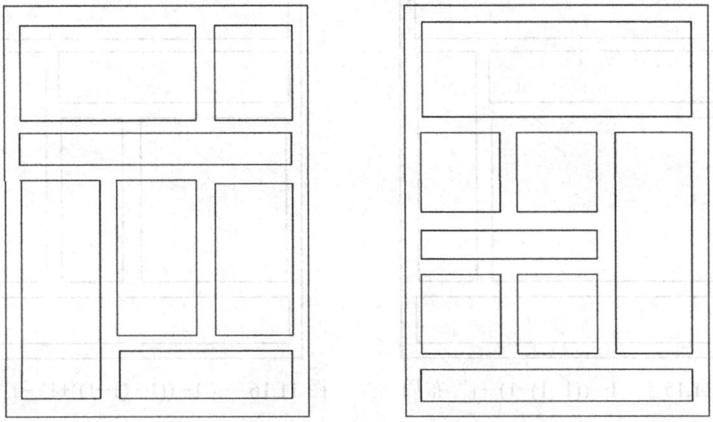

（a）　　（b）

图 11.12　布局结构示意图

其中，图 11.12（a）的结构表达式应该是“2–1–（1+（2–1））”，图 11.12（b）的结构表达式应该是“1–（（2–1–2）+1）–1”。

反过来，根据表达式，也应该能够绘制出相应的结构图，例如，假设有一个结构表达式为“1–（（1–（（1–2）+1））+1）–1”，应按照下述步骤绘制结构图。

（1）首先把中间的括号里的所有内容用一个“1”代替，即整体可以看作“1-1-1”结构，因此绘制出图 11.13 所示的结构。

（2）然后中间的一行分为左右两列，也就是把中间的“1”改为“（1+1）”，绘制出图 11.14 所示的结构，即“1–（1+1）–1”结构。

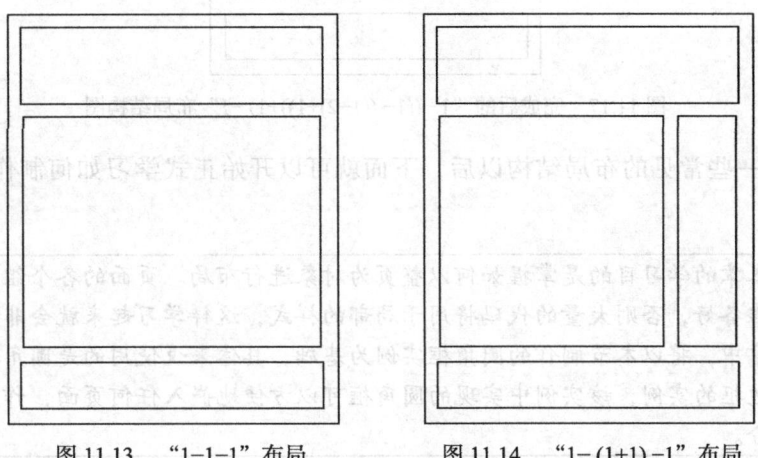

图 11.13　“1–1–1”布局

图 11.14　“1–(1+1)–1”布局

（3）然后把“（1+1）”中左边的“1”改为“1-1”，形成图 11.15 所示的结构，即“1–（（1–1）+1）–1”结构。

（4）再接着把下面的“1”改为“1+1”，形成图 11.16 所示的结构，即“1–（（1–（1+1））+1）–1”结构。

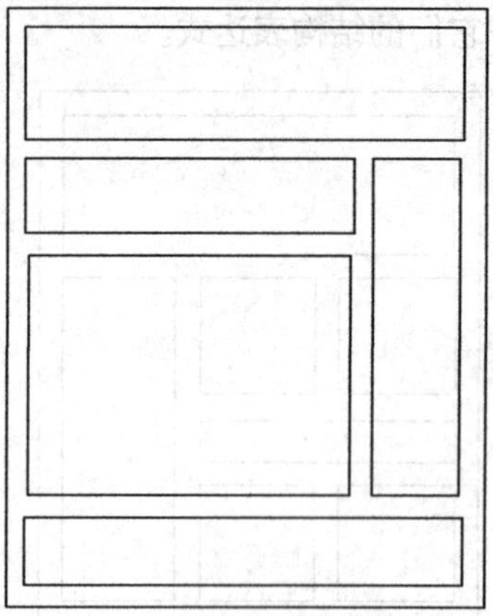

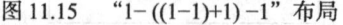

图 11.15 “1-((1-1)+1)-1” 布局

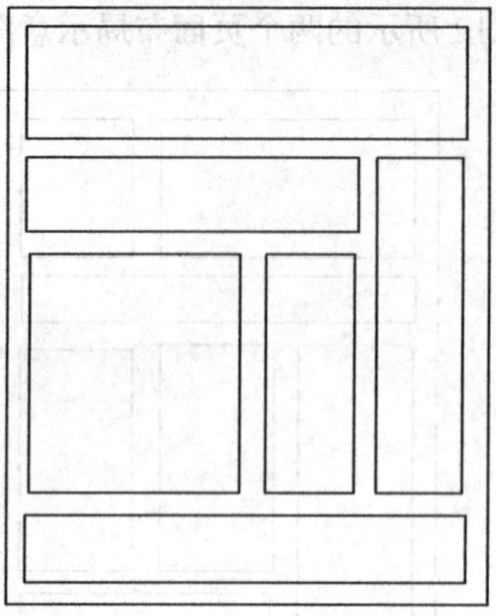

图 11.16 “1-((1-(1+1))+1)-1” 布局

（5）最后，把左边的“1”修改为“1-2”，形成图 11.17 所示的结构，即“1-((1-((1-2)+1))+1)-1”。这就是这个表达式的结构了。

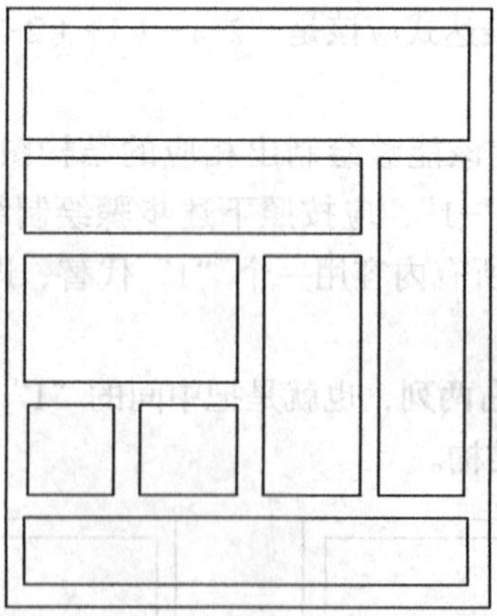

图 11.17 完成后的“1-((1-((1-2)+1))+1)-1” 布局结构图

在了解了一些常见的布局结构以后，下面就可以开始正式学习如何制作各种布局的页面了。

注意 本章的学习目的是掌握如何以整页为对象进行布局。页面的各个组成部分应该事先已经准备好，否则大量的代码将用于局部的样式，这样学习起来就会非常困难。因此，在本章中，将以本节制作的圆角框实例为基础，具体来说使用的是圆角框中的不固定宽度带边框的实例，该实例中实现的圆角框可以方便地嵌入任何页面，作为页面的一个组成部分。

11.3 单列布局

这显然是最简单的一种布局形式。实现的效果如图 11.18 所示。本实例文件为“Ch11\11.3\01.html”。

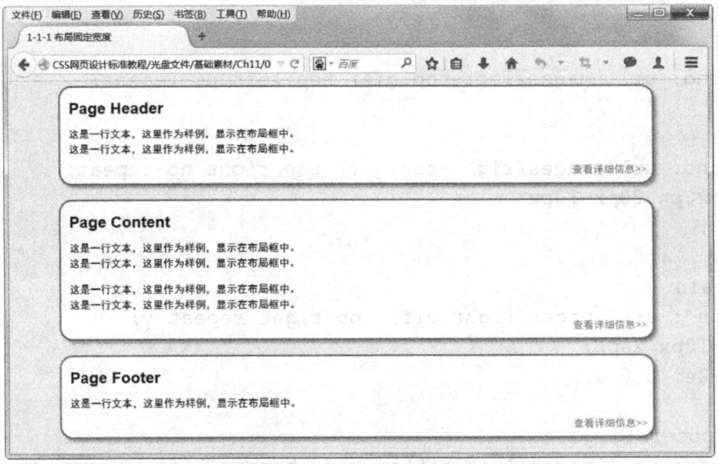

图 11.18　单列固定宽度的页面布局

11.3.1　放置第一个圆角框

先在页面中放置第一个圆角框，HTML 代码如下：

```
<body>
<div class="rounded">
        <h2>Page Header</h2>
        <div class="main">
            <p>
                这是一行文本，这里作为样例，显示在布局框中。<br />
                这是一行文本，这里作为样例，显示在布局框中。
            </p>
        </div>
        <div class="footer">
            <p>
                查看详细信息
            </p>
        </div>
</div>
</body>
```

这组<div></div>之间的内容是固定结构的，其作用是实现一个可以变化宽度的圆角框。要修改内容，只需要修改相应的文字内容或者增加其他图片内容即可。

> **注意**　不要修改这组代码的结构。当需要多个圆角框时，直接复制并修改其中相应内容即可。

11.3.2　设置圆角框的 CSS 样式

为了实现圆角框效果，相应的 CSS 样式代码如下：

```
body {
    background: #99FFD1;
    font: 13px/1.5 Arial;
    margin:0;
    padding:0;
```

```
    }
  .rounded {
     background: url(images/left-top.gif) top left no-repeat;
    }
  .rounded h2 {
     background: url(images/right-top.gif) top right no-repeat;
     padding:20px 20px 10px;
     margin:0;
    }
  .rounded .main {
     background: url(images/right.gif) top right repeat-y;
     padding:10px 20px;
     margin:-2em 0 0 0;
    }
  .rounded .footer {
     background: url(images/left-bottom.gif) bottom left no-repeat;
    }
  .rounded .footer p {
     color:#888;
     text-align:right;
     background:url(images/right-bottom.gif) bottom right no-repeat;
     display:block;
     padding:10px 20px 20px;
     margin:-2em 0 0 0;
    }
```

上面代码中的第一段是对整个页面的样式定义，例如文字大小等，其后的 5 段以.rounded 开头的 CSS 样式都是为实现圆角框进行的设置。

注意 背景图片的路径不要弄错，否则将无法显示背景图片。

以上 CSS 代码在后面的制作中都不需要调整，直接放置在<style></style>之间即可。此时网页的效果如图 11.19 所示，目前这个圆角框还没有设置宽度，因此它会自动伸展。

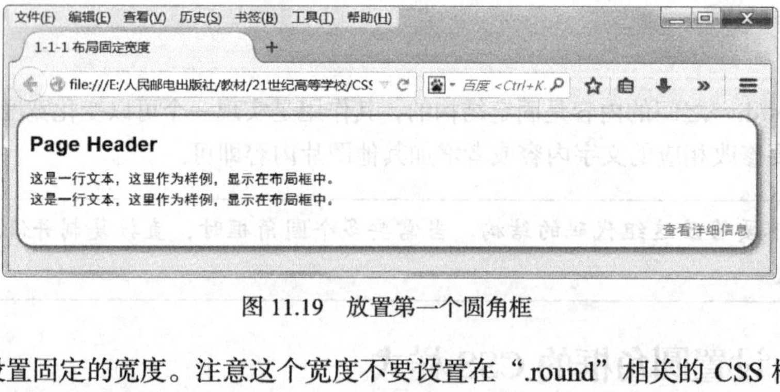

图 11.19　放置第一个圆角框

现在给它设置固定的宽度。注意这个宽度不要设置在“.round”相关的 CSS 样式中，因为该样式会被页面中的各个部分公用，如果设置了固定宽度，其他部分就不能正确显示了。

因此，应该为该圆角框单独设置一个 id，把针对它的 CSS 样式放到这个 id 的样式定义部分。设置 margin 实现在页面中居中，并用 width 属性确定固定宽度，代码如下：

```
#header {
   width:760px;
   margin:0 auto;
```

```
}
```

然后，在 HTML 部分的<div class="rounded">……</div>的外面套一个 div，代码如下：

```
<div id="header">
    <div class="rounded">
    ……固定结构代码省略……
    </div>
<div>
```

这时，在 Firefox 中的效果如图 11.20 所示，实现了期望的效果。

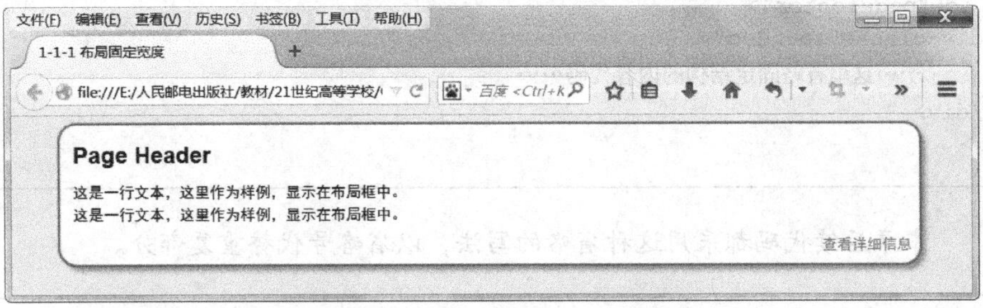

图 11.20　在 Firefox 中显示正确的效果

但是在 IE 7 中的效果如图 11.21 所示。实例文件为“Ch11\11.3\01.html”

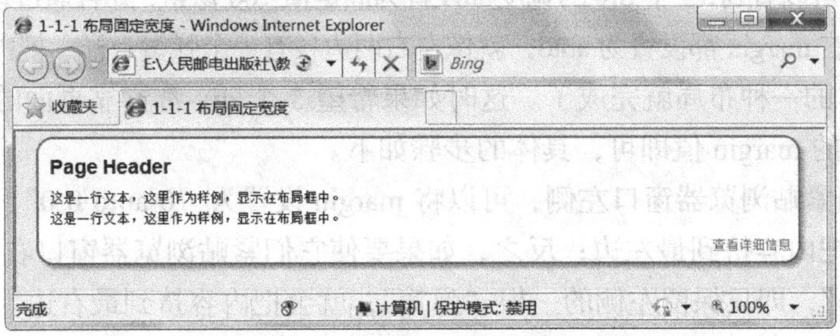

图 11.21　在 IE 7 中显示正确的效果

11.3.3　放置其他圆角框

接下来，将放置的圆角框再复制出两个，并分别设置 id 为“content”和“footer”，分别代表“内容”和“页脚”。相关代码如下：

```
<style type="text/css" media="screen">
body {
    ……整体设置……
    }
……这里省略 5 段固定的关于“.rounded”的样式设置……
/************以下为增加的样式********************/
#header,
#pagefooter,
#content{
    margin:0 auto;
    width:760px;
    }
</style>
<body>
<div id="header">
```

```
    <div class="rounded">
……这里省略固定结构的内容代码……
    </div>
</div>
<div id="content">
    <div class="rounded">
     ……这里省略固定结构的内容代码……
    </div>
</div>
<div id="pagefooter">
    <div class="rounded">
          ……这里省略固定结构的内容代码……
    </div>
</div>
```

> **注意** 本章后续代码都采用这种省略的写法，以省略号代替重复部分。

每一个部分中的内容可以随意修改，例如更改每一个部分的标题，以及相应的内容，也可以把段落文字彻底删掉。效果如图 11.22 所示，实例文件为“Ch11\11.3\02.html”。

从 CSS 代码中可以看到，3 个 div 的宽度都设置为固定值 760 像素，并且通过设置 margin 的值来实现居中放置，即左右 margin 都设置为 auto，就像左右两边各有一个弹簧一样，把内容挤在页面中央。

至此，最简单的一种布局就完成了。这时如果希望 3 个 div 都紧靠页面的左侧或者右侧，只需要修改 3 个 div 的 margin 值即可，具体的步骤如下。

如果要使它们紧贴浏览器窗口左侧，可以将 margin 设置为“0 auto 0 0”，即只保留右侧的一根“弹簧”，就会把内容挤到最左边；反之，如果要使它们紧贴浏览器窗口右侧，可以将 margin 设置为“0 0 0 auto”，即只保留左侧的一根“弹簧”，就会把内容挤到最右边。

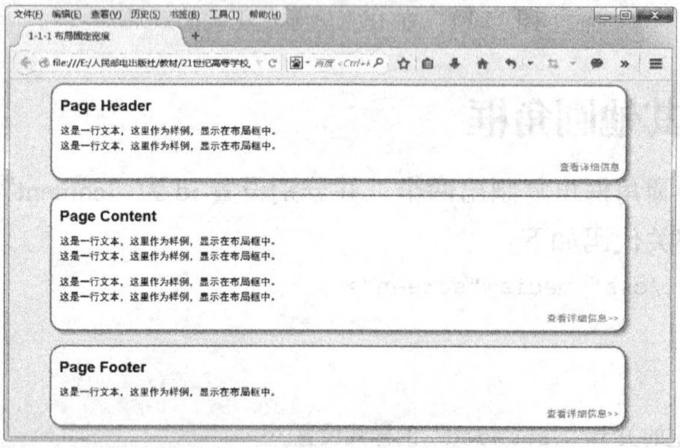

图 11.22　实现了单列布局的效果

11.4　“1-2-1”固定宽度布局

现在来制作最经常用到的“1-2-1”布局。图 11.23（a）所示的布局结构中，增加了一个“side”栏。但是在通常状况下，两个 div 只能竖直排列。为了让 content 和 side 能够水平排列，必须把它们放到另一个 div 中，然后使用浮动或者绝对定位的方法，使 content 和 side 并列起来，如图 11.23（b）所示。

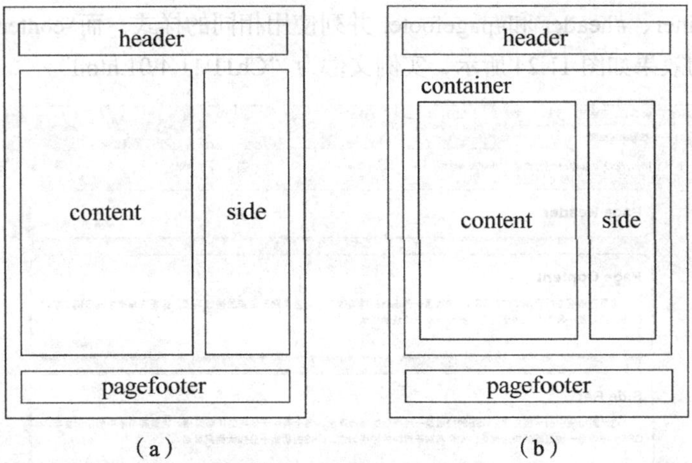

图 11.23　"1-2-1"布局的结构示意图

11.4.1　创建基本代码

将上节实例另存为一个新的文件。在 HTML 中复制出一个新的 content 部分，并将其 id 设置为 side。然后在它们的外面套一个 div，命名为 container。关键代码如下：

```
<body>
<div id="header">
    <div class="rounded">
        ……这里省略固定结构的内容代码……
    </div>
</div>
<div id="container">
    <div id="content">
        <div class="rounded">
            ……这里省略固定结构的内容代码……
        </div>
    </div>
    <div id="side">
        <div class="rounded">
            ……这里省略固定结构的内容代码……
        </div>
    </div>
</div>
<div id="pagefooter">
    <div class="rounded">
        ……这里省略固定结构的内容代码……
    </div>
</div>
```

下面设置 CSS 样式，代码如下：

```
#header,#pagefooter,#container{
    margin:0 auto;
    width:760px;
    }
#content{
    }
#side{
    }
```

其中，#container、#header 和#pagefooter 并列使用相同的样式；而#content 和#side 的样式暂时先空着。这时的效果如图 11.24 所示，实例文件为“Ch11\11.4\01.html”。

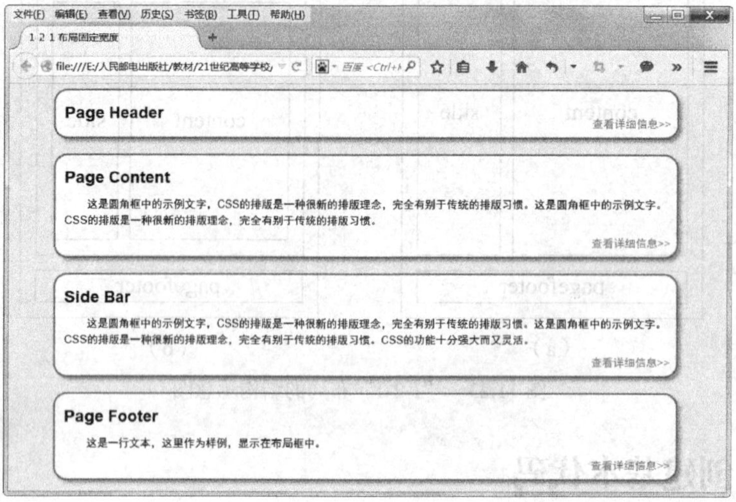

图 11.24　“1-2-1”布局准备工作完成后的效果

content 和 side 两个 div，现在的关键是如何使它们横向并列。有不同的方法可以实现。

11.4.2　绝对定位法

首先用绝对定位的方法实现，相关代码如下：

```
#header,#pagefooter,#container{
    margin:0 auto;
    width:760px;
    }
#container{
    position:relative;
    }
#content{
    position:absolute;
    top:0;
    left:0;
    width:500px;
    }
#side{
    margin:0 0 0 500px;
    }
```

为了使 content 能够使用绝对定位，应该选择 container 这个 div 作为定位基准。因此将#contatiner 的 position 属性设置为 relative，使它成为下级元素的绝对定位基准，然后将 content 这个 div 的 position 设置为 absolute，即绝对定位，这样它就脱离了标准流，side 就会向上移动占据原来 content 所在的位置。将 content 的宽度和 side 的左 margin 设置为相同的数值，就正好可以保证它们并列紧挨着放置，且不会相互重叠。

这时的效果如图 11.25 所示，实例文件为“Ch11\11.4\02.html”。

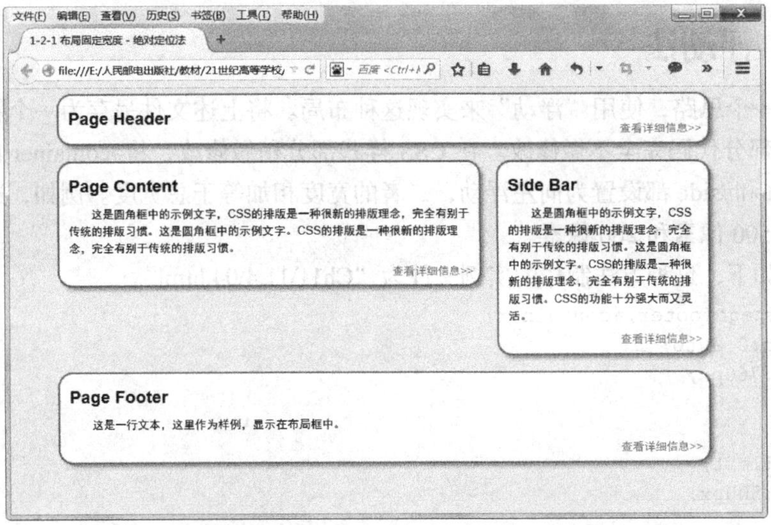

图 11.25　使用“绝对定位法”实现的“1-2-1”布局

注意

这种方法实现了中间的两列左右并排。它存在一个缺陷，当右边的 side 比左边 content 高时，显示效果不会有问题，但是如果左边的 content 栏比右边的 side 栏高的话，显示就会出现问题。因为此时 content 栏已经脱离标准流，对 container 这个 div 的高度不产生影响，从而 pagefooter 的位置只根据右边的 side 栏确定。例如，现在在 content 栏中增加一个圆角框，这时的效果如图 11.26 所示，实例文件为“Ch11\11.4\03.html”。

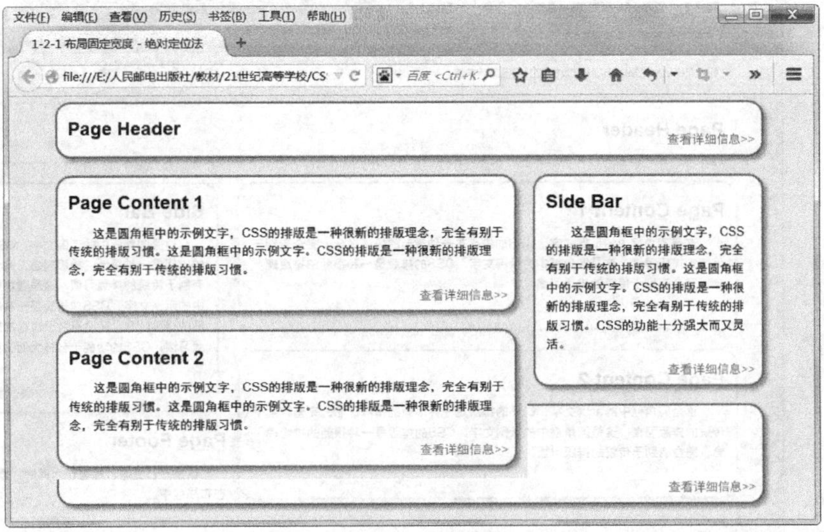

图 11.26　出现问题的页面

这是绝对定位带来的固有问题。如果用这种办法使几个 div 横向并列，就必须知道哪一列是最高的，并使该列保留在标准流中，使它作为“柱子”撑起这一部分的高度。

11.4.3 浮动法

还可以换一个思路，使用“浮动”来实现这种布局。将上述文件另存为一个新文件。在新文件中，HTML 部分代码完全不做修改。在 CSS 样式部分稍做修改，将#container 的 position 属性去掉，#content 和#side 都设置为向左浮动，二者的宽度相加等于总宽度。例如，这里将它们的宽度分别设置为 500 像素和 260 像素。

相关代码如下，这种方法制作的实例文件为“Ch11\11.4\04.html”。

```
#header,#pagefooter,#container{
    margin:0 auto;
    width:760px;
    }
#content{
    float:left;
    width:500px;
    }
#content img{
    float:right;
    }
#side{
    float:left;
    width:260px;
    }
```

此时的效果如图 11.27 所示。这时 pagefooter 的位置还是不正确，pagefooter 部分的右端和图 11.26 是有所区别的。

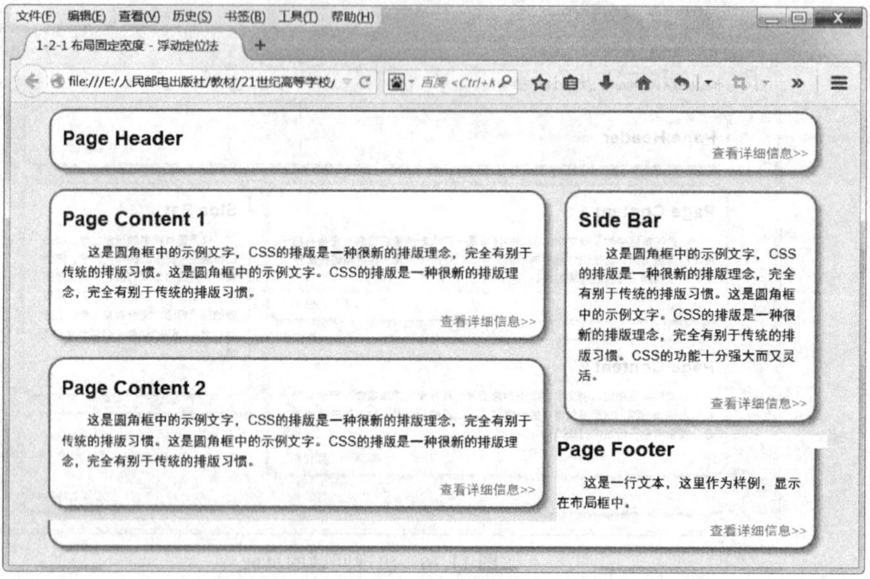

图 11.27 使用浮动方法设置的布局效果

此时需要对#pagefooter 设置 clear 属性，以保证清除浮动对它的影响，代码如下：

```
#pagefooter{
    clear:both;
}
```

这时就可以看到正确的效果了，如图 11.28 所示。

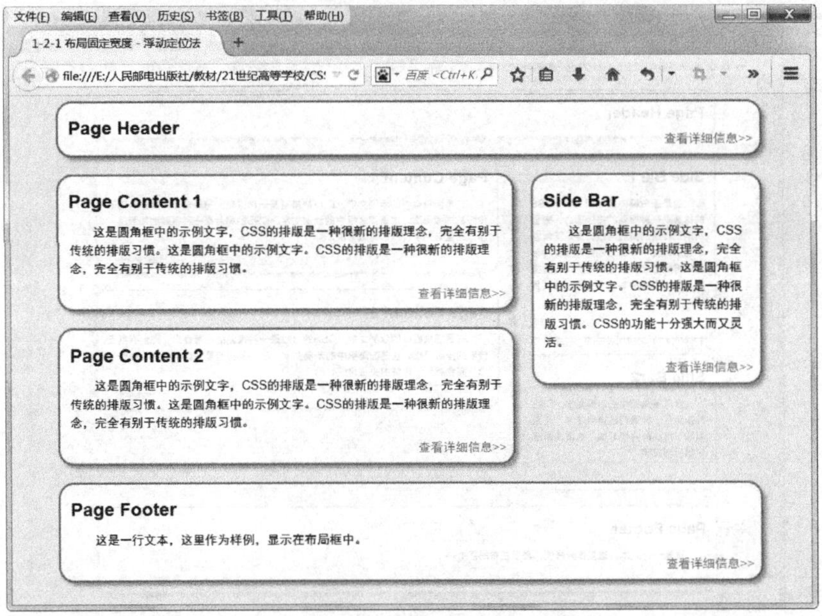

图 11.28　使用浮动方法设置的布局效果

使用这种方法时，并排的两列中无论哪一列内容变长，都不会影响布局。例如右边又增加了一个模块，使内容变长，排版效果同样是正确的，如图 11.29 所示。

到这里“1-2-1”布局方式已经完成。只要保证每一个模块自身代码正确，同时使用正确的布局方式，就可以非常方便地放置各模块。

这种方法非常灵活，例如要 side 从页面右边移动左边，即交换与 content 的位置，只需要稍微修改一处 CSS 代码即可实现。思考如何修改可以实现图 11.30 所示的效果。

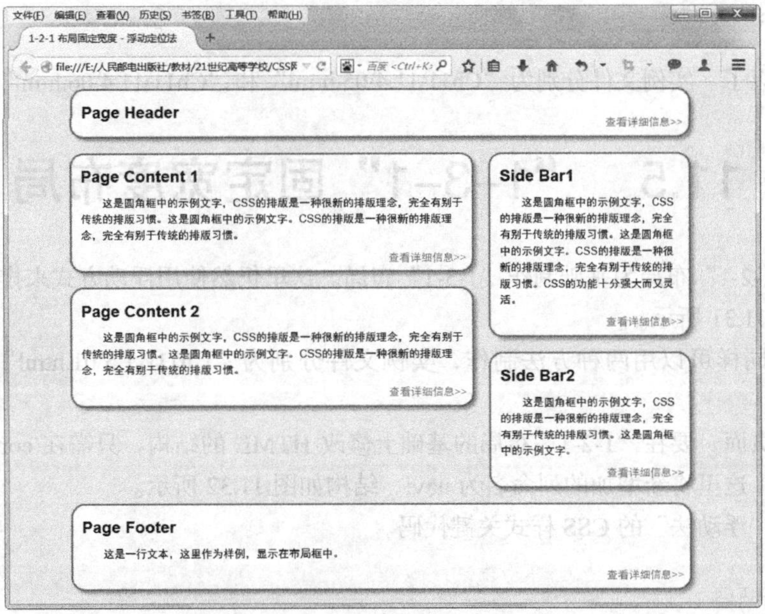

图 11.29　右侧的列变高效果同样正确

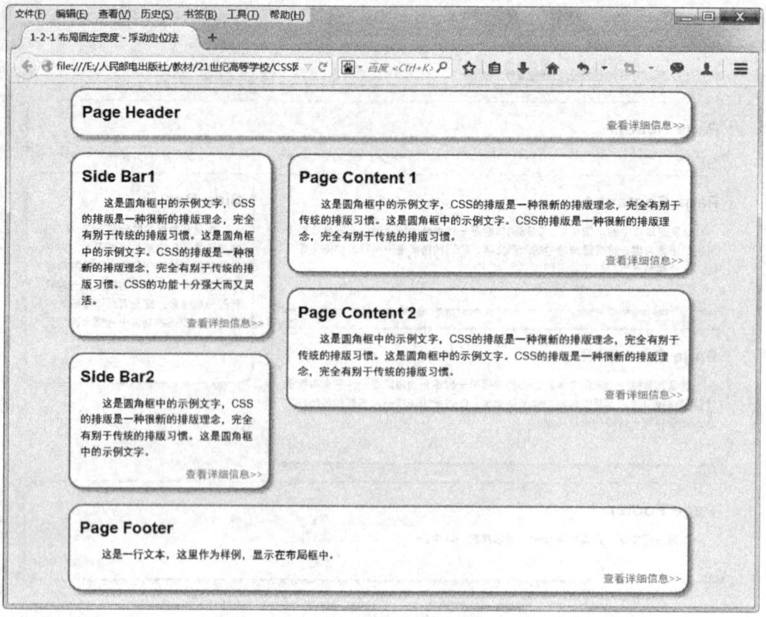

图 11.30　左右两侧的列交换位置

答案是将#content 的代码由：

```
#content{
    float:left;
    width:500px;
    }
```

修改为：

```
#content{
    float:right;
    width:500px;
    }
```

这样就可以了。实例文件分别为“Ch11\11.4\05.html”和“Ch11\11.4\06.html”。

11.5　“1–3–1”固定宽度布局

下面以“1-2-1”布局为基础制作“1-3-1”布局。这里仍然使用浮动方式来排列横向并排的 3 栏，效果如图 11.31 所示。

这种布局同样可以用两种方法制作，实例文件分别为“Ch11\11.5\01.html”和“Ch11\11.5\02.html”。

对于这个页面，要在“1-2-1”布局的基础上修改 HTML 的结构，只需在 container 中的左边增加一列即可，这里将新增加的列命名为 navi，结构如图 11.32 所示。

这里给出“浮动法”的 CSS 样式关键代码。

```
#header,
#pagefooter,
#container{
    margin:0 auto;
    width:760px;
    }
```

```
#navi{
   float:left;
   width:200px;
   }
#content{
   float:left;
   width:360px;
   }
#content img{
   float:right;
   }
#side{
   float:left;
   width:200px;
   }

#pagefooter{
   clear:both;
   }
```

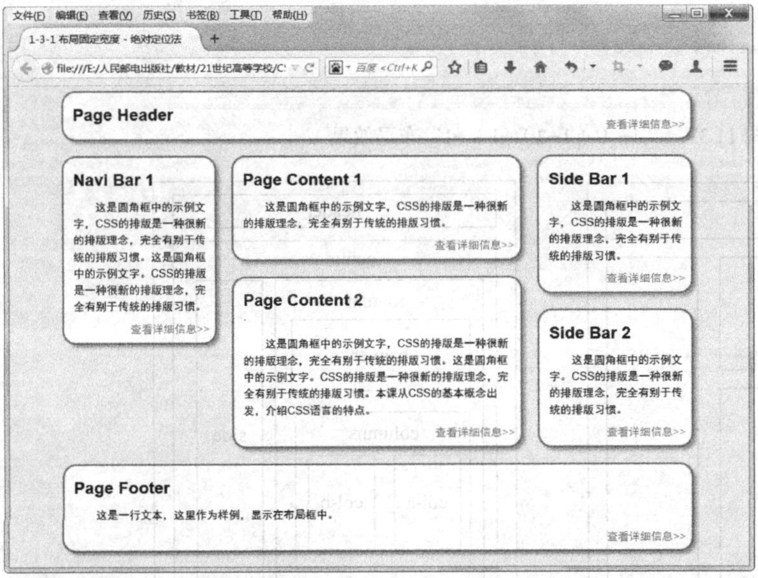

图 11.31　“1-3-1”布局

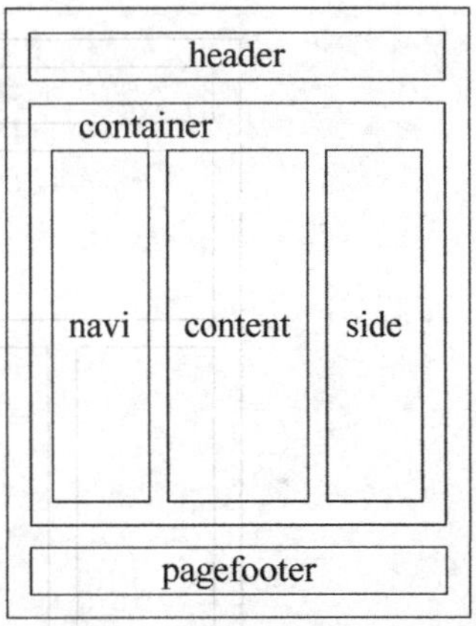

图 11.32　“1-3-1”布局结构示意图

#navi、#content 和#side 这 3 栏都使用浮动方式，3 列的宽度之和正好等于总宽度。

11.6　“1-((1-2)+1)-1”固定宽度布局

通过下述实例介绍如何实现“1-((1-2)+1)-1”的布局。本实例的最终效果如图 11.33 所示。实例文件为“11-09.html”。

按照前文所述方法实现这一布局，这里仅给出一些提示。这种布局的示意图如图 11.34（a）所示。真正要实现这个布局的时候，仅通过这个图还不能表现出各个 div 之间的结构关系，因为还需要有嵌套的 div 藏在中间。把这些 div 都展示出来，如图 11.34（b）所示。

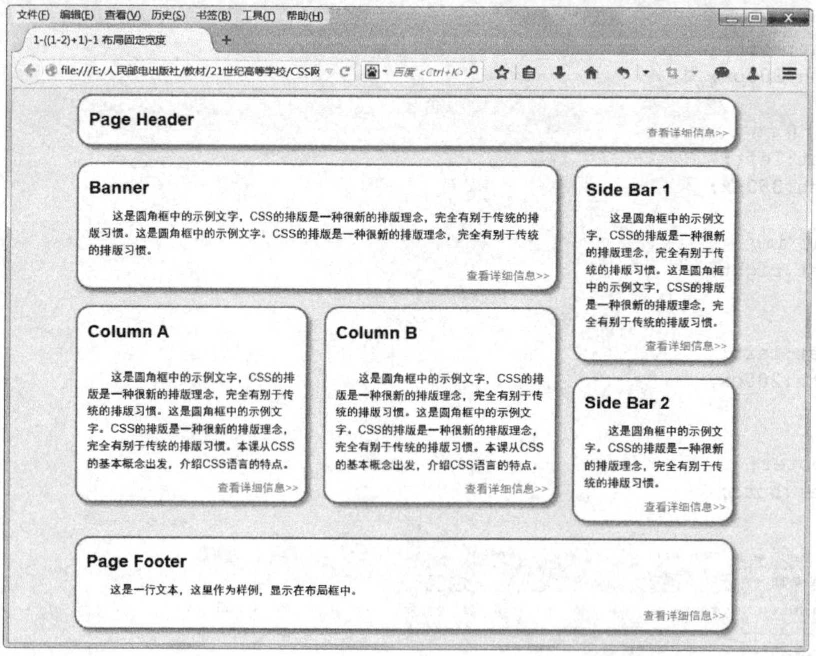

图 11.33 “1-（（1-2）+1）-1”布局效果

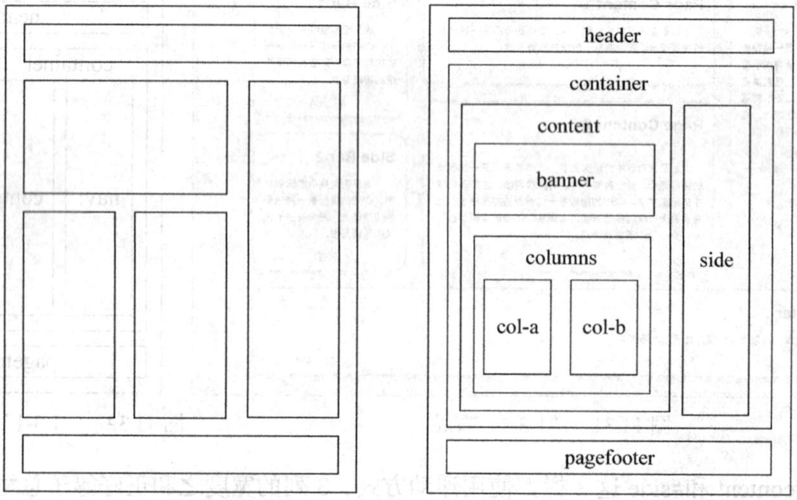

（a）　　　　　　（b）

图 11.34 “1-（（1-2）+1）-1”布局结构示意图

这个实例的 HTML 结构比较复杂，应尽可能缩进排列代码，并加上易于理解的注释。特别是每个</div>是和哪个<div>相互对应的，应该通过注释的方式写清楚。

小　　结

本章以几种不同的布局方式介绍了如何灵活地运用 CSS 的布局性质，使页面按照需要的方式进行排版。重点掌握以下 3 个方面。

（1）页面结构的分析方法。只有先正确地分析出布局结构的表达式，然后画出结构示意图，才能正确地进行下一步编写代码的工作。

（2）对横向并列的 div 使用“绝对定位法”进行布局，并了解它的缺陷及其产生原因。

（3）对横向并列的 div 使用“浮动法”进行布局。

习　题

1. 在身边找到一份报纸和一份杂志，分析它们的排版特点。

2. 浏览 5 个具有不同页面布局形式的网站，分别画出各自的布局结构框图，列出相应的布局表达式。

3. 制作一个固定宽度的“1-（1+（3-1-2））-1”结构的布局页面。

第 12 章 变宽度网页布局剖析与制作

上一章对固定宽度的页面布局做了比较深入的分析和讲解。本章对变宽度的页面布局做进一步的分析。变宽度的布局要比固定宽度的布局复杂一些，根本的原因在于，宽度不确定，导致很多参数无法确定。因此必须使用一些技巧来完成。本章将介绍一些通用的方法，并对变宽度网页布局的总体情况进行归纳。

12.1 “1–2–1”变宽度网页布局

从“1-2-1”布局开始，由简入繁地讲解布局结构，并逐步归纳出普遍的通用解决方案。

对于变宽度的布局，首先要使内容的整体宽度随浏览器窗口宽度的变化而变化。因此，中间的 container 容器中的左右两列的总宽度也会变化，这样就会产生不同的情况。这两列是按照一定的比例同时变化，还是一列固定，另一列变化。这两种情况都是很常用的布局方式。下面先从等比例方式讲起。

注意

在分列情况下，某一列有可能是固定宽度的，也有可能是变化宽度的。因此为了方便区分，这里再修订一下布局的表达方法。规定为：对于并列的若干列，如果某一列是固定列，就用字母“f”（英文单词 fixed 的第一个字母）表示；如果某一列是变宽的列，就用字母“l”（英文单词“liquid”的第一个字母）表示。

例如，如果某一个“1–2–1”布局中两列并排，左边的是固定宽度列，右边的是变化宽度的列，那么这种布局记作“1–（f–l）–1”。

再例如，如果某一个“1–3–1”布局中 3 列并排，左右两边是固定宽度列，中间是变化宽度的列，那么这种布局记作“1–（f–l–f）–1”。

12.1.1 “1–2–1”等比例变宽布局

首先实现按比例的适应方式，如图 12.1 所示。在这个页面中，网页内容的宽度为浏览器窗口宽度的 85%，页面中左侧的边栏的宽度和右侧的内容栏的宽度保持 1:2 的比例，可以看到无论浏览器窗口宽度如何变化，它们都会等比例变化。

本实例的文件为“Ch12\12.1\01.html”和“Ch12\12.1\02.html”。前者使用“绝对定位法”制作，后者使用“浮动法”制作。

在前面制作的“1-2-1”浮动布局的基础上完成本实例。原来的“1-2-1”浮动布局中的宽度都是用像素数值确定的固定宽度，下面对它进行改造，使它能够自动调整各个模块的宽度。

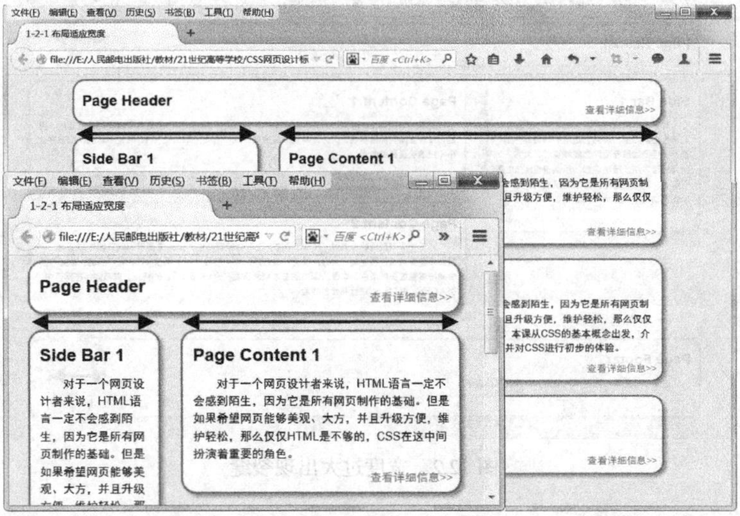

图 12.1 "1-2-1" 等比例布局

实际上只需要修改 3 处宽度就可以了，代码如下：

```
#header,#pagefooter,#container{
     margin:0 auto;
     width: 760px;                       /*删除原来的固定宽度*/
     width:85%;                          /*改为比例宽度*/
     }
#content{
     float:right;
     width: 500px;                       /*删除原来的固定宽度*/
     width:66%;                          /*改为比例宽度*/
     }
#side{
     float:left;
     width: 260px;                       /*删除原来的固定宽度*/
     width:33%;                          /*改为比例宽度*/
     }
```

提示　container 等外层 div 的宽度设置为 85%是相对浏览器窗口而言的比例；而后面的 content 和 side 这两个内层 div 的比例是相对于外层 div 而言的。这里分别设置为 66%和 33%，二者相加为 99%，而不是 100%，这是为了避免由于舍入误差造成总宽度大于它们的容器的宽度，而使某个 div 被挤到下一行中。如果希望精确，写成 99.9%也可以。

这样就实现了各个 div 的宽度都会等比例适应浏览器窗口。这里需要注意两点。

（1）确保不要使一列或多个列的宽度太大，以至于其内部的文字行宽太宽，造成阅读困难。

（2）这里使用的每一个圆角框都是使用前面介绍的方法制作的，由于用这种方法制作的圆角框的最宽宽度有限制，因此如果超过此限度就会出现裂缝，如图 12.2 所示。

针对上述第 2 点，解决的办法是，如果确实希望某一个分栏要这么宽，就修改背景图片。只需要修改 5 个图像中的 left-top.gif，使它的覆盖范围更大就可以了。

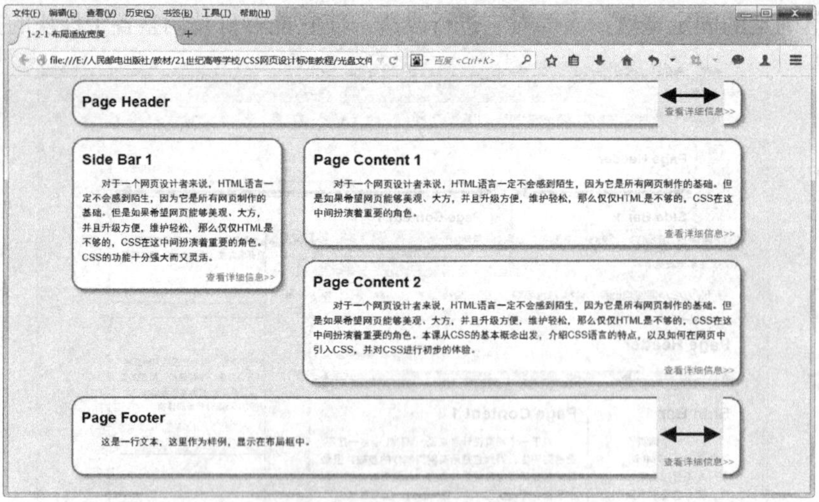

图 12.2　宽度过大出现裂缝

如果并不需要这么宽，就可以对最大宽度进行限制。也就是说，当浏览器窗口超过一定宽度时，即使变得再宽，其内容也不再继续扩展。这需要用到 max-width 属性。同理，如果一个分栏过窄，视觉效果也会不好，因此也可以通过 min-width 属性限制最窄宽度，代码如下。这样可以使宽度介于 500 像素～800 像素之间。

```
#header,#pagefooter,#container{
    margin:0 auto;
    width:85%;
    min-width:500px;
    max-width:800px;
    }
```

这个方法存在一个问题，即 IE 6 不支持 min-width 和 max-width 这两个属性。因此必须要想办法在 IE 6 中实现 min-width 和 max-width 的效果。比较方便的方法是使用 JavaScript 动态监视浏览器窗口，然后通过 DOM 设置对象的宽度。具体做法很简单，在页面中引用一个已经编写好的 JavaScript 程序，其他不用做任何设置，就可以实现 min-width 和 max-width 属性。

这个 JavaScript 程序是一位英国程序员 Andrew Clover 在 2003 年编写的，他的个人网站的网址是 http://www.doxdesk.com。

Firefox 和 IE 7 已经支持了 min-width 和 max-width 属性，因此只需要对 IE 6 使用这个 JavaScript 程序，这里可以使用 IE 的条件注释语句判断一下浏览器，只有 IE 6 或更低的 IE 版本时才装载这个 js 文件。代码如下：

```
<!--[if lte IE 6]>
    <script type="text/javascript" src="minmax.js"></script>
<![endif]-->
```

12.1.2 "1–2–1" 单列变宽布局

在上述实例中，当宽度变化时，左右两列的宽度都会变化，且它们之间的比例保持不变。实际上，只有单列宽度变化，而其他保持固定的布局可能会更实用。一般在存在多个列的页面中，通常比较宽的一个列是用来放置内容的，而窄列放置链接、导航等内容，这些内容一般宽度是固定的，不需要扩大。因此如果能把内容列设置为可以变化，而其他列固定，会是一个很好的方式。

如图 12.3 所示，右侧的 Side Bar 的宽度固定。当总宽度变化时，Page Content 部分就会自动变化。

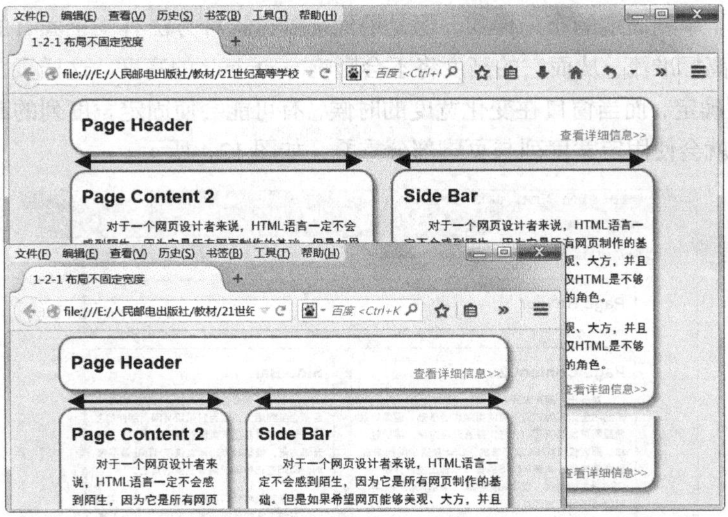

图 12.3　“1-2-1”单列变宽布局

如果仍然使用简单的浮动布局，是无法实现这个效果的。如果把某一列的宽度设置为固定值，例如 200 像素，那么另一列（即活动列）的宽度就无法设置了。因为总宽度未知，活动列的宽度也无法确定，其解决方法如下。

这里仍然给出两种方法，首先介绍比较容易理解的“绝对定位”法，然后针对“浮动”法进行改造。

1. “绝对定位”法

在前文讲解固定的“1-2-1”布局时，除了使用浮动之外，还可使用绝对定位实现“1-2-1”布局，现在就以该方案为基础来介绍单列适应宽度的制作方法，代码如下，本实例的文件为“Ch12\12.1\03.html”。

```
#header,#pagefooter,#container{
    margin:0 auto;
    width:85%;
    }
#container{
    position:relative;
}
#side{
    position:absolute;
    top:0;
    right:0;
    width:300px;
    }
#content{
    margin:0 300px 0 0;
    }
```

对上述代码分析如下：

（1）总宽度还是设置为 85%，这样总宽度会随浏览器窗口变化；

（2）将 container 的 position 属性设置为 relative，使它成为 container 里面的列的定位基准；

（3）使 side 列成为绝对定位，并紧贴 container 的右侧，宽度设为固定值 300 像素；

（4）设置 content 列的右侧 margin，使它不会与 side 列重叠。

这样就实现了单列固定的布局样式。但是前面提到过这种方法有一个固有的缺陷，也就是绝对定位的列将脱离标准流，从而它的高度将不会影响 container 的高度。这样页脚部分的位置只由 content 列的高度确定，而当窗口在变化宽度的时候，有可能会使固定宽度列的高度大于活动宽度列的高度，这时就会使固定宽度列与页脚部分重叠，如图 12.4 所示。

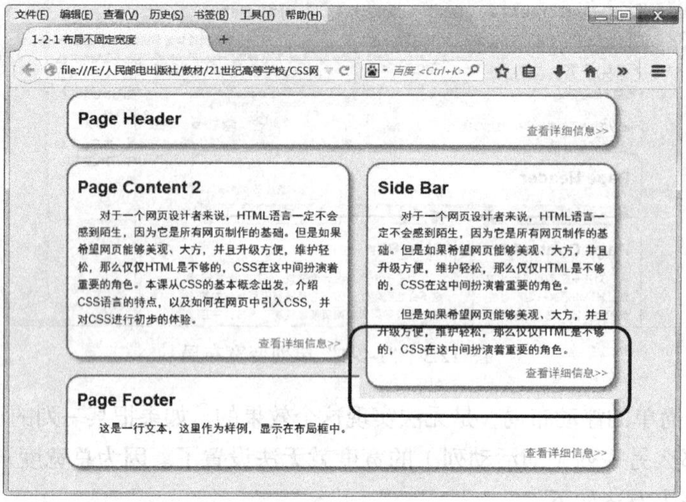

图 12.4　出现重叠现象

因此，使用这种方法的时候，要注意保证变宽度列的高度是最高的，就不会发生重叠的现象。由于 HTML 代码没有变化，此处不再罗列 HTML 代码。

2. “改进浮动”法

现在考虑使用浮动的方法，核心问题就是浮动列的宽度应该等于“100% – 300px”，而 CSS 显然不支持这种带有加减法运算的宽度表达方法。但是通过 margin 可以变通地实现这个宽度。

实现的原理如图 12.5 所示。在 content 的外面再套一个 div（图中的 contentWrap），使它的宽度为 100%，也就是等于 container 的宽度。然后通过将左侧的 margin 设置为负的 300 像素，就使它向左平移了 300 像素。再将 content 的左侧 margin 设置为正的 300 像素，就实现了“100% – 300px”这个本来无法直接表达的宽度。

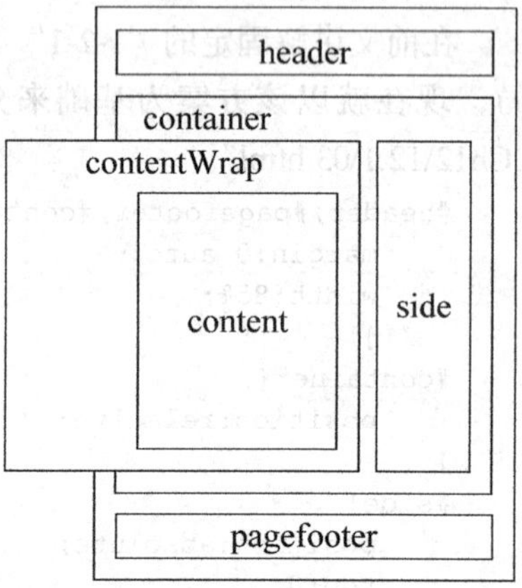

图 12.5　结构示意图

CSS 样式代码如下，本实例的文件为“Ch12\12.1\04.html”。

```
#header,
#pagefooter,
#container{
    margin:0 auto;
    width:85%;
    }
#contentWrap{
    margin-left:-300px;
    float:left;
    width:100%;
    }
```

```
#content{
    margin-left:300px;
    }
#side{
    float:right;
    width:300px;
    }
#pagefooter{
    clear:both;
    }
```

注意 最核心的一点是在活动宽度列（即这里的 content）外面又套了一层 div，其 id 设置为 contentWrap，中文意思是 content 的“包装”，即它把 content 包裹起来。

contentWrap 的宽度设置为 100%宽度，同时将右侧的 margin 设置为“−300px”。注意这里是负值，即向右平移了 300 像素，并设置为向右浮动。content 在它的里面，以标准流方式存在，将它的右侧 margin 设置为 300 像素，这样就可以保证里面的内容不会溢出到布局的外面。

这种方法的本质就是实现了 content 列的“100%−300px”的宽度，确实非常巧妙。效果如图 12.6 所示。可以看到，这种方法的最大好处就是可以不用考虑各列的高度，通过设置页脚的 clear 属性，就可以保证不会发生重叠的现象。

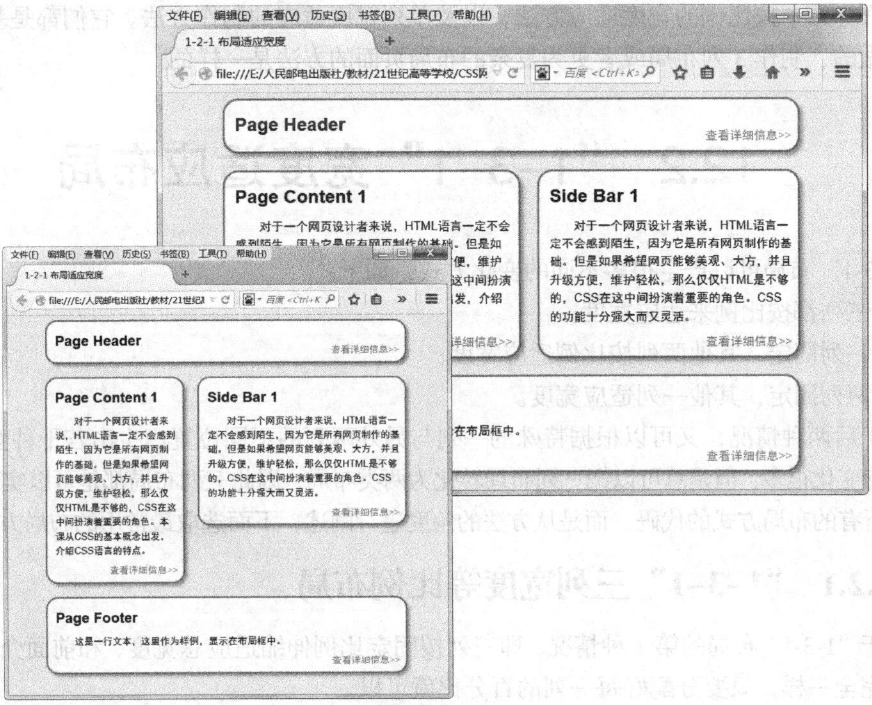

图 12.6　单列固定的变宽布局

代码如下：

```
<body>
<div id="header">
    <div class="rounded">
……这里省略固定结构的内容代码……
```

```
        </div>
    </div>
    <div id="container">
        <div id="contentWrap">
            <div id="content">
                <div class="rounded">
                    ……这里省略固定结构的内容代码……
                </div>
            </div>
        </div>
        <div id="side">
            <div class="rounded">
                ……这里省略固定结构的内容代码……
            </div>
        </div>
    </div>
    <div id="pagefooter">
        <div class="rounded">
            ……这里省略固定结构的内容代码……
        </div>
    </div>
</body>
```

前面介绍了按比例的宽度适应方法，以及单列宽度适应的制作方法。它们都是基于“1-2-1”布局来做的，制作3列布局或者更为复杂的布局页面的方法是一样的。

12.2 “1–3–1”宽度适应布局

“1-3-1”布局可以产生很多不同的变化方式，如下：

- 三列都按比例来适应宽度；
- 一列固定，其他两列按比例适应宽度；
- 两列固定，其他一列适应宽度。

对于后两种情况，又可以根据特殊的一列与另外两列的不同位置产生出若干种变化。

尽管变化很多，但是总可以把三列布局转化为两类布局，因此三列布局都是可以实现的。接下来不列举所有的布局方式的代码，而是从方法的角度进行阐述，下面选取最常用的布局方式进行讲解。

12.2.1 “1–3–1”三列宽度等比例布局

对于“1-3-1”布局的第1种情况，即三列按固定比例伸缩适应总宽度，和前面介绍的“1-2-1”的布局完全一样，只要分配好每一列的百分比就可以。

12.2.2 “1–3–1”单侧列宽度固定的变宽布局

对于一列固定、其他两列按比例适应宽度的情况，如果这个固定的列在左边或右边，那么只需要在两个变宽列的外面套一个 div，并且这个 div 宽度是变宽的。它与旁边的固定宽度列构成了一个单列固定的“1-2-1”布局，就可以使用“绝对定位”的方法或者“改进浮动”法进行布局，然后再将变宽列中的两个变宽列按比例并排。

“绝对定位”法的制作过程就不再介绍了，这里仅给出使用“改进浮动”法的制作过程。假设现在希望 side 列宽度固定为 200 像素，而 navi 列和 content 列按照 2:3 的比例分配剩下的宽度。

请注意，此时如果按照图 12.7 所示的结构建立 HTML 结构，是无法实现所需效果的。

wrap 这个容器内部如果只有一个活动列，就像前面的“1-2-1”布局那样，这个活动列以标准流方式放置，它的宽度是自然形成的，这样显示效果是没有问题的。而当 wrap 容器中有两个浮动的活动列时，就需要分别设置宽度，分别为 40%和 60%（为了避免四舍五入误差，这里设置 59.9%）。请特别注意，这时 wrap 列的宽度等于 container 的宽度，因此这里的 40%并不是总宽度减去 side 的宽度以后的 40%，而是总宽度的 40%，这显然是不对的。

解决的方法就是在容器里面再套一个 div，即由原来的一个 wrap 变为两层，分别叫做 outerWrap 和 innerWrap，结构如图 12.8 所示。

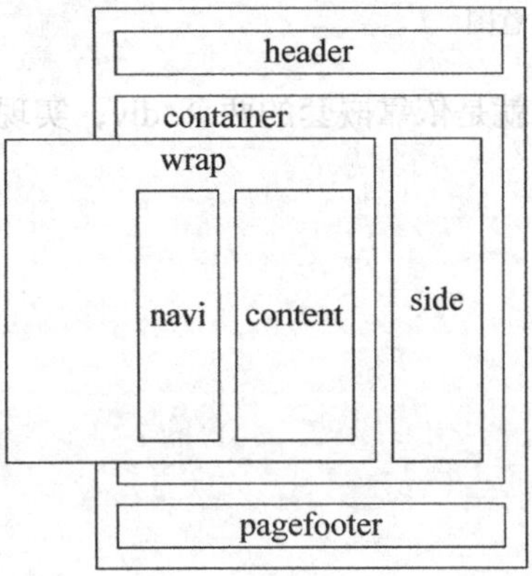

图 12.7 结构示意图

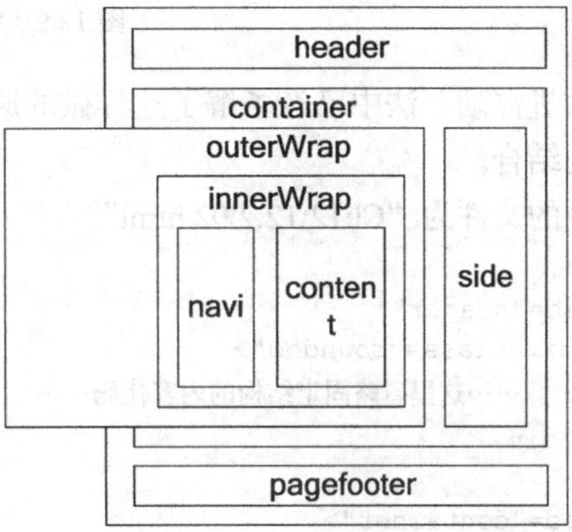

图 12.8 修正后的结构示意图

这样，outerWrap 就相当于上面错误方法中的 wrap 容器。新增加的 innerWrap 是以标准流方式存在的，宽度会自然伸展。由于设置了 200 像素的左侧 margin，因此它的宽度就是总宽度减去 200 像素，这样 innerWrap 里面的 navi 和 content 就都会以这个新宽度为宽度基准。

本实例的文件为“Ch12\12.2\01.html”。

12.2.3 “1–3–1”中间列宽度固定的变宽布局

本小节介绍的布局形式是固定列被放在中间，它的左右各有一列，并按比例适应总宽度。这是一种很少见的布局形式（最常见的是两侧的列固定宽度，中间列变化宽度）。可以按照“改进浮动”法制作单列宽度固定的“1-2-1”布局的思路，把“负 margin”的思路继续深化，实现这种不多见的布局。

假设，现在希望页面中间列的宽度是 300 像素，两边列等宽（不等宽的道理是一样的），即总宽度减去 300 像素后剩余宽度的 50%。此时制作的关键是如何实现“(100%−300px)/2”的宽度。

注意 这里所讲的实例基于荷兰设计师 Gerben 提出来的方法实现。该设计师的网址是 http://algemeenbekend.nl/misc/challenge_gerben_v2.html。

下面讲解“固定单列居中，两侧列适应”的布局方法。

以固定的“1-3-1”布局为基础。需要在 navi 和 side 两个 div 外面分别套一层 div，把它们“包裹”起来，如图 12.9 所示。

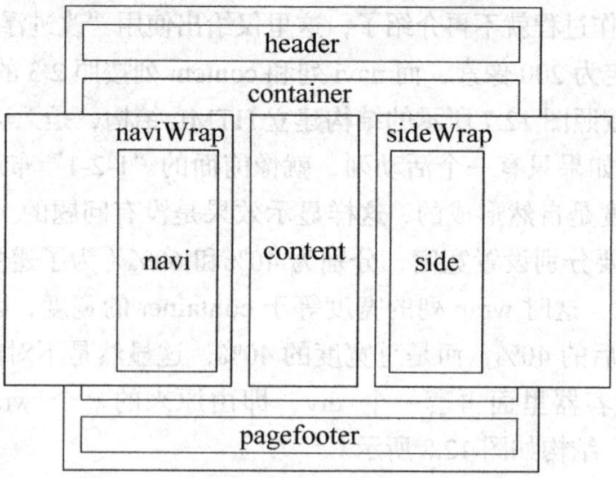

图 12.9　结构示意图

在“改进浮动”法中已经了解了这样做的原因，就是依靠嵌套的两个 div，实现相对宽度和绝对宽度的结合。

本实例的文件为“Ch12\12.2\02.html”。

```
<body>
<div id="header">
    <div class="rounded">
        ……这里省略固定结构的内容代码……
    </div>
</div>
<div id="container">
    <div id="naviWrap">
        <div id="navi">
            <div class="rounded">
                ……这里省略固定结构的内容代码……
            </div>
        </div>
    </div>
    <div id="content">
        <div class="rounded">
            ……这里省略固定结构的内容代码……
        </div>
    </div>
    <div id="sideWrap">
        <div id="side">
            <div class="rounded">
                ……这里省略固定结构的内容代码……
            </div>
        </div>
    </div>
</div>
<div id="pagefooter">
    <div class="rounded">
        ……这里省略固定结构的内容代码……
    </div>
</div>
</body>
```

设置好 HTML 代码之后，CSS 的相关部分代码如下：

```
#header,#pagefooter,#container{
    margin:0 auto;
    width:85%;
    }
#naviWrap{
    width:50%;
    float:left;
    margin-left:-150px;
}
#navi{
    margin-left:150px;
    }
#content{
    float:left;
    width:300px;
    }
#sideWrap{
    width:49.9%;
    float:right;
    margin-right:-150px;
    }
#side{
    margin-right:150px;
    }
#pagefooter{
    clear:both;
    }
```

将左侧的 naviWrap 设置为 50%宽度，向左浮动，并通过将左侧 margin 设置为−150px，向左平移了 150px。然后在里面的 navi 中，左侧 margin 设置为−150px，补偿回来 150px。

接着，将 content 设置为固定宽度，先做浮动，这样可以紧贴着 navi 的右边界。

最后将 sideWrap 做与 navi 部分相似的处理，设置为 50%宽度，向左浮动。这时本来宽度已经超过 100%，会被挤到下一行，但是将右侧 margin 设置为−150px 后，就不会超过总宽度了。

注意

（1）在实际代码中，并不是将两个活动列宽度都设置为 50%，而是将其中一个设置为 49.9%。这是为了避免浏览器在计算数值时因四舍五入而导致总宽度大于 100%，因此稍微窄一点点就可保证最右边的列不会被挤到下一行。

（2）使用浮动布局的最大风险就是在某些情况下，可能导致本来并列的列被挤到下一行，从而使页面布局完全崩溃。这是需要特别注意的，因为有时一列的宽度可能会因为内容的偶然情况而变化。例如某一列中突然出现了一个非常长的英文单词，导致无法换行等。因此使用浮动布局时需要特别注意。

12.2.4　进一步思考

在使用“改进浮动”法制作中间列固定和侧列固定这两种案例的时候，使用了不同的思路。注意，二者之中，后者是更具有通用性的方法，因为使用这个方法同样可以实现固定列在中间的布局，而用前者的方法是无法实现单侧列固定宽度布局的。

使用后面介绍的这种方法不但可以实现左中右 3 列中任意列固定，其余两列按比例分配宽度，而且可以仅通过 CSS 任意调换 3 列的位置。这 3 列都是并列关系，因此可以在只进行比较小的改动的情况下实现 HTML 中的各列任意排序。

> **注意** 这里提出了一个新问题，即“任意列排序”。
>
> 假设有一个 3 列布局的页面，在 HTML 中一定会有依次排列的 3 个“<div>……</div>”段。如果通过 CSS 设置可以实现在 HTML 中，无论这些“<div>……</div>”的顺序如何，都可以得到希望的显示顺序，那么这样的排版方法将会有如下优势。
>
> （1）可以根据各 div 的内容来组织 HTML 结构，而不是根据页面的表现形式来确定顺序，在更大的程度上实现了内容与形式的分离。
>
> （2）对于访问者来说，即使他的浏览器不支持 CSS，也依然可以按照符合内容逻辑的顺序浏览页面。
>
> （3）对于设计师来说，可以灵活地调整各列的顺序，而不必修改 HTML 结构。
>
> （4）对于搜索引擎来说，它们通常对页面中越靠前的内容越重视，因此如果实现了内容顺序不需要考虑页面表现时的顺序，则可以更有利于搜索引擎的排名。

12.2.5 “1–3–1”双侧列宽度固定的变宽布局

对于三列布局，一种很实用的布局是 3 列中的左右两列宽度固定，中间列宽度自适应。这个布局同样可以有两种思路来实现，一种是用绝对定位，另一种是用改进浮动。

1. “绝对定位”法

首先介绍是绝对定位的方法，代码如下，本实例的文件为“Ch12\12.2\03.html”。

```
#header,
#pagefooter,
#container{
    margin:0 auto;
    width:85%;
    }
#container{
    position:relative;
    }
#navi{
    position:absolute;
    top:0;
    left:0;
    width:150px;
    }
#side{
    position:absolute;
    top:0;
    right:0;
    width:250px;
    }
#content{
    margin:0 250px 0 150px;
    }
```

在这段代码中，把 container 的 position 属性设置为 relative，使它成为它的下级元素的绝对定位基准。然后，将左边的 navi 列绝对定位，并设置为 150 像素宽，紧贴左侧；右边的 side 列也是绝对定位，250 像素宽，紧贴右侧。这样，中间的 content 列没有设置任何与定位相关的属性，因此它仍然在标准流中，将它的左右 margin 设置为两个绝对定位列的宽度，正好让出它们的位置，这样就实现了三者的并列放置。实现的效果如图 12.10 所示。

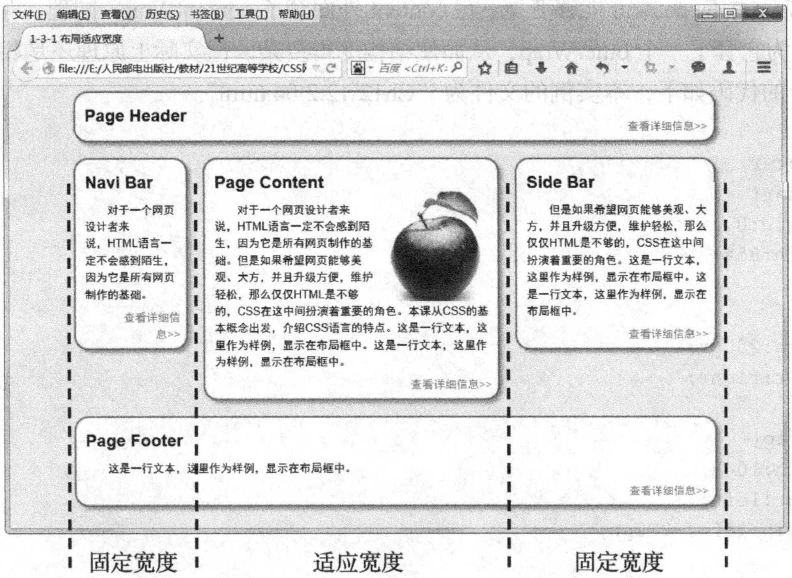

图 12.10 中间列变宽的布局效果

这种方法制作的三列布局无法避免“绝对定位”造成的固有缺陷，即页脚永远紧贴着中间的 content 列，而不管左右两侧列的高度，并且当中间列的高度小于两侧列中的一个或两个时，会造成重叠的现象。

2. 二次“改进浮动”法

为了避免使用绝对定位带来的缺陷，可以使用类似前面用过的“改进浮动”法。利用 margin 的负值来实现 3 列都使用浮动的方法。具体的思路就是把 3 列的布局看作嵌套的两列布局，如图 12.11 所示。

先把左边和中间这两列看作一组（见图 12.11 中灰色背景部分），作为一个活动列，而右边的一列作为固定列，使用前面的“改进浮动”法就可以实现。然后，再把两列（灰色背景部分）各自当作独立的列，左侧列为固定列，再次使用“改进浮动”法，就可以最终完成整个布局。

需要注意的是，使用这种方法需要增加比较多的辅助 div，结构会变得非常复杂，如图 12.12 所示。

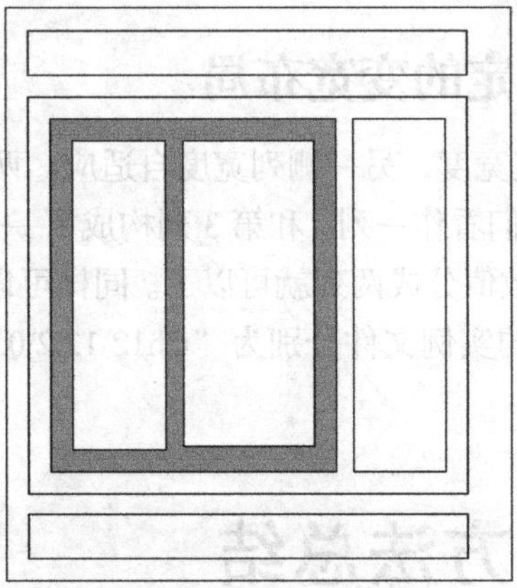

图 12.11 结构示意图

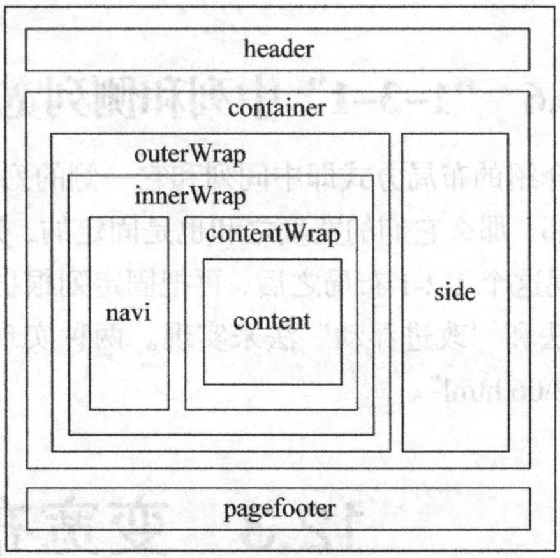

图 12.12 详细的结构示意图

使用“改进浮动”法时，每实现一个活动列都需要增加额外的辅助 div。从图 12.12 中可以看出，这里的思路是，在内层，为了使 navi 固定，content 变宽，在二者外面套了一个“innerWrap” div；为了在 innerWrap 中使 content 能够变宽，在 content 外面套了 contentWrap；同理，为了使 innerWrap 能够变宽，又为它套了一个 outerWrap，从而使结构变得复杂。但实际上原理还是相同的。

CSS 部分的代码如下，本实例的文件为“Ch12\12.2\04.html”。

```
#header,
#pagefooter,
#container{
    margin:0 auto;
    width:85%;
    }
#side{
    width:200px;
    float:right;
    }
#outerWrap{
    width:100%;
    float:left;
    margin-left:-200px;
}
#innerWrap{
    margin-left:200px;
    }
#navi{
    width:150px;
    float:left;
}
#contentWrap{
    width:100%;
    float:right;
    margin-right:-150px;
}
#content{
    margin-right:150px;
    }
#pagefooter{
    clear:both;
}
```

12.2.6 “1–3–1”中列和侧列宽度固定的变宽布局

这节介绍的布局方式即中间列和它一侧的列是固定宽度，另一侧列宽度自适应。两个固定宽度的列相邻，那么它们的宽度之和也是固定的，先把它们看作一列，和第 3 列构成了一个“1-2-1”布局，实现这个 1-2-1 布局之后，再把固定列根据宽度数值分成两列就可以了。同样可以使用“绝对定位”法和“改进浮动”法来实现。两种实现方法的实例文件分别为“Ch12\12.2\05.html”和“Ch12\12.2\06.html”。

12.3 变宽布局方法总结

实际上，关于三列布局的方法还有很多，各有优缺点，适用的范围也各不相同。对本章介绍的各种布局进行总结，可以得到下述 3 个结构图。

单列布局的结构如图 12.13 所示。

双列布局的结构如图 12.14 所示。

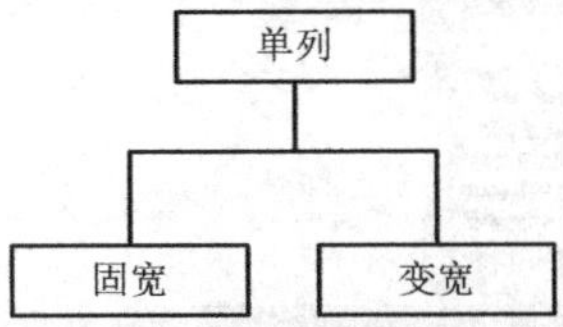

图 12.13　单列布局的分类示意图

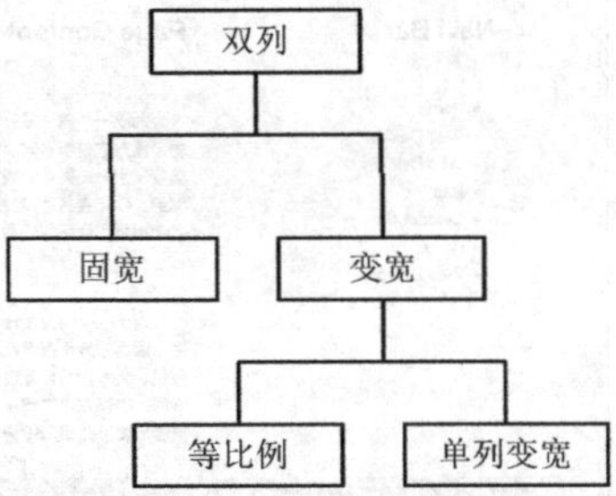

图 12.14　双列布局的分类示意图

三列布局的结构如图 12.15 所示。

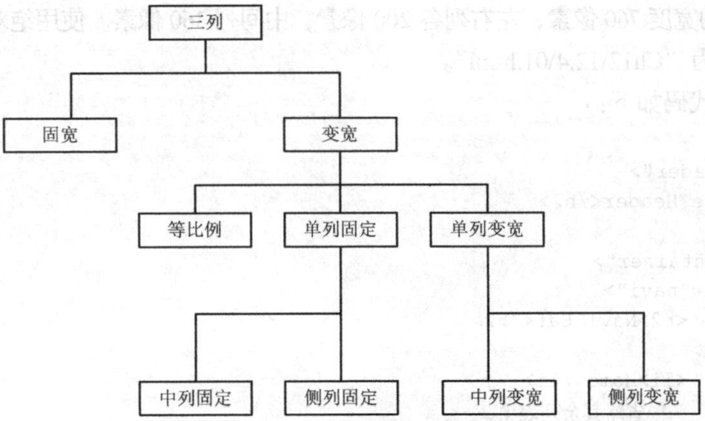

图 12.15　三列布局的分类示意图

实际上，更多的分列或变化都可以看作基本方法的重复使用或者嵌套使用，因此掌握了上面的这些布局形式，对于更多列的布局也就都可以顺利解决了。

12.4　分列布局背景色问题

在前面的各种布局实例中，都是使用带有边框的圆角框实现的，所有的例子都没有设置背景色，但是在很多页面布局中，对各列的背景色是有要求的，例如希望每一列都有各自的背景色。

前面案例中每个布局模块都有非常清晰的边框，这种页面通常不设置背景色。还有很多页面分了若干列，每一列或列中的各个模块并没有边框，这种页面通常需要通过背景色来区分各个列。

下面对页面布局中的分栏背景色问题进行讲解。为了简化页面，首先制作一个图 12.16 所示的页面。

这是一个很简单的“1-3-1”布局页面。

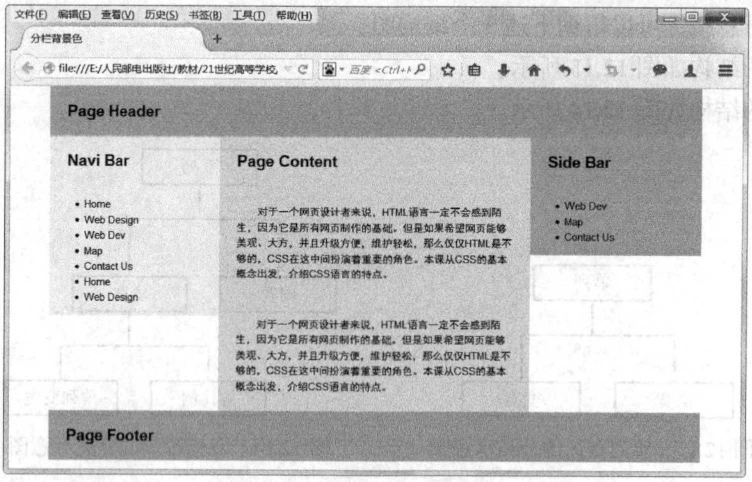

图 12.16　基本的三列布局

这里假设它的宽度 760 像素，左右列各 200 像素，中间列 360 像素。使用绝对定位的方式布局。本实例文件为“Ch12\12.4\01.html”。

HTML 部分代码如下：

```
<body>
<div id="header">
    <h2>Page Header</h2>
</div>
<div id="container">
    <div id="navi">
            <h2>Navi Bar</h2>
        <ul>
            <li>Home</li>
            ……省略其余列表项……
        </ul>
    </div>
    <div id="content">
        <h2>Page Content</h2>
        <p>        对于一个网页设计者来说，……省略其余文字……</p>
        ……省略其余文字段落……
    </div>
    <div id="side">
        <h2>Side Bar</h2>
        <ul>
            <li>Web Dev</li>
            ……省略其余列表项……
        </ul>
    </div>
</div>
<div id="footer">
    <h2>Page Footer</h2>
</div>
</body>
```

CSS 样式代码如下：

```
body{
    font:12px/18px Arial;
```

```
    margin:0;
    }
#header,#footer {
    background:#99CCFF;
    width:760px;
    margin:0 auto;
    }
h2{
    margin:0;
    padding:20px;
    }
p{
    padding:20px;
    text-indent:2em;
    margin:0;
    }
#container {
    position: relative;
    width:760px;
    margin:0 auto;
    }
#navi {
    width: 200px;
    position: absolute;
    left: 0px;
    top: 0px;
    background:#99FFCC;
}
#content {
    margin-right: 200px;
    margin-left: 200px;
    background:#FFCC66;
    }
#side {
    width: 200px;
    position: absolute;
    right: 0px;
    top: 0px;
    background:#CC99FF;
    }
```

可以看到，各列的背景色只能覆盖到其内容的下端，而不能使每一列的背景色都一直扩展到最下端。这个要求在表格布局的方式中是很容易实现的，而在 CSS 布局中，却不是这样。根本的原因在于，表格会自然地使各列等高，而每个 div 只负责自己的高度，根本不管它旁边的列有多高，要使并列的各列的高度相同是很困难的。

解决问题的思路之一是想办法使各列等高。有很多 Web 设计师从这个思路出发，并通过使用 JavaScript 配合，找到了解决方法。但是这里通过单纯的 CSS 来解决这个问题。

如果是各列固定宽度的布局方式，就很容易通过另一种思路来解决这个问题，即通过“背景图像”法。例如，在本例中，已经知道 3 列的宽度依次为 200 像素、360 像素和 200 像素，就可以在 Fireworks 或者 Photoshop 等图像处理软件中制作一个 760 像素宽的图像，通过竖向平铺图像来产生各列的分隔效果。

例如，图 12.17 所示为一个 760 像素宽、10 像素高的图像。

图 12.17　背景图像

图 12.17 中的灰色边框是为了表示图像的范围，在制作的时候不要加边框。

注意

将上面代码中的 3 列 div 的背景色设置全部去掉，然后将 container 这个容器 div 的背景设置为“url（images/background-760.gif）”，即该图像文件的路径。这时在浏览器中的效果如图 12.18 所示。

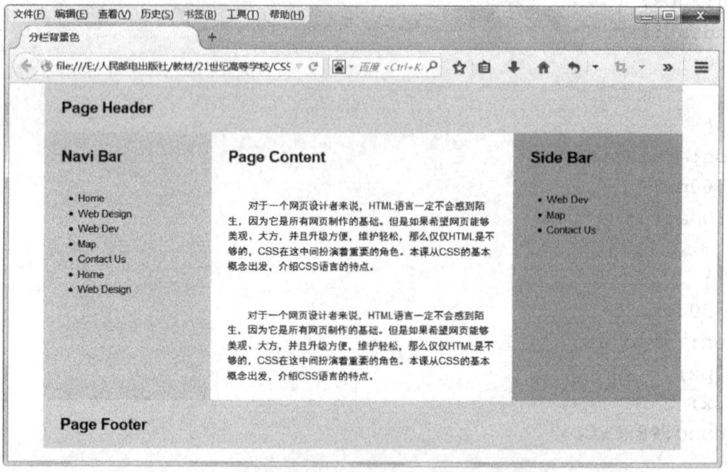

图 12.18　使用了背景图像的分列效果

现在无论一列的高度是多少，背景色都可以一直贯穿到底。用这种办法还可以制作出一些更精致的效果，例如为背景图像制作一些投影的效果，如图 12.19 所示。

图 12.19　带阴影效果的背景图像

这时产生的效果如图 12.20 所示，感觉页面更加精致了。

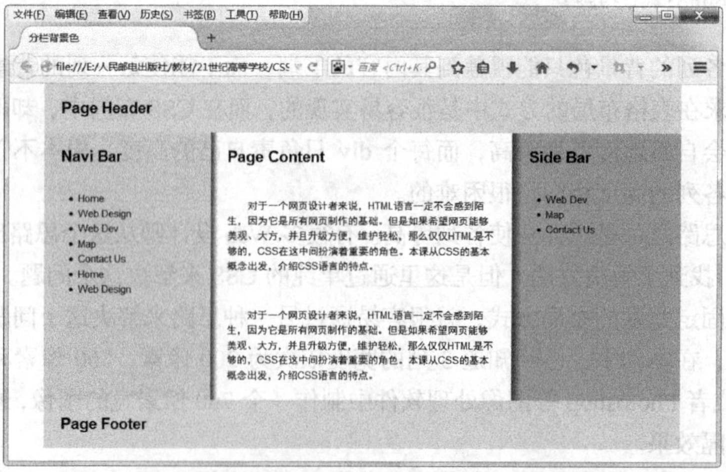

图 12.20　使用带阴影的背景图像的页面效果

例如图 12.21 所示的是“CSS 禅意花园”网站（http://www.csszengarden.com）中的一个网页。可以看到，通过非常精致的设计，在视觉上摆脱了固定的“框”通常会产生的呆板的样式，而形成了重叠的效果。这种效果表现了光和影之间、形状和空间之间的相互影响，给人清新、明朗和积极的印象。

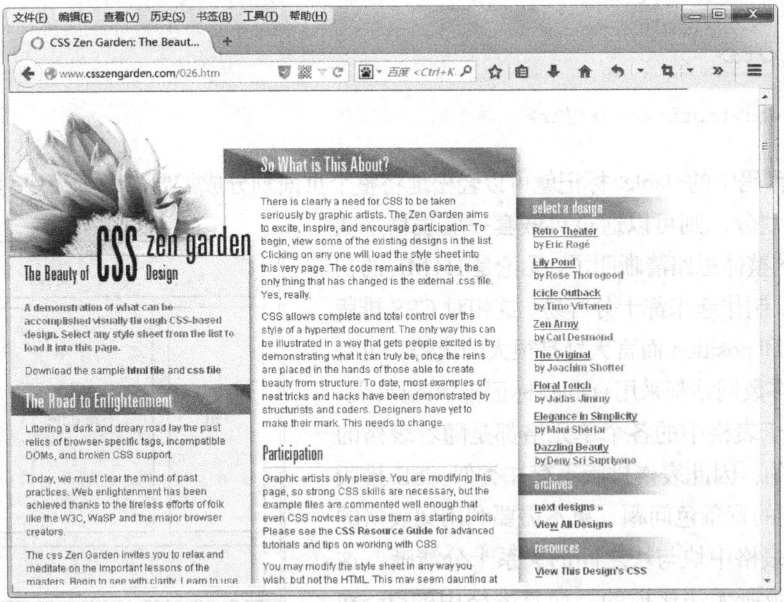

图 12.21　“CSS 禅意花园”网站的网页

从技术角度说，上面介绍的方法适用于各列宽度固定的布局。无论是使用浮动方式布局，还是绝对定位方式布局，上面这种背景图像平铺的方法都是适用的。

12.5　CSS 布局与传统的表格方式布局的分析

在介绍完使用 CSS 的布局方法之后，再来回顾一下传统的使用表格布局的方法。实际上，在十多年前，互联网刚刚开始普及的时候，网页内容非常简单，形式也非常单调。1997 年，美国设计师 David Siegel 出版了一本里程碑式的网页制作指导书《*Creating Killer Web Sites*》（创建杀手级网站），表明使用 GIF 透明间隔图像和表格可以创建出“魔鬼般迷人”的网站。

此后，使用表格布局几乎成为每一个设计师必须掌握的技术，而且 Macromedia 公司推出的 Fireworks 和 Adobe 公司的 Photoshop 等软件都提供了非常方便的自动生成表格布局的 HTML 代码的功能，使得这种方法更加普及。

这里简单介绍一下表格布局的原理，并与 CSS 布局进行一些比较。自从<table>标记的 border 属性可以设置为 0，即表格可以不再显示边框以来，传统的表格排版便一直受到广大设计者的青睐。用表格划分页面的思路很简单，以左中右排版为例，只需要建立如下表格便可以轻松实现图 12.22 所示的排版方式，代码如下：

```
<table border="0">
    <tr><td>banner</td></tr>
    <tr>
        <td>
```

```
            <table border="0">          <!-- 嵌套表格 -->
                <tr>
                    <td>left</td>
                    <td>middle</td>
                    <td>right</td>
                </tr>
            </table>
        </td>
    </tr>
    <tr><td>footer</td></tr>
</table>
```

利用上面代码中的<table>标记就可以轻松地将整个页面划分成需要的各个模块，如果各个模块中的内容需要再划分，则可以通过再嵌套一层表格来实现。表格布局的整体思路清晰明了，无论是 HTML 的初学者还是熟手，制作起来都十分容易。这相对 CSS 排版中复杂的 float 和 position 而言无疑是很大的优势，也是目前网络上大多数网站都采用<table>标记排版的原因。

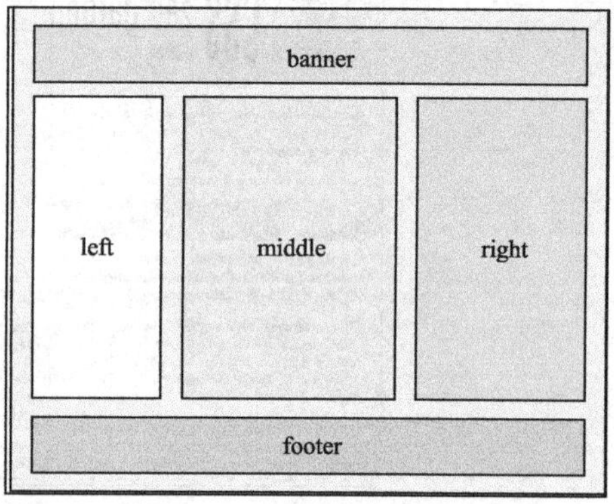

图 12.22　版面布局

再者，由于表格中的各个单元格都是随着表格的大小自动调整的，因此表格排版不存在类似 CSS 排版中 12.4 节谈到的背景色问题，更不需要利用父表格的属性来调整。表格中块与块之间的关系十分清晰，这也是 CSS 排版所无法比拟的。而且表格中的<tr>和<td>等标记同样可以加入 padding 和 border 等 CSS 属性，简单地进行调整，更加方便易学。

表格排版也存在着各式各样的问题。首先利用表格排版的页面很难再修改或升级。例如图 12.22 所示的构架，当页面制作完成后，如果希望将#left 和#right 的位置对调，那么表格排版的工作量相当于重新制作一个页面。而 CSS 排版利用 float 和 position 属性可以很轻松地移动各个块，实现让用户动态选择界面的功能。

利用表格排版的页面在下载时必须等整个表格的内容都下载完毕之后才会一次性显示出来，而利用 div 块的 CSS 排版的页面在下载时就科学得多，各个子块可以分别下载显示，从而提高了页面的下载速度，搜索引擎的排名也会因此而提高。

CSS 的 div 排版方式使得数据与 CSS 文件完全分离，美工在修改页面时不需要关心任何后台操作的问题。而表格排版由于依赖各个单元格，因此美工必须在大量的后台代码中寻找排版方式。

总而言之，使用表格布局存在着大量无法克服的固有缺陷，因此当 CSS 布局方法通过一些先行者的探索逐渐被"驯服"以后，已经完全可以被普通的设计师所接受。

最后，总结 CSS 布局方法与表格布局方法相比，有如下几点明显的优势：

- CSS 使页面载入更快；
- CSS 可以降低网站的流量费用；
- CSS 使设计师在修改设计时更有效率，而代价更低；
- CSS 使整个站点保持视觉的一致性；
- CSS 使站点可以更好地被搜索引擎找到；
- CSS 使站点对浏览者和浏览器更具亲和力；
- 在越来越多的人采用 Web 标准时，掌握 CSS 可以提高设计师的职场竞争实力。

注意

本书篇幅有限，尽管在 CSS 布局方面还有很多值得进一步探索的内容，但是这里就不再深入，这里仅提出几个值得思考的问题，如果读者有兴趣深入探讨，可以在互联网上查找相关的资料，也可以访问本书作者的网站，与作者交流。

对于 CSS 布局的网页应该努力实现如下要求：

- 宽度适应多列布局，并且保证页头和页脚部分能够正确显示；
- 可以指定列宽度固定，其余列宽度自适应；
- 在 HTML 中，各列以任意顺序排列，最终效果都正确显示；
- 任意列都可以是最高的一列，且保证不会破坏布局，不会产生重叠；
- HTML 和 CSS 都应该能够通过 Web 标准的验证；
- 良好的浏览器兼容性。

以上的要求中的第 3 条，上面的讲解中没有深入介绍，请读者自己探索，这一条原则的目的有两个：

（1）如果页面最终效果和各列在 HTML 中的顺序相关，就没有真正实现内容与形式的彻底分离；

（2）无论显示效果如何，在 HTML 中如果能按照内容的重要程度排列，会对网站在搜索引擎中的排列很有帮助，因为搜索引擎通常更重视一个页面中前面的内容。

小　结

本章核心的内容就是灵活地使用“绝对定位”法和“改进浮动”法实现各种实际工作可能会遇到的布局要求。内容难度较大，可结合前文内容加深理解。

习　题

1. 对于变化宽度的两列布局和三列布局，分别描述出布局的方法和思路。
2. 通过简单的实例，说明 CSS 布局的优点。
3. 根据图 12.23 所示的结构，针对每一种布局模式，制作一个页面。

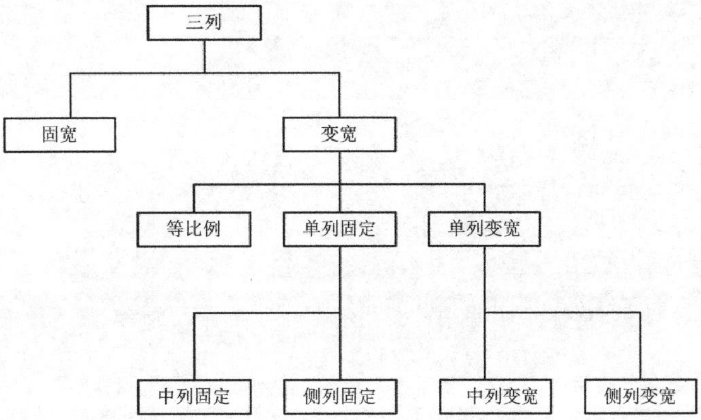

图 12.23　题 3 图

本书篇幅有限，关于在CSS布局方面还有很多值得进一步探索的内容，但是这里就不再深入，这里仅提出几个值得思考的问题，如果读者有兴趣深入探讨，可以在互联网上搜索相关的讨论，也可以访问本书作者的网站，与作者交流。

对于CSS来说，理想的网页布局方式应实现如下要求：

- 宽度是固定或自适应布局，并且保证页头和页脚部分能够正确显示；
- 可以指定列宽度，每列宽度自由适应；
- 在HTML中，各列以任意顺序排列，最终效果都能正确呈现；
- 任意列都可以是最高的一列，且保证不会破坏布局，不会产生错位；
- HTML和CSS都能够满足Web标准的要求；
- 良好的浏览器兼容性。

以上的要求中的第3条，上面的讲解中没有深入介绍，请读者自己探索。这一条原则的目的有两个：

（1）如果页面最终效果中各列在HTML中的顺序相关，就没有真正实现内容与形式的彻底分离；

（2）无论是在搜索引擎，在HTML中如果能按照内容的重要性来排列，对网站在搜索引擎中的排名很有帮助，因为搜索引擎通常更重视一个页面中前面的内容。

小 结

本章核心的内容就是灵活地使用“绝对定位”法和“浮动”法实现各种实际工作中可能会遇到的布局要求。内容难度较大，可结合前文内容加深理解。

习 题

1. 对于变化宽度的两列布局和三列布局，分别描述出布局的方法和思路。
2. 通过前章的实例，说明CSS布局的优点。
3. 根据图12.23所示的结构，针对每一种布局模式，制作一个页面。

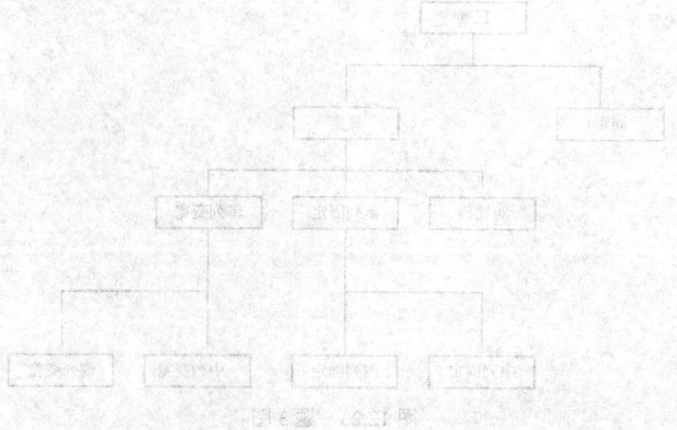

图12.23 [illegible]题3图

第 4 部分
综合案例

第 13 章
综合案例——儿童用品网上商店

从本章开始介绍 3 个综合案例，分别演示一个网页是如何从零开始，逐步搭建出来的。其中第一个案例将非常详细地进行介绍，后两个案例将选择重要内容讲解。

本章将分析、策划、设计并制作一个完整的案例。这个案例是为一个假想的名为“ASAMOM”的儿童用品网上商店制作一个网站。通过对这个案例的讲解，描述其中的技术细节，介绍一套遵从 Web 标准的网页设计流程。使用这样的工作流程，可以使设计流程更加规范。

13.1 案 例 概 述

完成后的首页效果如图 13.1 所示。

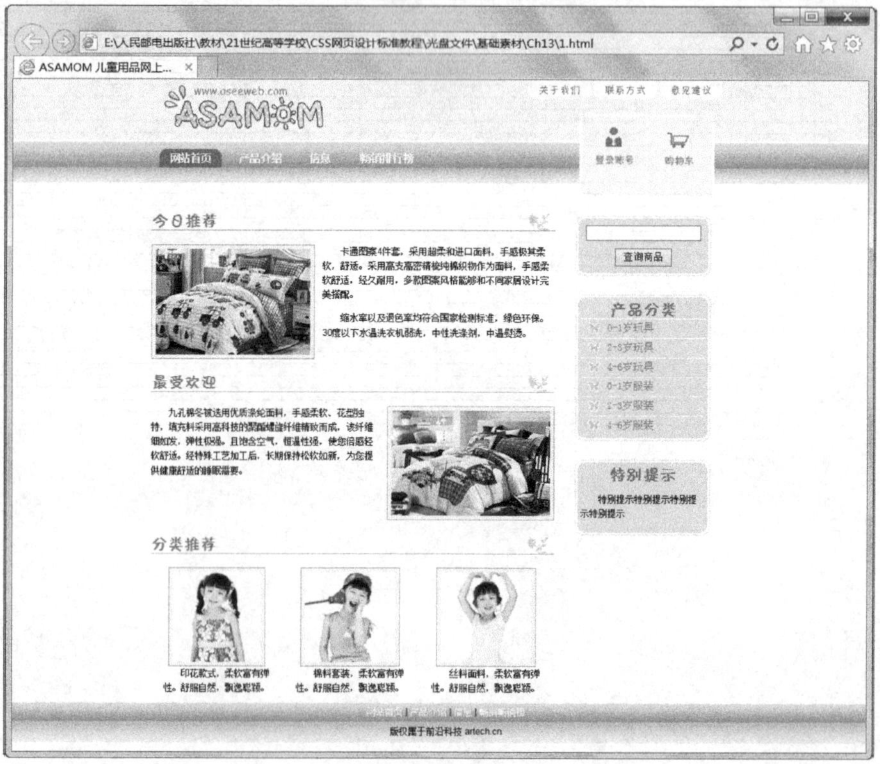

图 13.1　完成后的首页

在这页面竖直方向分为上中下 3 个部分，其中上下两个部分的背景会自动延伸，中间的内容区域分为左右两列，左列为主要内容，右列由若干个圆角框构成，还可以非常方便地增加圆角框。

此外，这个页面具有很好的交互提示功能。例如，在页头部分的导航菜单具有鼠标指针经过时发生变化的效果，如图 13.2 所示。另外，这里的菜单项圆角背景会自动适应菜单项的宽度，例如左侧的“网站首页”比“信息”宽一些。

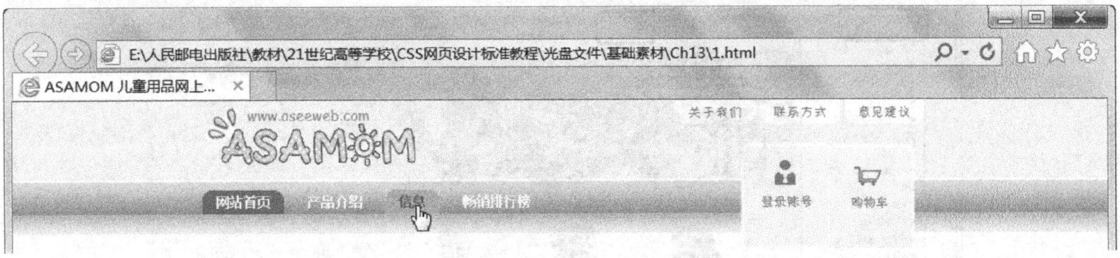

图 13.2　具有鼠标指针经过效果的导航菜单

“登录账号”和“购物车”两个按钮，在鼠标指针经过时也会发生颜色变化，如图 13.3 所示。

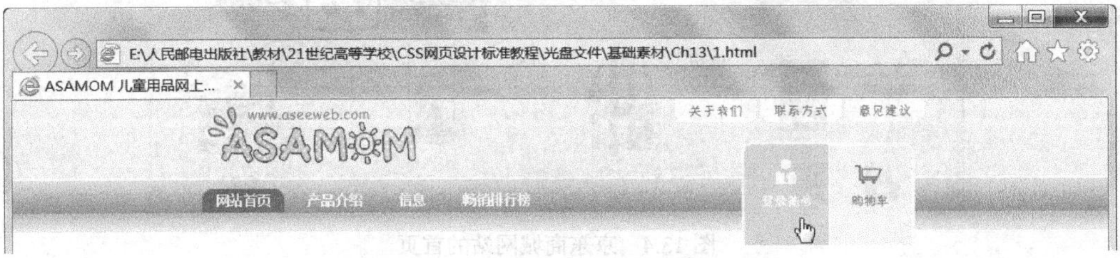

图 13.3　鼠标指针经过时的颜色变化

下面就来具体分析和介绍这个案例的完整开发过程。需要首先说明的是，除了描述技术细节，还会讲解遵从 Web 标准的网页设计流程。

13.2　内 容 分 析

设计一个网页的第一步是明确这个网页的内容，如网页需要传达给访问者的信息、各种信息的重要性、各种信息的组织架构等。以“ASAMOM 儿童用品商店”的首页为例进行一些说明。

在这个页面中，首先要有明确的网站名称和标志，此外，要给访问者方便地了解这个网站所有者自身信息的途径，包括指向自身介绍（“关于我们”）、联系方式等内容的链接。接下来，这个网站的根本目的是要销售商品，因此必须要有清晰的产品分类结构，并有合理的导航栏。对于网上商店来说，产品通常都是以类别组织的，而在首页上通常会把一些最受欢迎的和重点推荐的产品拿出来展示，因为首页的访问量会明显比其他页面大得多，可以充当广告牌。

例如图 13.4 所示是京东商城网站的首页，这个页面尽管内容非常多，但简单来说就分为两大类——“分类链接”和“推荐商品链接”。

任何现代化的新技术都要和生活很好地匹配，才会得到最好的效果，有人把这一点形容为“鼠标加水泥”的模式。对于一个网站而言，最重要的核心不是形式，而是内容，作为网页设计师，在设计各网站之前，一定要先问一问自己是不是已经真正地理解了这个网站的目的，只有真的理解这一点才有可能做出成功的网站，否则无论网站多漂亮和花哨，都不能算作成功的作品。

图 13.4　京东商城网站的首页

这一网站要展示的内容大致应该包括以下几项：

- 广告条幅；
- 标志；
- 搜索框；
- 主导航栏；
- 自身介绍；
- 账号登录与购物车；
- 生活的橱窗；
- 类别菜单；
- 特别提示信息；
- 版权信息。

13.3　HTML 结构设计

在理解了网站的基础上开始构建网站的内容结构。现在完全不要管 CSS，而是完全从网页的内容出发，根据上面列出的要点，通过 HTML 搭建出网页的内容结构。

图 13.5 所示的是搭建的 HTML 在没有使用任何 CSS 设置的情况下，使用浏览器观察的效果。图中左侧使用线条表示了各个项目的构成。实际上图中显示的就是前面的图在不使用任何 CSS

样式时的表现。

注意，任何一个页面，应该尽可能保证在不使用 CSS 的情况下，依然保持良好结构和可读性。这不仅仅对访问者很有帮助，而且有助于网站被 Google、百度这样的搜索引擎了解和收录，这对于提升网站访问量是至关重要的。

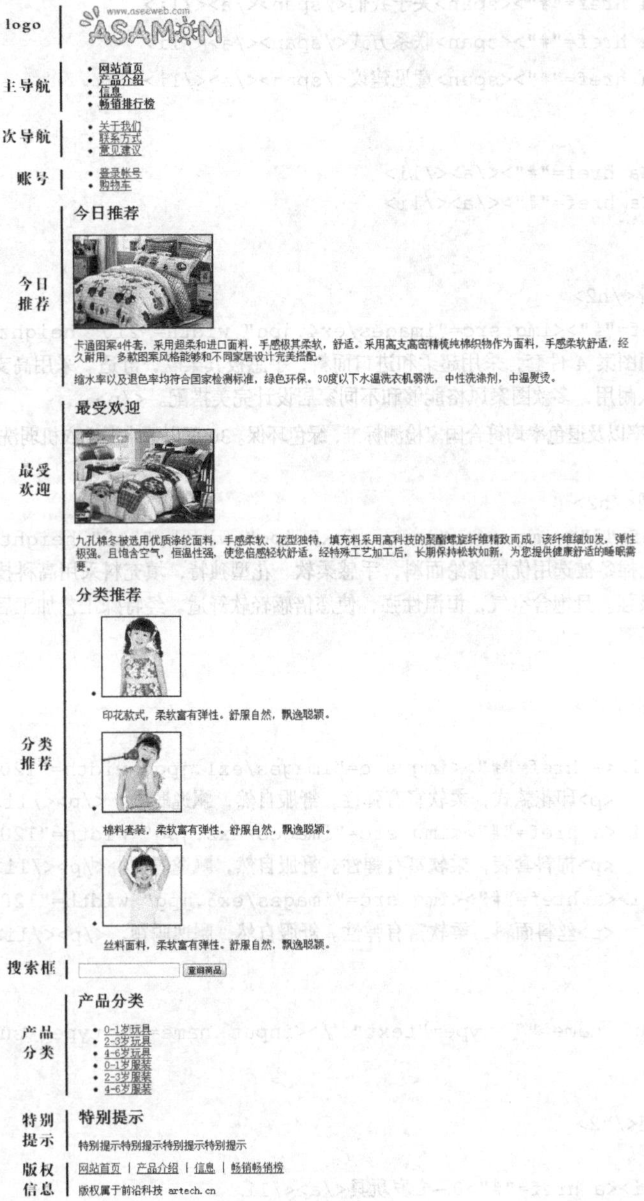

图 13.5　HTML 结构

HTML 代码如下：

```
<body>

<img src="images/logo.png" width="242" height="76"/>
<ul>
    <li><a href="#"><strong>网站首页</strong></a></li>
```

```
        <li><a href="#"><strong>产品介绍</strong></a></li>
        <li><a href="#"><strong>信息</strong></a></li>
        <li><a href="#"><strong>畅销排行榜</strong></a></li>
    </ul>
    <ul>
        <li><a href="#"><span>关于我们</span></a></li>
        <li><a href="#"><span>联系方式</span></a></li>
        <li><a href="#"><span>意见建议</span></a></li>
    </ul>
    <ul>
        <li ><a href="#"></a></li>
        <li ><a href="#"></a></li>
    </ul>

    <h2>今日推荐</h2>
        <a href="#"><img src="images/ex4.jpg" width="210" height="140"/></a>
        <p>卡通图案 4 件套，采用超柔和进口面料，手感极其柔软，舒适。采用高支高密精梳纯棉织物作为面料，
手感柔软舒适，经久耐用，多款图案风格能够和不同家居设计完美搭配。</p>
        <p>缩水率以及退色率均符合国家检测标准，绿色环保。30 度以下水温洗衣机弱洗，中性洗涤剂，中温熨烫。</p>

    <h2>最受欢迎</h2>
        <a href="#"><img src="images/ex5.jpg" width="210" height="140"/></a>
        <p>九孔棉冬被选用优质涤纶面料，手感柔软、花型独特，填充料采用高科技的聚酯螺旋纤维精致而成，该
纤维细如发，弹性极强。且饱含空气，恒温性强，使您倍感轻软舒适。经特殊工艺加工后，长期保持松软如新，为您提
供健康舒适的睡眠需要。 </p>

    <h2>分类推荐</h2>
        <ul>
            <li><a href="#"><img src="images/ex1.jpg" width="120" height="120"/></a>
                <p>印花款式，柔软富有弹性。舒服自然，飘逸聪颖。</p></li>
            <li><a href="#"><img src="images/ex2.jpg" width="120" height="120"/></a>
                <p>棉料套装，柔软富有弹性。舒服自然，飘逸聪颖。</p></li>
            <li><a href="#"><img src="images/ex3.jpg" width="120" height="120"/></a>
                <p>丝料面料，柔软富有弹性。舒服自然，飘逸聪颖。</p></li>
        </ul>

    <form><input name="" type="text" /><input name="" type="submit" value="查询商品
"/ ></form>

    <h2>产品分类</h2>
        <ul>
            <li><a href="#">0-1 岁玩具</a></li>
            <li><a href="#">2-3 岁玩具</a></li>
            <li><a href="#">4-6 岁玩具</a></li>
            <li><a href="#">0-1 岁服装</a></li>
            <li><a href="#">2-3 岁服装</a></li>
            <li><a href="#">4-6 岁服装</a></li>
        </ul>
```

```
<h2>特别提示</h2>
    <p>特别提示特别提示特别提示特别提示</p>

<p><a href="#">网站首页</a> | <a href="#">产品介绍</a> | <a href="#">信息</a> | <a
href="#">畅销畅销榜</a></p>
<p>版权属于前沿科技 artech.cn</p>

</body>
```

可以看到，这些代码非常简单，使用的都是最基本的 HTML 标记，包括<h1>、<h2>、<p>、<ul>、<form>、<a>、<img>。这些标记都是具有一定含义的 HTML 标记，也就是表示一定的含义，例如<h1>表示这是 1 级标题，对于一个网页来说，这是最重要的内容，而在下面具体某一项内容，比如“今日推荐”中，标题则用<h2>标记，表示次一级的标题。类似于在 Word 软件中写文档，可以把文章的不同内容设置为不同的样式，比如“标题 1”“标题 2”等。

而在代码中没有出现任何<div>标记。因为<div>是不具有语意的标记，在最初搭建 HTML 的时候，要考虑语义相关的内容，这不需要<div>这样的标记。

此外，<ul>列表在代码中出现了多次，当有若干个项目并列时，<ul>是一个很好的选择。如果读者仔细研究一些做得很好的网页，都会发现很多<ul>标记，它可以使页面的逻辑关系非常清晰。

接下来要考虑如何把网页内容合理地放置在页面上了。

13.4 原型设计

首先，在设计任何一个网页之前，都应该先有一个构思的过程，对网站的完整功能和内容进行全面的分析。如果有条件，应该制作出线框图，这个过程专业上称为“原型设计”，例如，在具体制作页面之前，可以先设计一个图 13.6 所示的网页原型。

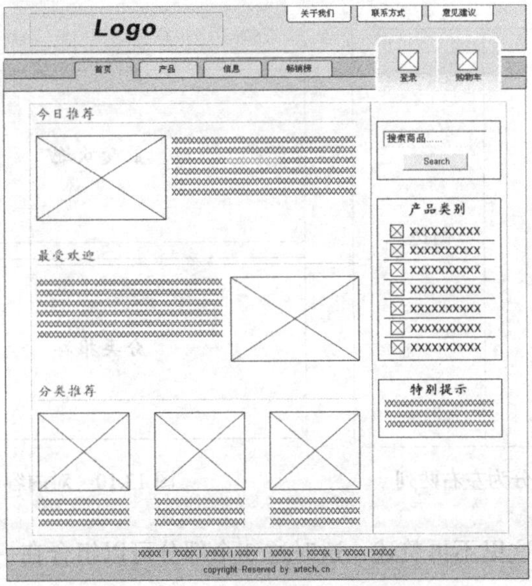

图 13.6 网站首页原型线框图

网页原型设计也是分步骤实现的。例如，首先可以考虑，把一个页面从上至下依次分为 3 个部分，如图 13.7 所示。

然后再将每个部分逐步细化，例如页头部分，如图 13.8 所示。

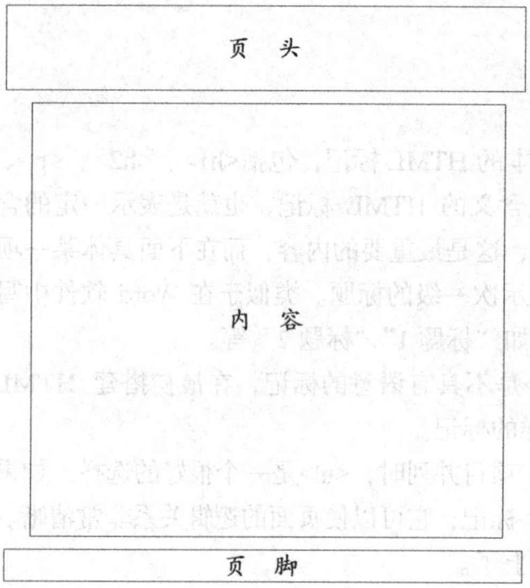

图 13.7　首先分为 3 个部分

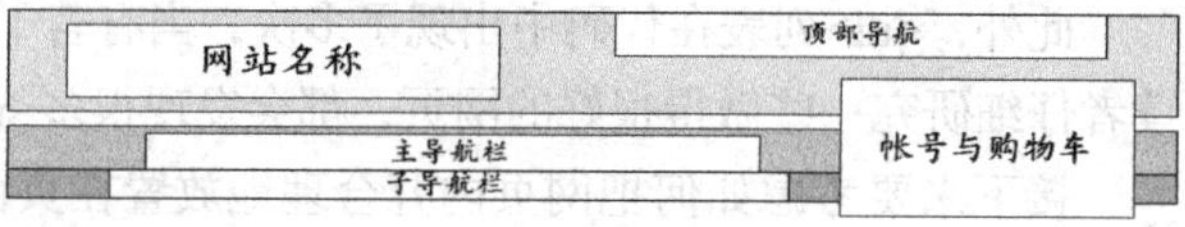

图 13.8　页头部分的布局

中间的内容部分分为左右两列，如图 13.9 所示。

然后再进一步细化为图 13.10 所示的样子。

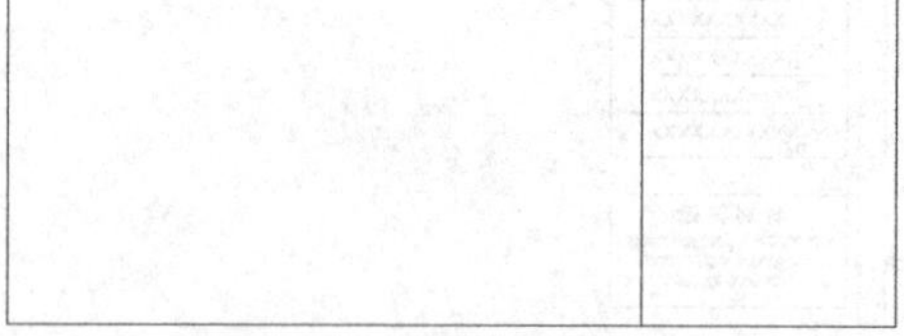

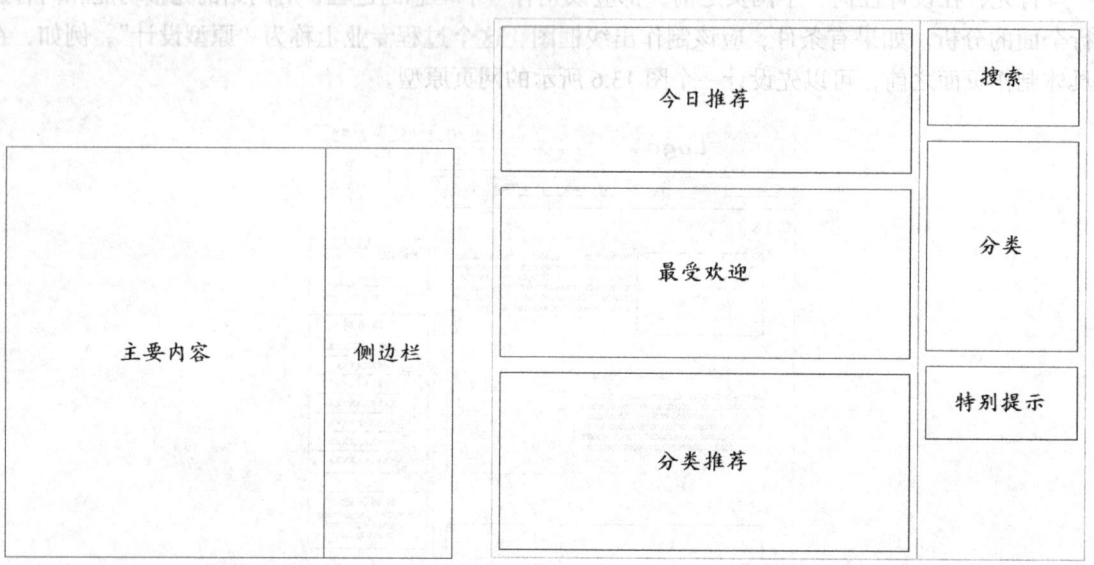

图 13.9　内容部分分为左右两列

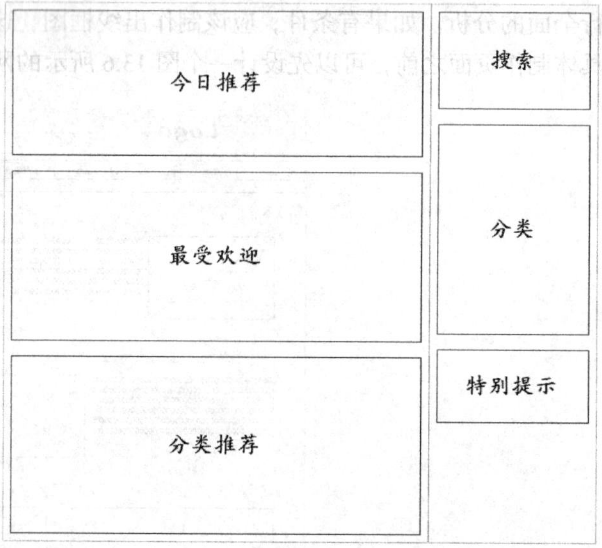

图 13.10　对内容部分进行细化

页脚部分比较简单，这里不再赘述，这时这 3 个部分可以组合在一起，这样就形成了图 13.6 所示的样子了。

“产品信息”页面的原型框线图如图 13.11 所示。

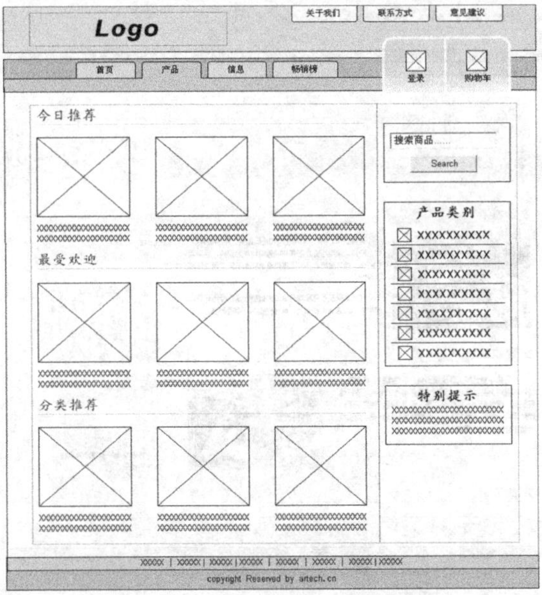

图 13.11　产品页面的原型线框图

注意

如果是为客户设计的网页，那么使用原型线框图与客户交流沟通是最合适的方式，既可以清晰地表明设计思路，又不用花费大量的绘制时间，因为原型设计阶段往往要经过反复修改，如果每次都使用完成以后的设计图交流，反复修改时就需要大量的时间和工作量，而且在设计的开始阶段，往往交流沟通的中心并不是设计的细节，而是功能、结构等策略性的问题，因此使用这种线框图是非常合适的。

13.5　页面方案设计

接下来根据原型线框图，在 Photoshop 或者 Fireworks 软件中设计真正的页面方案。具体使用哪种软件，可以根据个人的习惯，对于网页设计来说，推荐使用 Fireworks，它有矢量绘制功能。图 13.12 所示的就是在 Fireworks 中设计的页面方案。

由于本书篇幅限制，关于如何使用 Fireworks 绘制完整的页面方案就不再详细介绍，可以参考其他资料。

这一步的设计核心任务是美术设计，通俗地说就是要让页面更美观、更漂亮。在一些比较大规模的项目中，通常都会有专业的美工参与，这一步就是美工的任务。而对于一些小规模的项目，可能往往没有很明确的分工，一人身兼数职。没有很强美术功底的人要设计出漂亮的页面并不是一件很容易的事情，因为美术的素养不像很多技术，可以在短期内提高，往往都需要比较长时间的学习和熏陶，才能到达一个比较高的水准。

本书由于篇幅和内容的限制，不深入探讨配色等问题。在页面方案设计好之后，就要考虑如何把设计方案实际转化为一个网页了。接下来详细介绍具体的操作步骤。

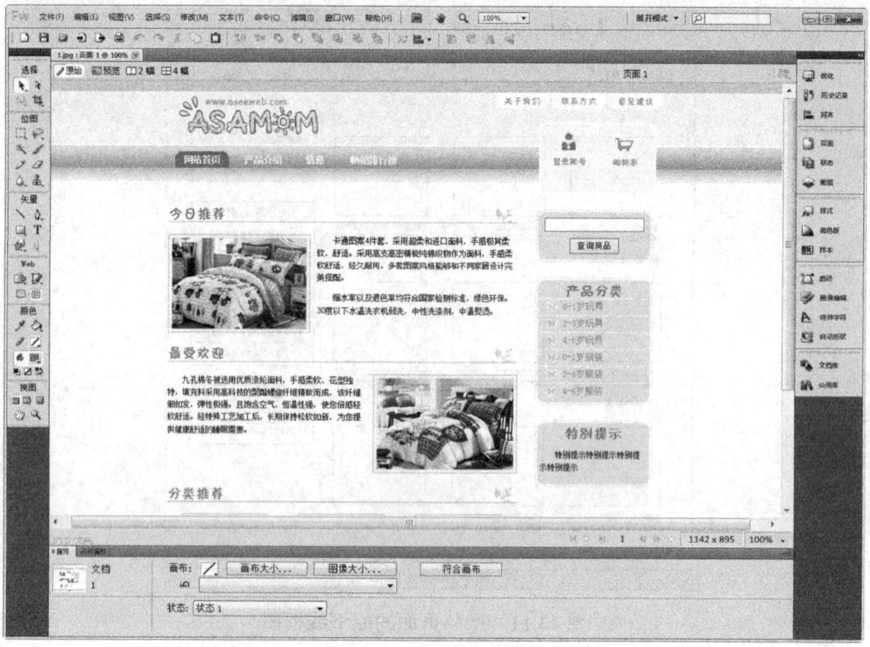

图 13.12　在 Fireworks 软件中完成页面方案的设计

13.6 布局设计

在这一步中，任务是把各种元素放到适当的位置，而暂时不用涉及非常细节的因素。

13.6.1　整体样式设计

首先对整个页面的共有属性进行一些设置，例如对字体、margin、padding 等属性都进行初始设置，以保证这些内容在各个浏览器中有相同表现。

```
body{
    margin:0;
    padding:0;
    background: white url('images/header-background. jpg ') repeat-x;
    font:12px/1.6 arial;
    }
ul{
    margin:0;
    padding:0;
    list-style:none;
}
a{
    text-decoration:none;
    color:#3D81B4;
}
p{
    text-indent:2em;
}
```

在 body 中设置了水平背景图像，这个图像可以很方便地在设计方案图中获得，如果使用

Fireworks 软件，可以切出左侧的一个竖条。实际上可以切很细，减小文件的大小，如图 13.13 所示。

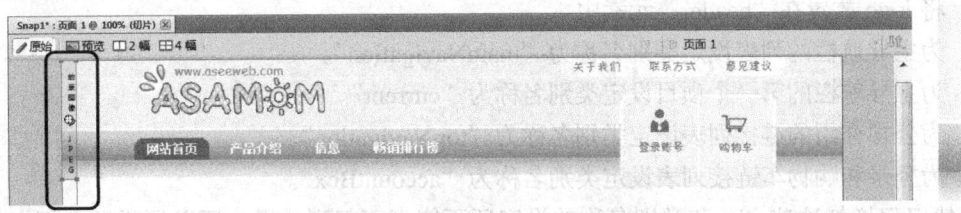

图 13.13 在 Fireworks 中进行切片

在 CSS 中，使这个背景图像水平方向平铺就可以产生宽度自动延伸的背景效果了，如图 13.14 所示。

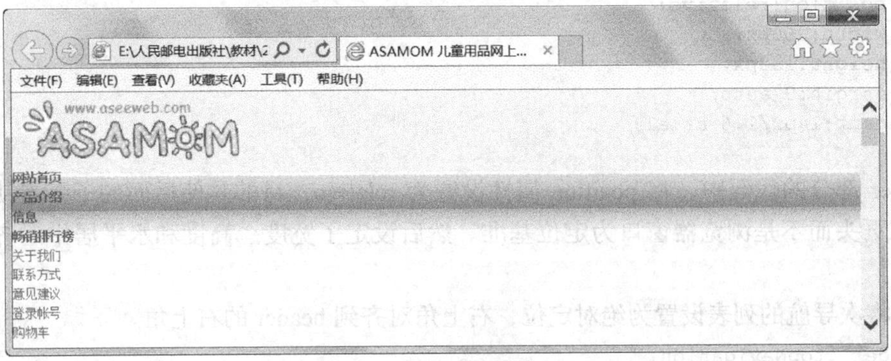

图 13.14 平铺背景图像

13.6.2 页头部分

下面开始对页头部分的设计进行讲解。现在手中一共有 3 种备用资源：“HTML 代码”“原型线框图”和“设计方案图”。首先根据原型线框图中设定的各个部分，对 HTML 进行加工，代码如下，粗体的内容是在原 HTML 代码的基础上新增加的内容。

```
<div id="header">
<img src="images/logo.png" width="242" height="76" />
<ul class="mainNavigation">
    <li class="current"><a href="#"><strong>网站首页</strong></a></li>
    <li><a href="#"><strong>产品介绍</strong></a></li>
    <li><a href="#"><strong>信息</strong></a></li>
    <li><a href="#"><strong>畅销排行榜</strong></a></li>
</ul>
<ul  id="topNavigation">
    <li><a href="#"><span>关于我们</span></a></li>
    <li><a href="#"><span>联系方式</span></a></li>
    <li><a href="#"><span>意见建议</span></a></li>
</ul>
<ul  id="accountBox">
    <li ><a href="#" class="login">登录账号</a></li>
    <li ><a href="#" class="cart">购物车</a></li></ul>
</div>
```

和前面的代码相比，增加的代码用粗体表示，可以看到增加了如下一些设置。

- 将整个 header 部分放入一个 div 中，为该 div 设定类别名称为“header”。
- 将 logo 放置在“header”元素中。
- 为主导航栏的列表设定类别名称为“mainNavigation”。
- 为主导航栏的第一个项目设定类别名称为“current”。
- 为公司介绍的链接列表设定类别名称为“topNavigation”。
- 为登录和购物车链接列表设定类别名称为“accountBox”。

当然仅仅增加这些 div 和类别名称的设定还不能真正起到效果，还必须要设定相应的 CSS 样式。

为整个页头部分设置样式，这里设置了如下代码：

```
.header{
    position:relative;
    width:760px;
    height:138px;
    margin:0 auto;
    font:14px/1.6 arial;
}
```

header 部分的代码中，将 position 属性设置为 relative，目的是使后面的子元素使用绝对定位时，以页头而不是浏览器窗口为定位基准。然后设定了宽度、高度和水平居中对齐，以及字体样式。

接着将次导航的列表设置为绝对定位，右上角对齐到 header 的右上角。

```
.header .topNavigation{
    position:absolute;
    top:0;
    right:0;
}
```

接着将次导航的列表项目设置为左浮动，从而使它们水平排列，并使得项目之间有一定的间隔。

```
.header .topNavigation li{
    float:left;
    padding:0 2px;
}
```

同样，将主导航的列表设置为绝对定位，并定位到适当的位置。

```
.header .mainNavigation{
    position:absolute;
    color:white;
    top:88px;
    left:0;
}
```

接着将主导航的列表项目设置为左浮动，从而使它们水平排列，并使得项目之间有一定的间隔。

```
.header .mainNavigation li{
    float:left;
    padding:5px;
}
```

由于主导航的背景颜色比较深，因此把其中的连接文字颜色变为白色，这样看起来更清晰。

```
.header .mainNavigation li a{
```

```
        color:white;
    }
```

接着将账号 div 的列表设置为绝对定位，并放到右侧适当位置。

```
    .header .accountBox{
        position:absolute;
        top:44px;
        right:10px;
    }
```

接着将账号 div 的列表项目设置为左浮动，从而使它们水平排列，并使得项目之间有一定的间隔。

```
    .header .accountBox li{
        float:left;
        top:0;
        right:0;
        width:93px;
        height:110px;
        text-align:center;
    }
```

这时的效果如图 13.15 所示，可以看到各个部分基本上已经按照原型设计的要求放到了适当的位置，当然还有许多具体设置需要细化，但是从布局的角度来说，已经实现了原型设计的要求。

图 13.15　页头中的各个部分放置到适当的位置

13.6.3　内容部分

在原型线框图中，内容部分分为左右两列，下面首先对 HTML 进行改造，然后设置相应的 CSS 代码，实现左右分栏的要求。代码如下，粗体内容为新增代码。

```
<div id="content">
    <div id="mainContent">
        <div class="recommendation">
            <h2>今日推荐</h2>
            <a href="#"><img src="images/ex4.jpg" width="210" height="140"/></a>
            <p>卡通图案 4 件套，采用超柔……不同家居设计完美搭配。</p>
            <p>缩水率以及退色率均符合国家检……中性洗涤剂，中温熨烫。 </p>
        </div>
        <div class="recommendation">
            <h2>最受欢迎</h2>
            <a href="#"><img src="images/ex5.jpg" width="210" height="140"/></a>
            <p>九孔棉冬被选用优质涤纶面料……健康舒适的睡眠需要。 </p>
        </div>
```

```
            <div class="recommendation ">
                <h2>分类推荐</h2>
                <ul>
                    <li><a href="#"><img src="images/ex1.jpg" width="120" height="120"/></a>
                        <p>印花款式，柔软富有弹性。舒服自然，飘逸聪颖。</p></li>
                    <li><a href="#"><img src="images/ex2.jpg" width="120" height="120"/></a>
                        <p>面料套装，柔软富有弹性。舒服自然，飘逸聪颖。</p></li>
                    <li><a href="#"><img src="images/ex3.jpg" width="120" height="120"/></a>
                        <p>丝料面料，柔软富有弹性。舒服自然，飘逸聪颖。</p></li>
                </ul>
            </div>
        </div>
        <div id="sideBar">
            <div class="searchBox">
                <span>
                    <form><input name="" type="text" /><input name="" type="submit" value="
查询商品" /></form>
                </span>
            </div>
            <div class="menuBox">
                <h2>产品分类</h2>
                <ul>
                    <li><a href="#">0-1 岁玩具</a></li>
                    <li><a href="#">2-3 岁玩具</a></li>
                    <li><a href="#">4-6 岁玩具</a></li>
                    <li><a href="#">0-1 岁服装</a></li>
                    <li><a href="#">2-3 岁服装</a></li>
                    <li><a href="#">4-6 岁服装</a></li>
                </ul>
            </div>
            <div class="extraBox">
                <h2>特别提示</h2>
                <p>特别提示特别提示特别提示特别提示</p>
            </div>
        </div>
    </div>
```

接下来进行布局设置，代码如下，实现固定宽度的两列布局。

```
.content{
    width:760px;
    margin:0 auto;
}

.mainContent{
    float:left;
    width:540px;
}

.sideBar{
    float:right;
    width:186px;
    margin-right:10px;
    margin-top:20px;
```

```
    display:inline;/*For IE 6 bug*/
}

.content div{
    border:1px green solid;
}
```

外层的 content 这个 div 宽度固定为 760 像素，居中对齐。里面的两列分别为 mainContent 和 sideBar，二者都设定固定宽度，并分别向左右浮动，从而形成两列并排的布局形式。

最后为 content 中的所有 div 设置绿色边框，它们的作用是临时的，用来查看它们的位置，将来在细节设置的时候，将这条样式去掉。此时的效果如图 13.16 所示。

这时内容区域已经实现了左右两列布局，同样样式的细节还没有设置完成，但是初步的布局设计基本完成。

图 13.16　内容部分的两列布局

13.6.4　页脚部分

最后设置页脚部分，这里不再赘述。为页脚增加一个 div，并将其类别名称设置为“footer”。

```
<div id="footer">
        <p class="p1"><a href="#">网站首页</a> | <a href="#">产品介绍</a> |
<a href="#">信息</a> | <a href="#">畅销畅销榜</a></p>
        <p class="p2">版权属于前沿科技 artech.cn</p>
</div>
```

设置相应的 CSS 样式，具体如下：

```
.footer{
    clear:both;
    height:53px;
    margin:0;
    background:transparent url('images/footer-background.jpg') repeat-x;
    text-indent:0px;
    text-align:center;
}
```

这里要特别注意不要忘记设定“clear”属性，以保证页脚内容在页面的下端。此外，这里也同样通过背景图像设置页脚的背景，效果如图 13.17 所示。

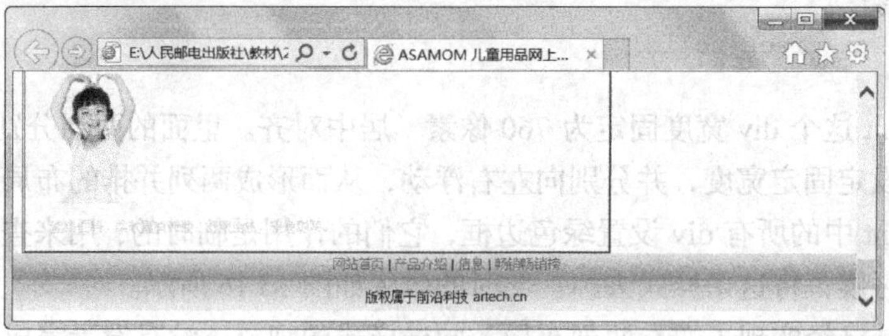

图 13.17　页脚部分

至此，布局设计就完成了。这是一个典型的固定宽度的“1-2-1”布局。

13.7　细 节 设 计

大的布局设计完成以后，就要开始对细节进行设计了。整个设计过程是按照从内容到形式、逐步细化的思想来进行的。

13.7.1　页头部分

下面首先对页头部分进行细节的设置。在 Fireworks 中，把需要的部分切割出来并保存为透明背景，如图 13.18 所示。

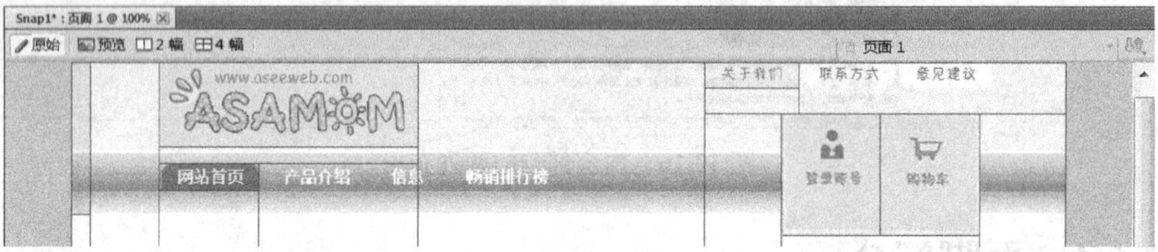

图 13.18　在 Fireworks 中切图

下面设置账号区的样式，从 Fireworks 中生成两个图像，分别如图 13.19（a）和（b）所示。

（a）　　　　（b）

图 13.19　制作背景图像

接下来要对相应的 HTML 做一些修改，代码如下：

```
<ul  class="accountBox">
    <li ><a href="#" class="login"><span>登录账号</span></a></li>
    <li ><a href="#" class="cart"><span>购物车</span></a></li>
</ul>
```

对两个链接分别设置了类别名称，以便分别设置 CSS 样式，同时在文字的外面套上<span>标记，目的和上面的 h1 标题相同，也是为了隐藏文字。

接着设定 CSS 样式。整体设置代码如下：

```
.header .accountBox{
    position:absolute;
    top:44px;
    right:10px;
}

.header .accountBox li{
    float:left;
    width:93px;
    height:110px;
}
```

将文字隐藏，代码如下：

```
.header .accountBox span{
    display:none;
}
```

下面对链接进行设置。设置链接的 display 属性为 block，即将链接由行内元素变为块级元素，以使得鼠标指针进入图像范围即可触发链接。代码如下：

```
.header .accountBox a{
    display:block;
    height:110px;
    width:93px;
    float:left;          /* 解决 IE 6 的错误 */
}
```

此时要注意，上面代码中的最后一条是为了解决在 IE 6 中，即使设置了块级元素，仍不能在图像范围内触发链接的错误。

接下来，分别针对"登录账号"和"购物车"设置各自的背景图像。

```
.header .accountBox .login{
    background:transparent url('images/account-left.png') no-repeat;
}

.header .accountBox .cart{
    background:transparent url('images/account-right.png') no-repeat;
}
```

设置完成后的效果如图 13.20 所示。

图 13.20 登录区设置完毕

接下来设置位于右上角的次导航栏。为了实现圆角的菜单项效果，同时可以适应不同宽度的菜单项，这里自然要使用“滑动门”来实现。为了实现滑动门，就需要为文字再增加一个<span>标记，以使得<a>标记和<span>分别设置左右侧的背景图像。HTML 代码如下：

```
<ul  class="topNavigation">
    <li><a href="#"><span>关于我们</span></a></li>
    <li><a href="#"><span>联系方式</span></a></li>
    <li><a href="#"><span>意见建议</span></a></li>
</ul>
```

接下来准备背景图像，这时可以从 Fireworks 中切图后，再把图像加宽一些，因为滑动门所需要的圆角背景图像要比菜单项宽一些，这样可以适用于更宽的菜单项，如图 13.21 所示。

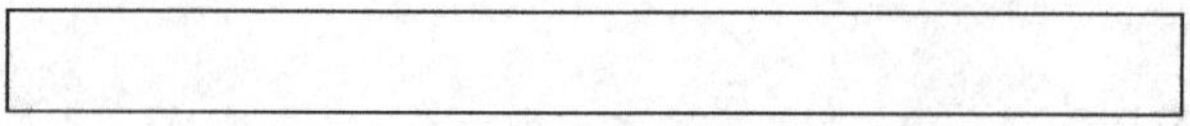

图 13.21　顶部的次导航栏的背景图像

注意　图 13.25 中为图像增加了一个黑色边框，这是为了使这个图像印刷在书中也可显示出边界，实际制作时不要增加边框。

接下来设置相应的 CSS 样式。次导航栏的整体样式代码如下。

```
.header .topNavigation{
    position:absolute;
    top:0;
    right:0;
}

.header .topNavigation li{
    float:left;
    padding:0 2px;
}
```

接着设置链接元素的样式，代码如下：

```
.header .topNavigation a{
    font-family:"方正卡通简体";
    color:#ee7800;
    display:block;
    line-height:25px;
    padding:0 0 0 14px;
    background: url('images/top-navi-white.jpg') no-repeat;
    float:left;  /*For IE 6 bug*/
}
```

上面代码中的要点是将 a 元素由行内元素变为块级元素，设置行高的目的是使文字能竖直方向居中显示，设置左侧的 padding 为 14 像素，可以保证露出左侧的圆角，将上面做好的图像设置为 a 元素的背景图像。最后一条仍然是为了消除 IE 6 显示的错误。

接下来，设置 a 元素里面的 span 元素的样式，与对 a 元素的设置十分类似，代码如下：

```
.header .topNavigation a span{
    display:block;
    padding:0 14px 0 0;
    background: url('images/top-navi-white.jpg') no-repeat right;
}
```

将 span 元素由行内元素变为块级元素，然后将右侧的 padding 设置为 14 像素，这样可以露出右侧的圆角。此外，为 span 元素设置背景图像，使用的是和 a 元素相同的背景图像，区别是从右端开始显示，这样就会露出右端的圆角了。

设置完成后，页面效果如图 13.22 所示。

图 13.22　次导航栏设置完毕

接下来设置页头中的最后一个部分，即主导航栏。它和顶部的次导航栏原理完全相同。同样，先准备好一个背景图像，左上角和右上角形状为圆角，如图 13.23 所示。

图 13.23　主导航栏的背景图像

主导航栏的 HTML 代码如下。

```
<ul class="mainNavigation">
    <li class="current"><a href="#"><strong>网站首页</strong></a></li>
    <li><a href="#"><strong>产品介绍</strong></a></li>
    <li><a href="#"><strong>信息</strong></a></li>
    <li><a href="#"><strong>畅销排行榜</strong></a></li>
</ul>
```

可以看到，文字外面没有套一层<span>标记，而是套了一层<strong>标记。<strong>标记是有具体含义的，它表示“突出重点”，显示时会以粗体显示，这样使用这个标记，就可以承担起滑动门的作用了，因此不需要再套一层<span>标记。

另一个与顶部导航栏的区别是，这里希望只有表示当前页的菜单项有圆角背景，而其他菜单项则没有背景图像。因此，可以针对“current”类别的项目进行设置。

首先对主导航栏的整体进行设置，代码如下：

```
.header .mainNavigation{
    position:absolute;
    color:white;
    top:88px;
    left:0;
}
.header .mainNavigation li{
    float:left;
    padding:5px;
}
```

然后对 a 元素进行设置，代码如下：

```
.header .mainNavigation a{
    display:block;
    line-height:25px;
    padding:0 0 0 14px;
    color:white;
```

```
    float:left;  /*For IE 6 bug*/
}
```

对 strong 元素进行设置，代码如下：

```
.header .mainNavigation a strong{
    display:block;
    padding:0 14px 0 0;
}
```

接下来分别对“current”类别的 li 中的 a 元素和 strong 元素设置背景图像，代码如下：

```
.header .mainNavigation .current a{
    background:transparent url('images/main-navi.png') no-repeat;
}
.header .mainNavigation .current a strong{
    background:transparent url('images/main-navi.png') no-repeat right;
}
```

这时的页面效果如图 13.24 所示。

图 13.24　主导航栏设置完毕

为了测验一下滑动门是否正确，即菜单是否能够适应文字宽度，可以同时将宽度不同的菜单项临时设置为“current”类别，例如将右侧的两项临时设置为“current”类别，效果如图 13.25 所示。

图 13.25　测试不同宽度的菜单项

可以看到，现在效果是正确的。无论菜单文字是两个字（“信息”）还是 5 个字（“畅销排行榜”），圆角背景都能正确显示。

这时就可以把临时在设计过程中确认范围的红色线框去掉了，效果如图 13.26 所示。

图 13.26　整个页头部分设置完毕

13.7.2 内容部分

到这里页头部分的视觉细节设计就完成了。下面开始设计中间的内容区域。前面已经完成了基本的布局设计，现在就在此基础上继续细化视觉设计。

首先为展示的图片设置边框样式，这样可以使图像看起来更精致。代码如下：

```
.content a img{
    padding:5px;
    background:#ffefe5;
    border:1px #DEAF50  solid;
}
```

这时内容区域中的图像增加了一个边框，如图 13.27 所示，整个页面中一共 5 个图像都会有这个效果了。

图 13.27 给图像设置边框效果

13.7.3 左侧的主要内容列

接下来就要对左列（“主要内容”）进行设置，从最终的效果中可以看到，左侧列分为上、中、下 3 个部分。它们都各有特点：

- 上面的“今日推荐”栏目中，图像居左，文字居右；
- 中间的“最受欢迎”栏目中，图像居右，文字居左；
- 下面的“分类推荐”中，内容又分为 3 列，每一列中图像居上，文字居下。

因此，可以考虑为这 3 种栏目分别设置一个类别，代码如下：

```
<div class="mainContent">
    <div class="recommendation img-left">
        <h2>今日推荐</h2>
        <a href="#"><img src="images/ex4.jpg" width="210" height="140"/></a>
        <p>卡通图案 4 件套……家居设计完美搭配。</p>
        <p>缩水率以及退色率均符……中性洗涤剂，中温熨烫。 </p>
    </div>
    <div class="recommendation img-right">
        <h2>最受欢迎</h2>
        <a href="#"><img src="images/ex5.jpg" width="210" height="140"/></a>
```

```
            <p>九孔棉冬被选用优质涤……舒适的睡眠需要。 </p>
        </div>
        <div class="recommendation multiColumn">
            <h2>分类推荐</h2>
            <ul>
                <li>
                    <a href="#"><img src="images/ex1.jpg" width="120" height="120"/></a>
                    <p>印花款式，柔软富有弹性。舒服自然，飘逸聪颖。</p>
                </li>
                <li>
                    <a href="#"><img src="images/ex2.jpg" width="120" height="120"/></a>
                    <p>面料套装，柔软富有弹性。舒服自然，飘逸聪颖。</p>
                </li>
                <li>
                    <a href="#"><img src="images/ex3.jpg" width="120" height="120"/></a>
                    <p>丝料面料，柔软富有弹性。舒服自然，飘逸聪颖。</p>
                </li>
            </ul>
        </div>
    </div>
```

可以看到，3 种栏目分别增加了一个类别名称，依次为“img-left”“img-rignt”和“multiColumn”。下面就开始设定样式，首先对整体设置，代码如下：

```
.mainContent{
    float:left;
    width:540px;
}
```

上述代码设定了左列（主要内容）的宽度，并设置为向左浮动。此外，从最终效果可以看出，左列中的 3 个部分，内容的图像使用了浮动，这样要避免下面的 div 受到上面 div 的浮动影响，因此需要设置 clear 属性，代码如下：

```
.recommendation{
    clear:both;
}
```

接下来，就针对“img-left”“img-rignt”和“multiColumn”这 3 种不同的展示形式分别设置相应的 CSS 样式。

对于“img-left”，即图像居左的栏目，要使里面的图像向左浮动，并使图像和文字之间间隔 10 像素，代码如下：

```
.img-left img{
    float:left;
    margin-right:10px;
}
```

对于“img-rignt”，即图像居右的栏目，要使里面的图像向右浮动，也使图像和文字之间间隔 10 像素，代码如下：

```
.img-right img{
    float:right;
    margin-left:10px;
}
```

对于“multiColumn”，即分为 3 列的栏目，要设定每一个列表项目的固定宽度，然后使用浮动排列方式，代码如下：

```
.multiColumn li{
    float:left;
    width:160px;
    margin:0 10px;
    text-align:center;
    display:inline; /*For IE 6 bugs*/
}
```

这里需要注意，使用 margin 属性设置项目之间的空白时，在 IE6 中，会遇到双倍 margin 的错误，也就是说，在 IE6 中如果给一个浮动的盒子设置了水平 margin，那么显示出来的 margin 是设定值的两倍。解决这个问题的方法是将它的 display 属性设置为 inline，就像上面代码中显示的那样。

可以看到，这时的效果如图 13.28 所示，下面的 3 列布局中，最右边的一列被顶到第 2 行，是因为临时增加了绿色边框，把绿色线框去掉以后，就会正常显示了。

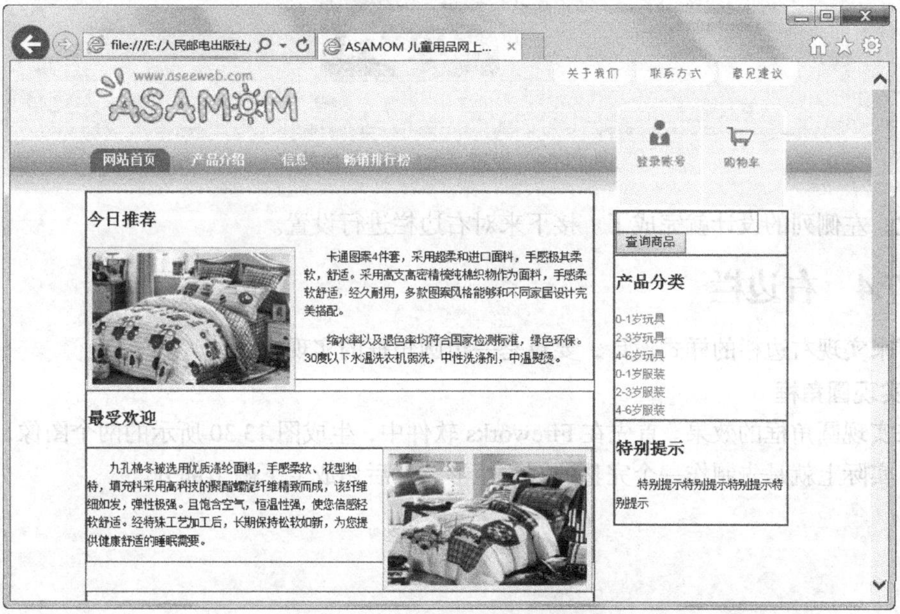

图 13.28　设置了浮动后的效果

接下来对左侧中列的 h2 标题的样式再做一些设置，使它显得更精致一些。代码如下：

```
.recommendation h2{
    padding-top:20px;
    color:#ee7800;
    border-bottom:1px #DEAF50 solid;
    font:bold 22px/24px 方正卡通简体;
    background:transparent url('images/rose.png') no-repeat bottom right;
}
```

在上面的代码中，主要设置了字体、颜色，增加了下边线，以及右端的一个装饰花的图像。然后再将“分类推荐”栏目中的文字和图像之间的距离微调一下，代码如下：

```
.multiColumn li p{
    margin:0 0 10px 0;
}
```

这时的效果如图 13.29 所示，注意此时已经去掉了临时增加的绿色框线。

图 13.29　设置了 h2 标题后的效果

至此，左侧列的设计就完成了。接下来对右边栏进行设置。

13.7.4　右边栏

接下来实现右边栏的样式设计，要点是一组圆角框的实现方法。

1．实现圆角框

先来实现圆角框的效果。首先在 Fireworks 软件中，生成图 13.30 所示的两个图像，它们的宽度一致，实际上就是先制作一个完整的圆角矩形，然后切成上下两个部分。

图 13.30　制作圆角框所需的背景图像

接下来改造 HTML 代码。右边栏中包括了 3 个部分：“搜索框”“产品分类”和“特别信息”。每个部分都需要放在一个圆角框中。因此，为每一个部分增加<div>标记，并设置各自的类别名称。

此外，为了使圆角框能够灵活地适应内容的长度，自动伸缩，这里仍然需要使用“滑动门”技术，与上面制作导航菜单很类似，区别是上下滑动，而不是左右滑动。为了设置滑动门，再为每一个部分增加一层<span>标记，代码如下：

```
<div class="sideBar">
    <div class="searchBox">
        <span>
            <form>
                <input name="" type="text" />
                <input name="" type="submit" value="查询商品" />
            </form>
        </span>
    </div>
    <div class="menuBox">
        <span>
        <h2>产品分类</h2>
        <ul>
            <li><a href="#">0-1 岁玩具</a></li>
            <li><a href="#">2-3 岁玩具</a></li>
            <li><a href="#">4-6 岁玩具</a></li>
            <li><a href="#">0-1 岁服装</a></li>
            <li><a href="#">2-3 岁服装</a></li>
            <li><a href="#">4-6 岁服装</a></li>
        </ul>
        </span>
    </div>
    <div class="extraBox">
    <span>
        <h2>特别提示</h2>
        <p>特别提示特别提示特别提示特别提示</p>
    </span>
    </div>
</div>
```

下面开始设置 CSS 样式，首先设置侧边栏的整体样式，代码如下：

```
.sideBar{
    float:right;
    width:186px;
    margin-right:10px;
    margin-top:20px;
    display:inline; /*For IE 6 bug*/
}

.sideBar div{
    margin-top:20px;
    background:transparent url('images/sidebox-bottom.png') no-repeat bottom;
}

.sideBar div span{
    display:block;
    background:transparent url('images/sidebox-top.png') no-repeat;
    padding:10px;
}
```

上面的代码实际上很简单，就是 div 元素和 span 元素，分别设定一个背景元素。这里 div 元素使用的是高的背景图像，span 元素使用的是矮的背景图像，因为 span 在 div 里面，所以 span

的背景图像在 div 的背景图像的上面，因此它就遮盖住了顶部，从而实现了圆角框的效果。这时的效果如图 13.31 所示。

图 13.31　侧边栏中设置圆角框后的效果

这样圆角框已经实现了，但是圆角框内部的内容还没有详细设置。

2. 圆角框内部样式

接下来具体设置每一个圆角框中的样式。首先对侧边栏中的 h2 标题进行统一设置，代码如下：

```
.sideBar h2{
    margin:0px;
    font:bold 22px/24px 方正卡通简体;
    color:#ee7800;
    text-align:center;
}
```

然后对搜索框进行设置，使文本输入框和按钮都居中对齐，并设置间距，代码如下：

```
.sideBar .searchBox{
    text-align:center;
}

.sideBar input{
    margin:5px 0;
}
```

然后设置分类目录的列表样式，代码如下：

```
.sideBar .menuBox li{
    font:14px 宋体;
    height:25px;
    line-height:25px;
    border-top:1px white solid;
}

.sideBar .menuBox li a{
    display:block;
    padding-left:35px;
```

```
    color:#FF8000;
    background:transparent url('images/menu-bullet.png') no-repeat 10px center;
    height:25px;
}
.sideBar .menuBox li a:hover{
    display:block;
    color:#C65F0B;
    background:white url('images/menu-bullet.png') no-repeat 10px center;
}
```

这时效果如图 13.32 所示。

图 13.32　设置圆角框内的样式

注意侧边栏中“产品分类”列表的效果，每一个列表项目的左端有一个蝴蝶形状的装饰图。到这里，整个页面的视觉设计就完成了。最后的页脚部分非常简单，这里不再赘述。

在这个过程中，在反复运用一些方法，比如滑动门、列表等，只是它们在不同的地方产生了不同的效果。应把一些基本的方法掌握得非常熟练，可以灵活地运用到各个需要的地方。

13.8　CSS 布局的优点

使用 CSS 进行布局的最大优点是非常灵活，可以方便地扩展和调整。例如，当网站随着业务的发展，需要在页面中增加一些内容，那么不需要修改 CSS 样式，只需要简单地在 HTML 中增加相应的模块就可以了。

图 13.33 所示的就是对页面扩展了内容以后的效果，在“主要内容”部分增加了“特色促销”和“优中选优”两个模块，在右侧栏中增加了“送货服务”和“热门信息”两个模块。在前面的页面基础上，增加这些内容很容易。

不但如此，设计得足够合理的页面可以非常灵活地修改样式，例如，只需要将两列布局的浮动方向交换，就可以立即得到一个新的页面，如图 13.34 所示，可以看到左右两列交换了位置。

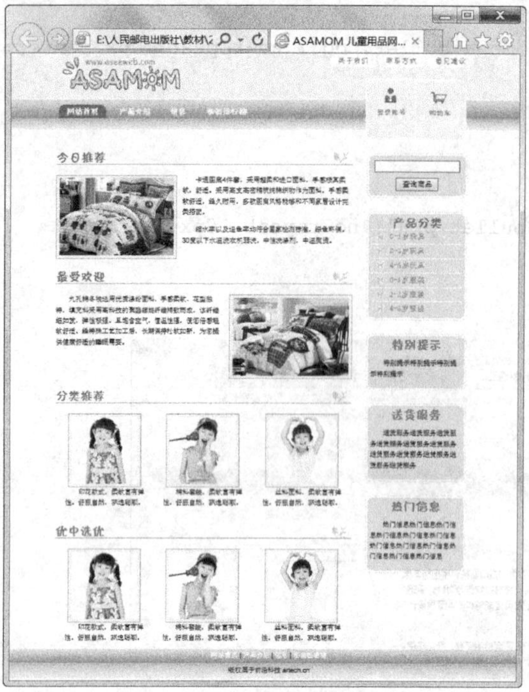

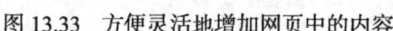

图 13.33　方便灵活地增加网页中的内容

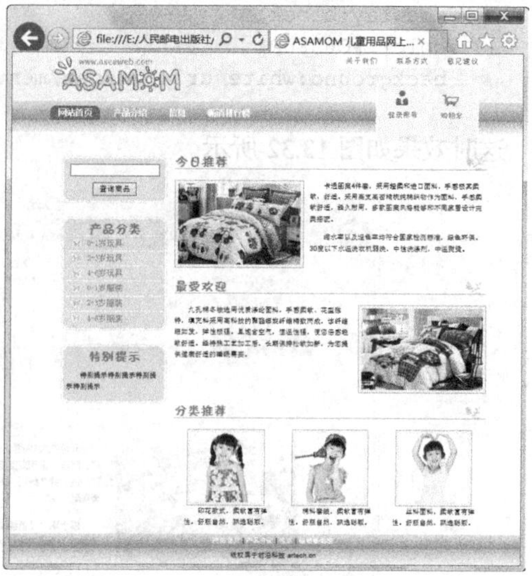

图 13.34　方便地调换左右两列的位置

试想如果没有从一开始就有良好的结构设计，那么稍微修改一下内容都是非常复杂的事情。这类布局的优点，相对于表格布局的网页，是不可想象的。

13.9　交互效果设计

接下来进行一些交互性的动态设计，这里主要是为网页元素增加鼠标指针经过时的效果。如图 13.35 所示，在鼠标指针经过主导航栏和次导航栏的时候，相应的菜单项会发生变化，鼠标经过“登录账号”或者“购物车”图像时，颜色也会变浅，这都是为了提示用户进行选择。

图 13.35　设置不同位置的鼠标指针经过效果

13.9.1　次导航栏

为次导航栏增加鼠标指针经过效果，首先准备一个和原背景图像的形状相同、只是把白色改为黄色的新图像，如图 13.36 所示。

图 13.36 次导航栏中鼠标指针经过时的背景图像

然后为链接元素增加“:hover”伪类别，在其中更换背景图像，同时更换“a:hover”包含的 span 元素的背景图像。此外适当修改文字的颜色。代码如下：

```
.header .topNavigation a:hover{
    color:white;
    background:transparent url('images/top-navi-hover.jpg') no-repeat;
}

.header .topNavigation a:hover span{
    background:transparent url('images/top-navi-hover.jpg') no-repeat right;
}
```

13.9.2 主导航栏

主导航栏的做法和次导航栏一样，准备背景图像，如图 13.37 所示。

图 13.37 主导航栏中鼠标指针经过时的背景图像

然后为链接元素增加“:hover”伪类别，在其中更换背景图像，同时更换“a:hover”包含的 strong 元素的背景图像。此外适当修改文字的颜色。代码如下：

```
.header .mainNavigation a:hover{
    color:white;
    background:transparent url('images/main-navi-hover.png') no-repeat;
}

.header .mainNavigation a:hover strong{
    background:transparent url('images/main-navi-hover.png') no-repeat right;
    color:#3D81B4;
}
```

13.9.3 账号区

接下来实现“登录账号”和“购物车”图像的鼠标经过效果。实际上，这里同样是更换背景图像，不过这里还可以介绍一种略有变化的方法。上面的方法中，为了实现鼠标指针经过连接时更换背景图像的效果，制作两个独立的图像文件。这样会导致一个问题，当页面上传到了服务器上，这样访问者浏览这个页面时，各个图片的下载会有先有后，有的时候，如果网络速度不是很快，当鼠标指针经过某个链接的时候，所需要更换的图像文件还没有下载到访问者的计算机上，这时就会出现短暂的停顿，等该图像文件下载完毕后才会出现，这样就影响了访问者的体验。

因此，可以对这种方法稍微做一些改变，即把两个图像合并在一个图像中，然后鼠标指针经过时，通过对背景图像的位置的改变实现最终需要的效果。

例如，将原来的图像分别修改为图 13.38 所示的样子，每一个图像的上半部分和下部分大小完全一样，区别就在于下半部分的图像颜色比上半部分浅一些。这样在平常的状态，背景图像显示的是上半部分，当鼠标指针经过时，更换为显示下半部分。

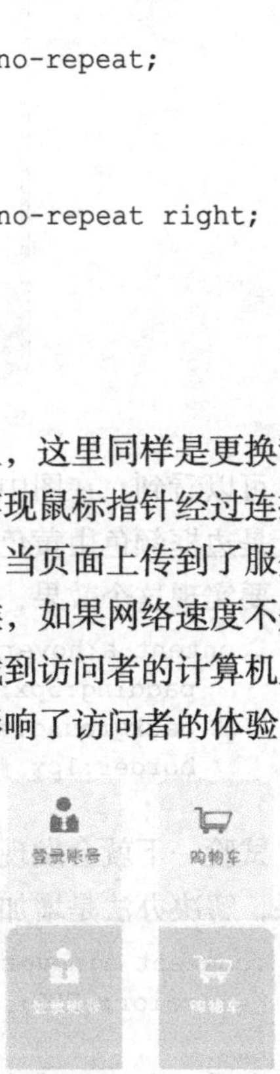

图 13.38 账号区的新背景图像

分别针对两个链接元素的 hover 伪类进行如下设置。

```
.header .accountBox .login:hover{
    background:transparent url('images/account-left.png') no-repeat  left bottom ;
}

.header .accountBox .cart:hover{
    background:transparent url('images/account-right.png') no-repeat  left bottom ;
}
```

可以看到，图像文件名和正常状态的文件名是相同的，而区别是后面的"bottom"表示从底端开始显示，而在默认情况下是从上端开始显示的，这样就实现了所需的效果了。

13.9.4 图像边框

接下来实现当鼠标指针经过某个展示的图像时，边框发生变化的效果，如图 13.39 所示。

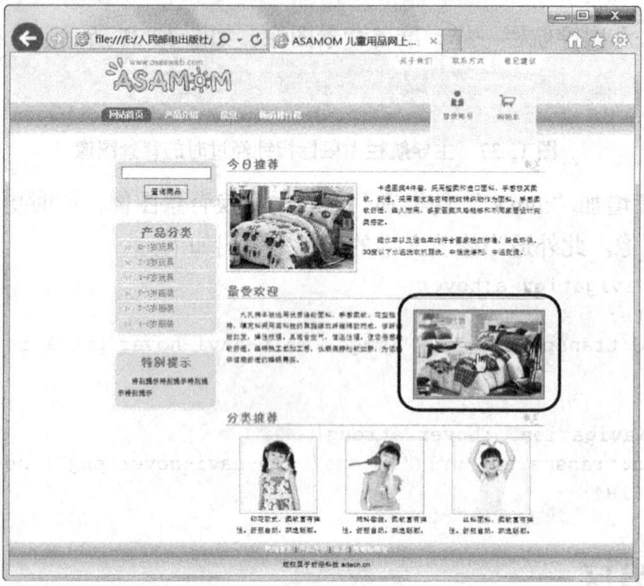

图 13.39 为图像设置鼠标经过时边框变化的效果

可以看到，在图中鼠标指针经过"最受欢迎"商品时，图像周围的边框颜色发生了变化，实际上是边框颜色由黄色变为蓝色，背景色由浅蓝色变为深蓝色，形成了图中的效果。

要实现这个效果，可对推荐区域中的链接的 hover 属性进行设置，代码如下：

```
.content a:hover img{
    padding:5px;
    background:#fca34d;
    border:1px #de4306  solid;
}
```

试验一下就会发现，上述代码在 Firefox 中的效果完全正常，而在 IE 6 中则无法显示正确的效果，解决办法是增加如下 CSS 代码：

```
.content a:hover{  /* For IE 6 bug */
    color:#FFF;
}
```

这时，在 IE 6 中有一个奇怪的现象，下面的"分类推荐"中的 3 个图像可以正确实现鼠标指针经过时边框变化的效果，而对于上面的两个图像，还是不能实现正确的效果。这其中的区别在于，上面的两个图像使用浮动，因此如果希望在 IE 6 中也能实现完全相同的效果，可以在上面的图像外面再套一层 div，然后让这个 div 浮动，这个 div 里面的图像则不使用浮动了，也就可实现希望的效果了。

例如，对于“最受欢迎”栏目的图像，原来的 HTML 代码是：

```
<div class="recommendation img-right">
    <h2>最受欢迎</h2>
    <a href="#"><img src="images/ex5.jpg" width="210" height="140"/></a>
    <p>九孔棉冬被选用优质涤纶面料……康舒适的睡眠需要。 </p>
</div>
```

现在改为：

```
<div class="recommendation">
    <h2>最受欢迎</h2>
    <div class="img-right">
            <a href="#"><img src="images/ex5.jpg" width="210" height="140"/></a>
    </div>
    <p>九孔棉冬被选用优质涤纶面料……康舒适的睡眠需要。 </p>
</div>
```

对比二者的区别，然后将原来的 CSS 代码：

```
.img-right img{
    float:right;
    margin-left:10px;
 }
```

修改为：

```
.img-right{
    float:right;
    margin-left:10px;
 }
```

这时在 IE 11 中，“最受欢迎”商品的图像也可以实现鼠标指针经过效果了，如图 13.40 所示。

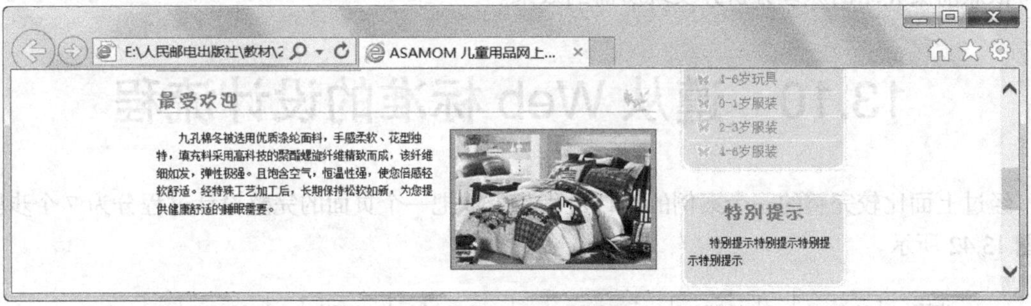

图 13.40 IE 11 中的显示效果

13.9.5 产品分类

最后，实现右边栏中“产品分类”列表的鼠标指针经过效果，如图 13.41 所示。

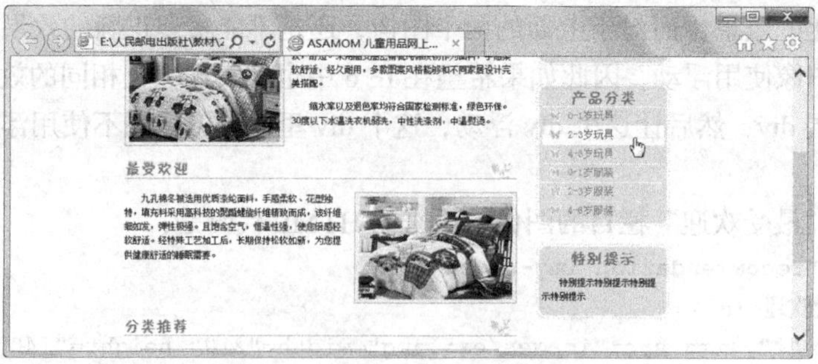

图 13.41　为“产品分类”列表设置鼠标指针经过效果

代码如下：

```
.sideBar .menuBox li{
    font:14px 宋体;
    height:25px;
    line-height:25px;
    border-top:1px white solid;
}

.sideBar .menuBox li a{
    display:block;
    padding-left:35px;
    color:#FF8000;
    background:transparent url('images/menu-bullet.png') no-repeat 10px center;
    height:25px;
}

.sideBar .menuBox li a:hover{
    display:block;
    color:#C65F0B;
    background:white url('images/menu-bullet.png') no-repeat 10px center;
}
```

依照前文介绍的原理分析并实现所需的效果。

13.10　遵从 Web 标准的设计流程

经过上面比较完整的一个案例的设计过程，可以把一个页面的完整设计过程分为 7 个步骤，如图 13.42 所示。

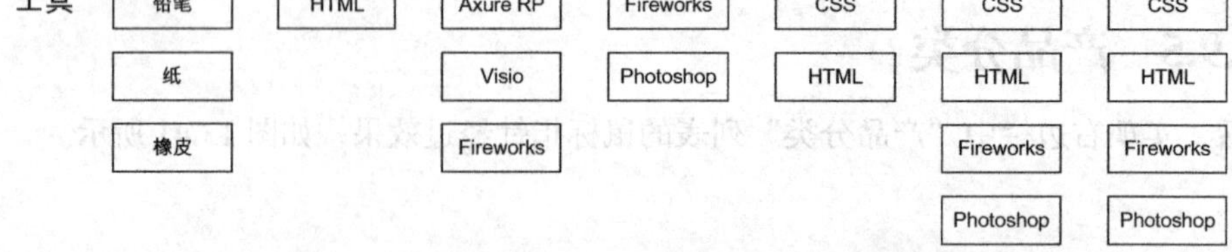

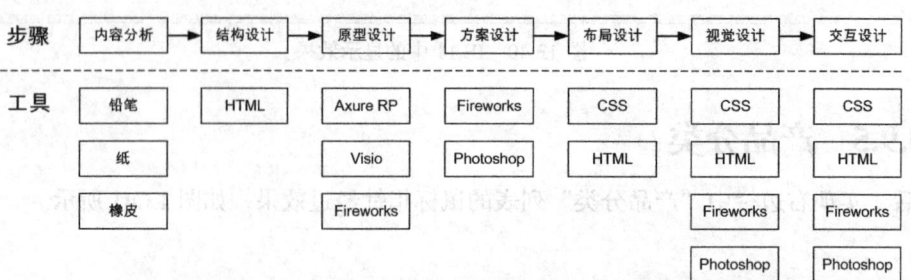

图 13.42　完成本案例的 7 个步骤及其相应的工具

这 7 个步骤相应总结如下。

（1）内容分析：仔细研究需要在网页中展现的内容，梳理其中的逻辑关系，分清层次以及重要程度。

（2）结构设计：根据内容分析的成果，搭建出合理的 HTML 结构，保证在没有任何 CSS 样式的情况下，在浏览器中保持高可读性。

（3）原型设计：根据网页的结构，绘制出原型线框图，对页面进行合理的分区的布局，原型线框图是设计负责人与客户交流的最佳媒介。

（4）方案设计：在确定的原型线框图基础上，使用美工软件，设计出具有良好视觉效果的页面。

（5）布局设计：使用 HTML 和 CSS 对页面进行布局。

（6）视觉设计：使用 CSS 并配合美工设计元素，完成由设计方法到网页的转化。

（7）交互设计：为网页增添交互效果，如鼠标指针经过时的一些特效等。

小　结

本章为一个假想的名为“ASAMOM”的儿童用品网上商店的网站制作了一个完整的案例。通过对案例的介绍，讲解遵从 Web 标准的网页设计流程。

习　题

1. 依照 13.4 原型设计这一节中的产品页原型线框图独立完成页面，实践页面的设计制作过程。

2. 研究一些著名网站，以网页设计者的角度思考如何进行分析、如何搭建结构、如何组织内容等问题。

第 14 章 综合案例——博客网站

博客是目前网上很流行的日志形式，很多网友都拥有自己的博客，甚至不止一个。对于自己的博客，用户往往都希望能制作出既美观又适合自己风格的页面，很多博客网站也都提供自定义排版的功能，其实就是加载用户自定义的 CSS 文件。本章以一个博客首页为例，综合介绍整个页面的制作方法。

14.1 分析构架

本例采用恬静、大方的淡蓝色为主基调，配上明灯等体现意境的图片，效果如图 14.1 所示。

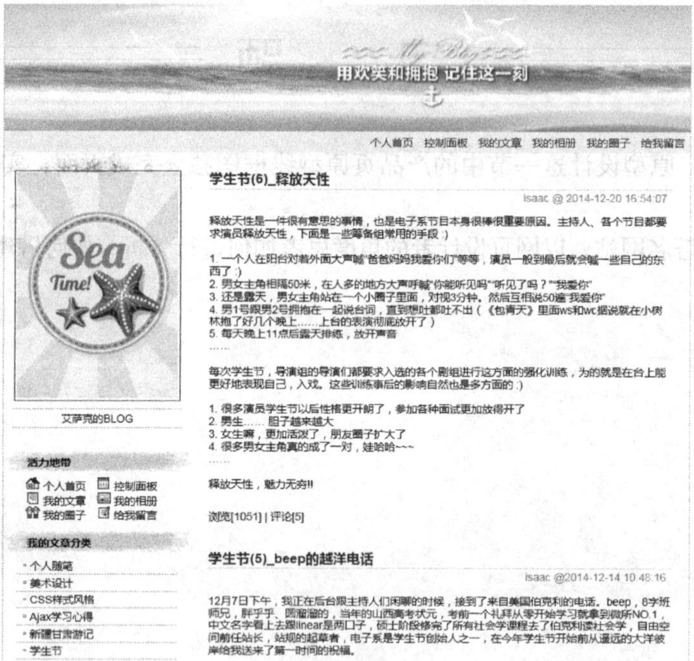

图 14.1 我的博客

14.1.1 设计分析

博客是一种需要用户精心维护、整理日志的网站，各种各样的色调都有。本例主要表现博客的心情、意境，以及岁月的流失、延伸，因此采用淡蓝色作为主色调，而页面主体背景采用白色为底色，二者配合表现出明朗、清爽与洁净的感觉。

蓝色的海洋给人清新自然的感觉，而配合黄色的沙滩 Banner 图片，体现出整个博客的风采。左侧的图片，本例选用延伸的隧道，生活的气息很快便充满了整个博客，写日志的情调得到很好的体现。

页面设计为固定宽度且居中的版式，对于大显示器的用户，两边使用黑色将整个页面主体衬托出来，并使用灰色虚线将页面框住，更体现恬静和大气。

14.1.2　排版构架

网络上的博客站点很多，通常个人的首页包括体现自己风格的 Banner、导航条、文章列表和评论列表，以及最新的几篇文章，考虑到实际的内容较多，一般都采用传统的文字排版模式，如图 14.2 所示。

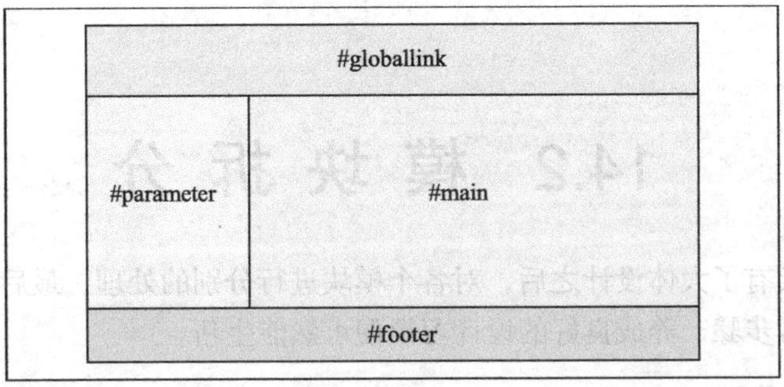

图 14.2　页面框架

代码如下：

```
<div id="container">
    <div id="globallink"></div>
    <div id="parameter"></div>
    <div id="main"></div>
    <div id="footer"></div>
</div>
```

上图中的各个部分直接采用了 HTML 代码中各个<div>块对应的 id。#globallink 块主要包含页面的 Banner 以及导航菜单；#footer 块主要为版权、更新信息等，这两块在排版上都相对简单；而#parameter 块包括作者图片、各种导航、文章分类、最新文章列表、最新评论和友情链接等；#main 块则主要为最新文章的截取，包括文章标题、作者、日期、部分正文、浏览次数和评论数目等，这两个模块的框架如图 14.3 所示。

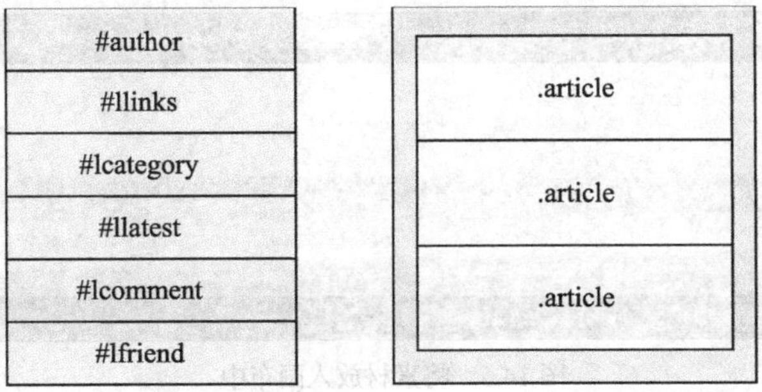

图 14.3　#parameter 与#main 的构架

这两个部分在整个页面中占主体的位置，在设计时细节上的处理十分关键，直接决定着整个页面是否吸引人，相应的框架代码如下：

```
<div id="parameter">
    <div id="author"></div>
    <div id="llinks"></div>
    <div id="lcategory"></div>
    <div id="llatest"></div>
    <div id="lcomment"></div>
    <div id="lfriend"></div>
</div>

<div id="main">
    <div class="article"></div>
    <div class="article"></div>
    <div class="article"></div>
......
</div>
```

14.2 模块拆分

页面的整体框架有了大体设计之后，对各个模块进行分别的处理，最后再统一整合。这也是设计制作网站的通常步骤，养成良好的设计习惯便可熟能生巧。

14.2.1 导航与 Banner

页面的整体模块中并没有将 Banner 单独分离出来，而仅仅只有导航的#globallink 模块。可以将 Banner 图片作为该模块的背景，而导航菜单采用绝对定位的方法进行移动，效果如图 14.4 所示。

图 14.4 Banner 与导航条

这里简单介绍一下 Banner 图片的制作方法。首先用相机或网络采集一张素材图片，然后将其导入到 Photoshop 中，建立一个 760 px × 140 px 的文件，如图 14.5 所示。

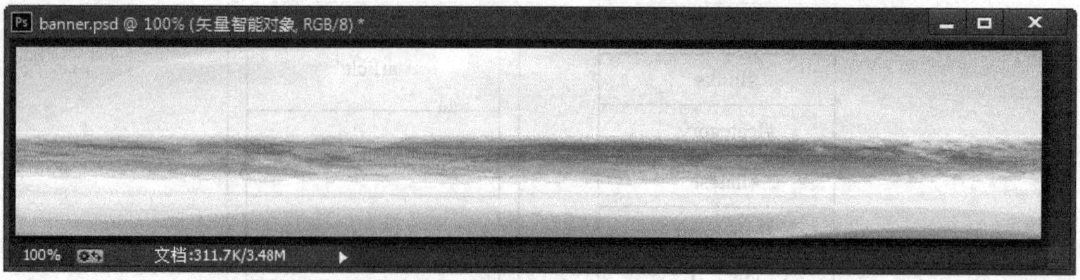

图 14.5 将素材放入画布中

接下来便可以为图片添加文字了，这些操作都十分简单，不再详细介绍，效果如图 14.6 所示。

图 14.6　制作的 Banner 效果

#globallink 模块的 HTML 部分如下所示，主要的菜单导航都设计成<ul>项目列表，代码如下：

```
<div id="globallink">
    <ul>
        <li><a href="#">个人首页</a></li>
        <li><a href="#">控制面板</a></li>
        <li><a href="#">我的文章</a></li>
        <li><a href="#">我的相册</a></li>
        <li><a href="#">我的圈子</a></li>
        <li><a href="#">给我留言</a></li>
    </ul>
    <br>
</div>
```

这里的 Banner 图片中并没有预留导航菜单的位置，因此必须将块的高度设置得比 Banner 图片高，然后添加相应的背景颜色作为导航菜单的背景颜色，代码如下，此时导航菜单的效果如图 14.7 所示。

图 14.7　导航菜单

```
#globallink{
    width:760px; height:163px;            /* 设置块的尺寸，高度大于 Banner 图片 */
    margin:0px; padding:0px;
    /* 再设置背景颜色，作为导航菜单的背景色 */
    background: #daeeff url(images/banner.jpg) no-repeat top;
    font-size:12px;
}
#globallink ul{
   list-style-type:none;
   position:absolute;                     /* 绝对定位 */
   width:417px;
   left:400px; top:145px;                 /* 具体位置 */
   padding:0px; margin:0px;
```

```
}
#globallink li{
    float:left;
    text-align:center;
    padding:0px 6px 0px 6px;            /* 链接之间的距离 */
}
#globallink a:link, #globallink a:visited{
    color:#004a87;
    text-decoration:none;
}
#globallink a:hover{
    color:#FFFFFF;
    text-decoration:underline;
}
```

14.2.2 左侧列表

博客的#parameter 块包含了该博客的各种信息，包括用户的自定义图片、链接、文章分类、最新文章列表和最新评论等，这些栏目都是整个博客所不可缺少的。该例中将这个大块的宽度设定为 210px，并且向左浮动，代码如下：

```
#parameter{
    position:relative;
    float:left;                          /* 左浮动 */
    width:210px;
    padding:0px;
    margin:0px;
}
```

设置完整体的#parameter 块后，便开始制作其中的每一个子块。其中最上面的#author 子块让用户显示自定义的图片，HTML 框架代码如下：

```
<div id="author">
    <p class="mypic"><img src=" images/mypic.jpg"></p>
    <p>艾萨克的 BLOG</p>
</div>
```

这里选择了一幅图片，如图 14.8 所示。选择一幅没有任何规律的图片做背景，衬托在自定义的图片之下，适当调整下端的文字，代码如下，此时该模块的效果如图 14.9 所示。

图 14.8　图片

图 14.9　#author 块

```
#parameter div#author{
    text-align:center;
```

```
    background:url(images/mypic_bg.gif) no-repeat;        /* 设置一个背景图片 */
    margin-top:5px;
}
div#author p{
    margin:0px 10px 0px 10px;
    padding:3px 0px 3px 0px;
    border-bottom:1px dashed #999999;
    border-top:1px dashed #999999;
}
div#author p.mypic{
    border:none;
    padding:15px 0px 0px 0px;
    margin:0px 0px 8px 0px;
}
div#author p.mypic img{
    border:1px solid #444444;
    padding:2px; margin:0px;
}
```

#parameter 中的其他子块除了具体的内容不同，样式上都基本一样，因此可以统一设置，每个子块的 HTML 框架代码如下（以"最新评论" #lcomment 块为例），也都采用了标题和项目列表的方式。

```
<div id="lcomment">
    <h4 class="comment"><span>最新评论</span></h4>
    <ul>
        <li><a href="#">[isaac] 关于 beep 的话题</a></li>
        <li><a href="#">[tastestory] 哈哈</a></li>
        <li><a href="#">[moonbow] 还是露天，真的吗？</li>
        <li><a href="#">[isaac] zan :)</a></li>
        <li><a href="#">[bingri] 来总导这里挖坑~~</a></li>
        <li><a href="#">[inming] 博士加油</a></li>
    </ul>
    <br>
</div>
```

为了更好地切合整体风格，每个子块的标题部分<h4>采用一幅背景图片进行点缀，然后根据图片适当地调整文字的 padding 值，代码如下，效果如图 14.10 所示。

图 14.10　衬托的背景图片

```
#parameter div h4{                /* 统一设置 */
    background:url(images/leftbg.jpg) no-repeat;
    font-size:12px;
    padding: 6px 0px 5px 27px;
    margin:0px;
}
```

对于每个子块中实际内容的项目列表则采用常用的方法，将<ul>标记的 list-style 属性设置为 none，然后调整<li>的 padding 等参数，代码如下：

```
#parameter div ul{
    list-style:none;
```

```
        margin:5px 15px 0px 15px;
        padding:0px;
    }
    #parameter div ul li{
        padding:2px 3px 2px 15px;
        background:url(images/icon1.gif) no-repeat 8px 7px;
        border-bottom:1px dashed #999999;     /* 虚线作为下划线 */
    }
    #parameter div ul li a:link, #parameter div ul li a:visited{
        color:#000000;
        text-decoration:none;
    }
    #parameter div ul li a:hover{
        color:#008cff;
        text-decoration:underline;
    }
```

这里为每一个<li>标记都设置了虚线作为下划线，并且前端的项目符号用一幅小的 gif 背景图片替代，显示效果如图 14.11 所示。

对于每个<li>的项目符号 gif 图片可以用 Photoshop 很轻松地制作出来，这里只做简单的介绍。新建一个 3px × 3px 的 PSD 文件，将视图设置为最大值 3200%，如图 14.12 所示。

图 14.11　设置项目列表

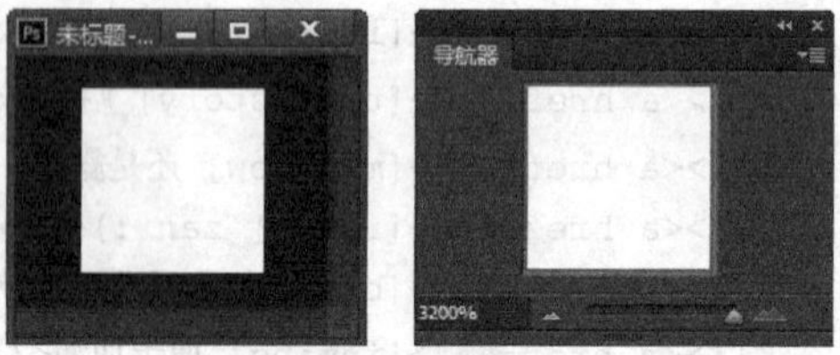

图 14.12　设置视图大小为最大

在图层面板新建一个图层，然后将默认的背景 background 图层删掉，如图 14.13 所示。

用“矩形选框”工具框选正中间的小点，然后按“Ctrl + Shift + I”组合键反选区域，再用“Alt + Del”组合键将该区域用前景色填充，如图 14.14 所示。

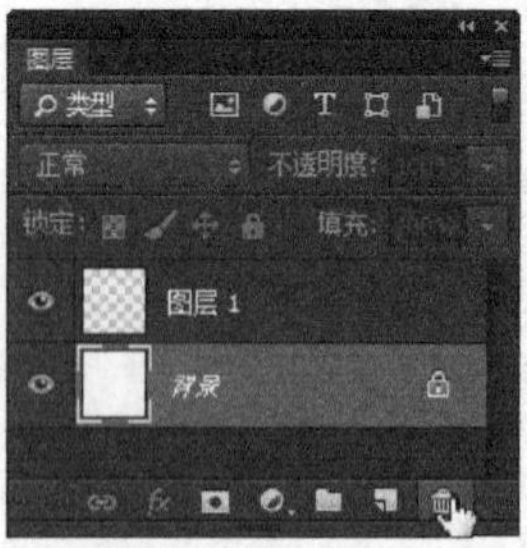

图 14.13　添加新图层，删除默认图层

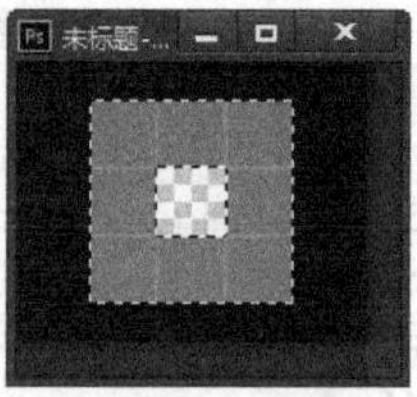

图 14.14　填充四周

最后再将图片另存为透明的 gif 图片即可。很多类似的小点、圆和箭头等小 gif 图片都是通过将视图放大，然后简单地填充制作出来的。

在各个项目列表中，#llinks 是一个比较特殊的模块，它要求每一行能够同时显示两个超链接，因此该项目列表需要单独设置，代码如下：

```
div#llinks ul{                        /* 单独设置该项目列表 */
    list-style:none;
    padding:0px;
    margin:5px 5px 0px 25px;
}
div#llinks ul li{
    float:left;                       /* 显示为同一行 */
    width:80px;                       /* 指定每一项的宽度 */
    background:none;
    padding:0px;
    border:none;
}
```

因为整个大的#parameter 块的宽度是固定的，尽管在项目列表中指定了“float:left;”来使得所有项目显示在同一行，但是只要给每个项目指定宽度，它们就会自动换行，显示效果如图 14.15 所示。

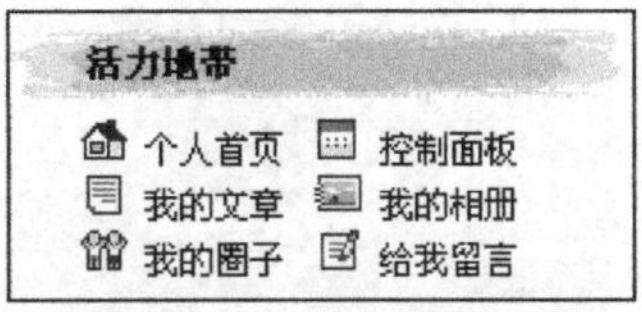

图 14.15　各个项目自动换行

14.2.3　内容部分

内容部分位于页面的主体位置，将其设置为向左浮动，并且适当地调整 margin 值，指定宽度（否则浏览器之间会有差别），代码如下：

```
#main{
    float:left;
    position:relative;
    font-size:12px;
    margin:0px 20px 5px 20px;
    width:510px;
}
```

对#main 整块进行了设置后便开始制作其中每个子块的细节。内容#main 块主要为博客最新的文章，包括文章的标题、作者、时间、正文截取、浏览次数和评论篇数等，由于文章不止一篇且又采用相同的样式风格，因此使用 CSS 的类别 class 来标记，HTML 部分代码如下：

```
<div class="article">
    <h3><a href="#">学生节(3)_十届电子人</a></h3>
    <p class="author">isaac @ 2014-11-26 02:21:56</p>
    <p class="content">今天三审，偶然听 ss 数了一下在场的评委，一共有十届的人。筹备组的电子系从
7 字班到现在的 6 字班都有人，真是壮观又令人……</p>
    <p class="show">浏览[1073] | 评论[4]</p>
</div>
```

从上面的代码也可以看出，对于类别为.article 的子块中的每个项目，都设置了相应的 CSS 类

别，这样便能够对所有的内容精确控制样式风格了。

设计时整体思路考虑以简洁、明快为指导思想，形式上结构清晰、干净利落。标题处采用暗红色达到突出而又不刺眼的目的，作者和时间右对齐，并且与标题用淡色虚线分离，然后再调整各个块的 margin 以及 padding 值，代码如下：

```
#main div{
    position:relative;
    margin:20px 0px 30px 0px;
}
#main div h3{
    font-size:15px;
    margin:0px;
    padding:0px 0px 3px 0px;
    border-bottom:1px dotted #999999;          /* 下画淡色虚线 */
}
#main div h3 a:link, #main div h3 a:visited{
    color:#662900;
    text-decoration:none;
}
#main div h3 a:hover{
    color:#0072ff;
}
#main p.author{
    margin:0px;
    text-align:right;
    color:#888888;
    padding:2px 5px 2px 0px;
}
#main p.content{
    margin:0px;
    padding:10px 0px 10px 0px;
}
```

此时#main 块的显示效果如图 14.16 所示。

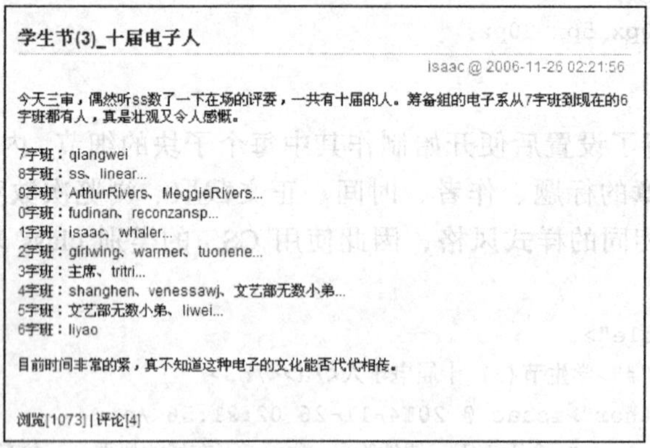

图 14.16　内容部分

14.2.4　脚注部分

#footer 脚注主要用来放一些版权信息和联系方式，重在简单明了。其 HTML 框架代码也

没有过多的内容，仅仅一个<div>块中包含一个<p>标记，代码如下：

```
<div id="footer">
    <p>更新时间：2014-12-27 23:17:07 &copy;All Rights Reserved </p>
</div>
```

#footer 块的设计只要切合页面其他部分的风格即可。这里采用淡蓝色背景配合深蓝色文字，代码如下。显示效果如图 14.17 所示。

图 14.17　#footer 脚注

```
#footer{
    clear:both;                          /* 消除 float 的影响，排版相关的章节已经大量涉及 */
    text-align:center;
    background-color:#daeeff;
    margin:0px; padding:0px;
    color:#004a87;
}
#footer p{
    margin:0px; padding:2px;
}
```

14.3　整体调整

至此整个页面已经基本成形。最后还需要对页面根据效果做一些细节上的调整。例如各个块之间的 padding 和 margin 值是否与整体页面协调，各个子块之间是否协调统一，等。

另外对于固定宽度且居中的版式而言，需要考虑给页面添加背景，以适合大显示器的用户使用。这里给页面添加黑色背景，并且为整个块添加淡色的左、右、下虚线，效果如图 14.18 所示，代码如下：

```
body{
    font-family:Arial, Helvetica, sans-serif;
    font-size:12px;
    margin:0px;
    padding:0px;
    text-align:center;                          /* 居中且宽度固定的版式*/
    background-color:#000000;
}
#container{
    position:relative;
    margin:1px auto 0px auto;
    width:760px;
    text-align:left;
    background-color:#FFFFFF;
    border-left:1px dashed #AAAAAA;             /* 添加虚线框 */
    border-right:1px dashed #AAAAAA;
    border-bottom:1px dashed #AAAAAA;
}
```

这样整个博客首页便制作完成了。另外对于放在公网上的站点，制作的时候需要考虑各个浏览器之间的兼容问题。通常的方法是将两个浏览器都打开，调整每一个细节的时候都相互对照，从而实现基本显示一致的效果。本例在 Firefox 中的显示效果如图 14.19 所示，与在 IE 中的显示效果几乎一样。

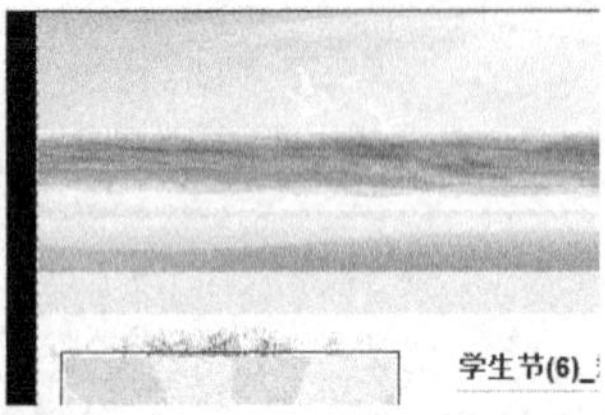

图 14.18　添加左、右、下虚线框

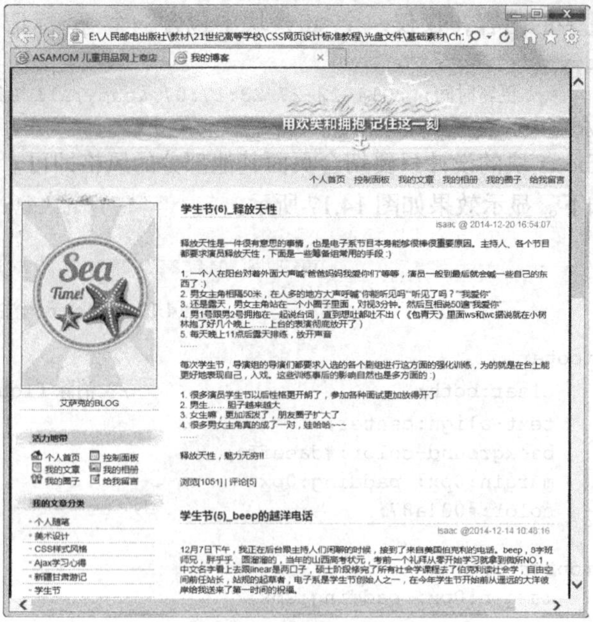

图 14.19　在 Firefox 中的显示效果

小　　结

本章制作了一个博客网站的页面，通过本章这个案例和上一章案例的比较，可以看到，尽管从最终的外观效果上看差别很大，但是其实它们的布局方法是一样的。因此无论页面布局的设计如何变化，经过分析后都可以总结为某种布局形式，应注意总结其规律。

习　　题

在练习完成本章介绍的案例之后，设计并实现一个自己的博客页面，在设计的过程中可以灵活地运用本书第 11 章和第 12 章中介绍的各种布局方法，并总结和分析各种方法的特点。完成设计之后，撰写一篇 500 字的小论文，描述你的设计构思、技术选择、实现中的特点。

第 15 章 综合案例——旅游门户网站

旅游观光网站也是日常生活中常见的一类网站，本章制作一个旅游门户网站的页面。本页面主要以蓝色和绿色为主色调，给人来到大自然美景中的感觉，并以 3 列的形式进行布局。

15.1 分析构架

本例以“新疆行知书”为题材，介绍新疆的风土人情、地理知识、旅游线路等，效果如图 15.1 所示。

图 15.1 新疆行知书

15.1.1 设计分析

此类网站通常的作用一方面是供出行者查阅各种相关的资料，另一方面也能吸引更多的游客前来旅游。根据新疆风景的特点，页面采用天蓝色作为背景颜色，Banner 采用晚霞下的大草原风光。而页面主体则配上新疆的各种美景来吸引用户的眼球，并且提供各种旅游的路线设计，让游客能够自由地选择。

页面的左右都设置各种信息，包括天气预报、景点的推荐、新疆地图、小吃和饭店等，风格上则配合整体的页面设计，蓝色背景配合白边勾勒，将新疆的美景一一展现，令人心旷神怡。

整个版面采用固定宽度且居中的版式，对于大显示器的用户，两边使用天蓝色将整个页面主体衬托出来，显得美不胜收。

15.1.2 排版构架

整个页面的大体框架不复杂，主要包括 Banner 图片，导航条，主体的左、中、右，以及最下端的脚注，如图 15.2 所示。

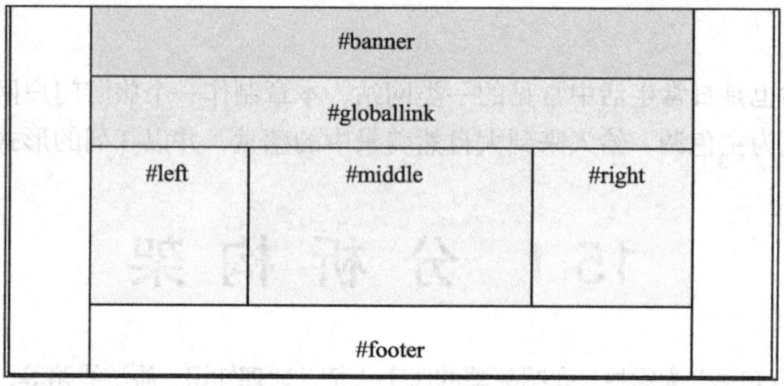

图 15.2　页面框架

代码如下：

```
<div id="container">
    <div id="banner"></div>
    <div id="globallink"></div>
    <div id="left"></div>
    <div id="middle"></div>
    <div id="right"></div>
    <div id="footer"></div>
</div>
```

上图中的各个部分直接采用了 HTML 代码中各个<div>块对应的 id。#banner 即对应页面的 Banner 图片，#globallink 对应导航菜单，#left、#middle 和#right 分别对应页面主体部分的左、中、右 3 个模块，#footer 对应页面下端的脚注。

其中左、中、右 3 个模块都包含各自的子块，如图 15.3 所示。

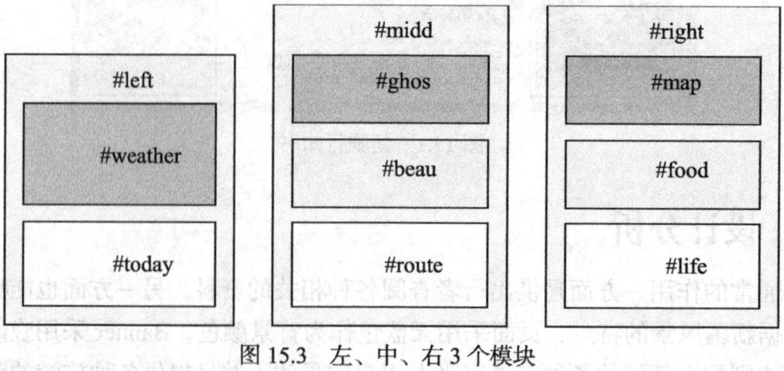

图 15.3　左、中、右 3 个模块

这 3 个部分在整个页面中占主体的位置，内容涵盖了整个网站的精髓，因此设计的时候显得更加重要，相应的框架代码如下：

```
<div id="left">
    <div id="weather"></div>
    <div id="today"></div>
</div>

<div id="middle">
    <div id="ghost"></div>
    <div id="beauty"></div>
    <div id="route"></div>
</div>

<div id="right">
    <div id="map"></div>
    <div id="food"></div>
    <div id="life"></div>
</div>
```

15.2　模 块 拆 分

各个子模块设计好之后，可以分别进行设计了。这里进一步介绍各模块的设计技巧。

15.2.1　Banner 图片与导航菜单

本例的 Banner 图片后期处理比较简单，Photoshop 设计的成分也相对较少，主要是文字的添加，因此不做具体的展开，效果如图 15.4 所示。

导航菜单在本例中与其他各个实例一样，也是采用项目列表的方式，其 HTML 框架代码如下：

```
<div id="globallink">
    <ul>
        <li><a href="#">首页</a></li>
        <li><a href="#">新疆简介</a></li>
        <li><a href="#">风土人情</a></li>
        <li><a href="#">吃在新疆</a></li>
        ......
    </ul>
    <br>
</div>
```

与花店的导航效果要求一样，菜单实现背景动态变化的效果，如图 15.5 所示。具体制作方法这里不再赘述，关键在于背景图片的变换，CSS 代码如下：

图 15.4　Banner 图片

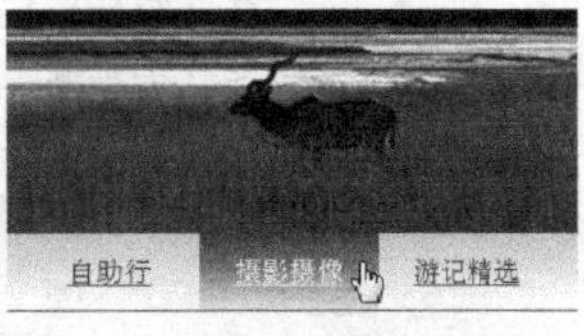

图 15.5　导航菜单

```
#globallink{
    margin:0px; padding:0px;
```

```
}
#globallink ul{
    list-style:none;
    padding:0px; margin:0px;
}
#globallink li{
    float:left;
    text-align:center; width:78px;
}
#globallink a{
    display:block; padding:9px 6px 11px 6px;
    background:url(images/button1.jpg) no-repeat;
    margin:0px;
}
#globallink a:link, #globallink a:visited{
    color:#004a87;
    text-decoration:underline;
}
#globallink a:hover{
    color:#FFFFFF; text-decoration:underline;
    background:url(images/button1_bg.jpg) no-repeat;
}
```

15.2.2 左侧分栏

左侧分栏包括天气预报和今日推荐的景点，考虑到一共分左、中、右 3 栏，因此都采用左浮动的方式，且都固定宽度，代码如下：

```
#left{
    float:left;
    width:200px;
    background-color:#FFFFFF;
    margin:0px;
    padding:0px 0px 5px 0px;
    color:#d8ecff;
}
```

左侧分栏的最上部是天气查询，给出门的游客提供方便，其 HTML 的框架代码如下，其中包括<h3>的小标题以及一个项目列表。

```
<div id="weather">
    <h3><span>天气查询</span></h3>
    <ul>
        <li>乌鲁木齐   雷阵雨 20℃-31℃</li>
        <li>吐鲁番   多云转阴 20℃-28℃</li>
        <li>喀什   阵雨转多云 25℃-32℃</li>
        <li>库尔勒   阵雨转阴 21℃-28℃</li>
        <li>克拉玛依   雷阵雨 26℃-30℃</li>
    </ul>
    <br>
</div>
```

制作背景图片，如图 15.6 所示，作为<h3>的背景图片，项目列表中的各个项目则依次排列，并用常用的方法替换掉项目符号，代码如下：

图 15.6　小标题背景图片

```
#weather{
    background:url(images/weather.jpg) no-repeat -5px 0px;
    margin:0px 5px 0px 5px;
    background-color:#5ea6eb;
}
div#left #weather h3{
    font-size:12px;
    padding:24px 0px 0px 74px;
    color:#FFFFFF;
    background:none;
    margin:0px;
}
div#weather ul{
    margin:8px 5px 0px 5px;
    padding:10px 0px 8px 5px;
    list-style:none;
}
#weather ul li{
    background:url(images/icon1.gif) no-repeat 0px 6px;
    padding:1px 0px 0px 10px;
}
```

此时该块的显示效果如图 15.7 所示，可以看到各个项目符号变成了一个花型小点，这个小点的制作方法与 14.2.2 小节中提到的小 GIF 图片的制作方法是类似的，都是利用 Photoshop 的最大视图，然后逐点填充。

接下来的“今日推荐”模块结构十分简单，就是一个小的图片展示，也是项目列表的具体形式，其 HTML 部分如下，具体的 CSS 设置方法这里不再讲解，具体文件为“Ch15\index.html”，显示效果如图 15.8 所示。

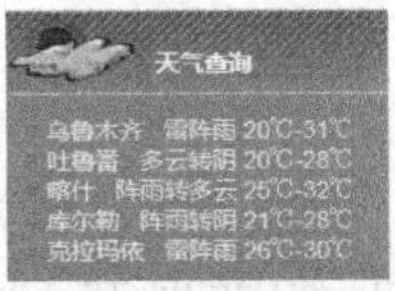

图 15.7　显示效果

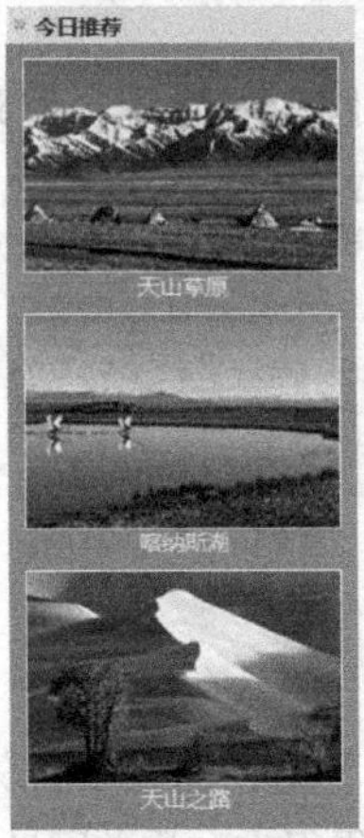

图 15.8　今日推荐

```
<div id="today">
    <h3><span>今日推荐</span></h3>
    <ul>
        <li><a href="#"><img src="images/tuijian1.jpg"></a></li>
```

```
            <li><a href="#">天山草原</a></li>
            <li><a href="#"><img src="images/tuijian2.jpg"></a></li>
            <li><a href="#">喀纳斯湖</a></li>
            <li><a href="#"><img src="images/tuijian3.jpg"></a></li>
            <li><a href="#">天山之路</a></li>
        </ul>
        <br>
    </div>
```

15.2.3 中部主体

页面中间的主体部分是整个网页最重要的元素，对于旅游网站主要应该以展示当地的美景为主，从而能第一时间抓住用户。在排版方面依旧采用左浮动且固定宽度的版式，代码如下：

```
#middle{
    background-color:#FFFFFF;
    margin:0px 0px 0px 2px;
    padding:5px 0px 0px 0px;
    width:400px;
    float:left;
}
```

主体最上方是一幅图片，其位于整个页面的核心位置，这里采用具有新疆特色的那拉提草原的图片，如图 15.9 所示。

图 15.9 那拉提草原

紧接着“美景寻踪”一栏用项目列表的方式展示 4 幅小图片，其 HTML 代码如下：

```
<div id="beauty">
    <h3><span>美景寻踪</span></h3>
    <ul>
        <li><a href="#"><img src="images/beauty1.jpg"></a></li>
        <li><a href="#"><img src="images/beauty2.jpg"></a></li>
        <li><a href="#"><img src="images/beauty3.jpg"></a></li>
        <li><a href="#"><img src="images/beauty4.jpg"></a></li>
    </ul>
    <br>
</div>
```

从上述代码可以看出，框架中首先有一个<h3>的标题，如果直接显示文字，靠简单的 CSS 效果很难在旅游网站上出彩，因此将#middle 块中的所有<h3>标题隐藏，换成背景图片的方式，代码如下，该部分的小标题如图 15.10 所示。

图 15.10 小标题

```
#middle h3{
    margin:0px; padding:0px;
    height:41px;
}
```

```
#middle h3 span{
    display:none;           /* 文字去掉，换成图片 */
}
#beauty{
    margin:15px 0px 0px 0px;
    padding:0px;
}
#beauty h3{
    background:url(images/picture_h1.gif) no-repeat;
}
```

对于图片的项目列表则采用幻灯片效果的制作方法，直接对图片进行排版，代码如下，显示效果如图 15.11 所示。

```
#beauty ul, #route ul{
    list-style:none;
    margin:8px 1px 0px 1px;
    padding:0px;
}
#beauty ul li{
    float:left;
    width:97px;
    text-align:center;
}
#beauty ul li img{
    border:1px solid #4ab0ff;
}
```

接下来的“线路精选”模块，小标题同样采用图片替换的方式，而具体内容完全为项目列表的形式。将 list-style 设置为 none 后，用小 gif 图片替代项目符号。其代码如下，显示效果如图 15.12 所示。

图 15.11　美景寻踪

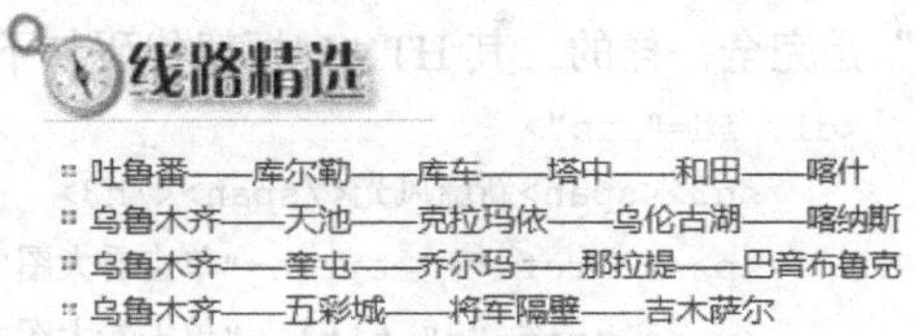

图 15.12　路线精选

```
<div id="route">
    <h3><span>线路精选</span></h3>
    <ul>
        <li><a href="#">吐鲁番——库尔勒——库车——塔中——和田——喀什</a></li>
        <li><a href="#">乌鲁木齐——天池——克拉玛依——乌伦古湖——喀纳斯</a></li>
        <li><a href="#">乌鲁木齐——奎屯——乔尔玛——那拉提——巴音布鲁克</a></li>
        <li><a href="#">乌鲁木齐——五彩城——将军隔壁——吉木萨尔</a></li>
    </ul>
    <br>
</div>

#route{
    clear:both; margin:0px;
```

```
    padding:5px 0px 15px 0px;
}
#route h3{
    background:url(images/route_h1.gif) no-repeat;
}
#route ul li{
    padding:3px 0px 0px 30px;
    background:url(images/icon1.gif) no-repeat 20px 7px;
}
#route ul li a:link, #route ul li a:visited{
    color:#004e8a;
    text-decoration:none;
}
#route ul li a:hover{
    color:#000000;
    text-decoration:underline;
}
```

15.2.4 右侧分栏

对于通常的旅游站点，由于内容较多，分成 3 栏、4 栏甚至更多栏都是常见的情况，因此要求对每一栏的 float 设置与固定宽度的配合必须准确，以保证在各个浏览器中显示效果的一致，本例右侧分栏代码如下：

```
#right{
    float:left;
    margin:0px 0px 1px 2px;
    width:176px;
    background-color:#FFFFFF;
    color:#d8ecff;
}
```

右侧分栏的第一项“新疆风光”除了内容上的区别，块内部的 CSS 设置与左分栏的“今日推荐”是完全一样的，其 HTML 框架代码如下：

```
<div id="map">
    <h3><span>新疆风光</span></h3>
    <p><a href="#" title="单击看大图"><img src="images/map1.jpg"></a></p>
    <p><a href="#" title="单击看大图"><img src="images/map2.jpg"></a></p>
</div>
```

给这种图片组成的块使用 CSS 时，主要应该注意图片的边框、对齐方式以及 margin 和 padding 的值，代码如下，显示效果如图 15.13 所示。

```
#map{
    margin-top:5px;
}
#map p{
    text-align:center;
    margin:0px;
    padding:2px 0px 5px 0px;
}
#map p img{
    border:1px solid #FFFFFF;
}
```

接下来的“小吃推荐”与“宾馆酒店”的样式风格完全一样，设置的方法与普通的项目列表完全相同，这里将 list-style 设置为 none 后采用小的 GIF 图片进行替代，并且为每个<li>添加下划虚线，代码如下，显示效果如图 15.14 所示。

图 15.13　新疆风光

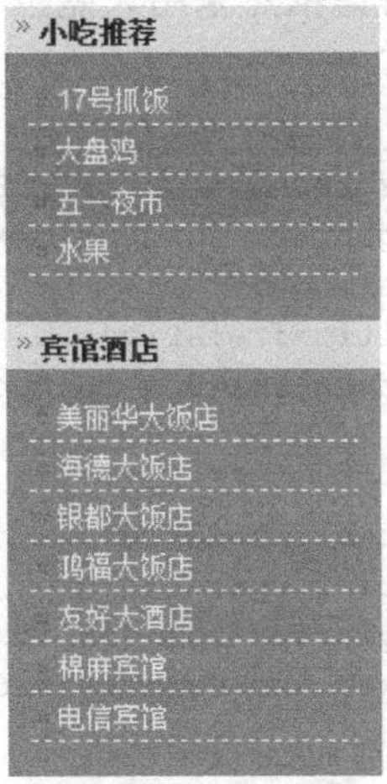

图 15.14　#food 与#life 块

```
<div id="food">
    <h3><span>小吃推荐</span></h3>
    <ul>
        <li><a href="#">17 号抓饭</a></li>
        <li><a href="#">大盘鸡</a></li>
        <li><a href="#">五一夜市</a></li>
        <li><a href="#">水果</a></li>
    </ul>
    <br>
</div>

#food ul, #life ul{
    list-style:none;
    padding:0px 0px 10px 0px;
    margin:10px 10px 0px 10px;
}
#food ul li, #life ul li{
    background:url(images/icon1.gif) no-repeat 3px 9px;
    padding:3px 0px 3px 12px;
    border-bottom:1px dashed #EEEEEE;
}
#food ul li a:link, #food ul li a:visited, #life ul li a:link, #life ul li a:visited{
    color:#d8ecff;
    text-decoration:none;
}
#food ul li a:hover, #life ul li a:hover{
    color:#000000;
    text-decoration:none;
}
```

15.2.5　脚注

脚注（footer）的主要作用是显示版权信息、联系方式和更新时间等。通常只要风格上与整体页面统一、协调即可。本例中的#footer 块十分简单，HTML 块部分代码如下：

```
<div id="footer"><p> &copy;版权所有 </p></div>
```

设计时考虑依然采用天蓝色背景和黑色文字，而邮箱地址则设置为白色，以便与文字相区别，代码如下：

```
#footer{
    background-color:#FFFFFF;
    margin:1px 0px 0px 0px;
    clear:both;
    position:relative;
    padding:1px 0px 1px 0px;
}
#footer p{
    text-align:center;
    padding:0px;
    margin:4px 5px 4px 5px;
    background-color:#5ea6eb;
}
```

15.3 最终效果

通过对所有子模块的排版，整个新疆旅游的网站就基本制作完成了，最后对整体页面进行查看，细节上做小的调整，例如调整 padding 和 margin 的值等。最终页面在 Firefox 中的显示效果如图 15.15 所示。

图 15.15 在 Firefox 中的最终效果

小　　结

本章制作了一个新疆旅游的网站，完整地介绍了如何实际地分析、设计，并制作出一个使用 CSS 进行页面布局的方法。

习　　题

1. 在互联网上搜索旅游相关的门户网站，选出 5 个你认为设计得最好得网站，分析各自的特点、优点和缺点。然后撰写一篇 1000 字的调研报告，以图文并茂的方式阐述你的调研结论。

2. 在上面调研的基础上，设计并实现一个门户网站，并总结设计中的各个步骤，以及设计的特点。